LE DISCOURS
DE LA GUERRE

précédé de

EUROPE 2004

DU MÊME AUTEUR

LE DISCOURS DE LA GUERRE, l'Herne, 1967, 10/18, 1974.
1968 : STRATÉGIE ET RÉVOLUTION EN FRANCE, Ch. Bourgois.
LA CUISINIÈRE ET LE MANGEUR D'HOMMES, Seuil, 1975.
LES MAÎTRES PENSEURS, Grasset, 1977.
LE DISCOURS DE LA GUERRE, augmenté d'EUROPE 2004, Grasset, 1980.
CYNISME ET PASSION, Grasset, 1981.
LA FORCE DU VERTIGE, Grasset, 1983.
LA BÊTISE, 1985.

ANDRÉ GLUCKSMANN

LE DISCOURS DE LA GUERRE

précédé de

EUROPE 2004

BERNARD GRASSET
PARIS

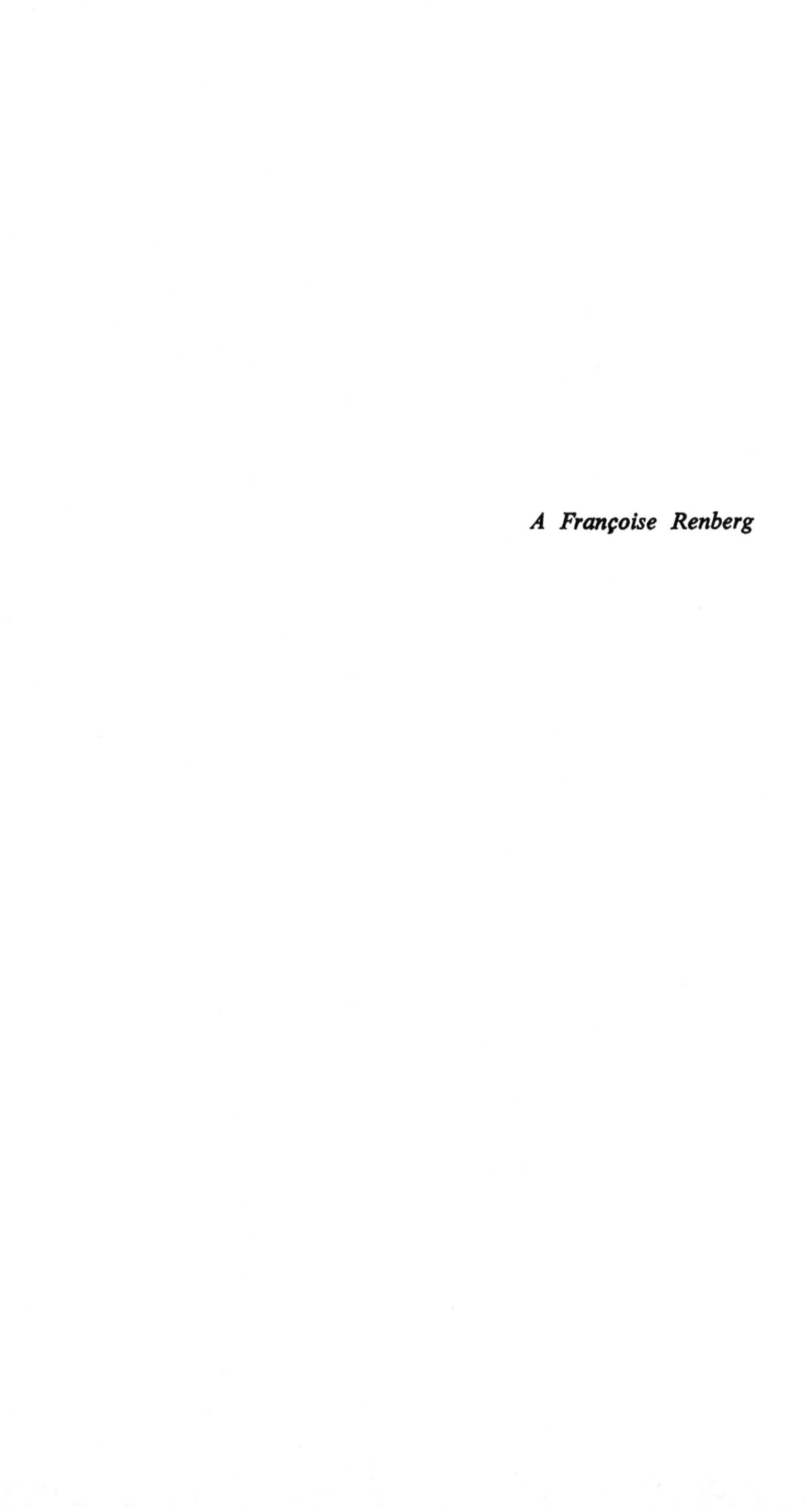

A Françoise Renberg

EUROPE 2004

« Nous vivons tous comme si nous étions des despotes.
Cela fait de nous des mendiants. »

KAFKA, *Entretiens avec Janouch.*

« Écoutez, Stéphane Trophimovitch... en revenant ici j'ai
beaucoup pensé à vous et j'ai acquis une conviction.
— Laquelle?
— C'est que vous et moi nous ne sommes pas les gens les
plus intelligents du monde. »

DOSTOIEVSKI, *les Possédés.*

« La mort ne se sent que par le discours... »

MONTAIGNE, *Essais* I, XIV.

I. *Comment G. devient cyclopousse à Malacca, trois ans après que l'Europe fut tombée, et de quelle manière ce livre lui revint à l'esprit.*

— Quelle était la religion des Européens?

Mahmoud avance une chaise, un verre, une question. Le soleil tape, assez de vélo pour la matinée. Mon ami doit avoir envie de bavarder : il sait et nul n'ignore, ici, combien les rescapés adorent parler d'avant. Je me demande si les archiducs russes qui finirent taxis à Paris promenaient d'aussi interminables pensées en songeant à l'ancien régime. Du moins en rêvaient-ils ensemble tandis que chacun de nous s'enferme dans une noyade toute personnelle. Entre ex-Européens nous n'avons plus rien à nous dire, preuve que des émigrés survivent à la destruction révolutionnaire d'une société et que l'annihilation géographique d'un continent ne laisse échapper que des zombies. Je m'assieds. Les deux Chinoises de la rue Kota, une mère et sa fille, m'ont paru, comme chaque matin désormais, plus lourdes, leur régime alimentaire n'est pas en cause mais le mien. En face du bazar Wong Li, j'ai mis pied à terre pour pousser mon engin le long de la grand-côte; peut-être ont-elles remarqué que je suis descendu un peu plus tôt qu'hier et hier qu'avant-hier — elles n'en ont soufflé mot, toujours parfaitement aimables, elles soignent leur ligne et ne sont pas impatientes. Cependant trop de cyclos me dépassent, un jour elles vont s'apercevoir que loin de prendre un moyen de transport, elles font pour ainsi dire la charité.

Je dois changer de métier. L'affaire est difficile. L'université refuse toute équivalence pour les parchemins d'ex-Europe. Et quel enseignement pourrions-nous dispenser? Nous avons la manie d'inventorier, ou qui sait d'inventer, on a tôt fait de nous signifier que ce qui n'est plus devient invérifiable. Un poste de gardien conviendrait; je me suis laissé dire que la présentation d'un travail universitaire, sans y donner formellement droit, disposerait favorablement une commission administrative pas tout à fait hostile. Telle est la première raison d'exhumer ce *Discours de la guerre,* paru en fin 1967 à Paris. La seconde me vient en répondant à Mahmoud, j'espère qu'elle convaincra car seuls les Américains peuvent se permettre de rééditer n'importe quelle publication du vieux continent, ici l'on ne conserve rien en surplus. La troisième raison : je crois avoir plus ou moins connu son auteur à l'époque, mais c'est sans importance. Sous le choc, comme on sait, chacun a perdu avec ses papiers le sens même de son état civil, celui qui n'a pas la bouche pleine de terre vaticine la tête lavée de souvenirs, il s'identifie à trop d'absents pour se projeter en lui-même. Ainsi s'explique l'embarras des fonctionnaires d'émigration qui nous reçurent, ils étiquetèrent notre fêlure « Trauma géo-philosophique n° 14 ».

Que le Recteur Hussein de Re me pardonne, j'évite toute référence à la géophilosophie quand je converse avec Mahmoud (qui est un homme charmant, plutôt pauvre, d'âge moyen. Considéré ce que je suis et ce que j'ai vu, cela me suffit : si tu ne veux pas qu'on tire ton portrait, ne tire pas le premier). Les lumières géophilosophales de l'université asienne ne sont pas encore descendues jusqu'à notre bistrot et je crois la doctrine moins nouvelle qu'elle ne s'affiche. Mahmoud affirme qu'un bon raisonnement nous doit élever à la manière du vieil aéroplane, lentement, et non nous envoyer d'un coup comme les supersoniques et les professeurs, à cinq mille pieds malais au-dessus de tout territoire habité. Je prends donc, doucement, position sur la piste de départ, lui décrivant les multiples religions de l'Européen disparu. Catholique, protestant, musulman, orthodoxe, juif et bien plus encore. De sa tour de contrôle Mahmoud refuse l'autorisation de décoller :

— Tous ces gens vivaient ensemble paisiblement?

— Ils vivaient dans la même société, oui.

— Et chacun croyait en un seul dieu, comme moi en Allah?

— La plupart étaient monothéistes, en effet.

— Chacun n'admettait donc qu'un seul dieu?

— Oui.

— Pourtant chacun admettait que l'autre pratique un culte différent?

— Ils appelaient cela tolérance, en effet.

— Quand je dis que tu professes une autre religion, à mes yeux, non seulement tu ne crois pas en mon dieu mais tu crois en un dieu autre?

— Oui.

— Je suis monothéiste; si je crois en un seul dieu, je ne peux croire qu'il en existe de divers, donc je ne crois pas que c'est en un autre dieu que tu crois. Ou bien tu ne crois en rien...

— Non, les Européens s'inventaient et respectaient sans grands problèmes des croyances fort diverses...

— ...ou bien tu crois au même dieu que moi.

L'œcuménisme de Mahmoud me fatigue. Ce dieu unique dissimulé dans les diverses machines divines adorées par des foules ignares et profanes, voilà deux mille cinq cents ans que Platon l'avait conçu comme l'idée de colombe cachée dans toutes les colombes que nul chasseur jamais ne parvint à atteindre. J'entends me tenir aux faits : les Européens étaient majoritairement monothéistes, adulaient des dieux divers et n'en disputaient plus depuis longtemps. Mon interlocuteur m'aiguille sur une autre piste d'envol.

— J'intitule religieux ces grands élans que nous affirmons « plus forts que nous » et qui nous placent précisément hors de nous, peut-être en Dieu. N'était-ce point ce que vous nommiez « enthousiasme », un quelque chose si passionnant que le mien et le tien ne s'opposent plus et que vie et mort se touchent?

— Admettons. La difficulté c'est alors l'Européen. Débonnaire, il ne se jetait plus hors de lui pour de religieuses questions. Si donc la religion suppose cette extase...

— ...on ne doit pas quêter la religion des Européens dans ce qu'ils désignent par ce mot. Parfois, ne s'engouffraient-ils pas ensemble dans une colère, dans quelque joie sacrée, émus par un feu qui, tenant des deux, incendiait les sages distinctions de la vie quotidienne?

J'avoue difficile le repérage de ces moments. Nous ne confondions pas facilement le tien et le mien, encore moins la vie et la mort. Le secret était bien gardé. Ma mère opérée d'un cancer du sein pour la quatrième fois me montra un jour, écartant brusquement sa chemise, sa cicatrice. Ne demandai-je point de ses nouvelles? Mes yeux ne surent où se poser ailleurs, mon regard papillonna autour du lit d'hôpital, je rougis peut-être mais pas plus que cette cicatrice que je vis plus tard immaculée sur le marbre sculpté d'Ipoustéguy, *Mort de la mère.*

A travers ces conduites d'évitement, devine-t-on peut-être ce que l'Européen tenait pour sacré. « Tu n'as rien vu à Hiroshima », répétait un beau film. Nous ne voulions pas voir? Nous ne trouvions rien à voir? Les invisibles frôlaient l'Européen, sa hâte à se détourner témoignait d'une sainte horreur plus que d'une horreur sainte. Un vieillard, il convenait de l'enfermer à l'hospice, l'hôpital dissimulait le malade, les fards la laideur. Si l'Europe se piquait de moquer les interdits, il suffisait d'une émission sur le « troisième âge », un soir de télévision, et l'émotion trop lourde faisait taire d'aussi choquantes programmations. On risquait les scènes les plus osées mais les handicapés étaient tenus à la lisière du champ de vision; on percevait le meurtre, pas la décomposition des vivants; le lâchage de bombes, le ramassage des cadavres, pas les rescapés diminués. Les rues, les places étaient nettoyées, l'on s'étonnait que l'Inde pût vivre avec ses parias en liberté et cohabitât avec ses intouchables.

— Tu avances, enchaîna Mahmoud. Il existait des choses suffisamment importantes aux yeux européens pour qu'ils s'en détournent. Ne franchissaient-ils jamais l'interdit? Fût-ce en se sacrifiant?

Il se pouvait. L'individu s'entortillait dans ses tabous et ses transgressions, il lui fallait des colères pour couper court, des docteurs pour dénouer le fil interminable de ses labyrinthes. Chacun pris à part cultivait son mystère. Quelquefois tout prenait feu.

Le tonnerre de la Première Guerre mondiale surprit l'élite de l'Europe. Un matin de juillet 1914 l'humaniste perdit son latin, le socialiste ne reconnut pas ses « masses », le révolutionnaire s'enferma dans sa bibliothèque : volatilisée la lutte de classe? Les capitales prirent un air de fête. Ancien dirigeant de la révolution de 1905, futur organisateur de l'Armée Rouge, Trotsky nota dans son journal : « Quelle chose étrange!... Le début de la guerre provoque dans le peuple une explosion de joie! Quand vous criez, par la fenêtre, que l'ordre de mobilisation vient d'être signé, la foule vous répond par des hourras; elle se répand dans les rues à grands coups de chansons patriotiques, elle semble n'avoir fait que cela : attendre la déclaration de guerre, comme si enfin son rêve venait de se réaliser. » De passage à Vienne (Autriche), le même s'interroge : « Qu'est-ce qui pouvait bien pousser l'ouvrier cordonnier Pospeszil, moitié allemand, moitié tchèque, ou notre marchande de légumes, Frau Maresch, ou le cocher Frankl, à manifester sur la place devant le ministère de la guerre? » Enfantillage? Folie? *Enthousiasme* certainement, le vocabulaire religieux vient sous la plume athée qui tente de cerner une fulguration qui déchire l'Europe entière. « Cet espoir de changer subitement et définitivement de vie, l'espoir que la guerre vous libérera du pesant fardeau, porté de l'aube au crépuscule sans répit et sans joie, cet espoir relève en partie d'une mentalité infantile... La guerre a souvent provoqué la révolution... parce qu'elle n'a pas acquitté les traites tirées sur l'espérance. »

La constatation ne va pas sans mépris. Les peuples apprendront, dessouleront, le temps supprimera la « mentalité infantile ». Reste cette première expérience « que les citoyens donnent plus volontiers leur vie que leur argent » (Alain). Les têtes survivantes interprétèrent, après coup, la brusque fièvre qui brûla quatre années, les docteurs rendirent le diagnostic : phénomène de substitution. Les foules s'étaient précipitées dans la « grande guerre » à la recherche d'autre chose. En manque. De Révolution, Dada, Sagesse. Toute substitution suppose quelque équivalence. Si le conflit importe moins que ce qui nous y mène, il faut soupçonner qu'il existe, Mahmoud, ce que tu appellerais une religion de la guerre, sa secrète parenté avec la poésie, la révolution et la sagesse européennes ne laisse pas d'inquiéter. L'abîme ouvert en 14 ne se ferma pas.

Au mois de janvier 1979, le Viêt-nam socialiste fit la conquête du Cambodge socialiste après s'être annexé le Laos socialiste. L'offensive éclair remporta un franc succès, les journaux de Hanoi chantèrent la libération 79 de Phnom Penh (contre les Khmers rouges) dont ils avaient déjà célébré la libération 75 (avec les Khmers rouges). La stratégie chère à Giap (ou Van Tien Dung) du « lotus en fleur », frapper à la tête (les villes, l'état-major) et nettoyer les bords ensuite (provinces, campagnes) ne surprit pas : c'était l'esprit de la fameuse « escalade » que les Américains n'avaient — contre les troupes du même Giap — pas osé pousser jusqu'à raser Hanoi. Les bons procédés s'échangeaient.

Mars 1979. L'Europe se remet à croire à la guerre mondiale. La Chine marxiste-léniniste envahit le Viêt-nam qui ne l'est pas moins. « Pour lui donner une leçon » apprend-on et on craint que l'URSS, alliée du sermonné, ne veuille retourner le sermon au sermonneur : les bonnes idées se partagent.

Comme en 1914, deux armées s'accusent réciproquement de vols, de viols, d'égorgements. La population soviétique craint l'invasion des « jaunes », la chinoise d'être nucléarisée par les « sociaux fascistes ». Dans le monde les couples s'interrogent sur l'opportunité de la procréation. Pour les Français, l'URSS n'est pas la guerre, même auréolée de ses camps de concentration. Ni la Chine avec les siens. Mais, voilà que les deux géants se frottent l'un à l'autre sans que nulle opinion publique ne puisse freiner des militaires qu'avec peine on imagine calmes, modérés, pacifiques... La guerre des socialismes est possible comme le massacre sanglant et mutuel des nations policées de la première mondiale. Les grandes puissances à Verdun n'étaient ni plus impériales ni moins démocratiques (il s'en faut) que la Russie de Brejnev et la Chine d'on ne sait plus qui : les manières de table se répandent.

Pour la première fois on conviait les peuples à donner et recevoir la mort sans invoquer de dieux, de noble cause, sans chapelets de promesses; tuer, périr pour « donner une leçon », voilà désormais notre enseignement religieux et notre religion de l'enseignement. Ironie d'une histoire venue d'Europe : les religions dépérirent dans les guerres de religion, les marxismes s'entredévorent, reste la religion qui a vaincu, le monothéisme de la guerre.

II. *Du spirituel en politique.*

— Paris n'est pas la capitale de la révolution, la révolution n'est
pas la capitale de l'histoire et l'histoire de l'Europe n'est pas capitale
même si intéressante. Ignoriez-vous cela?

— Comprends que pendant deux siècles nous allâmes répétant :
l'incrédulité philosophique prépare l'irrespect des masses, plus on se
coupe de Dieu mieux on coupe le Roi, Européens encore un effort,
devenons maîtres de l'univers comme de nous-mêmes.

Le marquis de Sade d'accord avec Mao Tsé-Toung, Michelet et
Joseph de Maistre. Les révolutionnaires les plus engagés comme les
plus enragés contre-révolutionnaires, Marx et Anti-Marx, philosophes et chansonniers, pomponnés du Comité central, pouponnés
de l'université, tous, de psalmodier : il a fallu laver le ciel avant de
nettoyer la terre, les « lumières » ont commencé, l'incendie suivit, la
passion de tête a pris la tête de la passion, post hoc ergo propter

hoc, à la suite de donc à cause de. « Sans théorie révolutionnaire pas de mouvement révolutionnaire », clame Lénine qui était pour et Chateaubriand qui était contre : « Descartes fit revivre le pyrrhonisme et ouvrit les portes au déluge... » Je doute donc je révolutionne.

Certes, aucune épopée moderne n'allait sans quelque religion. Peu importait. Simple atavisme, retard de la conscience sur l'événement. La pointe des révolutions demeurait athée, l'esprit incrédule, les dynamiques critiques radicales, elles creusaient le fond des choses et les dieux avaient abandonné le fond européen des choses. La révolution iranienne fit hérésie en ce schéma, dans le vocabulaire automobile de l'époque, la religion se révéla le « moteur » du renversement.

Un dictateur autoritaire soutenu par toutes les grandes puissances du monde, riche de son pétrole, fort d'une armée d'un demi-million d'hommes, épaulé par des polices expertes en surveillances et en tortures, chuta en quatre mois. En face, rien de ce qu'un Européen s'attend à reconnaître : ni doctrine, ni parti, ni armée révolutionnaires — un ayatollah sous un pommier de la banlieue parisienne, le téléphone, les minicassettes transportant ses excommunications, et à travers l'Iran, des millions affrontant l'armée de leurs mains nues; des femmes avec, disaient-elles, leur linceul sur le dos. Une seule arme, absolue, cassa le régime : on savait inépuisablement et religieusement mourir.

Ultime hommage à la pensée européenne : en fin de parcours, barricades, coups de feu. La décision s'était jouée avant : le rétablissement de l'ordre eût exigé le massacre d'innombrables manifestants. Un pouvoir fut aboli non par les fusils mais par les linceuls. Le secret du soulèvement iranien avait été « cette chose dont nous avons, nous autres, oublié la possibilité depuis la Renaissance et les grandes crises du christianisme : une spiritualité politique ». (M. Foucault.)

La religion fut la stratégie avouée, l'organisation ouverte, l'arme des manifestants de Téhéran. On crut possible de l'ignorer, de trompetter l'apparence trompeuse, d'écarter ce « voile idéologique » pour découvrir les réalités — classes, production, armées — l'insurrection d'Iran aurait eu alors cette particularité inédite de ne manifester rien et de cacher tout : la taupe, qui d'ordinaire sort au Grand Soir, avait tant creusé qu'elle s'endormait dans ses galeries. S'il est vrai que les révolutions révèlent, loin d'ignorer la « spiritualité politique » de l'iranienne, interrogeons les européennes pour savoir comment elles s'en passèrent et ce qui en tint lieu. La rue, le peuple, les chars. A nouveau le peuple, à nouveau les mitrailleuses : « La manifestation, dans la répétition même, avait un sens politique intense. Le mot de manifestation, il faut le prendre au sens strict : un peuple, inlassablement, rendait *manifeste* sa volonté... un lien entre action collective, rituel religieux et acte de droit public. » (M. Foucault.)

La situation se laissait penser froidement, clausewitziennement : la rue jouissait de l'avantage classique de la défense (non pas gagner, mais ne pas perdre); incapable de défaire militairement les troupes gouvernementales, elle pouvait derrière ses barricades de morts volontaires, suspendre indéfiniment la décision. Le monarque absolu se noyait dans sa ville comme Napoléon dans la plaine russe; un conquérant qui sait tuer ne peut imposer une bataille décisive (intention « positive » de l'offensive) à ceux qui sans fin savent mourir (intention « négative » de la défense). Il y a mouvement de masse et mouvement de masse. Une insurrection minoritaire s'arme d'une bonne technique du coup d'État et fait Octobre 17. Plus massivement populaire, la révolution nazie prend le pouvoir en de répétées offensives, elle conquiert la rue par sa terreur puis l'État, elle fait ses preuves par son savoir tuer non par un savoir mourir. La foule de Téhéran, autre esprit, démontre que même dans la guerre civile « la défensive est la forme la plus forte » (Clausewitz). On peut regretter (comme Marx) que le moujik ait résisté à Napoléon, ou la Vendée à la république, on peut se demander si Khomeini vaut mieux que le Chah. Il n'est pas nécessaire de croire, avec les manifestants de Téhéran, que le gouvernement islamique respectera les droits des hommes, des femmes et des minorités; on peut légitimement subodorer le contraire; une spiritualité politique n'est pas *vraie* parce qu'elle *est*. Les manifestants peuvent se tromper complètement peut-être, et certainement en partie. Néanmoins ils se trompent, on ne les trompe pas, cette spiritualité est le lieu où se décide leur vérité et leur illusion, c'est elle qu'ils auront à analyser, abominer, partager, réinventer, trahir, des vies durant.

L'actualité révolutionnaire naît à la rencontre d'une intensité temporelle et de son codage spirituel. L'islam n'eut pas pour les Iraniens la simplicité unidimensionnelle d'une « idéologie » masquant des contradictions et assurant l'union sacrée d'intérêts divergents; religion de combat et de sacrifice, le chiisme fonctionna comme

« le vocabulaire, le cérémonial, le drame intemporel à l'intérieur duquel on pouvait loger le drame historique d'un peuple qui met son existence en balance avec celle de son souverain » *(ibid)*. La petite différence iranienne fait apparaître la différence de chaque révolution. Pour les femmes d'Alger en 1961, pour les bonzes de Hué et de Saigon peu après, pour les habitants de Lisbonne en avril 75, le drame intemporel prend une saveur chaque fois particulière et l'historique des intensités incomparables. La révolution modèle unique disparaît dans les révoltes dont les singularités abritent diverses expériences intérieures : « Toute culture originale, si elle est établie depuis longtemps et répandue, de plus, sur une bonne partie de la surface de la terre, constitue déjà un monde à part, plein de mystère et d'inattendu pour la pensée occidentale. Tel est le cas de la Chine et de l'Inde, et de l'ensemble monde musulman-Afrique, si tant est que l'on puisse par approximation réunir ces deux derniers mondes dans un seul. Tel a été, durant mille ans, le cas de la Russie, bien que la pensée occidentale ait systématiquement refusé de reconnaître son originalité — ce qui fait qu'elle ne l'a jamais comprise et ne la comprend toujours pas aujourd'hui, à l'heure de la captivité communiste... » (Soljenitsyne).

Sous l'œil du gouvernement l'atemporel et le temporel se font transparents, un plan module et gère cette différence devenue fonctionnelle. D'autorité à autorité, entre conseillers du prince, il n'est question que de méthodes pour manier les hommes, soit : d'idéologies. On dispute des bonnes et des mauvaises, on ne discute pas qu'il en existe qui règlent tous les problèmes. Les technologues politiques (C.I.A., marxistes-léninistes, Savak) ne voyaient pas venir cette opacité cancéreuse, la spiritualité. Pas plus que le KGB — ou l'Occident éclairé — n'a prévu la force de frappe d'un Soljenitsyne. Dans les sociétés les plus industrielles, rationnelles, informatiques et matérialistes de l'histoire mondiale, les gens, masses, individus, bougent spirituellement — et tous les yeux savants de s'écarquiller encore devant le trait d'esprit de Mai 68 ou de la révolte morale contre la guerre américaine au Viêt-nam.

Ni doctrine unitaire de l'organisation d'en bas, ni visite collective des installations d'en haut. Entre le temporel où poissent des idéologies (avec leur dose de racisme, d'autoritarisme et de phallocratisme) et l'atemporel que diverses religions cadastrent, entre le sol et les nuages, il y a le drame, la détresse et les éclairs répétés

d'une capacité de faire non en commun. Une « spiritualité politique » manifeste ainsi au lieu-dit de la philosophie et peut-être
de toute pensée : « Nous voyons ici la philosophie placée dans une
situation critique : il faut qu'elle trouve une position ferme sans
avoir, ni dans le ciel, ni sur terre, de point d'attache ou de point
d'appui. Il faut que la philosophie manifeste ici sa pureté, en se faisant la gardienne de ses propres lois, au lieu d'être le hérault de
celles que lui suggère un sens inné ou je ne sais quelle nature tuté-
laire... » (Kant.)

Il eût fallu distinguer décision et dénouement. La première se
joue dans un rapport de puissance, où, selon la situation, le plus
fort, le plus raisonnable, ou prudent ou convaincant gagne. Il peut
cependant y avoir blocage et l'affrontement « dégénère »; les insurgés
du Ghetto de Varsovie répondent militairement à un projet philosophique (totalitaire : les juifs sont massacrables à merci), ils
perdent la démonstration de force et gagnent la philosophique. Le
coup de dés du spirituel n'abolit pas le hasard; saisi dans la dimension de *l'efficacité symbolique,* il s'éclaire de l'activité du sorcier
indigène qui comme par miracle triomphe d'un accouchement
difficile. Lévi-Strauss montre que son incantation fait jouer en un récit
mythologique les éléments qui, dans le physiologique, se trouvent
bloqués; à la manière dont en psychanalyse la cure par la parole
retrouve une « souplesse » du désir. La situation indécidable, l'aporie
stratégique se dénoue par du non militaire : la foule, désarmée,
de Téhéran; Sadate, promis à l'assassinat par une bonne partie de
l'islam, en complet veston à Jérusalem; marques de dénouement, de
dénuement et de spiritualité en politique.
Le problème fut évacué rapidement, beaucoup ramenèrent le soulèvement moral d'une population à quelques fanatismes de mollahs,
aux jugements et aux exécutions sommaires qui suivirent. Le leader
du mouvement enterra le mouvement : « nous avons coupé la main
du Chah », résuma-t-il. Autrement dit nous l'avons traité comme
un voleur, un hors-la-loi. Qui nous? Nous la loi. Un gouvernement
légal bien qu'invisible avait puni un gouvernement illégal bien
que trop visible. C'est ainsi qu'à la fin des révolutions et des grèves
une direction négocie avec une autre ou la remplace. L'entre-temps
tombe dans l'oubli, la spiritualité politique des femmes dans la
rue se réduit à la politique spiritualiste du responsable qui les

renvoie à leurs fourneaux. Le vieux continent se rendormit sur les lauriers de Khomeini.

Pour la première fois l'Europe se découvrait larguée, elle ne pouvait s'identifier au savoir mourir des insurgés pas plus qu'à l'ordre qui suivit; elle restait hors du coup; ses usines, ses religions et ses révolutions clé en mains ne trouvaient plus preneurs. L'occasion s'offrait de cesser le jeu des identifications et des projections pour jeter un regard ethnologique sur les autres et sur soi. Sans imprécations, sans scènes de ménage puisqu'il n'y a pas ménage et que ce qu'on croit saisir sous le nom humanité s'avère aussi éparpillé dans l'espace que non uniformisable dans le temps. Mais l'Europe pouvait-elle se dire qu'elle n'était pas le cerveau du monde?

Le début de cette année 79 avait donné pourtant l'occasion d'un regard étranger sur « la » révolution européenne et son étalon, la française. Sa particularité était-elle de n'en avoir pas? Une révolution-en-général, sans spiritualité originale? Athée et objective? Ou dissimulait-elle le culte qui la distinguait des autres? Sade-Lénine ou Robespierre-Khomeini?

III. *La guerre est grande, la révolution est son prophète.*

Sade a raison : la révolution de 89-93 est athée. Elle reproduit une mise en scène déjà montée (révolution anglaise, guerres de religions) mais avec une inédite économie de moyens. A quelles conditions se passe-t-on de l'hypothèse Dieu? demandent après elle deux siècles de révolutions, en Europe puis dans le monde. Robespierre a raison : l'économie de cette économie suppose un culte avec calendrier qui remonte temps et fêtes pour éternellement prendre la Bastille. L'historique passe à l'atemporel dans les fraternisations où l'individu se fait société, les « journées » où la société se fait État, les purges où l'État s'identifie à la société. La révolution n'est pas la vie de tous les jours, le révolutionnaire se révèle d'une « étoffe spéciale » (Staline), sa détermination égalise la vie et la mort, « les circonstances ne sont difficiles que pour ceux qui reculent devant le tombeau » (Saint-Just). Le culte est toujours là, moins d'un être suprême que d'une suprême transparence que « la » révolution est, et que son patriote se doit d'atteindre.

Il n'est pas difficile de montrer la croix et la contradiction de la conscience révolutionnaire qui prétend découvrir tout l'éternel dans un seul événement, cerner absolument l'absolu dans une circonstance absolument relative. Celui qui donne la loi n'a pas de loi « si celui qui commande aux hommes ne doit pas commander aux lois, celui qui commande aux lois ne doit pas non plus commander aux hommes, autrement... jamais il ne pourrait éviter que des vues particulières n'altérassent la sainteté de son ouvrage ». (Rousseau.) Robespierre commande aux deux — l'éternel, l'humain — sans prétendre commander aucun; à la différence de Mirabeau ou de Danton, virtuoses de la parole mais « bilingues », il « croit tout ce qu'il dit, et exprime tout ce qu'il dit dans le langage de la révolution; aucun contemporain n'a intériorisé comme lui le codage idéologique du phénomène révolutionnaire. Ce qui veut dire qu'il n'y a chez lui, aucune distance entre la lutte pour le pouvoir et la lutte pour les intérêts du peuple, qui coïncident par définition ». (F. Furet.) Cette transparence fait sa force et sa perte; quand elle se trouble il se laisse mener à l'échafaud, effeuillant un bouquet de pouvoirs — convention, communes, sections et leurs luttes opaques — avec dans la tête l'absente de ce bouquet, la transparence des « intérêts » du « peuple ». Tant d'autres après lui s'affaissent, moins par peur des coups que par perte de transparence — Ô Boukharine —, donnent leur tête, tendent leur cou pour n'avoir pas à penser l'absence de l'absente. Seule leur mort fait coller drame intemporel et drame historique.

La révolution lève son lièvre, entame la chasse-poursuite de la transparence introuvable. Illusion « politique » dans l'interprétation du jeune Marx, elle lance la permanente fuite en avant où l'État entreprend de coïncider avec la société par grands réajustements simultanés de l'appareil politique (purges) et de la réalité civile (élimination des couches et classes « condamnées »). Illusion sociale décrite par Cochin, elle fut, en son début, cultivée dans les « sociétés de pensées » (1750-1788) avant de gouverner les clubs et les partis : une pratique positive du discours intègre les interventions particulières, produit une volonté générale et gère cette transparence dans l'obscurité des bureaux. Illusion « philosophique », enfin, par la grâce des professions de foi et de leurs vicaires révolutionnaires : « dans la mesure où tout est connaissable, et tout transformable, l'action est transparente au devoir et à la morale; les militants révolutionnaires identifient donc leur vie privée à leur vie publique et à la défense de leurs idées : logique formidable qui reconstitue, sous une forme laïcisée, l'investissement psychologique des croyances religieuses » (Furet). Toute conscience révolutionnaire pose quelque part l'équivalence de sa vie et de sa mort. L'iranienne la pose en un Autre, « Dieu est, donc je suis », l'européenne laïcise cette « logique formidable » dans la transparence d'un cogito. La révolution française prétend à toutes les propriétés optiques de l' « esprit » cartésien, elle fonctionne comme un œil qui se voit lui-même. Donc qui se trompe lui-même? Et se détrompe? Qui, en vérité, dans cet œil regarde?

La révolution n'est-elle que théâtre d'ombres? Robespierre régente par la vertu dynamique de l'illusion jacobine. Roespierre tombe, la dynamique est restée illusion. Le jeune Marx expliqua tout : l'idéologie a des effets positifs, n'est-elle pas idéologie positive en prise avec le réel? Connaît-elle au contraire des échecs? Positivement ce n'est alors qu'une idéologie et le réel se venge. Le jeune Marx explique trop, tout, donc rien. Si ivresse il y a, si la Révolution française est un événement particulier qui se donne universel, la machine à illusion est autre chose que l'illusion même et ce qui transporte les citoyens dans une transparence imaginaire est à la fois moins transparent que ne le croient ces citoyens et moins imaginaire que ne le jaugent les yeux rétrospectifs du théoricien.

Le metteur en scène de l'illusion jacobine, le grand rassembleur en deçà (Grande peur), au-delà (Bonaparte) fut la mobilisation belliqueuse. La force de la Montagne grandit à en formuler et étendre le discours : « La guerre va être le nœud de l'unité et de la surenchère révolutionnaire » (Furet), elle nomme les adversaires extérieurs et intérieurs, canalise les peurs, cimente les majorités, radicalise. Nœud opaque. Brissot croit que la révolution ayant « besoin des grandes trahisons » entre en guerre; ne voit-on pas plutôt la guerre avoir « besoin » d'une « grande » révolution? « Désormais la guerre gouverne la révolution beaucoup plus que la révolution ne gouverne la guerre. » *(Ibid.)* Désormais? Voire. Avant 89 Guibert avait prévu la puissance nouvelle d'une nation en armes; plus généralement deux siècles de discipline avaient préparé l'Europe à sa mise en guerre : « Dans les grands États du XVIIIe siècle, l'armée garantit la paix civile sans doute parce qu'elle est une force réelle, un glaive toujours menaçant, mais aussi parce qu'elle est une technique et un savoir qui peuvent projeter leur schéma sur le corps social... Le songe d'une société parfaite, les historiens des idées le prêtent volontiers aux philosophes et aux juristes du XVIIIe siècle; mais il y a eu aussi un rêve militaire de la société... Pendant que les juristes et les philosophes cherchaient dans le pacte un modèle primitif pour la construction ou la reconstruction du corps social, les militaires et avec eux les techniciens de la discipline élaboraient les procédures pour la coercition individuelle et collective des corps. » (Foucault.)

Toute contradictoire qu'elle apparaisse la conscience révolutionnaire ne s'évanouit pas comme une vapeur. Elle entend faire naître la société — beau fantasme d'origine — mais il ne suffit pas de cette prétention pour convaincre et rythmer d'énormes mobilisations centrées autour de Louis XVI, Robespierre, Bonaparte. Noms propres, taches aveugles dans la volonté générale, plus que phénomènes de surface ou simple culte de la personnalité. Ce sont là noms de chefs de guerre, si les personnes ne soutiennent pas le rôle, elles tombent. De même Lénine, le maréchal Staline, le président Mao, au fond tous. La conscience révolutionnaire joue les diva, elle a ses caprices et ses pâmoisons, elle occupe les devants de la scène, elle danse le savoir qui se sait lui-même et autocritique ses fausses transparences. Mais dans le blanc des yeux on lit tout autre chose, qu'elle tait : l'origine du fantasme, beaucoup plus qu'une éternelle occasion, la scène primitive, la matrice des révolutions. La chose qui pense révolutionnaire n'est qu'une pièce dans la machine de la guerre moderne, morceau de cervelle indispensable à la coordination de batailles dont l'énormité révolutionne inévitablement. Pour que la grande guerre devienne la plus grande, elle intègre une révolution quelconque, toujours nationale pour le combat et socialiste par la radicalité, elle mixe au gré des circonstances.

Faire la guerre moderne c'est aller à la racine des choses, qui déracine mieux qu'une révolution? « Du passé faisons table rase », qui, réciproquement, balaie mieux qu'une guerre? Quoi qu'en aient pensé Marx et les libéraux, la fulguration napoléonienne ne fut point l'anachronisme d'une société européenne et pacifique, mais l'ébauche de son avenir.

Le marxisme au XXe siècle trouve le secret de son expansion planétaire, il « organise l'apocalypse » (Malraux), il transporte aux antipodes non pas tous les savoirs modernes en vrac, mais un seul, il s'impose là où les autres techniques et idéologies occidentales ont échoué parce qu'il vient armé : il est science de combat. Sur ce point les analyses du *Discours de la guerre* sont exactes, le communisme conquiert la Chine en proposant une stratégie, par elle il gagna au Viêt-nam. Il fut vain de réduire cette influence à la « subversion » introduite par quelques meneurs remuant des masses imbéciles; se glissait en Asie, avec le marxisme, la conception européenne de la guerre, cet alliage d'opérations révolutionnaires et militaires brisa la mobilisation américaine. « Une des raisons qui faisait que les protagonistes étaient toujours (...) irrités par l'échec de leurs programmes, c'était que la vérité de la guerre n'entra jamais dans les calculs à haut niveau des Américains : qu'il s'agissait d'une guerre révolutionnaire et que l'autre camp avait droit à l'étiquette de révolutionnaire à cause de la guerre coloniale qui venait de s'achever. Ce fait extrêmement simple et qui était si important pour comprendre les calculs politiques (il expliquait pourquoi leurs soldats étaient prêts à se battre et à mourir et pas les nôtres; pourquoi leurs chefs étaient habiles et braves et les nôtres ineptes et corrompus), ce fait entrait dans les estimations des services de renseignements américains et rendait leurs rapports tout à fait exacts. Mais on n'en tenait jamais compte dans les calculs des principaux dirigeants, pour toute une variété de raisons : entre autres voir l'autre camp en termes de nationalisme ou de révolutionnaire pourrait remettre en question le problème de savoir si les États-Unis se battaient du bon côté. » (D. Halberstam.)

Le marxisme a conquis plus de la moitié de la planète, ou plus exactement de ses gouvernants. Il n'apparaît point que ce soit par la vertu des analyses du *Capital,* encore moins par la nullité de ses miracles économiques pratiques, son art n'y fut pour rien, sa culture non plus, rarement ses réfutations accélérées de l'empiriocriticisme ou de la relativité d'Einstein. Inutile de commenter une fois de plus sa théorie de la rente foncière ou les chansons prométhéennes du jeune Marx; oubliez Athènes, oubliez Sparte, oubliez Jérusalem, les débats méditerranéens et leurs dieux n'ont pas d'entrée à Pékin — pourtant le plus secret culte de l'Europe moderne, son maniement des armes, remue 900 millions de Chinois, on ne comprend pas le mystère ·de tant d'influence si on ne distingue ce qu'un siècle d'histoire nous met sous le nez : la seule chose que le marxisme sache préparer, organiser, faire, l'objet de sa passion, ce par quoi il triomphe, c'est la guerre.

IV. *Comment Sade et Napoléon finirent pères de famille nombreuse.*

L'Europe après 89 se déchirait en conflits sanglants et cherchait une consolation religieuse. Le *Génie du christianisme* fut dédié par Chateaubriand à un premier consul Bonaparte prêt au sacre de Napoléon. Hegel lui destinait, secrètement, son grand œuvre. Poète et philosophe ouvrirent le long cortège qui couronna divers Césars; des maîtres prêcheurs offrirent l'âme du Christ, les maîtres penseurs l'esprit de Platon, la plupart, démunis, leur vie.

Les Européens s'aveuglaient mais pas faute de savoir. Ils blêmissaient d'effroi moins par ignorance que pour avoir trop vu. Dès 1800, ils marchaient aux rives de l'abîme, le surent et nommèrent romantisme le mouvement unique par lequel chacun ouvrait les yeux et se voilait la face.

La chose fut suggérée avec précaution, enrobée d'un vieux vocabulaire réconfortant, l'angoisse nouvelle se couvrit de la perruque poudrée de Voltaire. Pas de cri. Un calcul suffit : « Pouvez-vous dans les faubourgs d'une grande capitale prévenir les crimes d'une populace indépendante, sans une religion qui prêche les devoirs et la vertu à toutes les conditions de la vie? » La Révolution avait creusé le gouffre que le *Génie du christianisme* comblerait. Des générations de jeunes Européens brandirent de tels textes et ricanèrent : « Voyez à quoi cela sert... ». En effet : « plaisante foy qui ne croit ce qu'elle croit que pour n'avoir le courage de le descroire! » (Montaigne). Inconstant et prospère, tour à tour sans Dieu et avec, pro et anti-Napoléon, Chateaubriand verra ses fidélités moquées, ses convictions mises en déroute. Sa course aux traditions dissimule peu les raisons de sa fuite, son angoisse ne varie pas : sous ses yeux, dans le siècle, règne une religion qui l'inquiète au point qu'il l'effleure sans la nommer, elle fait la crédulité de ces temps incrédules qui se bercent d'espérances — une mystérieuse nature « a poussé si loin l'art de la perspective qu'elle peint des Élysées jusque dans le fond de la tombe ».

Ce trompe-l'œil nous règle de la naissance au trépas. Il n'est ni chrétien, ni païen, aucune religion attestée ne le soutient, il a pourtant la force de toutes. On meurt aussi bien à Jemmapes qu'à Marathon, sans Christ, sans Zeus. Dans son *Génie du christianisme,* Chateaubriand joue le voltairien, se donne les gants d'offrir une foi à qui semble n'en avoir aucune, se mêle de réfuter le paganisme ancien, il amuse la galerie. Reste innomée, peut-être innommable, la nouvelle religion qui soude les sociétés nouvelles et domine les champs de batailles. Si le génie du vivre et du mourir moderne n'est pas chrétien, qu'est-il alors? Une fois, comme en bas de page, la réponse si souvent retenue : « Dans le culte de l'athée, les douleurs humaines font fumer l'encens, la mort est le sacrificateur, l'autel un cercueil et le néant la divinité. »

Depuis 1945, l'Europe croyait sa survie garantie par l'équilibre des terreurs, la mort était le sacrificateur, Hiroshima l'autel et l'arme absolue passa divinité.

Avant d'intituler son grand écrit *Génie,* l'auteur pensait titrer « Beautés morales et poétiques de la religion chrétienne ». La tradition énonce trois qualités transcendantales, la religion étrangement semblait ici en avoir perdu une; belle, bonne, était-elle encore vraie? Ce fut alors la deuxième découverte de l'Amérique : « Le progrès des lumières est certain... poserez-vous l'hypothèse d'une extermination presque complète du monde cultivé par la peste ou par la guerre? Mais l'Amérique s'est cultivée à son tour loin de la vieille Europe... » Les nations de l'ancien continent sont menacées d' « anéantissement » mais pas les lumières d'un nouveau monde qui est vérité et qui vraiment est. La théorie marxiste de l'opium du peuple, trop courte, manque de compter jusqu'à trois : le monde sans âme qu'on fuit; l'âme ou le génie de ce monde sans génie; et troisièmement l'union de l'âme et du monde, que le XIXe siècle loge dans l'indestructible Amérique, patrie du libéralisme. Le XXe baptisait « patrie du socialisme » ses Amériques à lui. Opium de la théorie de l'opium, elle vise toute religion, elle n'atteint que le génie de l'esquive qui flotte au-dessus de nos religieux massacres.

*
* *

— Sous l'encens, la douleur et sous la divinité, le néant. N'eûtes-vous point quelques hérétiques au nez trop fin pour ce parfum?

— Quelques rares, qui voulaient dénapoléoniser l'Europe, Stendhal « athée en politique », Clausewitz qui le fut en stratégie, Dostoïevski, probablement mécréant suprême devant la nouvelle religion. L'entreprise de ces happy few étonna.

Le Dieu de la guerre venait d'apparaître une première fois : général révolutionnaire, despote éclairé, empereur, Bonaparte échoue. Pas son image. Avant le XIXe siècle, il n'était pas de culture, de religion, sur la planète qui n'avaient couvé quelques méfiances et précautions devant les pouvoirs qui nous mènent. Un Guayaki amazonien, Shakespeare et saint Thomas rendent à César son dû mais pas plus. Napoléon fait le larron de la grande démission européenne. Pour ou contre, il n'importe. La fabrique du bon pouvoir s'ouvre, celui qui ne rend pas fou et à qui on donne tout : ses biens, sa vie et surtout ses pensées. Raskolnikov tue la vieille usurière et son crime n'est pas crapuleux : c'est l'envol de l'aigle; Napoléon lui apprend à ne pas hésiter, seul celui qu'il deviendra par cet acte pourra juger de son acte. Raskolnikov ne tue pas par barbarie primitive mais selon la raison moderne, il applique la maxime du temps, « concevoir c'est dominer » (Hegel). Penser c'est penser en gouvernement — le futur décrète le révolutionnaire, l'actuel objecte le conservateur.

Le Discours de la guerre le remarque, tout se joue dans le rôle assigné à la bataille napoléonienne. En elle se dramatisait une première fois l'équation du pouvoir moderne et de la capacité d'anéantir : que j'aie l'assurance d'imposer et de remporter ma grande bataille et je me retrouve, avant même qu'elle ait lieu, ordonnateur et ordinateur. « Toute la terre est à nous dans ces instants délicieux; pas une seule créature ne nous résiste, on dévaste le monde, on le repeuple d'objets nouveaux que l'on immole encore... », explique le Belmor de Sade à Juliette.

A quoi pensent les maîtres penseurs sinon à la preuve du pouvoir par le moyen de la mort? J'anéantis donc je suis, donc je suis seul à jouer, ne suis-je pas Dieu? Qui pour le nier? Sous les rapports de production, les rapports de destruction et derrière Hegel, Sade.

La dissymétrie clausewitzienne entre la conquête et la résistance introduit la paille dans l'acier bien trempé des volontés napoléoniennes. La victoire n'est pas garantie au défenseur, certes, mais il suffit que le dieu des combats garde les yeux bandés. « Notre salut est la mort, mais pas celle-ci » (Kafka), il y a autant de façons de périr que d'adversaires, celle que tu m'offres n'est pas celle que je prends. Cette dualité, le tortureur la poursuit à dépecer sa victime, perdu comme Napoléon dans les plaines de Russie. Le conquérant trouvera peut-être sa bataille et anéantira, il ne peut éviter avant, comme après, d'être déçu — la mort fait encore clé des champs pour l'autre : « comprendre cette chance : le sol sur lequel tu te tiens ne peut être plus grand que ce qu'en couvrent les deux pieds » (Kafka, carnets).

La bataille napoléonienne, sanglante mais point décisive, fut philosophiquement le premier *tigre en papier* des pouvoirs modernes. Lorsque Mao et Kissinger s'allient, la rencontre d'un continuateur de Clausewitz et d'un admirateur de Metternich ne manque pas de sel européen — tous deux s'entendent à ne pas fonder napoléoniquement de paix absolue sur les armes absolues, la doctrine du tigre de papier se banalise : il va de soi désormais que l'accumulation des armes thermo-nucléaires et l' « équilibre de la terreur » ne sont à même ni de fonder le partage du monde, ni d'en assurer le statu quo.

Restait à scruter les secrets de la résistance. Qu'est-ce qui permet de choisir une mort « mais pas celle-ci »? Tous les exemples de défense collective contre Napoléon qui sous-tendent la pensée de Clausewitz impliquent une résistance spirituelle pré-moderne (Vendée, Espagne, Russie). La capacité de se défendre en choisissant sa mort n'est pas donnée; l'Allemagne, malgré Clausewitz, ne se soulève pas contre Napoléon. Le stratège a montré la puissance d'un ressort dont il ignore le principe — qu'est-ce qui apprend à mourir? question pour les philosophes : « Qui a appris à mourir, il a désappris à servir. » (Montaigne.)

Le Discours de la guerre n'interroge pas cette « bombe atomique spirituelle », leur marxisme, que les communistes chinois élèvent contre le « chantage atomique ». Plus tard, son auteur reconnaîtra que le terrorisme nucléaire est tigre de papier face à un terrorisme beaucoup plus efficient et radical : une population qui vit à l'ombre des camps de concentration subit en permanence un Hiroshima spirituel.

En opposant terreur à terreur, les marxistes des antipodes retournent contre l'Europe sa propre religion de la guerre. Malgré lui, *le Discours de la guerre* le montre dans les deux derniers chapitres qu'il consacre à Mao. D'une façon d'autant plus probante qu'involontaire, il glisse de la référence clausewitzienne à la référence hégélienne, de la guerre à la politique révolutionnaire : Mao Tsé-Toung, un temps élève de Clausewitz (défensive en stratégie), se retrouve enfant des maîtres penseurs (terreur en politique).

Les marxismes ont pensé contre l'Occident, tout contre, en miroir, en symétrie, pareil. Ils seront métamorphosés à leur tour en tigres de papier par ceux qui essaient d'exister non seulement contre mais autrement. La plus grande explosion de terreur est le Goulag, qui veut savoir ce que devient alors la clausewitzienne capacité de résister doit interroger les dissidents d'une dissuasion au carré. Quel est le véritable athée de notre religion guerrière? Soljenitsyne probablement.

V. *Socialisme d'avant 14 + Radicalisme d'avant 40 + contestation révolutionnaire = Pacifisme d'Amérique 70 → Socialisme d'avant 80 → Radicalisme d'après 1984 → ?*

La guerre mondiale n° 2 achevée, l'Europe régla sa montre sur les États-Unis — ils étaient différents, on ne pouvait les juger retardés, elle les présuma en avance et s'assomma du nombre comparé des chercheurs scientifiques; les kilotonnes de Produit National Brut pesaient lourds sur les raisonnements. Nous ne manquions pas de choix : la percée américaine pouvait être technologique ou anti-technologique, postindustrielle et néo-culturelle, nous options de supporter ou de dénoncer cet impérialisme tandis que l'Europe inventait mille sortilèges pour s'oublier dans l'Amérique.

Une hypothèse manquait à l'affiche — à événements nouveaux, peu de pensées nouvelles; sur les deux rives de l'Atlantique on se répétait. Les généraux de la plus puissante, moderne et « sophistiquée » armée jamais vue dans le monde habitaient en 1914 : ils expédiaient leurs G I's au Viêt-nam comme Nivelle fit « audacieusement » faucher ses fantassins en pantalons garance — l'offensive, l'offensive à tout prix recommandait Foch assis au Pentagone, on traduisait : escalade, escalade. A coups de guitares et de grenades jetées dans le mess des officiers (« fragging »), au nom de la parole et de l'amour libres, soutenu par les églises les plus autoritaires, un mouvement à son tour jamais vu stoppa le versant américain de cette folie. Cent mille déserteurs.

Chiffre inouï dans toute l'histoire de l'Occident. Pour la première fois une armée se trouvait mise en déroute par sa propre jeunesse, décomposée de l'intérieur, son Stalingrad était spirituel, sa retraite de Russie morale, l'objection de conscience avait bloqué la technologie la plus savante. Le mouvement retomba aussitôt. Les vietnamiens qui viennent d'échapper au napalm veulent-ils fuir les Nouvelles Zones Économiques et les camps de rééducation? Aucune inquiétude ouverte chez les anciens contestataires occidentaux. Les réfugiés partent-ils, entassés par les autorités communistes sur des barques impossibles, abandonnant tout? Minimum du minimum : Dix mille noyés dans cet exode marin — aucune grande protestation! Où est la morale, où est le spirituel? Un enfant meurt sous le napalm, la conscience crie, un enfant est noyé dans la mer de Chine, la conscience sombre avec lui.

Les bons morts, les mauvais morts : le plus grand mouvement pacifiste de tous les temps a tenu ses livres comme n'importe quel général, ou Staline, ou Mao, du bon côté les cadavres ont le poids des montagnes, du mauvais celui d'une plume. Et le courage de jadis, le cri du cœur, l'aptitude à risquer des coups et quelquefois la vie pour que des enfants ne finissent pas torches vivantes — était-ce feu de paille? De vieilles idées avaient alors échappé aux flammes des campus et les éteignirent. Normalisation intérieure. Ordre moral. Le mouvement pacifiste a été incapable de penser sa paix, nous avions compté deux camps au Viêt-nam, comme calcule toute guerre, et non pas trois, quatre : les moines bouddhistes déstabilisaient un camp sans se rallier à l'autre et brûlaient en troisième force, les populations civiles fuyaient terrorisme du ciel et terrorisme des forêts (Hué 1968); tous oubliés dans les registres des batailles et du mouvement pacifiste. A ne compter que jusqu'à deux, le bon massacre se trouve silencieusement accepté. Pentagone rouge ou Pentagone blanc, les bouchers siègent en haut et les enfants, après les pères, acquiescent.

A la vue des bombardements massifs, nous avions manifesté,

cassé des vitres d'ambassades et des cœurs de pierre, allant répétant dans les rues d'Occident : qui ne dit mot consent. Chacun le redit pour soi, quand de nouvelles terreurs déployèrent d'autres drapeaux. Fin de partie pour le plus grand mouvement pacifiste de tous les temps. Et tant pis pour les populations du Viêt-nam, du Laos, du Cambodge, et pour tous les peuples d'Amérique latine aussi bien, une générosité qui commence à fermer les yeux s'endort, un crime qu'on accepte une fois révolte moins, l'habitude de ne dire mot à une dictature devient consentement à toutes.

Nous n'avions pas cessé, pensant paix, de choisir le camp du vainqueur, le pacifisme des années 70 n'avait pas rompu notre religion de la guerre. Nous retrouvâmes les embarras et les contradictions que le pacifisme européen charriait à travers le siècle, reculant d'horreur devant l'horreur en toute honnêteté socialiste, radicale ou révolutionnaire. Le socialisme généreux et fragile de Jaurès. Le radicalisme d'un professeur de philosophie, Alain, dont les manuels scolaires pillèrent les bons mots en négligeant la seule expérience qui ait quelque peu secoué ses bienséances universitaires, cette guerre de 14 qu'il avait subie comme artilleur au front. Le mouvement révolutionnaire enfin où Sartre tenta comme nous tous d'interroger encore une fois la commune condition qui fait de l'homme un camarade et un enfer, d'un coup d'un seul. Trois époques semblaient ainsi confluer vers l'Amérique 70, en fait l'Europe tournait dans son cercle, entraînait tout le monde et passait d'une tentative à l'autre à ne savoir couvrir le bruit des tambours qu'en leur faisant écho. Faire à la guerre sa part, sans plus, chacun l'avait tenté, nul n'y parvenait.

Le socialisme s'était lancé en France au début du siècle comme soixante ans plus tard la nouvelle gauche américaine. Le drapeau de son succès ne fut pas classe contre classe, mais esprit civil contre militarisme, état de paix contre état de guerre. On dauba ce pacifisme naïf, à tort : si le socialisme était un christianisme des jours de semaine, il l'emportait en génie sur un christianisme devenu socialisme du dimanche. Il conquit à pointer une vérité que diverses « affaires » (Dreyfus, Watergate) montraient indépassable : la guerre est (déjà, encore) dans la paix, la critique de l'état de guerre suppose celle de l'état de paix, maîtriser les conflits implique changer la société.

Dressant le bilan d'un passé angoissant le socialisme emportait la conviction : « Les convulsions et les meurtres du moyen âge, les chocs sanglants des nations modernes furent la dérisoire réplique de la grande promesse de paix chrétienne. La révolution à son tour lève un haut signal de paix universelle par l'universelle liberté. Et voilà que de la lutte même de la révolution contre les forces du vieux monde se développent des guerres formidables... » Quand il prétendait à son tour réduire cette angoisse et cantonner la guerre, le socialisme tricota dans le dérisoire, « ...malgré les conseils de prudence que nous donnent ces grandioses déceptions, j'ose dire, avec des millions d'hommes, que maintenant la grande paix humaine est possible, et si nous le voulons elle est prochaine. Des forces y travaillent : la démocratie, la science méthodique, l'universel prolétariat solidaire. » Jaurès bénéficie d'une sincérité d'avant la Première Guerre mondiale, il n'en fut pas moins pillé par d'infinis imitateurs que d'innombrables massacres scientifiques, méthodiques et prolétariens laissèrent stoïques. Les démocraties s'entre-tuaient. Les États socialistes s'entre-condamnaient. Soigneusement disposés en deux armées, s'étripaient les dignes représentants de « l'universel prolétariat solidaire ».

Convient-il de compléter cette vision socialiste d'une interrogation plus radicale? Qui fait la guerre sinon chacun? Qui nous dressa les uns contre les autres, interrogèrent les personnes honnêtes au lendemain de 1918? Beaucoup incriminèrent une cause extérieure. « Il est naturel qu'au sortir d'une si grande folie, on cherche quelque cause fatale que l'on puisse maudire, au lieu de s'en prendre à soi. » (Alain.) C'est la faute à de mauvaise lectures, firent les uns (Ô la guerre de Descartes contre Kant!). Celle du Grand Capital suggérèrent les autres (Ô Lénine déduisant en 1916 l'inéluctabilité des massacres de 14!...). Ici, remarquèrent les subtils, l'effet — la guerre — précède visiblement les causes supposées. La discipline de la fabrique était militaire (Engels), la plus énorme découverte en organisation du travail — la chaîne — suivit la guerre de Sécession pour se propager pendant celle de 14 : « Toute tyrannie, et même dans l'ordre économique prend là son appui. » (Alain.) Ce ne sont pas quelques mauvaises lectures mais le système scolaire, pas le grand capital seul, mais toute la hiérarchie industrielle et sociale, de bas en haut, qui permirent la mobilisation de 14. Et il en fut ainsi jusqu'à la fin de l'Europe.

L'opacité de l'état de sang envahit la paix sociale mais la critique pacifiste s'imagine des îlots de transparence, la paix règne dans les espaces vierges, entre les socialistes conscients des contradictions du capitalisme (Jaurès), dans la Raison, maîtresse du conflit des passions (Alain). Forte de sa transparence édénique la conscience des intellectuels s'inventait un support massif : le peuple, se trompant, faisait malgré lui l'expérience de la guerre, expérience qui ne pouvait être que rejet — on ne meurt pas pour rien de gaieté de cœur. La guerre de 40 autant que celle de 14 surprit nos consciences paradisiaques : elles n'y croyaient pas, « on nous invitait à retrouver le moment où la guerre de Troie pouvait encore n'avoir pas lieu... Nous savions que des camps de concentration existaient, que les juifs étaient persécutés, mais ces certitudes appartenaient à l'univers de la pensée. Nous ne vivions pas encore en présence de la cruauté et de la mort, nous n'avions jamais été mis dans l'alternative de les subir ou de les affronter. » (Merleau Ponty.) Une fois de plus le pacifisme avait sous-estimé son adversaire.

Dernier effort pour se dégriser : si la guerre envahit tout, si le militaire — chacun de nous — sort armé de la paix, s'il n'existe pas de refuge pour conscience tranquille, une seule issue : faire la guerre à la guerre. C'est-à-dire faire la guerre et la paix simultanément.

La tourmente anticoloniale emporta la « raison » et le socialisme européens qui servaient de havres imaginaires. La terreur sanglante n'avait pourtant pas fini de faire rêver : impossible hors d'elle, il fallait installer en elle cette transparence — raison, socialisme — qui devait permettre d'en sortir. Nous retrouvions ainsi l'expérience la plus commune du soldat de 14 (« parti à la guerre pour tuer la guerre ») et la conviction la plus dialectique de nos professeurs (« je crois que nous avons tué la guerre », promettait Alain dans les années 30).

Entre le colon et le colonisé, inutile de feindre quelque extérieure nécessité qui les jette l'un contre l'autre — une telle mécanique opposition « ne mérite pas plus le nom de lutte que celle du volet qui bat et du mur qu'il frappe » (Sartre). Un acte de terrorisme — si cruel et ignoble soit-il — « trouble » la paix, enclenche les « duels » du colon et du colonisé dans une escalade de violences et de contre-violences. La plate dialectique provocation-répression ne fonctionne pas en l'air, n'importe où. En fait la paix était trouble dès le départ, la relation coloniale « était d'un bout à l'autre une lutte » (Sartre), un état de guerre dès l'origine. Près de cinq cents ans après ses grandes découvertes, l'Europe clôt son tour du monde en se rencontrant elle-même, les guerres de libération nationale ne lui renvoyèrent jamais que l'image inversée de sa conquête.

Nous voulûmes que le venin fût l'antidote et que l'horreur mît fin à l'horreur. Cette alchimie fut projetée dans les mouvements de libération anticoloniaux, il ne suffisait pas qu'ils fussent stratégiquement victorieux, il les fallait philosophiquement définitifs. Le colonisé s'affirmait notre alter ego, « nous étions hommes à ses dépens, il se fait homme aux nôtres » (Sartre). Nous en fîmes un super-ego « un autre homme de meilleure qualité » *(ibid.)*. C'était trop demander. Sa guerre gagnée, le colonisé avait conquis le droit à nos tares et ne se privait point. Nous étions un « gang », il en constitua d'autres. Nous l'avions chargé de « réaliser » notre philosophie, de ne plus contempler le monde mais de le transformer. Nous avions omis d'ajouter : libre à lui. Il emprunta à l'occasion notre philosophie mais également notre manière de l'appliquer, il colla sur des guerres sordides des étiquettes pacifistes et fraternelles.

L'erreur ne concernait pas « la guerre du peuple » mais l'humanité qu'on glissait derrière. Si on ne présuppose pas le genre humain existant, déjà là, on conçoit plus simplement qu'un peuple qui se libère d'un asservissement gagne son billet d'entrée non dans l'humanité mais dans la guerre des gangs. (Dans *le Discours de la guerre,* identique glissade, l'analyse stratégique des luttes de libération — premier chapitre sur Mao — est doublée par la glorification politico-révolutionnaire de leur victoire, fêtée finale dans les deux chapitres suivants. Les luttes de libération font « l'exemple simple,... le cas le plus favorable », où l'Européen peut apprendre à « ne plus ruser avec ces mots précis et vrais de *praxis* et de *lutte* » espère également la *Critique de la raison dialectique* (p. 687). C'était projeter, sur les stratégies précises et délimitées de ces mouvements, la dialectique infinie qui prétend marier Guerre et Raison, Hegel et Napoléon : le marxisme extra-européen inscrivit ce rêve dans sa réalité, par quoi l'Europe accoucha de ses monstres à distance.)

Les luttes révolutionnaires ne peuvent pas dissoudre l'opacité de la guerre dans la transparence supposée des révolutions, elles retrouvent à leur façon le « terrible paradoxe » où s'échoua la française : « Ce n'est pas seulement pour se défendre contre l'agression du vieux monde, c'est pour se délivrer de ses propres incertitudes que la révolution avait déchaîné le combat : étant devenue elle-même une nuée de guerre, comment aurait-elle pu éteindre les éclairs qui jaillissaient de toutes parts? » (Jaurès.) Ce paradoxe du pompier incendiaire qui pour se délivrer des incertitudes les multiplie et pour éteindre les éclairs les allume, l'Europe s'y enfermait, c'était sa guerre et son axiome : « La violence, comme la lance d'Achille, peut cicatriser les blessures qu'elle a faites. » (Sartre.)

Jaurès, Alain, Sartre, tant d'autres, chacun coinçant les contradictions de son prochain dans la tenaille des siennes propres; Ô Camus, si proche du meilleur Sartre lorsqu'il choisit l'appui du Front de Libération contre les colonialistes qui lui interdisent de parler, sur la pente du plus triste quand il prend ses distances d'avec la vérité de Kravchenko. Je doute donc je pense, je dois raison garder devant le malin génie des carnages (Alain, Camus...). J'agis donc je suis, je pense donc je casse, répond la bonne violence de l'engagement national, antifasciste ou anticolonialiste. *Ergo deus est,* en bon français moderne : donc l'Histoire, non plus Dieu, justifie tout cela par la paix ou le socialisme de l'avenir. Ces trois voix se nouent en chaque gorge, discordantes; l'actualité veut qu'on n'en choisisse qu'une pour se faire entendre; l'idéal discours de la paix, les rêves symphoniques : *dubito ergo cogito ergo deus est,* l'ordre de nos pacifismes eût alors convenu avec l'ordre du monde.

En fait, les intellectuels, comme tout le monde, bricolent, aident à bloquer certaines logiques infernales et se laissent ailleurs prendre à l'action ou par l'inaction. Le tâtonnement devient un art d'errer européen, il noue de secrètes complicités; le paysan Spiridon et l'intellectuel Nerjine inventent la formule de la self défense au XXe siècle : « Le chien loup a raison et le cannibale a tort. » (Soljenitsyne.) On avait commencé avec, sur le bien universel, des idées compactes, implacables et prétentieuses — quant au mal, il n'était alors qu'absence ou attente du Bien. Au contraire, l'évidence générale d'une horreur aux multiples feintes circule dans les engagements européens de la fin du siècle, on commence à s'entendre sur les maux sans préjuger des félicités; face aux calvaires, l'émotion arrive contagieuse alors que chacun laisse à chacun le soin de cultiver un idéal en pot. Pas de notion commune du Bien, une expérience partagée du mal suffit; tandis que les bonheurs s'éparpillent timidement en histoires singulières et aventures privées, le malheur devient subitement une idée neuve en Europe, l'affaire publique.

L'Humanité, l'Histoire n'existent pas, mais l'enfer si. Les droits de l'Homme, jadis invoqués pour coloniser le monde et imposer par le feu et le sang son eurocentrique figure, valent désormais modestement pour stratégie antimeurtre et tentative de barricader les portes du crime sans prétendre ouvrir celles des paradis.

Les porteurs de drapeaux restaient cois : affronter les conflits sans survol ni noyade relève de l'art plus que de la science (de la prudente *metis* des anciens Grecs plus que de leur *episteme*); les paix qui se jouent au jour le jour et dépendent d'un chacun angoissent; en matière politique seule la grande guerre est cartésienne. Le vieux monde ne put se résoudre à l'abandon de solutions miracles, une arme magique devait donner la mort et rendre la vie, transformer le désordre en ordre, convertir la destruction en renaissance, les hostilités en fraternités, les peuples en humanité une et indivisible.

Aucune doctrine européenne ne domestiqua le cogito des guerres modernes. Les uns restèrent à caresser la kalachnikov du guérillero, les autres couronnaient l'arme nucléaire. Notre secrète religion trouva son alpha et son oméga : le terrorisme en grand et en petit. Preuve d'une foi vivante et en pleine expansion, le denier du culte atteignait 20 à 25 % des dépenses globales de tout gouvernement civilisé. On nommait cet acte de foi : « Budget de la défense — ou de la sécurité — nationale », n'y était pas inclus le prix des nombreux ex-voto annexes baptisés « recherche et développement », ni les contributions personnelles des multiples terrorismes artisanaux. La dissémination des armes absolues et la prolifération des lances d'Achille, dernier cri de notre démocratie.

VI. *De la société dissuasive.*

Mahmoud m'interrompit; plus j'affirmais l'Européen religieux, plus il doutait : — tu nommes cela religion pour te mettre à ma portée, tu me prends pour un musulman borné. Entre Européens, vous ne disiez pas religion n'est-ce pas?

Mahmoud n'y coupa pas, je n'avais pas été boursier de l'État français en vain, il fut gratifié d'un cours étoffé sur la notion de *« fait social total »*, telle que Marcel Mauss l'a introduite; je ne lui épargnais pas le brillant commentaire de Claude Lévi-Strauss. J'avais trouvé un nom profane pour le mystérieux culte.

Les collectivités humaines se sont liées par et dans des échanges bien avant l'invention de l'écriture, de la monnaie et des règles de droit. Les échanges ne se limitent pas aux biens et aux richesses, « ce sont avant tout des politesses, des festins, des rites, des services militaires, des femmes, des enfants, des danses, des fêtes, des foires dont le marché n'est qu'un des moments et où la circulation des richesses n'est qu'un des termes d'un contrat beaucoup plus général... » Loin d'être étroitement économique, l'échange s'avère aussi bien rite diplomatique (alliance, *potlach*), épreuve sportive, morale, esthétique et religieuse, « c'est autre chose que de l'utile » qui circule; on consume et on consomme, on se classe, supérieur et inférieur, on joue et on tue en se pliant aux trois obligations de donner, recevoir, rendre; c'est-à-dire à l'impératif de communiquer.

Ah! si les ethnologues avaient daigné quitter un instant leurs chers Indiens et reprendre langue avec leurs compatriotes! Le rapport de l'Européen avec la guerre qu'aucun pacifisme n'arrivait à couper témoignait à l'évidence d'un « fait social total » de belle envergure, il mettait également en branle « dans certains cas la totalité de la société et de ses institutions (potlach, clans affrontés, tribus se visitant, etc.) et dans d'autres cas, seulement un très grand nombre d'institutions, en particulier lorsque ces échanges et ces contrats concernent plutôt l'individu ». (Mauss) Faites l'expérience, ôtez ses guerres à l'Europe, et vous ne comprenez plus rien de son histoire, de sa sociologie, ni des destins individuels qu'elle croise. Fait « social total » moderne, c'est sur un clavier tridimensionnel que la guerre joue ses grands airs. Économistes, sociologues, historiens demeuraient songeurs.

Personne ne doutait de l'importance du phénomène, mais chacun l'expliquait par l'impérialisme d'en face. Depuis la fin de la Seconde Guerre mondiale, les dépenses planétaires d'armement étaient accrues en moyenne de 5 % par an (à monnaie constante). La part qu'elles prenaient dans la production mondiale augmentait deux fois plus vite que cette production (enquête SIPRI). Ces sommes ne jouaient pas seulement par leur énormité, elles fonctionnaient comme accélérateur ou régulateur de l'ensemble de l'économie. Elles s'y substituaient même : l'URSS se classait deuxième puissance économique du monde; sans l'armement et le spatial, l'URSS eût été placée nation sous-développée.

Être toujours prêtes à la guerre caractérisait les sociétés modernes, à travers leurs structures économiques et politiques, jusque dans leur mode de développement. On fêtait partout la révolution technique et scientifique, les progrès les plus marquants restaient liés aux nécessités militaires, le rail et l'acier jadis, la particule atomique et la capsule spatiale, aussi bien le transistor et l'ordinateur. Les impératifs stratégiques accéléraient vertigineusement l'intégration de la recherche scientifique à l'appareil de production — entre l'invention de la radio et son existence industrielle trente-cinq ans s'écoulèrent, cinq seulement pour le laser. Le terme « complexe militaire-industriel » fit florès. On chercha dans la formule une occasion de localiser le phénomène, voire de le réduire à un complot d'intérêts privés et galonnés. La guerre cependant pesait sur l'univers et chaque société prenait dans tous les aspects de son fonctionnement une allure de « complexe militaire-industriel », nouveau nom pour le phénomène social total moderne.

Les coupes longitudinales de l'historien rencontraient les coupes transversales du sociologue : nous vivions toujours entre deux crises graves. L'espoir pourtant avait été grand à Princeton, où se réunirent universitaires et savants atomistes, après l'explosion d'Hiroshima : les armées devenaient inutiles et dérisoires devant l'absolu danger, « la guerre des bombes serait la fin des hommes et le seul moyen de l'empêcher est un gouvernement mondial ». A danger planétaire, solution planétaire. Les savants ont un irrésistible penchant à supposer que là où est le problème est la solution et que l'homme ne se pose que les problèmes qu'il sait résoudre. Marx disait n'avoir pas découvert la lutte des classes (ce qui est exact) mais sa solution : la dictature du prolétariat — par là s'affirmait-il savant. Le « gouvernement mondial » fut une issue de même nature transformant le besoin d'une solution en solution pour ce besoin. Le danger était énorme parce que les États se divisaient, s'armaient, se menaçaient, supposer le problème résolu c'était en toute simplicité supprimer le problème.

L'arme nucléaire ne transforma pas l'histoire, mais elle introduisit officiellement un rapport qu'on crut nouveau et qu'on nomma dissuasif. La loi que s'imposent deux (ou plus) puissances capables chacune de la mort de l'autre n'est pas celle du plus fort; la dissuasion n'est pas la persuasion. Différente de la contrainte positive d'un adversaire par l'argument d'un avantage pensé ou frappé, c'est une contrainte négative qui joue de la considération du danger : tous deux, au bord du gouffre, n'avançons pas l'un contre l'autre ou l'un sur l'autre, mais reculons ensemble. Point trop, il n'y a de risque de s'abîmer que s'il y a risque de s'accrocher. Nous voilà au rouet : si notre volonté de paix dépend du danger de guerre, à diminuer les risques de l'une nous restreignons les chances de l'autre; le monde entama pour des décennies sa valse-hésitation aux rives de l'abîme.

Situation inédite? Voilà longtemps qu'une idée traversait l'Europe : la guerre ne paie pas. La dissuasion, crut-on, introduisait « une différence qui n'était pas mince entre la dialectique actuelle et celle du passé. Hier la grandeur des intérêts en jeu, l'ardeur des passions entraînaient les peuples vers le massacre mutuel. Nous supposons à tort ou à raison qu'il en ira autrement, que, désormais, la conscience de la catastrophe possible constitue le « cran d'arrêt ». Nous supposons que le suicide commun, constante possibilité d'un duel à mort sera refusé par les duellistes... Rien ne garantit que l'avenir confirmera cette hypothèse. » (Aron.) Ses penseurs les plus pondérés ne prirent pas la dissuasion comme remède miracle, son succès n'était pas fatal, mais peu importait, tout avenir confirmerait l'hypothèse, une absence d'avenir ne pouvait l'infirmer. Avec sa modestie et son coefficient d'incertitude, la dissuasion se donnait pour la plus haute certitude (« la conscience du risque possible ») capable de régler (« cran d'arrêt ») le commerce des nations.

Il eût fallu douter, la nouveauté n'était pas inouïe : « Que signifie cette atroce menace suspendue sur tous, et telle que la seule défense possible consiste en une riposte pareille? Que signifie cette puissance d'assassinat, égale en toutes les nations, sinon la fin d'un régime où le plus fort impose sa volonté? » (Alain.) L'épée de Damoclès, évoquée dans ce texte de 1934, c'est le bombardement des villes, pas l'atomique, mais le « classique », nouveauté de l'époque. Pronostic pacifiste démenti par l'avenir semble-t-il. Dira-t-on qu'il était simplement « en avance »? Fallait-il attendre les missiles intercontinentaux (ICBM) pour trouver « ces pistolets armés, dirigés chacun sur le cœur de l'adversaire » et classer les guerres parmi les choses dépassées?

Où est la différence? Le suicide n'était pas garanti bilatéral en 34; les villes pouvaient être rasées par les bombes, « ces redoutables coups on ne peut les parer on ne peut que les rendre » (Alain). Il n'était pas certain que l'adversaire soit déterminé à les rendre... En va-t-il autrement après 1945? Les stratèges nucléaires se sont épuisés à tourner l'alternative du tout ou rien, du spasme atomique ou de la capitulation. Ils ont, par là, rétabli l'incertitude et les démonstrations (de forces, de moral, etc.) classiques dans la paix armée. La destruction possible de sa civilisation hanta l'Europe bien avant l'arme nucléaire (voyez Valéry), l'explosion de la planète entière n'ajoutait guère à la menace. La seule décisive différence eût été que la destruction perde ses probabilités pour devenir inévitable en cas de conflit. Cette fatalité, justement, toute la stratégie de la dissuasion prétendait l'éviter, « seuls les simples d'esprit en restent à l'alternative de l'apocalypse et de la passivité » (Aron). Autant conclure que de l'ancienne paix armée à la nouvelle paix atomique la manière dialectique et gouvernementale de prendre-des-risques-par-mesure-de-sécurité ne trouve guère l'occasion de changer : dans les deux cas les risques sont incertains, dans les deux ils peuvent s'avérer mortels. Que la France fût rasée de manière classique ou que l'univers s'abolisse avec elle, l'inquiétude du Français, qui était de crever, demeurait égale. S'affirmait-il patriote, il mourait pour la patrie, l'univers sans la France signifiait peu pour lui. Se trouvait-il gouvernant, sa tradition changeait moins que son vocabulaire, il rajeunissait les raisonnements d'Alain de quelques mots anglo-saxons. La nouveauté de la dissuasion était américaine, l'Européen moyen vivait et périssait dans ces échanges de mortelles menaces depuis plus d'un siècle.

L'Amérique découvrait l'Europe. Le nouveau continent avait vécu en île — telle l'Angleterre quelques siècles en amont — et se trouva des voisins : il subit menaces et pressions, craignit, s'angoissa. Hanna Arendt venait de souligner le cours relativement pacifique des révolutions libérales anglaises et américaines, faisant valoir leur isolement géographique. Les révolutions continentales avaient multiplié leurs violences à mêler mouvements libertaires et mobilisations guerrières. Elle concluait bravement qu'une révolution aussi belliqueuse que la française n'était pas règle mais exception; une liberté qui a trop de frontières se cuirasse et s'étouffe. Après 45, l'exception européenne devint règle universelle : les privilégiés d'antan avaient à vivre dans la réciprocité des menaces.

La bombe permit à l'Européen de rassembler ses idées, sans lui en apporter de nouvelles. Il habitait, de père et de mère en fils et fille, ce monde dissuasif où chacun peut raccourcir l'autre; il y codait grands et petits événements et lorsque les livres d'histoire semblaient oubliés, une brusque colère, un commissariat incendié ou un manifestant tué, ravivait la menace. La dissuasion fonctionnait, secret moins de la paix que de l'ordre, nous n'avions pas attendu la Bombe pour vivre dans l'intimidation réciproque. Nos chronologies se découpaient en avant — et après — guerres, non pour égrener de glorieux souvenirs, ils étaient rares, mais parce que nos vies se faufilaient entre nos boucheries et nos paix, les unes datant les autres. Les théoriciens le remarquaient rarement, ils croyaient qu'en période calme la société retrouvait ses rails en suivant les lois, au choix, de l'économie politique ou de la conscience raisonnable. Les massacres passés, l'existence était censée se transporter comme si de rien n'était, ailleurs, dans une société qualifiée « industrielle », « post-industrielle », « de consommation », « scientifique et de progrès », « unidimensionnelle », à la guise de chacun. Le guerrier se reposait dans l'oubli théorique.

La consommation de masse et bien d'autres nouveautés du genre modifièrent, il est vrai, l'équilibre de la population et ses habitudes; les descriptions étonnées, enthousiastes ou angoissées ne mentaient pas; l'Européen changeait. Elles loupaient seulement l'orientation de ce changement, en fait, l'Européen s'enfonçait de plus en plus dans la société dissuasive. Exemple, la consommation : on en constata l'explosion après la deuxième mondiale. Savamment on se mit à déduire la consommation de masse, on en fit le fruit naturel de l'expansion d'une société industrielle ou le cadeau empoisonné d'une structure d'exploitation et d'abrutissement de l'homme par l'homme. Il eût mieux valu se reporter à une réflexion commencée au sortir du premier massacre mondial, la production de masse y était non seulement prophétisée mais pensée : par ses mobilisations « la guerre a dévoilé à tous la possibilité de la consommation et à beaucoup l'inanité de l'abstinence... Les classes laborieuses ne voulaient pas pratiquer un si large renoncement. La classe capitaliste ayant perdu confiance dans l'avenir peut chercher à jouir plus complètement de ses possibilités de consommation tant qu'elles dureront et hâter ainsi l'heure de leur confiscation. » La « conséquence » de la guerre s'imposait là bien avant que les théories ne choisissent leurs unilatéralités respectives et Lénine admira à l'époque, dans l'ensemble, le diagnostic de Keynes.

Le marché du travail fut chamboulé avec les conflits mondiaux, « la nécessité de prévenir le retour du chômage massif est le thème qui revient dans presque tous les ouvrages consacrés aux problèmes de la reconstruction de la Grande-Bretagne après la guerre, quel que soit le point de vue des auteurs », relevait le rapport Beveridge (en 1944) qui sous le drapeau du « plein emploi dans une société libre » justifia pour les élites d'Europe occidentale l'intervention de l'État dans le marché, les nationalisations sélectives, la planification souple et d'autres libérales limitations de la propriété privée. Plus encore qu'en 14 (où les travailleurs immigrés affluèrent), toute la population avait travaillé, les femmes complétant, remplaçant les hommes dans les usines. Ces mobilisations pesaient sur les après-guerres : si la vague de chômage des années 30 devait réapparaître, elle ne serait plus supportée — « aucune liberté ne sera sauve, car, pour beaucoup, elle n'aura pas de sens » (Beveridge). Le libre jeu des « mécanismes naturels » du marché inquiète jusqu'au plus conservateur des propriétaires, à la moindre étincelle il cherche protection et fait le siège de l'État, il est un libéral, mais libéral « avancé » c'est-à-dire dissuadé.

Principe d'ordre, la logique nucléaire opère tous azimuts, aux affaires étrangères et aux affaires intérieures. Au cours d'événements d'autant plus marquants qu'incompris, les jeunes Français crièrent « CRS = SS » et ajoutaient : « Nous sommes tous des juifs allemands. » Aucune des deux formules ne répondant à la réalité qu'ils avaient sous les yeux, les observateurs chagrins conclurent à la mystification, Mai 68, fausse révolution, n'aurait été que psychodrame. Autant dire que chaque crise mondiale pour ne pas finir en apocalypse n'est que pure commedia dell'arte. En fait les slogans n'étaient pas persuasifs (« vous êtes des SS ») mais dissuasifs (« ne soyez pas ce SS que vous risquez de devenir, face à nous qui risquons de nous retrouver dans la peau désarmée des juifs de jadis »). Bien entendu, l'énoncé comportait menace (tout est permis contre un SS qui se permet tout), mais son décalage de la réalité glissait une promesse (retiens-toi et je me retiens); ce décalage qui fascinait les observateurs n'échappa à aucun acteur : cent mille personnes parfaitement inorganisées dans les rues et pas une, la nuit, pour sortir une arme et descendre son « SS ». Preuve que ces formules s'entendent au dissuasif non à l'indicatif. Comme dans les manuels l'intimidation était réciproque, le maniement du risque bi-latéral, tous les camps brandissaient l'*ultima ratio* de l'apocalypse; les élections qui relayèrent l'événement trompettèrent encore « moi ou le chaos » par quoi les communistes dénonçaient les gauchistes et le gouvernement tout le monde.

Les générations se succédèrent que les experts nommèrent sceptiques ou désabusées. Jamais l'Européen n'avait paru si agnostique, ce qui ne l'empêchait pas à l'occasion, de descendre dans la rue en chantant « la lutte finale », quelquefois pris d'enthousiasme à en risquer sa peau. Y croyait-il? Il croyait nécessaire de chanter. Le général nucléaire brandissait la menace suprême pour défendre son paquetage, l'ouvrier lui emboîtait le pas. On obtint avec le premier des guerres limitées, avec l'autre des « grandes lessives » de bureaux patronaux, — les conflits locaux vérifient le sérieux des menaces réciproques. Des organisations monolithiques s'armaient d'une discipline de fer et de doctrines implacables, elles n'en cueillaient pas moins des adhésions provisoires et d'éphémères soutiens massifs; on s'étonnait : comment un Européen incrédule donc relativement tolérant peut-il fonctionner dans d'aussi totalitaires machines? Il utilisait ces appareils exactement comme on se construit un arsenal nucléaire : en espérant n'avoir pas à s'en servir, en les brandissant pour faire monter les enchères, en s'y désintégrant par souci d'efficace — les bidasses de la force de frappe font les premiers atomisés.

Les tares des diverses institutions étatiques, syndicales ou privées n'échappaient qu'à ceux qui trônaient à leur tête. Le mystérieux rapport d'accoutumance qu'entretenait l'ouvrier du rang avec « ses » organisations laissait perplexe, d'aucuns affirmaient que la classe ouvrière n'avait cessé d'être trompée par divers états-majors, d'autres estimaient que ses dirigeants la représentaient, fût-ce dans ses tares, sinon comment expliquer qu'ils soient de temps à autre suivis. Dans un cas comme dans l'autre, on projetait entre les deux pôles un rapport positif, de conviction ou de contrainte — ou bien le sommet insuffle, bon gré, mal gré, ses raisons à la base « manipulée », ou bien la base contrôle, directement ou indirectement, une direction qui se trouve en avant des masses mais « d'un pas seulement ». Roman rose, roman noir, antique roman de la persuasion. En fait, loin de disparaître, la lutte des classes était à son tour devenue une guerre dissuasive où crise sociale, ébranlement économique ou panne d'essence fonctionnent en apocalypse.

La mort tant et tant claironnée des idéologies prêtait à des débats semblables. Elles vivaient comme sans nous et se mettaient à fonctionner seules. Nous y adhérions sans y croire, elles collaient à la peau parce qu'elles effrayaient. Que chacun juge l'autre capable de sa mort et l'équilibre a quelques chances de durer. Croyance ou pas, je crains que tu le croies, j'en tremble, je me tiens tranquille. Je ne sais pas si je crois, il suffit que tu le craignes, je me tiens, tu me tiens... Il n'y avait pas mort mais mue des idéologies, elles demeuraient semblables à elles-mêmes, leur énoncé n'exigeait aucune modification, on pouvait en varier infiniment les accords, peu comptait le clavier, peu importaient les chansons aux paroles gelées, seules changeaient la résonance et l'écoute. La toute-puissance de l'idéologie n'était pas sa vérité, nous n'en demandions pas tant; vraie ou pas vraie, il suffisait qu'elle fonctionne dans l'équilibre de la terreur. On inventa les bombes aux neutrons qui tuent les hommes sans détruire les pierres. Les « ismes » drapeautiques agirent de même façon, ils influençaient en effrayant, ils n'agissaient que sur les hommes qu'ils paralysaient, laissaient hors jeu les vérités cultivées dans les jardins particuliers.

Mieux vaut ne pas vérifier de trop terribles menaces, elles prennent sens à faire effet avant le passage à l'acte. Si la vérité d'une intention meurtrière tient à son exécution, l'exécuté jamais ne la touche et le menacé d'exécution s'en moque. La crédibilité des spécialistes de l'explosion globale se passe de la croyance au vrai, les doctrines, les chansons et les armadas apocalyptiques n'ont nul besoin de persuader pour dissuader.

Chaque Européen était branché sur d'énormes machines « puissantes et responsables », il usait des unes contre les autres et toutes usaient de lui. Certes, nombreuses furent les espèces de manipulateurs et de manipulés, mais le genre commun était le dissuadeur dissuadé, celui à qui on ne peut pas tout faire car il pourrait tout risquer, celui qui tenait en respect parce qu'il tenait au respect — les autorités et les hiérarchies s'étaient faites à devoir parfois manier la dynamite, elles raflaient les mises en fin de partie, elles jouaient à ne plus pouvoir « tenir » leurs troupes. La politesse des nations marquait le respect dû à chacun; à coup de cœur, à coup de pieds, à sourires et à menaces nous nous glissions « tous les hommes sont mortels », nous nous citions régulièrement devant le discours de la guerre, c'était la seule égalité que nous nous reconnaissions. Nous nous organisions à cette fin, d'où les énormes inégalités que nous acceptions.

— C'est pourquoi tu veux me conseiller un livre qui porte ce titre? interrompt Mahmoud narquois.

— Mieux vaudrait un discours de la guerre *généralisé.* L'auteur du livre croit trop facilement échapper à la religion de son siècle et c'est alors qu'il y sacrifie le plus.

VII. *Total parce que panique.
Prendre le totalitarisme par ses
effets pour ne point s'abuser de
ses changements de couleurs.*

— L'Europe était-elle totalitaire?

— Pas tout entière si on reçoit pour totalitaire un régime où le travailleur qui fait grève et le citoyen qui conteste risquent l'enfermement. Cette menace plus ou moins grande marque le degré de totalitarisme atteint par le régime. On affinerait la définition à loisir, les exemples ne manquaient pas pour l'étoffer, mieux vaut cependant n'en point manquer le principe, qui est de juger les États non à leurs affiches, toutes démocratiques et populaires, mais du point de vue de ceux qui les subissent.

Le totalitarisme pointe au bout de la religion dissuasive : son vertige, son rêve, son achèvement. Vouloir tout le pouvoir est un fantasme paranoïaque que les sociétés les plus anciennes n'ignorent pas. Le moderne de cette volonté vient quand c'est sur l'autre, dans le désarroi provoqué et maintenu, qu'un pouvoir mesure sa force, lorsqu'il se recherche absolu par la capacité de paniquer absolument une population extérieure (« guerre totale ») ou intérieure (régime totalitaire). Brecht ne plaisantait pas, recommandant au gouvernement est-allemand de dissoudre le peuple faute de se dissoudre lui-même devant l'insurrection des ouvriers de la Stalinallee. Toute stratégie totalitaire recherche la décomposition panique d'un adversaire réel ou potentiel, l'atomisation spirituelle et morale d'un ennemi externe ou interne.

Les théoriciens classiques raisonnent différemment, le totalitarisme passe pour une organisation monolithique des pouvoirs, à quoi on oppose une séparation libérale des mêmes pouvoirs. La fascination des constitutions officielles fait passer à côté. Monopole politique d'un parti, monopole culturel d'une idéologie de fer, monopole économique de l'État? En fait derrière ce marché blanc, le noir, l'anarchie des polices, des clans, des privilèges. Entre l'image que les dictatures modernes donnent d'elles-mêmes et leur fonctionnement réel il y a plus qu'une marge. Les moyens mis en œuvre diffèrent selon les régimes totalitaires, les uns font bon ménage avec les entreprises capitalistes privées, d'autres non. Les doctrines, les drapeaux, les modes d'organisation varient. La non-démocratie ne suffit pas à les définir, il existe des dictatures bureaucratiques et féodales qui ne sont pas totalitaires et tant de transitions entre démocratie et non-démocratie.

Pensons le totalitarisme non à partir du centre, du gouvernant, mais par sa périphérie, du côté des gouvernés : ses institutions, ses appareils, aussi divers soient-ils, visent un effet spécifique, toujours celui d'une guerre totale, ils « passent le couteau partout où ils trouvent résistance » (Montaigne).

Un intellectuel parisien illumina quatre pages d'un quotidien en découvrant au lendemain d'un grand soir électoral, avoir milité pendant vingt-cinq ans dans une organisation militaire, son parti. Sauf à se demander quelle guerre ses vingt-cinq années de service avaient préparée, question qu'il omit, il éclaira peu la lanterne des curieux en comptant ses camarades en la trop nombreuse famille des centurions, des janissaires et des pioupious. Les jouissances propres aux organisations bolcheviques et à leurs dérivés relèvent des gaietés de l'escadron aussi peu que les prises de pouvoir néofascistes en Amérique latine à partir de 64 ne se laissent réduire à de classiques « Golpe » militaires. Lorsque le général Golbery avec l'École de Guerre (la « Sorbonne ») brésilienne médite la militarisation de l'économie, il ne raisonne pas comme Napoléon III ou Bismarck, mais comme Lénine et Ludendorff. Il entend préparer son pays à la troisième guerre mondiale, il prévoit qu'après la nucléarisation réciproque de l'Union soviétique et des États-Unis, le Brésil devra assumer le leadership de la civilisation occidentale, il ne se croise pas les bras en attendant : sus à l'ennemi intérieur!

Les dictatures totalitaires, avec leurs variés drapeaux communistes et leurs oriflammes anticommunistes, affirment tout subordonner à la guerre — pour l'éviter (Brejnev), parce qu'elle est inévitable chez l'adversaire (Staline), en se préparant « aux épreuves et à la mort » (Mao) ou à la conquête-défense d'un espace vital. La remarque faite jadis par Georges Bataille ne fut pas démentie par la suite des événements, il s'agit d'organiser une société autour d'une seule pensée maîtresse : « la guerre est le moteur de l'histoire ».

Quelle guerre? Celle, après 14, qui eut lieu dans les fantasmes, puis celle qu'on prépara et qui monta avec la fumée des villages et des villes incendiées. La première mondiale plus que désastre et misère fonctionna en apocalypse, le chiffrage des pertes en hommes et en matériel ne mesure pas l'effet de catastrophe panique qui tourbillonne sur toute l'Europe entre 18 et 40. Les rapides reconstructions d'après la Seconde Guerre mondiale montrent que nulle fatalité matérielle ne préside à cet affolement de toutes les sphères de la vie sociale dans les années 20 et 30. Le plus grand effondrement qui accompagne la « grande guerre » est un effondrement idéologique; les discours enflammés que Trotsky tient à l'armée rouge en 1919 traduisent en termes plus ou moins marxistes ce sentiment du bord du gouffre, étourdissant une opinion européenne en plein vertige : « l'Europe ressemble à une maison de fous et, au premier abord, il semble que ses habitants eux-mêmes ne savent pas une demi-heure à l'avance qui ils vont tuer et avec qui ils fraterniseront. [...] La monarchie, l'aristocratie, le clergé, la bureaucratie, la bourgeoisie, l'intelligentsia professionnelle, les maîtres des richesses et les détenteurs du pouvoir — ce sont eux qui sans relâche ont préparé les événements incroyables qui font qu'aujourd'hui, la vieille Europe " cultivée ", " chrétienne ", ressemble tellement à un asile de fous. »

A effet supposé total, cause posée non moins totale. La guerre de 14 fonctionne comme une « preuve par les effets » qui conclut de la panique résultante au totalitarisme producteur. La militarisation (relative) de l'économie allemande, la mobilisation nouvelle des esprits est hypostasiée par Lénine comme une forme originale, prussienne, de « capitalisme d'État ». Il la recommande en exemple au jeune régime soviétique. La « militarisation des syndicats » et la levée de vastes « armées du travail » réclamées par Trotsky sont de la même veine.

L'effet est d'expérience — « nous » l'avons éprouvé — la cause est induite — chez l'adversaire. Ainsi Ludendorff : « [...] la France a montré, avant la Guerre mondiale, tout ce dont un État est capable, s'il se met sciemment à la disposition du commandement de la guerre totale. » L'effet totalitaire c'est la panique « chez nous », l'appareil totalitaire c'est chez l'autre.

Matrice commune au totalitarisme nazi (via Ludendorff) et soviétique (via Lénine) : la guerre de 14 chiffrée comme première « guerre totale ».

Les décors sont plantés. La Guerre n° 1 ancre la rétrospection d'une *panique* intérieurement subie et extérieurement provoquée par un ennemi de ce fait *totalitaire*. Du passé à l'avenir le rapport de nous à l'autre s'inverse : la prospection — ou stratégie de la guerre totale — vise à « nous » doter de l'appareil fantasmé chez l'adversaire en produisant chez celui-ci l'effet panique auparavant reconnu en nous.

« La guerre totale ne vise donc pas seulement l'armée mais aussi les peuples » et vise l'existence même du peuple adverse, c'est-à-dire sa « cohésion animique ». Du coup la population « peut devenir elle-même l'un des buts de l'action militaire » et la stratégie de la guerre totale conjuguera propagande et bombardements afin de « décomposer la cohésion animique du peuple ennemi », le paniquer décisivement : « le bombardement des centres industriels et de la population du pays ennemi sera l'une des tâches spéciales de la force aérienne [...] » (Ludendorff, *Guerre totale*).

Produire l'effet de panique avant d'en être soi-même victime, tel est l'enjeu décisif. La « mobilisation totale » économique et idéologique aussi bien que militaire ne se comprend qu'en fonction de cet enjeu. Le « populisme racial » (et raciste) prôné par Ludendorff, l'« idéologie de fer » mise en œuvre par des hommes d'acier (Staline) passent pour tremper la cohésion animique et appellent un peuple à devenir « à la fois flèche et cible » (Lin Piao) d'une lutte totale.

Les villes en guerre furent rarement épargnées, leur pillage est classique péripétie, leur destruction peut marquer la loi d'un vainqueur et la morale d'une histoire. Événements encore périphériques et comme accompagnateurs au regard des exigences de la guerre totale : « sans doute le bombardement de la population de villes ouvertes n'est pas conforme aux usages de la guerre [...] mais dans la lutte pour la vie un peuple ne saurait renoncer à des procédés dont ses ennemis usent contre lui [...] » (Ludendorff).

Le plus fort semble celui capable de la plus grande destruction. Horizon Phnom Penh. Passant par Beyrouth. Et deux fois Varsovie.

Dans la ville rasée l'idéologie de la table rase fête son triomphe : « La terreur des bombes n'épargne pas plus les demeures des riches que celles des pauvres, les dernières barrières entre les classes devront s'effacer devant l'œuvre de la guerre totale » clame Goebbels en plein désastre allemand (1945). Lutte finale, solution finale et destruction : « les derniers obstacles à l'achèvement de notre mission révolutionnaire s'écroulent en même temps que les monuments de la civilisation. Maintenant que tout est en ruine nous sommes contraints de reconstruire l'Europe. La propriété privée nous a, dans le passé, imposé de bourgeoises restrictions. Mais voici que les bombes, au lieu de tuer tous les Européens n'ont fait qu'abattre les murs de la prison qui les tenaient enfermés... »

Bons mots de la fin? Radio Wehrwolf s'éteint peu après (Trevor Roper, *Les derniers jours de Hitler*). Radio Cambodge prendra le relais : « la ville est mauvaise, l'homme doit apprendre qu'il naît du grain de riz [...] ce qui est infecté doit être incisé » (François Ponchaud, *Cambodge année zéro*). Les derniers mots nazis étaient déjà les premiers : « Nous ne capitulerons jamais, non jamais! Nous pouvons être détruits, mais si nous le sommes, nous engloutirons un monde avec nous — un monde en flammes », c'est la leçon que Hitler tire de 1918 (Rauschning, 1934).

Les dieux du XXe siècle se réchauffaient aux flammes de leur propre crépuscule. Somnolente aux premiers rangs, l'Europe non totalitaire, se croyait à l'Opéra; les esprits par trop compréhensifs, les autorités fraternelles à l'extrême ne manquèrent jamais et les protestations isolées laissèrent les majorités fort silencieuses. On commerça, on négocia, on bavarda entre collègues, en déplorant les excès entre soi. L'absence d'inquiétude était le plus inquiétant. Les régimes totalitaires avaient pour leur part réussi un chef-d'œuvre de dissuasion, les dissuadés n'étaient plus au bord mais dans le gouffre qui se creusait de mieux en mieux, en abîme. La dissuasion peut ne jamais finir, après soixante années de régime concentrationnaire les Russes craignaient un socialisme pire, le chinois; tandis que les Vietnamiens proclamaient illico la supériorité de leurs prisons sur les bains de sang du Cambodge où ils renouvelaient la saignée. Les fascistes du Chili se justifiaient par le goulag et le goulag par les stades chiliens.

L'invention dans le pire étant interminable, le totalitarisme prolonge la dissuasion à l'infini avec une innovation de taille : la bilatéralité saute, le dissuadé ne dissuade plus le dissuadeur, par quoi on passe du libéralisme à la dictature. Le pouvoir totalitaire n'est pas plus particulièrement « au bout du fusil » qu'un autre (quel est le pouvoir qui se passe de fusil?), il est au bout de la dissolution de la collectivité qu'il se soumet. Tâche vertigineuse, combattre plus qu'une résistance la possibilité de toute résistance : « Il n'y a point de terme à la tyrannie qui veut arracher les symptômes du consentement. » (Benjamin Constant.)

L'Europe n'était pas toute totalitaire, elle nourrissait à l'Est son hérésie et sa permanente tentation. A l'Ouest, mis en demeure de ne pas faire un geste sous peine de sauter avec l'économie, l'université, la vertu, les positions du prolétariat ou le saint-esprit, le simple citoyen se figeait dans le garde-à-vous du dissuadé plus qu'il n'osait un garde-à-vous dissuadeur. Complice. Même bilatérale la grande dissuasion suppose de grosses organisations, l'esprit de parti était avec nous.

On disputa jusqu'à s'en étourdir des « causes » du totalitarisme, on fouilla les cervelles des chefs, on se demanda quelles idées transformaient les conducteurs des peuples en assassins, s'ils respectaient trop la loi et l'ordre ou pas assez, s'ils étaient extrémistes de l'anarchisme ou du conservatisme. Ainsi convenait-on de rassurer sans oser se dire que le dictateur ne pense pas, que moins il pense plus il fait feu de tout bois idéologique, que son irrespect de l'État d'en face se retourne comme un gant en culte de son État à lui, que Mao rendu imbécile à force de régner et Pinochet régnant parce que le plus bête, fonctionnent aussi bien l'un que l'autre. Le chef peut s'avérer drogué comme Jim Jones (Guyana), absent (comme les inconnus qui dirigeaient l'Ankhar cambodgien), il peut mettre des mois à mourir comme Franco, ou des années comme Lénine et Mao, aucune importance, tout dépend de l'idée que les autres se font de lui, ils lisent sur ses lèvres muettes. Hitler ne respectait rien, et alors? Le corps enseignant allemand respectait tout : il se prononça pour Hitler comme un seul homme. Le dictateur est n'importe qui, il croit n'importe quoi, il n'a besoin que de fils barbelés, de moyens de transport et de quelques hauts et beaux parleurs qui appellent à une conquête planétaire. La seule « cause » du totalitarisme est négative : la non-résistance des gouvernés, leur faculté d'obéir sans interroger et de répondre aux ordres de mobilisation générale.

On disputa surtout pour éloigner le monstre de chez soi, c'était la faute à l'autre, aux masses russes, asiatiques ou arabes prétendues uniformément « arriérées » ou aux civilisations qu'on ne comprenait plus : les théories sur le « despotisme asiatique », ou « gréco-latin » ou « judaïque » trouvèrent divers paladins. La droite dit : c'est la gauche; les croyants : c'est les païens; les athées : ce sont les églises.

Chacun cherchait à sauver ses meubles et à tirer son épingle de ce jeu dérisoire. On oublia le premier génocide du monde nouveau qui liquida *tous* les Indiens des Antilles, plus des dizaines de millions d'autres au Mexique en un siècle de « conquête spirituelle ». Premier « holocauste » des temps modernes. Première politique de la table rase : les Espagnols « prirent à tâche de fouler au pied toutes les coutumes et toutes les habitudes administratives des naturels, avec la prétention de les réduire à vivre comme en Espagne, autant dans les pratiques divines que dans les choses humaines... Il devint nécessaire de faire vivre les naturels sous un régime nouveau qui ne rappelât en rien les idolâtries passées... » (Sahagun.) On oublia que les conquistadors léninistes étaient éclairés et d'avant-garde, pas vieux-russes pour un sou. On passa aussi bien sous silence le fait qu'après la victoire sur le nazisme, des totalitarismes multicolores ont recouvert plus de terres qu'ils n'en avaient avalé lors des massacres antérieurs; seul Soljenitsyne fit remarquer que la liberté, depuis 1945, avait perdu une « troisième guerre mondiale ». Quel Occident avait perdu cette guerre-là? De 45 à 78, la droite avait gouverné partout, elle mit à son tour grand soin à faire oublier le bilan de son égoïsme et de ses tueries coloniales. Tous dans le bain, aucun parti politique, confessionnel, ou doctrinaire n'était immaculé.

Le totalitarisme ne naît pas des idées mais de la guerre, il est aussi vieux, mais pas plus, que les temps modernes parce qu'il a l'âge de la conquête des nouveaux mondes. On tue les Indiens pour sauver leur âme en brandissant les évangiles comme on massacre le moujik en épelant *Das Kapital* : notre époque commence dès que l'Europe entreprend de lessiver les cervelles « sauvages » pour y imprimer, comme sur une feuille blanche, une quelconque de ses certitudes. Guerres de conquête, puis de révolution, enfin de repartage du monde... l'Europe finit par appliquer à elle-même le traitement qu'elle réservait aux autres : « les deux guerres qu'on appelle mondiales et qui en étaient encore fort loin ont consisté en ceci qu'un petit Occident, terre de progrès, s'est lui-même anéanti en lui-même, préparant du même coup sa propre fin. La prochaine guerre — point nécessairement atomique, je n'y crois pas — peut enterrer définitivement la civilisation occidentale. » (Soljenitsyne.)

La matrice du totalitarisme est la guerre non les livres (les plus néfastes jouent simplement comme fascicules de mobilisation); et sa formule : rendre les masses mobilisables à merci. Cortès et Fr. Bartolomé de Olmedo, Lénine et Trotsky, Pinochet et Maxwell Taylor ne pensent qu'à cela. « Il y a relativement peu de temps encore, comme le petit monde néo-européen se taillait facilement des colonies dans le monde entier, non seulement sans prévoir de résistance sérieuse, mais en général avec un profond mépris pour toutes les valeurs que pouvait receler la vision du monde des peuples conquis... Nous mesurons maintenant combien cette conquête aura été brève et précaire (cela témoigne également semble-t-il que la conception du monde qui avait engendré l'entreprise était vicieuse). » (Soljenitsyne.)

VII. *Comment l'homme des casernes devient mystique et calcule l'incalculable.*

— En somme vous viviez sous le signe de la Bombe comme d'autres avec le signe de croix, le croissant ou l'étoile?

— L'arme absolue n'avait pas bouleversé le cours du monde. Elle vint comme le titre que l'écrivain découvre subitement, son livre déjà achevé. Le sentiment confus que la dernière page est la première permet de vivre comme avant avec l'espoir discret que le feuilleton a une suite.

— Vous étiez incroyants. Quand je rencontre un autre musulman, je me dis qu'il n'est pas moi, qu'il ne croit pas comme moi mais qu'il croit. Fais la différence entre votre crédibilité et la croyance : comment adorer une arme, un appareil, une idéologie? Cela laisse froid. L'uniforme, tout uniforme, reste extérieur à la peau même s'il colle sous la sueur et les tremblements. La foi du soldat n'est même pas un tapis pour le soldat de la foi.

*
* *

En Europe, nous mîmes longtemps à nous interroger sur notre étrange adéquation à un monde que nous accordions « fou ». Deux épreuves mondiales, des aventures coloniales avaient dépouillé les militaires de leur morgue quelquefois et de leur panache toujours. Nous leur versions d'incalculables contributions mais boudions leurs défilés : la mort militaire qu'on affronte avec courage, dont on se rit avec bravoure, qui drape l'honneur de linceuls et ces linceuls de gloire, fascinait peu. Les différences s'estompaient entre l'Avant et les Arrières, propagandes et privations avaient progressivement égalisé les vies comme l'armement les morts. Par temps calmes, il fallait craindre le pire, pour rester en paix. Dans les guerres limitées, même angoisse, les gonds risquaient de sauter. Quand la guerre s'illimita nous ne sentîmes plus rien. Lointains ou proches, les conflits faisaient se dérober le sol, l'impression de naviguer à l'estime sur un même bateau mêlait civils et soldats. Insensiblement nous passions tous de l'expérience traditionnelle de la « mort militaire » à celle de la « mort religieuse », mystique.

Le soldat européen avait raconté des histoires de dompteur. Après Turenne, il ressassait : « tu trembles carcasse, mais tu tremblerais bien plus si tu savais où je te mène ». Il connaissait la chanson des survivants : « ce que nous avons accompli, jamais une bête ne l'aurait fait ». Soupçonnant même la sentence de s'entendre doublement à définir le héros et l'ignoble tortionnaire, le militaire admettait qu'il revenait à d'autres, poètes, saints, substituts politiques, de dire ce qu'il fabriquait. Lui affrontait la mort, un autre, au seuil du tombeau, épelait l'alphabet de l'angoisse et le mot à mot majestueux de la bouche d'ombre. Le combattant élevait l'homme au-dessus de l'animal en fait; le prêtre, en droit, « pour lui, *il y a la mort* n'est pas une simple constatation regrettable ou non, car il *faut* qu'il y ait la mort : la victime, humaine ou bovine, doit mourir... C'est le brasier du sacrifice, ce n'est pas l'animalité de la guerre qui a fait surgir ces êtres paradoxaux que sont les hommes, grandis par des terreurs qui les captivent et qu'ils dominent. »

La mondialisation des conflits fit perdre au prêtre son latin, au soldat son courage. Nul n'en avait longtemps voulu à l'armée française de s'être débandée, une semaine de juin 40, devant les chars allemands. Le pape de la même époque sembla avaler sa langue tandis que les nazis poursuivaient l'assassinat des juifs et des tziganes, femmes, enfants, bébés, homosexuels compris. On disputa de l'holocauste, on glissa sur ce mutisme. Les uns crurent déceler le respect toujours plus grand qui entourait une religion à ce point au-dessus de toute discussion, les autres firent valoir que tant de négligence la repoussait au-dessous de toute critique. Il en alla différemment des écrivains, chaque prise de position fut sévèrement jaugée, les silences pesés comme autant de pièces à conviction pour les multiples procès en complicité. On oublia le pape, on ne finit pas de punir Céline, on scruta les virgules des journalistes : la tradition et l'état civil se méprenaient décidément sur les croyances effectives de l'Européen.

Comme si la guerre s'était transformée plus rapidement et plus fondamentalement que la religion au point de l'absorber. Nous n'allions plus à la bataille mais au sacrifice, au bout la mort, non la victoire. Tel avait été le sentiment de ceux qui survécurent à la première mondiale; en 1984, les généraux le formulèrent à leur tour; ils avançaient d'une année à l'autre, d'un budget sur l'autre, d'une arme explosive à une arme mega explosive ou au contraire « sophistiquée » et sélective; nous nous préparions de mieux en mieux, de plus en plus aux escalades finales comme « l'homme ivre, titubant, qui, de fil en aiguille, prend sa bougie pour lui-même, la souffle et criant de peur, à la fin se prend pour la nuit ». L'expérience quotidienne croisait celle tout « intérieure » d'un écrivain discret nommé Georges Bataille.

L'ascèse religieuse distinguait, dans la tradition, le haut et le bas; aussi négatif qu'il fût, son cheminement menait à Dieu; même pensé par défaut, il fallait au tunnel un fond. L'ascète renonçait à tout mais pas à vouloir être tout, à devenir tout, à toucher à tout, « para venir a serlo todo », pour en venir à être tout, écrivit Jean de la Croix. Bataille poussa la contestation et le dénuement dans l'intimité ascétique, l' « expérience intérieure » renonce à tout et au tout, plus négative que la *via negativa* des mystiques, elle se veut athéologique en empruntant au Dieu connu sa logique non son existence. Les théologiens demandèrent si l'expérience était concevable. Bataille souligna que la volonté de devenir tout, en renonçant au tout, devenait « volonté de se perdre ». Là pointe l'erreur, triompha le révérend père Eugène Garnier : Bataille croit doubler la lumière qui fait le terme de l'ascension religieuse mais il ne la franchit pas, il rebondit et se retrouve à l'étage inférieur, très fréquenté des mystiques qui cultivent aussi l'art de « se perdre ». Le R. P. Garnier nia qu'on pût s'égarer en n'allant nulle part, selon lui on ne peut aller nulle part, on ne peut que s'y trouver. Sans se perdre donc. La réfutation est insuffisante, Georges Bataille emprunte au marquis de Sade une solution qu'il aurait pu glaner plus tard sur les préparatifs nucléaires : dans la conscience européenne de l'apocalypse la lumière au terme du chemin n'est pas blanche mais noire.

Impossible de dépasser la nuit, et de rebondir contre, elle fait jour en nous, « l'extase ne demeure possible que dans l'angoisse de l'extase ». L'auteur retrouve les traits de la communication dissuasive que le stratège nucléaire baptise banalement « secouer le bateau », « s'engager en risquant » : « C'est la volonté s'ajoutant au discours, de ne pas s'en tenir à l'énoncé, d'obliger à sentir le glacé du vent, à être nu... » La dissuasion n'est pas conscience d'une présence qui nous communique sa lumière, mais d'un trou qui nous troue, d'une nuit qui nous ajoure.

Dans l'escalade tout objet peut être aboli, tout échelon franchi, tout garde-fou brisé au bord de l'abîme. La dissuasion se trouve réciproque à frôler la mort, dans le frôlement nous communiquons, c'est ce frisson que nous transmettons, sans communion ni amour, « il n'y a plus sujet = objet, mais brèche béante entre l'un et l'autre et, dans la brèche, le sujet, l'objet sont dissous, il y a passage, communication, mais non de l'un à l'autre : l'un et l'autre ont perdu l'existence distincte. Les questions du sujet, sa volonté de savoir sont supprimés... » L'écrivain nomme cette expérience « extase », le stratège « communication dans et par le risque ». L'un l'imagine illimitée, l'autre la pense restreinte, mais tous deux conviennent de la difficulté à concevoir une communication qui ne communique que son évanouissement à des interlocuteurs qui ne s'entendent qu'à disparaître ensemble. C'est penser l'impensable, remarque le stratège. C'est penser l'impensable pensable, renchérit l'écrivain.

Le Discours de la guerre démonte le calcul dissuasif et le démontre rhétorique. Il n'y a rien là à réduire, les prétentions opérationnelles des experts s'épuisent à compenser une erreur de calcul par une autre. Reste à se demander comment cette rhétorique « prend ». Entre puissances mortifères le dialogue semble aller de soi, il vaut mieux s'entendre que se tuer. S'entendre sur quoi? Comment?

Tout paraît simple : pour éviter l'escalade fatale il faut (et il suffit de) rester en communication avec l'adversaire, éviter les erreurs par excès ou par défaut, proportionner mise et enjeu. Bons préceptes. Qui juge de leur application? Un arbitre? Un gouvernement mondial? La sagesse des nations? « Un État peut placer son honneur et sa valeur intime dans chacune des affaires qui le concernent... L'État ne peut se borner à considérer seulement la réalité matérielle de l'offense. A cela vient s'ajouter, comme cause de conflit, la manière de se représenter cette offense comme un danger dont il est menacé par un autre État, à quoi se joint aussi la façon d'apprécier — de surestimer ou de sous-estimer — de simples vraisemblances plus ou moins importantes, de soupçonner des intentions hostiles etc. » (Hegel.)

Proportionner, éviter les excès et les défauts, voilà qui fut conseillé de tout temps, sans conséquence. La morale traditionnelle part de la sagesse pour faire la leçon aux nations, elle suppose la compréhension pour supprimer la guerre. Elle est de persuasion. L'expérience dissuasive tente le chemin inverse, explore à partir de la mésentente, invente une guerre qui se supprime elle-même avec ses guerriers. Reste à savoir comment, partant de l'excès absolu, on retrouve la paix, la proportion, en évitant outrance et défaut. Reste à découvrir l'impossible.

On communique, dans l'excès, par guerres limitées, effondrements réduits, disproportions simultanées. La dissuasion monnaye et miniaturise les catastrophes qui émettent alors leur double message : la destruction est possible, la destruction n'est que possible. A charge pour chacun d'en tirer une seule leçon : le danger est partagé donc on peut partager le danger. Pas de savoir positif. Après les crises, que les scènes soient de ménage ou de grandes puissances, on ne sait si les acteurs crurent aux menaces qu'ils proféraient et tout se passe comme si rien ne s'était passé. Psychologues et historiens se chamaillent : était-ce marchands de tapis usant d'enchères apocalyptiques comme argument de vente, apprentis sorciers, entrepreneurs de non-négociable reculant in extremis pour s'assagir soldeurs de quatre-saisons? Comédiens? Intoxiqués réciproques? Auto-intoxiqués? la crise de Cuba, « l'épisode le plus spectaculaire de la guerre froide, la confrontation directe de deux puissances nucléaires... n'exclut nullement une interprétation conforme aux concepts de la diplomatie classique ». (Aron.) Sans horizon nucléaire tout eût paru identique. Nécessairement : tant que les paysages n'ont pas éclaté dans l'horizon, ils circulent semblables à eux-mêmes. La menace absolue joue-t-elle un rôle? Qui le sait? Les stratèges les plus scientifiques sont pris dans ce filet où volonté de savoir et volonté de ne pas savoir s'équivalent.

Les explosions dissuasives ayant pour qualité de désintégrer tous les combattants, elles interdisent de vouloir tout. Elles laissent le monde aussi contradictoire, conflictuel, disproportionné, mais indissimulable. « L'homme cessant — à la limite du rire — de se vouloir tout et se voulant à la fin ce qu'il est, imparfait, inachevé, bon... s'il se peut, jusqu'aux moments de cruauté; et lucide... au point de mourir aveugle. » La dissuasion transformait la réalité en métamorphosant la volonté de changement. Depuis un siècle qu'elle gouvernait l'Europe, nous existions crépusculairement : « mourir à moi-même », « m'accoucher moi-même » — un seul et identique mouvement, écrit Bataille.

Masquée de vieilles croyances, cette logique passa pour pure hypocrisie. Les syndicats usaient d'un double langage. « De guerre » pour mobiliser les ouvriers (D. Mothé). De technique à proportionner paisiblement mises et enjeux, le jour du dialogue patronal. Cette duplicité ne leur était pas fatale, au contraire, nul ne sombrait à jouer les capitaines Fracasse sur la scène dissuasive. Le montage manquait de franchise; les institutions mettaient leurs énergies à combattre une unilatéralité par une autre, la déviation de droite par la déviation de gauche et réciproquement. Le fonctionnaire de la dissuasion n'acceptait pas de ne pas savoir, il cherchait le sérieux, non l'extase; quant à l'inévitable volonté de non-savoir, il s'y adaptait, la supposant en face ou en bas, ailleurs. Il avait choisi la raison et projetait chez les autres la rationalité de l'irrationnel. A lui le contrôle, aux autres l'éclat, jusqu'à ce que le contrôle de l'éclat exige qu'à son tour il éclate : irrationalité du rationnel. On ne s'entendait plus à s'entendre de ne pas s'entendre. On vivait.

La vieille habitude persistait de distinguer les jours de semaine du dimanche, le profane et le sacré. Bataille crut inscrire sa prémonitoire expérience dans le monde intérieur qu'il dressait au-dessus d'une vie profane tristement utilitaire. L'itinéraire pourtant faisait visiblement sauter le distinguo initial, il se rencontrait d'autant plus effarant que quotidien. Cet homme, touchant « à la fin ce qu'il est », n'atteignait-il pas, au fond de sa nuit, n'importe qui? L'aventure intérieure c'était celle, effroyable, de se saisir quelconque. Dans l'extase, non seulement sujet et objet s'abolissent, mais leur égalité, mais le sacré sans qu'il disparaisse dans le profane, mais le profane sans qu'il se sacralise, et leur distinction, et toutes les unions dialectiques qu'on leur prête. Dans la crainte et le tremblement de l'apocalypse moderne, lorsque sous les pieds la terre sacrée manque, le terre à terre profane faut également. La dissuasion n'est que la communication de ce vertige infiniment répété.

Fabrice, à Waterloo, cherchait en vain l'action, le projet, censés dépasser la désolation du champ de bataille. Progressivement l'Europe se fit à l'idée que l'action militaire s'épuisait à surmonter le désert des combats par les nuits blanches des destructions massives, nucléaires ou non. Derrière l'apparent non-sens, Hegel avait décelé l'âme : « Dans l'état de guerre, la vanité des choses et des biens temporels, qui d'ordinaire donne lieu à des propos édifiants, est prise au sérieux. » Dans le commentaire savant qu'il proposa de cette formule, Ludovic-Alphonse Nouille conclut en 1999 que la guerre s'y accomplit comme expérience métaphysique de l'Étant en tant qu'Étant. Ce vocabulaire était par trop recherché et élitaire pour qualifier si commune religion, mais L.-A. Nouille fut attaqué pour un autre motif, on l'accusa presque d'appel au massacre. L'angoisse qui montait, chacun de nous la calmait à dénoncer, qui le voisin voyant mal, qui les livres pensant trop bien. On attribua une mystérieuse influence, une causalité maléfique à des esprits qu'il eût mieux valu consulter comme d'habiles tireurs de cartes.

Hegel formula assez sèchement la seule religion qui réglait l'Europe : « Il est nécessaire que le fini — la vie et la propriété — soit posé comme contingent. » Il n'y avait pas à lui reprocher ce que nous faisions avant lui, autour de lui, et que nous continuâmes jusqu'à la fin. Dans la guerre, le sujet (la vie) et l'objet (la propriété) révélaient leur côté contingent, c'est-à-dire se montraient tels qu'ils étaient tous les jours : sacrifiables. Vie et chose étaient bonnes à l'accaparement privé qui « use et abuse », comme à la révolution et au salut public. Les livres brûlaient dans quelques rues, interdits par-ci, mis en cause partout, ils tombaient à leur tour sous la loi commune de la preuve par le moyen de la mort.

D'avoir par endroits indiqué ce qui nous arrive n'a rendu les intellectuels ni plus ni moins complices; si nous pensons comme eux, qui sont morts, c'est qu'ils ont pensé comme nous, qui sommes vivants; responsabilité plus que partagée. La capacité de détruire vaut puissance en Europe, que Hegel le dise ou taise. L.-A. Nouille proposa de remplacer la dénonciation, ce « règne animal de l'esprit », par l'étonnement : après tout, dès la naissance de l'Europe moderne, la capacité de détruire vaut science. Lorsque d'un morceau de cire on laisse tomber odeurs, toucher, aspects pour n'en garder qu'une formule mathématique quelle hiérarchie installe-t-on? Qu'est-ce que cette qualité première quantifiable? ce sans quoi il n'y aurait de qualité sensible, seconde; ce qui en resta lorsque Descartes fit fondre le morceau de cire. Est-ce la faute à Descartes, s'il laisse pressentir que la mathématisation de la nature consiste aussi à installer une bombe miniature dans chaque chose qu'on explique? La qualité première, la raison scientifique ne rend compte des qualités secondes qu'à pouvoir les supprimer, l'odeur et le goût du miel sont abandonnés aux êtres simples, la flamme des bougies aux commémorations c'est-à-dire aux pannes de la vie technique.

J'imagine Cortès, fatigué de tueries, observant une tête de maïs. Rien de naturel en cette plante qui nourrit deux continents des millénaires durant, mieux que le blé aussi bien que le riz. Il a entre les mains, comme Descartes tenant son morceau de cire, le vestige d'une autre civilisation. Conquêtes du conquistador plus éphémères qu'un épi. Aux hommes du maïs et aux hommes du riz, l'Européen apporta sa plante, accompagnée par exception d'un étonnement sans fond devant cette pousse qui n'avait de racine qu'en lui : « La guerre n'a pas seulement déchiré et brûlé le monde, elle l'a aussi éclairé. Nous voyons que c'est un labyrinthe édifié par les hommes eux-mêmes, un monde mécanique et glacé, dont le confort et l'apparente efficacité nous privent de plus en plus de nos forces et de notre dignité. » (Kafka.)

Guerre étrangère + Guerre civile + Guerre de religion + Guerre intérieure... = ? Entre 1970 et 1980, les conflits du Liban suggéraient déjà le résultat de l'équation.

Une équipe de médecins volontaires installa des hôpitaux de fortune sous les bombardements, le docteur Bernard Kouchner expliqua :

« Parfois, il y a des coups de feu jusque dans la salle d'opération :

les nouveaux arrivants veulent mettre leur blessé à la place de celui qu'on est en train d'opérer. Le fusil et les lamentations, il n'y a plus d'autre langage à Beyrouth. La famille est là en permanence, des dizaines de personnes autour des lits, c'est indispensable au point de vue psychologique mais peu pratique. Sauf que les familles nourrissent leurs blessés et parfois nous avec.

J.-F. H. — Tous ces gens se battent pourquoi?

B.K. — Ils ont oublié. D'abord, bien sûr, c'était politique. En principe. Les Palestiniens sans terre, les musulmans pauvres, les chrétiens relativement privilégiés. Mais maintenant... La violence se nourrit d'elle-même. On se tire dessus « pour se défendre », on se bat comme se battent les gamins de deux classes rivales, dans la cour de récréation. Orgueil et représailles alternées. Plus de références politiques. La paranoïa. Le fusil est un phallus, les hommes affirment, sans frein ni censure, leur virilité. Lutte pour la liberté, la démocratie, il n'en est plus question dans ce coupe-gorge. Ce n'est même pas une guerre de religion, ni une lutte pour le pouvoir, sauf pour les chefs de clan dont les alliances changent à chaque instant. On tire sur ceux qui tirent, ou sur ceux qui sont dans le camp des tireurs. « *Les obus partent de là-bas, ce sont les salauds, cette femme passe chez les salauds d'en face, je vise, j'essaie de faire mouche, touché!* » Les hommes sont anesthésiés par leur paranoïa. Blessés par balle, ils ne bronchent pas quand on les soigne, mais ils hurlent pour une piqûre de pénicilline.

J.-F. H. — Une guerre incompréhensible, alors?

B.K. — Compréhensible en terme de psychologie collective, peut-être. Mais le seuil politique est dépassé. Cela nous fait un drôle d'effet, quand nous rentrons de Beyrouth, de lire les savantes analyses plaquées par certains sur cet enfer pathologique. En vérité, l'Occident participe de cette paranoïa localisée. Le Liban lui sert de soupape, d'abcès de fixation politique, et aussi inconscient. On se défoule par francs-tireurs interposés. L'épreuve de force à l'échelle mondiale peut ainsi se poursuivre plus tranquillement sur les ordinateurs du Pentagone et du Kremlin. Je parle en mon nom personnel, bien sûr. Mais je ne suis pas seul à avoir le vertige. On se soumet aux mots de la politique, au lieu d'arrêter le massacre. »

Quand les monothéismes anciens, une fois, se rencontrent, c'est le moderne qui renaît dans leurs cendres.

La religion (de la guerre) est l'opium du peuple.

*
* *

Mahmoud m'a laissé ruminer tranquillement mais estime que j'en fais trop : religion, fait social total, à présent métaphysique, expérience intérieure, toutes ces étiquettes collées sur un seul flacon paraissent suspectes.

— Ce n'était pas moins embarrassant pour nous. Nous tournions la chose, la retournions, comme le quidam du supermarché qui se retrouve avec plusieurs prix indiqués sur un produit qu'il sort du rayon, il se demande ce qui arrivera au moment de payer. Nous n'étions pas pressés de passer à la caisse.

— Était-ce le même produit?

— Probablement. Mauss tenait à désigner son fait social comme « total », il y voyait moins l'ensemble de l'expérience qu'une expérience d'ensemble : « percevoir l'essentiel, le mouvement du tout, l'aspect vivant, l'instant fugitif où la société prend... » (et précisément l'Europe « prenait » face à la guerre) « ... où la société prend, où les hommes prennent conscience sentimentale d'eux-mêmes et de leur situation vis-à-vis d'autrui ». (Cela s'appelle l'expérience « intérieure ».)

— Il fallait donc regarder l'Europe avec des yeux extra-européens, en ethnologue venu d'ailleurs pour y repérer son discours de la guerre comme fait social total?

— Malheureusement, non. La notion de « fait social total » n'est elle-même qu'européenne. Rendant compte de l'alchimie des échanges « primitifs » par la croyance au mana qui circule dans les choses échangées, Mauss empruntait aux premiers Néo-Zélandais leur explication. « Un de ces cas (qui ne sont pas si rares) où l'ethnologue se laisse mystifier par l'indigène », commente Lévi-Strauss. Le quiproquo s'avère probablement plus complet, la théorie indigène se trouvait invitée à répondre à une question que seule la théorie européenne pose. Marcel Mauss, dans les dernières pages qui concluent son *Essai sur le don*, s'émerveille d'avoir observé une seule et même règle dans l'infinie variation des coutumes indigènes : la volonté de paix s'oppose à la rivalité belliqueuse, comme l'alliance, le don et le commerce à la guerre, l'isolement et la stagnation. « Pour commencer il fallut d'abord savoir poser les lances. » Tous les ethnologues, Mauss compris, constatent que les actes belliqueux sont divers, incomparables, selon les sociétés indigènes et à l'intérieur de chacune, bien loin d'apparaître tous comme des maux ou des dysfonctions. Qu'importe! Le concept de *« la »* guerre vient d'Europe unifier tout ce qui sépare comme le mana néo-zélandais traverse tout ce qui unit.

On nomme généralement humains des êtres qui se demandent d'où ils viennent, le passage de la nature à la culture fait matrice universelle pour les mythologies. L'Europe moderne, seule, définit la nature par ce trait unique : l'état où les couteaux sont tirés, et la culture — l'état de société — comme le vestiaire où les couteaux se rangent. La table ronde du roi Arthur avait pacifié les chevaliers, aucun ne s'y trouvait haut ou bas placé. Restait à poser quelque flacon qui justifiât si auguste réunion : pas de table sans quête du Graal. Les chevaliers du bord du gouffre imaginent une solution plus dépouillée, la ronde de nuit des sentinelles du néant.

OUVRAGES CITÉS DANS « EUROPE 2004 »
(par ordre d'entrée en scène)

— Trotsky L., *Ma Vie,* Le Livre de Poche, p. 272.
— Trotsky L., *la Guerre et la Révolution,* éd. Tête de Feuilles, Paris, 1974, t. 1, pp. 41-42.
— Kant E., *Fondements de la métaphysique des mœurs,* Alcan, p. 145.
— Lévi-Strauss C., *Anthropologie structurale,* Plon, t. 1, pp. 206-226.
— Foucault M., dans *le Nouvel Observateur,* 16/10/78.
— Brière et Blanchet, *Iran : la Révolution au nom de Dieu,* Le Seuil, 1978.
— Foucault M., Entretien dans : *Iran : la Révolution au nom de Dieu,* C. Brière et P. Blanchet, Le Seuil, 1978.
— Rousseau, J.-J., *Le Contrat social,* Livre II, chap. VII.
— Furet F., *Penser la révolution française,* Gallimard, Paris, 1978, pp. 85, 43, 167, 109.
— Foucault M., *Surveiller et punir,* Gallimard, 1975, pp. 170-171.
— Halberstam D., *On les disait les meilleurs et les plus intelligents,* Laffont, 1974, p. 469.
— Chateaubriand A. de, *Essai sur les révolutions,* Gallimard, Bibliothèque de la Pléiade, p. 259.
— Chateaubriand A. de, *Génie du Christianisme,* Gallimard, Bibliothèque de la Pléiade, pp. 1089, 620.
— Kafka F., *Carnets,* Cercle du Livre Précieux.
— Jaurès J., *Discours à la Jeunesse,* 1903, in *Pages choisies,* éd. Rieder, Paris, 1928, pp. 258 et 268.
— Alain, *Convulsions de la force,* Gallimard, 1939, pp. 196, 108. *Échec de la force,* Gallimard, 1939, pp. 144, 114, 170.
— Merleau-Ponty M., *la Guerre a eu lieu,* Les Temps modernes, n° 1, 1945.
— Sartre J.-P., *Critique de la Raison dialectique,* Gallimard, 1960, pp. 669, 687.
— Sartre J.-P., *Préface* à Fanon F., *Les damnés de la terre,* Maspero, 1961, pp. 21, 26.
— Lottman H.-R., *Albert Camus,* Seuil, 1978, pp. 531-532.

— Mauss M., *Sociologie et Anthropologie,* PUF 1978, pp. 151, 274, 275, 278, 279.
— SIPRI, *Armaments and Disarmament in the Nuclear Age,* Almquist & Wiksell, Sweden, 1976, pp. 12-13.
— De Rougemont D., *Lettres sur la bombe atomique,* Gallimard, 1946, p. 41.
— Aron R., *Penser la Guerre. Clausewitz,* Gallimard, 1976, t. II, pp. 238, 183.
— Arendt H., *Essai sur la révolution,* Gallimard, 1967.
— Keynes J. M., *les Conséquences économiques de la paix,* N.R.F., 1920, p. 29.
— Beveridge W., *Du Travail pour tous,* Domat-Monchrétien, 1945, pp. 269, 279.
— Golbery G., *Geopolitica do Brazil,* Sose Olympio, 1957.
— Critique, *l'Amérique latine,* n° 363-364, Août-Septembre 1977.
— Bataille G., *la Souveraineté, in Œuvres complètes,* Gallimard, 1976, t. VIII, pp. 343-346; t. II, *ibid.,* pp. 238-239.
— Trotsky L., *Écrits militaires,* L'Herne, 1968, t. 1, (discours pour la prise de Kazan).
— Constant B., *De l'esprit de conquête, Œuvres,* Gallimard, Bibliothèque de la Pléiade, p. 1003.
— Ricard R., *la « Conquête spirituelle » du Mexique,* Paris Institut d'ethnologie, 1933, p. 50.
— Soljenitsyne A., *le Déclin du courage,* Seuil, 1978, pp. 44, 11.
— Remy B., *l'Homme des Casernes,* Maspero.
— Bataille G., *l'expérience intérieure,* Gallimard; pp. 35, 26, 74, 38.
— Hegel G.W.F., *Principes de la philosophie du droit,* Vrin, 1975, pp. 334, 335, 324, pp. 331, 324.
— Mothé D., *Militant chez Renault,* Seuil, 1965, p. 21.
— Kouchner B., Interview par J.-F. Held, *le Nouvel Observateur,* 14/61/76.
— Lévi-Strauss C., *Introduction à l'œuvre de Marcel Mauss,* in *Sociologie et Anthropologie,* p. XXXVIII.

LE DISCOURS
DE LA GUERRE

Voici venir, inévitable, hésitant, redoutable comme le destin, le grand impératif
la grande question : comment faudra-t-il gouverner la terre prise comme un
tout ? Et *en vue de quoi* l' " humanité ", prise comme un tout — non plus en
tant que peuple ou race — devra-t-elle être dirigée et dressée ? "
Le temps approche de la lutte pour la domination de la terre — elle sera menée
au nom de doctrines philosophiques fondamentales ".

Nietzsche

INTRODUCTION

Ayant remarqué qu'on avait oublié de nommer la ville dans laquelle les plénipotentiaires de l'univers doivent s'assembler, nous avons résolu d'en bâtir une sans délai. Nous nous sommes fait représenter le plan d'un ingénieur de sa majesté le roi de Narsingue, lequel proposa, il y a quelques années, de creuser un trou jusqu'au centre de la terre pour y faire des expériences de physiques; notre intention étant de perfectionner cette idée, nous ferons percer le globe de part en part. Et comme les philosophes les plus éminents du village de Paris sur le ruisseau dit la Seine croient que *le noyau du globe est de verre*, qu'ils l'ont écrit, et qu'ils ne l'auraient jamais écrit s'ils n'en avaient été sûrs, notre ville de la diète de l'univers sera toute de cristal, et recevra continuellement le jour par un bout ou par un autre; sorte que la conduite des plénipotentiaires sera toujours éclairée.

Pour mieux affermir l'ouvrage de la paix perpétuelle, nous aboucherons ensemble, dans notre ville transparente, notre saint-père le grand lama, notre saint-père le grand daïri, notre saint-père le muphti et notre saint-père le pape qui seront tous aisément d'accord moyennant les exhortations de quelques jésuites portugais. Nous terminerons tout d'un temps les anciens procès de la justice ecclésiastique et de la séculière, du fisc et du peuple, des nobles et des roturiers, de l'épée et de la robe, des maîtres et des valets, des maris et des femmes, des auteurs et des lecteurs.

Voltaire,
Rescrit de l'Empereur de la Chine
à l'occasion du projet de paix
perpétuelle, 1761.

Hiroshima, dans l'ordre des choses : l'information stupéfie, comme toute grande nouvelle, elle bouleverse certains pris d'une horreur vertigineuse et classique, elle n'étonne profondément personne. Le philosophe sort dans la rue, achète le journal, n'y trouve rien qu'il n'ait déjà lu, dit, pensé : « Il fallait bien qu'un jour l'humanité fut mise en possession de sa mort. Jusqu'ici elle poursuivait une vie qui lui venait on ne sait d'où et n'avait même pas le pouvoir de refuser son propre suicide, faute de disposer de moyens qui lui eussent permis de l'accomplir (...). Après la mort de Dieu voici qu'on annonce la mort de l'homme. Désormais ma liberté est plus pure [1]... » Les éditoriaux sérieux ou exaltés concluent en paraphrasant les formules de Hegel, cent ans plus tôt : « c'est seulement dans le risque de sa vie qu'on prouve sa liberté ». L'humanité semble tout naturellement mise en face de ses responsabilités, l'ère atomique sera l'âge de raison.

La nudité de l'événement s'impose, comme à l'abri de toutes les querelles idéologiques; Mounier cite « le jeune Saint Louis de Gonzague » en un jeu interrompu par qui lui demandait que faire si la fin du monde était subitement annoncée, « il répondit en souriant qu'il continuerait à jouer à la balle au chasseur » [2]. « Pessimiste actif » ou « optimiste tragique », le chrétien depuis toujours fait de l'apocalypse le jugement dernier, l'athée n'est pas plus surpris : « Nous voilà pourtant revenus à l'An Mil, chaque matin nous serons à la veille de la fin des temps » (Sartre). Qui fait profession de philosopher peut écrire quelques centaines de pages sur « la bombe atomique et l'avenir de l'homme » — Maurice Blanchot réduit très finement ce lourd volume en neuf feuillets qu'un titre résume : « L'Apocalypse déçoit » [3].

---

1. Sartre, *Situation III*, p. 68-69 (Octobre 45).
2. E. Mounier, *Pour un temps de l'Apocalypse. Esprit.* Janvier 47.
3. *N.R.F.* Mars 1964 (sur le livre de Jaspers) : « Il ne s'agit pas d'embarrasser, à la façon des sophistes, le dialogue qu'on nous propose, par quelque argument *ad hominem*. Nous nous demandons seulement : pourquoi une question aussi sérieuse puisqu'elle détient l'avenir de l'humanité, question telle qu'y répondre supposerait une pensée radicalement nouvelle, ne renouvelle-t-elle pas le langage

D'où le soupçon, non que rien de neuf ne naît sous le soleil mais que les nouveaux soleils éclosent dans la réalité bien après que la pensée les ait promis en sa lumière discrète et inquiétante. La bombe atomique n'est pas contemporaine « de l'effondrement massif des deux grandes religions du monde moderne : le christianisme et le rationalisme »[1] — elle est leur affirmation et accomplissement.

Les pensées qu'éveillent en 1945 les lettres grasses des quotidiens ne sont pas différentes de celles déchiffrées par l'universitaire allemand regardant, le soir d'Iéna, défiler les troupes victorieuses de Napoléon — sous mes fenêtres j'ai vu passer, à cheval, l'âme du monde. La pensée philosophique n'est pas directement responsable de ce qui arrive, Hegel n'a pas inventé la fission de l'atome, ceux qui commencent à fabriquer l'arme atomique, ceux qui ensuite décident de l'utiliser, n'ont probablement pas lu la Phénoménologie de l'Esprit. La philosophie n'a fait qu'attendre, et qui n'attend qu'une seule chose ne s'étonne pas quand elle arrive.

Plus inquiétant : les pensées que depuis longtemps les penseurs formulent sont parentes de celles qui agitent sourdement les hommes d'action ; lorsqu'on veut capter l'attention de Roosevelt et l'inciter à inaugurer la recherche nucléaire on lui donne un seul exemple : Napoléon. Quand Thomas Mann fonde l'ordre du monde sur la puissance de la « Pax Americana », il continue d'imiter, comme il fit toute sa vie, Goethe[2]. Commune à ce dernier et à Hegel une idée fait découvrir en Napoléon la force de la raison et la rationalité de la force. L'empereur meurt, l'idée émigre et chemine jusqu'au jour où elle couronne cette chose à partir de quoi notre époque se nomme ère atomique.

Levi-Strauss a montré qu'une réalité inconnue et découverte plus tard — le tabac — pouvait, à l'intérieur d'un univers intellectuel, avoir une place très précisément définie et circonscrite. Si la bombe n'a pas ébranlé notre système de pensée, c'est qu'elle est venue, non à son heure, mais à son lieu, central.

qui la porte et ne donne-t-elle lieu qu'à des remarques, soit partiales et en tout cas, partielles, lorsqu'elles sont d'ordre politique, soit émouvantes et pressantes lorsqu'elles sont d'ordre spirituel, mais identiques à celles qu'on entend en vain depuis deux mille ans ? »

1. Mounier, *Ibid.*

2. « Gœthe, événement non pas allemand mais européen... Il n'y eut dans sa vie de phénomène plus important que l'ens realissimum nommé Napoléon. » Nietzsche, *Le Crépuscule des idoles.*

1

Lorsque le physicien Léo Szilard fait signer par Einstein une lettre qu'un banquier, Alexander Sachs, portera au Président Roosevelt, comme tous les autres savants émigrés d'Europe, il est mû par une crainte explicite et un espoir plus secret.

La crainte est toute stratégique : l'arme atomique est concevable, il est possible que les nazis la fabriquent, donc nécessairement nous devons la détenir. Imaginant le pire pour y parer, la méfiance le précipite. Il importe peu qu'en ce cas précis les physiciens et le gouvernement allemands aient été en retard; on peut trouver pathétique que la communauté formée par des savants qui tous se connaissaient personnellement fut brisée par les conflits politiques[1]; tous ces apparents hasards qui, différents, eussent pu changer tel le nez de Cléopâtre la face du monde, ne prouvent pas que les physiciens furent prisonniers de la passion et des malentendus politiques. Ils sont gouvernés par un raisonnement plus ancien que toutes leurs découvertes, qui les divisera de nouveau à chaque arme terrifiante inventée — d'une part : si nous réussissons à produire l'arme, l'adversaire potentiel imitera (Oppenheimer et d'autres contre la bombe H) — d'autre part : si nous hésitons, l'autre prendra l'avantage (Teller).

Cet apparent paradoxe qui suscite la course aux armements et l'accroissement de l'effort guerrier entre des adversaires pourtant relativement modérés, Clausewitz l'avait déjà découvert axiome fondamental de toute stratégie. Napoléon, qui dévoile l'essence « absolue » de la guerre, prouve l'avantage que confère l' « ascension aux extrêmes » à qui l'ose devant un adversaire hésitant. C'est l'idée d'être plus conséquent encore que Bonaparte qui décide le pacifique Roosevelt : on lui cite la bévue de l'empereur s'interdisant toute invasion de l'Angleterre à refuser de prendre au sérieux l'invention d'un jeune ingénieur nommé Fulton; il tranche, le Président des Etats-Unis détiendra désormais l'arme la plus puissante[2]. Ce n'est pas la passion qui détruit le communauté internationale des hommes de science, mais la raison, celle de la stratégie dont Clausewitz et la théorie mathématique des jeux ont su formuler la rigueur.

La levée en masse des savants, dans tous les pays menacés par Hitler, est de surcroît animée par un espoir; une confiance semble

---

1. R. Jungk, *Plus clair que mille soleils*. Arthaud, p. 74-85.
2. R. Jungk, *Ibid.*, p. 103-104. Fulton = bateau à vapeur = invasion de l'Angleterre.

aller de pair avec la méfiance stratégique comme le recto et le verso de la même vérité, les écrivains émigrés l'exprimeront pour tous les intellectuels qui arrivent aux Etats-Unis. Sous le mot d'ordre « La cité de l'homme, déclaration pour une démocratie mondiale », ce n'est plus leur idée de l'Amérique qui intéresse (« ici... est conservé le trésor de la culture anglaise, comme dans Rome est préservé l'hellénisme ») mais leur idée d'*ordre* : « Etre gouverné par le puissant et plus sage est condition de l'égalité pour tous... Pour que le monde soit sauvé il faut une main ferme... Le leadership américain est le garant (« trusteeship ») du monde, la Pax Americana préambule à la Pax Humana [1]. » Le commentateur remarque, vingt ans plus tard, que c'était poser l'Amérique comme le « nouveau Leviathan » [2] bien avant que le gouvernement n'en fasse sa doctrine, et plus radicalement.

Les intellectuels introduisent dans le nouveau monde leurs découvertes, leurs idées aussi. Lorsque dès mars 1945, Leo Szilard s'inquiète de la course aux armements atomiques qui risque d'embraser la terre, il constate avec dix ans d'avance que les Etats-Unis et l'Angleterre ne réussiront pas seuls à « policer le monde » [3]. Il conclut à la nécessité d'un contrôle exercé en commun avec l'Union Soviétique : l'idée de derrière la tête qui gouverne ces discussions encore poursuivies lie le pouvoir de construire au pouvoir de détruire, la conscience de la possible annihilation du monde rend, seule, nécessaire un ordre universel — et, principe fondamental, elle doit suffire. L'arrière-pensée de cette idée de derrière, il faut la voir se préciser dans une sagesse politique qui s'affirme depuis le *Leviathan* de Hobbes jusqu'à « l'Esprit du Monde » de Hegel. Freud, arrivant à New York, confiait à Jung « Ils ne savent pas que nous leur apportons la peste » — les cadeaux intellectuels sont toujours subtilement empoisonnés [4].

La décision que les physiciens arrachent aux responsables américains s'obtient du croisement de deux raisonnements, l'un renvoit à Clausewitz, l'autre à Hegel, pris ensemble, ils nouent la puissance à la sur-puissance et à celle-ci l'ordre.

---

1. Appel signé de Thomas Mann, Lewis Mumford, Reinhold Niebuhr, etc. in P. Seabury, *The Rise and Decline of the Cold War*, p. 40.

2. Seabury, *Ibid.*, p. 41.

3. Atomic bombs and the postwar position of the United States in the world, Leo Szilard, March 1945, in *The Atomic Age* (extraits du Bulletin of the Atomic Scientists) Simon and Schuster, *Basic Books* 1963, p. 1339.

4. Rapporté par J. Lacan, *La chose freudienne, Ecrits*, p. 403 : « La Nemesis n'a eu, pour prendre au piège son auteur, qu'à le prendre au mot de son mot. Nous pourrions craindre qu'elle n'y ait joint un billet de retour de première classe. »

2

On discutera longtemps encore afin de savoir si la bombe sur Hiroshima est justifiable ou non. Il est frappant qu'on se le soit si peu demandé *avant*. Lorsque les responsables américains se réunirent pour peser leurs décisions, « la question de la date opportune fut l'essentiel de toute l'affaire du jugement des personnes présentes »[1]. Un rapport de quelques savants atomistes (Franck, Stearns, Szilard...) met en doute la sagesse de la décision, non pour des raisons morales mais parce qu'elle risque de rendre « impossible » un futur contrôle international — il n'est pas pris en considération. Tout va, allant de soi ; lorsque le 22 juillet 1945 Truman confère avec Churchill, Leahy et Marshall, le largage de la bombe sur une ville du Japon n'est pas mis en question, « l'accord fut unanime, automatique, incontesté », rappellera le Premier britannique[2]. Plus inquiétant que la décision même, qu'elle paraisse « naturelle ».

Militairement parlant, le lancement de la bombe épargnera aux forces américaines les pénibles combats nécessaires pour conquérir la métropole japonaise. Le bombardement s'inscrit dans l'univers de la stratégie classique, il n'est que le substitut de la « bataille décisive » : « la mise en jeu totale de notre puissance militaire, soutenue par notre détermination, signifieront la destruction inévitable et complète des forces armées japonaises et tout aussi inévitablement la dévastation complète de la métropole japonaise », avaient déclaré les trois « grands » réunis à Potsdam. Le secrétaire d'Etat américain à la guerre, Stimson, note : « La bombe atomique était une arme éminemment appropriée à un tel plan »[3]. La montée aux extrêmes propre à la guerre classique découvre dans la bombe son ultima ratio.

Une seconde raison, diplomatique celle-là, commandait la recherche d'une décision, la plus rapide ; on n'explora pas les ouvertures de paix, ambigues, faites par les Japonais, on ne les prévint pas de la menace terrible qui pesait sur eux, on n'attendit pas plus l'effet politique de la première bombe avant d'en jeter une seconde. Les historiens remarquent, après coup, « qu'il aurait fallu prendre le risque et subir les dépens (d'un avertissement donné au Japon) car en agissant ainsi nous aurions pu éluder la nécessité de l'utiliser (la bombe)... Le peuple américain se serait trouvé plus exempt de tout réflexe de cul-

---

1. Giovannitti et Freed, *Histoire secrète d'Hiroshima*, Plon, p. 83.
2. *Ibid.*, p. 224 : « There was unanimous, automatic, unquestionned agreement around our table. »
3. *Ibid.*, p. 215.

pabilité... » [1]. Une telle hâte parut pourtant légitime, elle était motivée par un calcul diplomatico-stratégique des plus classiques.

L'adversaire visé en ce raisonnement n'est pas le Japon mais l'Union Soviétique; après la mort de Roosevelt, la plupart des responsables occidentaux estiment qu'il n'est possible de négocier avec leur allié qu'à partir d'une situation de force : « La bombe était devenue plus qu'une arme de nature à mettre fin à la guerre... Les planificateurs de la politique (...) voyaient bien au-delà... Ils songeaient à utiliser la bombe comme une arme politique et diplomatique... en particulier dans les rapports entre les Etats-Unis et l'Union Soviétique » [2]. Les deux premiers conseillers du nouveau président en matière diplomatique, Byrnes et Stimson, insistent sur l'importance d'un tel atout; Truman leur fera écho : « Notre avenir repose entre nos mains [3] ». Pour forcer l'Union Soviétique à s'accorder avec lui sur le sort futur de la Pologne et des territoires occupés par l'armée rouge, le gouvernement américain a d'abord compté sur la pression de sa puissance économique, très rapidement la possession de l'arme atomique devient le facteur tenu pour fondamental : la bombe « fut livrée au bon moment, de telle façon qu'aucune concession à la Russie ne fut plus nécessaire à la fin de la guerre » [4]. Les premiers mois de la diplomatie post-rooseveltienne semblent dominés par l'attente des résultats de l'expérience atomique, aussi bien la mission amicale de Hopkins à Moscou que la conférence peu concluante de Potsdam, où les Soviétiques ignorent officiellement l'existence de l'arme nouvelle [5].

Dans le cadre classique d'une diplomatie fondée sur le rapport des forces, une idée toute nouvelle fait son entrée par une porte dérobée. Il semble tout d'abord que l'arme nucléaire permet à qui la détient d'imposer ses raisons — celles du plus fort : « Si le problème de

1. H. Feis, cité in Giovannitti et Freed, *Ibid.*, p. 298. « Militairement rien n'imposait une telle rapidité, les plans prévoyaient l'invasion du Japon le 1er novembre au plus tôt. Mais Byrnes avait déclaré à Forrestal qu'il était « très pressé » de régler l'affaire japonaise avant que les Russes n'interviennent. » Cf. D. Horowitz, *From Yalta to Vietnam*, Penguin Books, p. 53-56.
2. *Ibid.*, p. 167 et 222, cf. Norman Cousins. « Si l'on avance une telle opinion, cela veut dire que la « guerre froide » avait commencé, avant même que l'autre eût cessé. Et les habitants de Hiroshima n'auraient pas été les dernières victimes de la seconde guerre mondiale, mais les premières victimes de la lutte de puissance ouverte entre les U.S.A. et l'U.R.S.S. » In Jungk, ouv. cité, p. 185.
3. Giovannitti et Freed, *Ibid.*, p. 49.
4. Vannevar Bush, conseiller de Stimson, in Gar Alperowitz, *Atomic Diplomacy, Hiroshima and Potsdam*, 1965, Secker and Warburg, p. 240.
5. C'est la politique dilatoire recommandée par Stimson, cf. *Alperowitz*, ouv. cité.

l'utilisation judicieuse de l'arme pouvait être résolu, nous aurions la possibilité d'amener le monde à un état de perfection où la paix universelle et notre civilisation pourraient être sauvegardées », explique Stimson en informant Truman, fraîchement promu président, de l'existence de l'Arme[1]. Pourtant ce n'est plus un rapport de forces simple qui joue, il s'agit d'influer sur la politique des Soviétiques dans les territoires dont on ne peut les déloger, à moins d'un « désastre pour la civilisation »[2]. A l'opposé du fonctionnement classique du rapport stratégique, qui dispose de la force suprême n'est plus maître d'en limiter l'usage offensif, la menace ne se soutient plus des probabilités de victoire mais de la possibilité d'un désastre commun. Si la bombe atomique paraît « la plus grande chose de l'histoire » (Truman), celle qui peut « renverser le cours de la civilisation » (Stimson), il faut supposer qu'une autre évidence en précipite l'usage, qui relève moins de la stratégie proprement dite que de la philosophie politique — le nouveau « Leviathan » a trouvé sa couronne, l'ordre de l'univers sera fondé sur une menace apocalyptique. Nous autres, civilisations, savons désormais que nous sommes mortelles, remarquait Valéry, — en 1945, la formule s'inverse : nous nous savons civilisation parce que mortels, « la mort de l'être vivant immédiat est la naissance de l'esprit »[3].

La bombe qui tombe sur Hiroshima marque l'aboutissement d'un engrenage qui laisse peu de place à la méditation, « la ruée des événements créait une force vive »[4]; le président Truman affirme dans ses mémoires que son « oui » a décidé du lancement, mais le responsable militaire de la question constate : « En réalité, il s'est contenté de ne pas dire « non ». Il aurait fallu avoir des nerfs solides pour prononcer ce « non »[5]. » Ce n'est pourtant pas la force des choses ni la faiblesse des nerfs qui jouent ici, mais la double logique qui découvre en la bombe l'ultima ratio stratégique et la summa ratio politique.

3

Deux intentions semblent partager la diplomatie « atomique »; l'une, « idéaliste », fait des Etats-Unis les gardiens de la démocratie universelle, l'autre, dans la tradition de la « Realpolitik », pousse à

---

1. Giovannitti et Freed, *Ibid.*, p. 48.
2. Alperowitz, *Ibid.*, p. 58.
3. Hegel, *Encyclopédie*, § 222.
4. Giovannitti et Freed, *Ibid.*, p. 168.
5. Jungk, p. 186.

calculer en termes de rapports de forces; Forrestal, secrétaire d'Etat à la Marine, se plaindra en son journal intime de l'abus que fait le discours politique d'appels à la « culture », à la « démocratie » et à « l'amour de la paix » [1]. L'accord avec l'Union Soviétique, et l'antagonisme aussi bien peuvent se définir soit dans le cadre d'un partage réaliste du monde, soit en celui des idéaux censés gouverner la vie des nations. Il serait vain de chercher laquelle des deux optiques est préférable, c'est leur complémentarité qu'instaure la référence ultime à l'arme nucléaire.

Comment fonder sur une menace très réelle un ordre encore idéal, c'est le leit-motiv des tentatives faites pour définir une stratégie occidentale univoque, autant que des efforts visant à la limitation bilatérale des hostilités et de la course aux armements. Dans les deux cas, il s'agit de se faire comprendre d'un adversaire que la méfiance stratégique peut rendre rationnellement soupçonneux. L'alchimie de l'arme absolue doit faire entendre aux sourds la dure parole de la menace et le doux murmure des promesses.

Le pouvoir rationnel supposé résider en l'Arme, les stratèges et les négociateurs s'efforceront d'en préciser les déterminations essentielles, l'esprit du Camp David, de Genève, etc., paraît en propager la bonne nouvelle et les crises qui interrompent la transmission (Cuba, Vietnam) semblent moins contredire qu'accentuer la puissance de cette raison.

Côté pile : rien n'est impossible, même le pire. Côté face : tout est possible, il suffit de vouloir s'entendre, le bonheur et la paix sont à portée de main. Entre l'arme stratégique « absolue » et l'intention politique de réforme définitive, une connivence : le monde, avec ses nations, ses guerres, ses différences, n'existe pas — puisqu'il peut ne pas exister. La stratégie et la politique universelles sont pareillement acosmiques, elles manipulent un objet vierge sur lequel elles tracent les épures théoriques des catastrophes calculées ou des organisations rationnelles. L'opposition de qui prépare la guerre et de qui planifie la paix peut être vive, elle n'occupe que l'avant-scène : pour tous, les pages du grand livre du monde sont blanches, les raisonnements politiques commencent où les démonstrations stratégiques aboutissent, à zéro. La revue des « Atomic Scientists » s'orne d'une horloge, la petite aiguille marque minuit, la grande s'en approche ou s'en éloigne selon que les fluctuations de la politique nous font toucher de plus près ou de plus loin la fin du monde. Le compte à rebours définit

---

1. Les deux tendances sont relevées par exemple par Seabury, ouv. cité, p. 56.

l'unique horaire, tous les mortels sont voyageurs du train « humanité », le monde est devenu idéal ,« il plane dans le libre éther où il n'y a ni haut ni bas; encore bien moins y aurait-il pour le soutenir, quelque boule ou quelque tortue, mais il repose et se fonde sur lui-même, il est sa propre boule et sa propre tortue »[1].

L'extrême du mal et l'extrême du bien se touchent; le point obscur que visaient philosophes et mystiques, n'importe quel quotidien y installe aujourd'hui le genre humain tout entier — si l'on n'éprouve plus la possibilité de méditer ce lieu commun unique, n'est-ce pas parce qu'il fut longtemps prémédité ?

L'évidence qui gouverna la conception de la bombe, puis sa première utilisation, exerce toujours sa pression à travers l'invention des armes, la succession des crises, la répétition des conférences définitives.

4

La bombe s'installe avec insistance au croisement de deux raisonnements; l'un formule l'ordre qui soutient le désordre même de la guerre, discours stratégique auquel Clausewitz sut donner l'expression adéquate; l'autre fait concevoir l'ordre qui naît de ce désordre radical, secrète pensée de la politique moderne accomplie avec Hegel.

Les deux discours sont tenus dans leur extrême rigueur un siècle avant la bombe, ils la précèdent et l'annoncent de façon telle qu'elle vient naturellement se placer au point où elle n'étonne plus une pensée qui ne la trouverait pas si elle ne l'avait déjà cherchée. La bombe a été livrée pré-pensée.

Elle apparaît; immédiatement on exige, avec des intentions politiques diverses, une seule chose : que la bombe mette à la raison la fureur guerrière qu'elle soit le grand principe de mise sur raison d'un univers devenu unique en versant sur la mort. Raison ultime de la stratégie des adversaires, elle doit être plus encore *raison suffisante* de leur entente au sein même de la plus radicale adversité; le monde ne tient qu'à un fil, ce fil est une pensée, les attributs de la bombe sont philosophiques : « La raison suffisante au sens de Leibniz n'est aucunement cette raison qui suffit tout juste à soutenir quelque chose dans l'être afin qu'il ne retombe pas aussitôt dans le néant. La raison suffisante est celle qui apporte et présente à l'étant ce qui lui permet d'atteindre à la plénitude de son être, c'est-à-dire à la *perfectio*. C'est pourquoi la raison suffisante s'appelle aussi la *summa ratio*, le

---

1. **Définition de l'Etre par l'idéalisme selon Hegel,** *Croire et Savoir*, p. 271.

Grund (fond) suprême... La raison suffisante est toujours la raison qui va le plus loin et qui de cette manière anticipe tout [1]. » Crises et conférences trouvent leur point focal à tourner dans la question de Leibniz : pourquoi quelque chose plutôt que rien ? Pourquoi un monde plutôt que la bombe ?

Le destin du monde est entre « nos » mains. Pas n'importe quelles mains : celles de l'animal rationnel, que la raison anime même lorsqu'il est animal et avec toute sa raison se fait bête dans le risque de la mort : « Selon le principe de raison, la raison ne se rencontre pas n'importe où et n'importe comment au sein des choses indéterminées et indifférentes. La raison comme telle exige d'être rendue *comme* raison, rendue dans la direction du sujet qui se représente et *par* lui *pour* lui-même [2]. » Nous nous ferons animal pour ramener l'adversaire à la raison, nous menacerons rationnellement de perdre la raison, jusqu'à ce qu'ensemble, tirant du risque ultime la raison suprême, nous définissions l'organisation qui a raison de la mort et fonde pour la première fois le monde en raison. La bombe convoque l'univers à l'hommage que depuis longtemps notre civilisation rend au Principe de Raison Suffisante, la fête est ouverte à tous du principium magnum, grande et nobilissimum.

Le monde est au bord de l'abîme, évidence commune, notre pain quotidien. Au bord de l'abîme le monde doit s'arrêter, trouver son unité et sa sécurité, l'esprit de la coexistence soit avec nous. Qu'on s'en éloigne et que dangereusement on s'en approche, c'est à la limite du gouffre que les adversaires se rencontrent, s'affrontent et s'entendent, autour de ce puits ils attendent toute nue la vérité. Universelle banalité, prologue et conclusion obligés de tout discours politique — mais aussi bien secret le plus mystérieux de la « Science de la Logique », moment où la pensée se fait chair, unique façon de concevoir la création de ce qu'on appelle monde par ce qu'on appelle Dieu : « Le langage identifie... les significations de ces deux mots : chute et fond, et l'on dit que l'Essence de Dieu est un abîme insondable pour la raison finie. Il s'agit réellement d'un *abîme* pour autant que la raison y renonce à sa finitude... Mais cet abîme, le fond négatif, est aussi bien le fond positif d'où émerge ce qui est... [3] » Le sort du monde tournoie

---

1. Heidegger, *Le Principe de Raison, N.R.F.*, p. 166.
2. Heidegger, *Le Principe de Raison*, p. 88.
3. Hegel. *Science de la Logique*, T. II, p. 121-122. Le jeu de mot rapproche zugrunde gehen = périr, couler à fond, Grund = fond, fondement, raison et Abgrund = abîme.

dans cet espace conceptuel où la vérité la plus profonde touche au jeu de mot. La politique terre à terre serait philosophie pure si, empruntant à l'esprit son sérieux, elle n'ignorait ses traits.

Deux discours dévoilent la bombe avant que le physicien ne la découvre, ils en ont parrainé la conception, ils gouvernent encore son utilisation guerrière ou pacificatrice. Les relire, comme toute recherche généalogique, ne conduit pas à cultiver l'évidence dans laquelle la bombe baigne, deux parents nobles peuvent avoir un enfant bâtard.

La stratégie clausewitzienne et la politique hegelienne s'étaient déjà croisées à définir par deux raisons le même objet, Napoléon. Le général concentre sa réflexion sur la journée d'Iéna, il définit en même temps le ressort de la victoire française et la possibilité d'une revanche. Le philosophe pense le soir de la bataille, dans le calme accepté définitif de la paix impériale. L'un demeurera jusqu'à sa victoire un « résistant », l'autre, aussi longtemps, un « collaborateur ». Il est vain de se demander qui a raison ? Plutôt : quelle raison a chacun pour tirer du même objet une conséquence inverse ?

La bombe devient raison suprême sur le fond obscur d'une complémentarité de ces deux logiques. Il faudra interroger les stratégies qui la prennent pour ultime référence afin de savoir si elles ne visent pas un objet aussi duplice que l'était Napoléon. Peut-être la prétendue complémentarité n'abrite-t-elle le redoublement de la contradiction que pour perpétuer l'indécision de qui s'en réclame et l'indifférence de qui l'ignore. A suivre dans leurs prolongements contemporains les pensées de Clausewitz et de Hegel, les significations qu'irradie l'*ens realissimum* de ces vingt dernières années ne se nouent plus, la bombe, enfin, étonne.

Trop de proximité nuit. Le bel esprit du xviiie siècle s'exilait aux antipodes pour déshabiller l'Europe de ses certitudes, l'histoire fut au siècle suivant une autre manière de mise à nu; aujourd'hui l'universel reportage travaille dans l'identique, le voyageur ne découvre plus, il reconnaît le même dans le même, dans la silhouette du sous-développé la figure du « développé » futur — ou rien : qui n'est pas nous est contre nous et fou.

Voltaire emprunta sa plume à l'empereur de Chine pour rendre compte d'une collection de projets de « paix perpétuelle » dont le volume s'est depuis formidablement amplifié tandis que les instituts spécialisés dans leur rédaction essaimaient en tout l'occident — Paris n'est désormais qu'une petite province : « Nous l'Empereur de Chine, nous sommes fait représenter, dans notre conseil d'Etat, les mille et une brochures qu'on débite journellement dans le renommé village de Paris, pour l'instruction de l'Univers. Nous avons remarqué, avec une satisfaction impériale, qu'on imprime plus de pensées, ou façons de penser, ou expressions sans pensées, dans ledit village situé sur le petit ruisseau de la Seine, contenant environ cinq cent mille plaisants, ou gens voulant l'être, que l'on ne fabrique de porcelaines dans notre bourg de Kingtzin sur le fleuve Jaune, lequel possède le double d'habitants, lesquels ne sont pas la moitié si plaisants que ceux de Paris... »

Nous fûmes longtemps porteur d'une Chine-en-Idée, par quoi la réflexion déliée se garantissait quelques distances. Qu'aujourd'hui « la pensée de Mao Tsé-toung » devienne l'Impensable scandaleux qui coupe toute interrogation et on pourra craindre en vérité que l'Occident refuse moins une pensée étrangère que l'étrange et le distant dans la pensée qui lui est propre. Etonnante pourtant, vue d'un fauteuil Voltaire ou par une tête chinoise, la constellation d'idées que rassemble la « pensée de la bombe atomique », par une force ni purement logique, ni simplement matérielle, où s'affirment la culture, la religion et la métaphysique, inconnues d'être nôtres.

Heidegger :

« Nous sommes, dit-on, dans l'ère atomique.

Nul besoin que nous voyions clairement tout ce qui est impliqué dans cette désignation. Qui pourrait se vanter d'y parvenir ? Seulement, dès aujourd'hui, nous pouvons faire autre chose. Chacun peut réfléchir jusqu'à un certain point sur l'étrangeté inquiétante de ce qui se dissimule sous cette appellation, en apparence anodine, choisie pour notre époque. L'homme caractérise une époque de son existence historique et spirituelle par la mise à sa portée d'une énergie naturelle et par la pression qu'il en subit.

L'existence de l'homme — marquée par l'atome. Cette qualification désigne aujourd'hui quelque chose qui peut-être, à l'heure présente, n'est accessible à partir de la « pensée » qu'à un petit nombre d'hommes. Pourtant le nom d'ère atomique donné à notre époque atteint probablement ce qui est. Car tout ce que l'on trouve encore en elle et que l'on continue à appeler « culture » : théâtre, art, film et radio, mais aussi la littérature et la philosophie, et même la foi et la religion — tout cela partout ne fait que traîner derrière ce qui marque l'époque comme ère atomique... Que notre méditation ne perde pas de vue ceci : une époque de l'histoire de l'humanité caractérisée par l'atome[1]. »

A sa naissance, en sa première utilisation militaire, dans les significations stratégiques, diplomatiques et politiques qu'elle noue, l'arme nucléaire n'étonne pas. Ce non-étonnement se justifie pour ce qu'avant même qu'elle existe, les discours rationnels qu'elle semble susciter étaient déjà pleinement développés, ils articulent la politique de l'Occident depuis la Renaissance; le XIXe siècle les a formulés pour définir un objet — Napoléon — qui rétrospectivement paraît l'esquisse analogique, le leurre préparatoire de l'objet absolu que le XXe siècle réalise. A méditer, le plus étonnant : la Bombe n'étonne pas, cette absence d'étonnement est justifiée.

---

1. *Le Principe de Raison*, N.R.F., p. 92-93.

LE DISCOURS
SUR LA GUERRE

Machiavel : à 43 ans, exclu de la vie politique de Florence. Ne s'en console pas. En quinze années d'inaction forcée écrit le premier traité politique, le premier livre de stratégie, et la première histoire moderne. Trois chemins qui cernent définitivement l'unique objet de la passion européenne — l'action politique.

Clausewitz : organise, avec Scharnhorst et Gneisenau, l'armée prussienne, instrument, plus tard, de l'unité allemande. Son fait d'arme le plus éclatant est une trahison (passe aux Russes pour combattre Napoléon, son propre roi et sa propre armée). Sa seule victoire importante, une négociation réussie (la reddition du corps prussien de la Grande Armée). Après 1815, inconnu, il ronge son frein, écrit. D'où *De la guerre*.

Lénine : émigré russe isolé, en 1915, à Berne : « Je n'ai rien à faire qu'à lire, écrire, attendre. » Il lit Clausewitz et prend des notes;

« chaque chose vient à son heure ». Il se réclame du général prussien aux moments décisifs, lorsqu'il justifie sa rupture avec la seconde Internationale, établit sa stratégie insurrectionnelle, organise l'activité militaire et diplomatique du nouvel Etat soviétique [1].

Méditant en silence, à son corps défendant, le penseur politique ne rentre pas en lui-même tel le philosophe classique; au fond de sa solitude, il découvre non sa liberté propre mais celle de l'histoire, il construit conceptuellement l'événement où elle décide de tout et d'elle-même. Que son objet soit le « Prince », la nation ou la révolution, la « décision » demeure le souci premier, toute politique est stratégie.

La théorie est objective et dégagée qui vise l'engagement suprême. Avec un génie et une intelligence variables, les Etats-majors français et allemands, Jaurès, Lénine, en appelleront à l'autorité de Clausewitz. Double scandale pour la pensée moralisatrice : le stratège calcule impartialement les ressources, ruses et forces des deux camps sans rien exclure — « machiavelisme »; il justifie ses prises de position par sa pensée, non l'inverse — il « siège au plafond ». La rigueur de la construction clausewitzienne et la théorie mathématique des jeux qui lui est apparentée suffisent à montrer qu'il n'y a qu'une seule façon de se servir de sa tête, qu'on ait les mains blanches ou sales.

---

1. « La tactique politique et la tactique militaire sont deux domaines frontières, ce qu'en allemand on appelle « Grenzgebiete », donc les militants du Parti n'étudieront pas sans fruit les œuvres de Clausewitz » (1923). Clausewitz, sur « la philosophie et l'histoire de la guerre » est « l'auteur le plus important » (1917). W. Hahlweg, qui dirige l'édition actuelle des œuvres complètes de Clausewitz (Dümmlers, Bonn) estime : « Lénine est le premier homme d'Etat qui ait fait valoir, dans le domaine de l'action politique, la pensée de Clausewitz; il a ouvert de nouvelles voies dans l'intelligence de la valeur et du poids de *De la guerre* » (W. Hahlweg, *Lenin und Clausewitz, Archiv für Kulturgeschichte*, 1954, 1 et 3, Münster-Köln).

I. – LA GUERRE PREND LA PAROLE

L'imagerie classique perche le chef de guerre sur un promontoire,
il domine du regard la plaine, ses soldats, l'ennemi. Il *voit*. Plus tard,
les historiens montreront qu'il eut pu voir autrement ou plus. Ceux
qui prétendent déterminer une « doctrine positive » et enseigner
comment il faut faire la guerre décideront doctement si son voir était
juste ou erroné, eu égard aux lois optiques et physiques qui gou-
verneraient la stratégie devenue « art mécanique ». Clausewitz récuse
la fatuité du « chroniqueur » et la suffisance scientiste des stratèges de
l'école « géométrique ». Le coup d'œil du chef n'est pas jugé par un
savoir rétrospectif plus informé, Alexandre ne connaissait pas l'arme
aérienne, ni la lutte de classe — ses ennemis non plus, il suffit; qu'il
gagne ou qu'il perde, ce sera en se passant des connaissances qui font
la gloire des hommes du XXe siècle; « si la critique veut prononcer des
éloges ou des blâmes, il faut évidemment qu'elle essaie de se placer

exactement au point de vue de la personne agissante, elle doit rassembler tout ce que cette personne savait et qui motivait son acte » [1]. Pas plus que l'histoire, l'analyse prétendue scientifique ne dispose d'un point de vue supérieur, le coup d'œil du chef n'est soumis à aucune loi éternelle, génie celui « qui s'élève au-dessus de la règle commune » — un militaire ordinaire n'intéresse pas : « ce que fait le génie, voilà la plus belle de toutes les règles, et ce que la théorie peut faire de mieux c'est montrer pourquoi et comment il en est ainsi » [2].

Le théoricien ne se juche pas sur un second sommet, d'où il contemplerait le chef de guerre; la guerre est « une activité de l'esprit ». Lorsque « la théorie... porte la lumière d'une réflexion essentiellement critique dans le champ de la guerre tout entier », elle parle d'une voix familière, son langage « cotoyant en quelque sorte l'action de la guerre, et l'examen critique n'étant en définitive que la réflexion qui précède l'action » [3]. La théorie peut n'être pas aveuglée par d'éblouissants coups de génie, non qu'elle les nie, mais elle profère ce que le génie a vu, « elle doit s'incliner avec admiration devant le résultat de l'activité supérieure d'un génie et commencer par s'initier à l'enchaînement des faits que le génie a su percevoir instinctivement » [4].

1

Ici nous abandonnons l'image : le coup d'œil du chef n'est que le point final du mouvement de ses pensées; il calcule, dispose ses moyens en fonction des fins qu'il vise, de la conduite adverse, des options possibles : « la réaction de l'esprit, la forme perpétuellement changeante des choses, font que la personne agissante est obligée de maintenir en elle l'appareil mental de sa science toute entière, d'être partout et à tout instant capable de tirer d'elle-même la décision nécessaire » [5]. La théorie n'élabore pas une casuistique, elle n'établit pas le catalogue des décisions possibles eu égard à la variété infinie des

1. *De la guerre*, Ed. de Minuit, p. 168.
2. *Ibid.*, p. 129.
3. « Ce qui par conséquent est essentiel à notre avis, c'est que le langage de la critique ait le même caractère que doit avoir la réflexion en guerre, faute de quoi il cesserait d'être utilisable en pratique et de fournir à la critique un accès à la vie », p. 168.
4. *Ibid.*, p. 165.
5. *Ibid.*, p. 142.

circonstances, elle éclaire les catégories fondamentales qui structurent cet appareil mental, ses règles et ses principes « sont destinés à déterminer dans l'esprit pensant les principaux contours de ses mouvements habituels plutôt qu'à lui jalonner la voie qu'il devra prendre lors de l'exécution » [1].

La guerre étant œuvre de l'intelligence, il n'est pas trop osé de tenter d'articuler les catégories essentielles de la délibération stratégique [2]. Mais l'intelligence n'œuvre pas seule, la théorie fera leur place au courage, aux risques, aux probabilités sans prétendre substituer sa sagesse à leur efficace. Interviennent en plus les fins politiques, présentes en chaque calcul. Conçue comme « phénomène d'ensemble », la guerre noue « l'étonnante trinité [3] » de la violence, de l'intelligence et de la volonté politique, elle devient « un véritable caméléon qui modifie quelque peu sa nature en chaque cas concret ». La théorie pourra débrouiller l'écheveau des situations concrètes, elle dispose d'un repère, lieu de tous les dénouements : le champ de bataille. L'œil théorique fixe le même point qui déjà captive le chef de guerre : « Dans la guerre, lorsqu'on juge un cas précis... la vérité ne se montre jamais *indirectement* mais *directement*, par le coup d'œil naturel de l'esprit, il doit en être de même pour l'examen critique [4]. »

Avec Clausewitz le champ de bataille devient un haut lieu théorique. Le discours qu'il y soutient emprunte à la délibération du combattant ses catégories, à la décision par les armes son étalon et sa gravité : ce général conduit une bataille intellectuelle. Avant lui, les théories s'opposaient en une mêlée confuse, tel le cas « des chroniqueurs militaires, surtout de ceux qui se sont proposés de traiter scientifiquement de la guerre elle-même; il suffit de se référer aux nombreux exemples où le pour et le contre de leurs raisonnements s'entredévorent au point qu'il n'en reste pas même la queue, comme chez les deux lions fameux » [5]. Ces errements ont fait de la théorie la risée de tous les hommes d'action, « cela n'aurait jamais pu se produire si, par un langage simple et en considérant naturellement les choses qui constituent la conduite de la guerre, la théorie s'était attachée à établir ce qui peut en être établi... Si elle avait marché la main dans la

---

1. *Ibid.*, p. 135.
2. « Il n'y a pas d'activité de l'intelligence humaine possible sans une certaine quantité de notions, et ces notions, au moins pour la plupart, ne sont pas innées mais acquises et constituent notre savoir », p. 140.
3. *Ibid.*, p. 69.
4. *Ibid.*, p. 168, texte allemand, p. 229.
5. *Préface*, p. 47.

main avec ceux qui sont chargés en campagne de diriger les affaires avec les ressources de leur propre esprit » [1].

La discrétion du ton ne doit pas tromper. Il s'agit de rassembler les réflexions éparses et informulées par lesquelles le génie militaire invoque le destin et force la victoire. Le discours sur la guerre se veut décisif et définitif comme les batailles dont il rend compte, il donne rendez-vous à toutes les pensées qui firent la grandeur d'Alexandre, de Frédéric et de Napoléon — ou qui feront celle de leurs successeurs. Clausewitz, ou César avec l'âme de Platon.

2

Le combattant, César ou Fabrice, projette et commente *sa* guerre ; il décrit les tactiques, pèse les conduites, médite sur les fins. Clausewitz dévoile un objet radicalement différent : *la* guerre, présente en toutes les guerres et plus vraie que chacune d'elle. La possibilité d'élever le concept de guerre au-dessus de la multiplicité chaotique des guerres observées est donnée par la place décisive qu'occupe, en toutes, la bataille.

Une grande bataille conclut. *De la Guerre* énoncera le discours universel qui trouve en elle son point final, même s'il n'est pas soutenu toujours jusqu'à son terme : « L'engagement est l'unique activité efficace de la guerre... même quand l'engagement n'a pas lieu réellement. » Chaque adversaire ne vaut que par ce qu'il peut faire valoir dans un combat réel ou virtuel, « la décision par les armes représente pour toute opération de guerre, grande et petite, ce que le paiement en espèces représente dans les transactions financières » [2].

Une grande bataille conclut tout. Elle vérifie cash la puissance matérielle, mais aussi bien les grandeurs morales ; pour autant que ces dernières soient décisives et prépondérantes, elles doivent l'être à l'intérieur de la bataille, leur dernière vérité : « Au sens strict, la guerre est une lutte car la lutte est le seul principe agissant de cette activité si variée. La lutte consiste à sonder les forces morales et physiques au moyen de ces dernières » [3].

Une grande bataille conclut par elle-même, elle mesure tout et n'est plus mesurée par rien, « elle est une fin en soi... les fondements

1. *Ibid.*, p. 170.
2. *Ibid.*, p. 79.
3. *Ibid.*, p. 117.

de sa décision doivent résider en elle-même » [1]. La théorie qui la prend pour repère trouvera son langage univoque à considérer tout uniment valeurs, vertus et forces comme éléments d'une seule « décision ».

Une bataille n'est grande que parce qu'elle conclut. Une des rencontres les plus sanglantes de la guerre de Sept Ans peut compter moins qu'un heurt presque symbolique, « la canonnade de Valmy fut plus décisive que la bataille de Hochkirch » [2]. La théorie ne se limite pas aux manœuvres dans le champ de bataille, est grand le stratège qui installe sa bataille, par là seulement décisive, au centre de tout. Lorsqu'en 1797 Bonaparte ne pousse pas sur Vienne et signe la paix de Campo-Formio, il évalue la possibilité de résistance des Autrichiens privés de capitale, autant que les capacités militaires limitées du Directoire. Il sait, comme par pressentiment, mesurer la décision relative (obtenue sur l'Archiduc Charles) à la décision absolue, celle qu'il ne tiendrait qu'en annihilant la puissance impériale, celle qu'il recherchera en vain dans la prise de Moscou [3]. La bataille n'est décisive que si elle porte sur « le centre de gravité » des unités politiques qui s'y affrontent.

3

Le discours sur la guerre trouve son autonomie à mesurer tout par l'étalon de l'épreuve de force. Il opère ainsi la réduction que recommandait déjà Machiavel : « Il m'a semblé plus convenable de suivre la vérité effective de la chose que son imagination. » Au nom de la *verita effetuale de la cosa*, la stratégie met entre parenthèse toute vertu qui ne s'affirmerait pas sur le seul champ de bataille, « tous les prophètes bien armés furent vainqueurs et les désarmés déconfits » [4]. Le lien entre la morale pure et la réalité est tranché, mais non sans que se noue entre la stratégie et la politique un rapport complexe, qu'on reconnaît dans la « virtu » à la fois guerrière, patriotique, voire républicaine de Machiavel aussi bien que dans la « continuation » clausewitzienne : « La guerre est la continuation de la politique par d'autres moyens. »

---

1. *Ibid.*, p. 267.
2. *Ibid.*, p. 234.
3. *Ibid.*, p. 157.
4. *Le Prince*, XV et VI.

La formule a une acception restrictive, la guerre est le moyen, la politique fixe la fin, la guerre *n'est que* la continuation de la politique, c'est un instrument subordonné. La grande bataille n'est décisive qu'au centre *politique* de tout, se faire de la guerre « une conception purement militaire » est erroné, elle n'est pas une « chose indépendante » [1]. Par la modération de ses fins politiques seulement, la guerre est limitée dans sa violence et son extension, telles les guerres dites « en dentelles » du XVIIIᵉ siècle. Réciproquement, la politique suffit à transformer le visage de la guerre : « une force dont personne n'avait eu l'idée fit son apparition en 1793. La guerre était soudain devenue l'affaire d'un peuple et d'un peuple de 30 millions d'habitants qui se considéraient tous comme citoyens de l'Etat... Dès lors les moyens disponibles... n'avaient plus de limites définies, l'énergie avec laquelle la guerre elle-même pouvait être conduite n'avait plus de contrepoids et par conséquent le danger pour l'adversaire était parvenu à un extrême » [2].

La formule se retourne, dans la guerre la politique ne trouve pas seulement sa continuation mais aussi bien son heure de vérité, elle n'est à son tour décisive que si elle sait abandonner la plume pour l'épée : « Dans la guerre... tout est soumis à cette loi suprême qu'est la décision par les armes; lorsque l'ennemi y recourt effectivement, on ne pourrait récuser un tel appel, et par conséquent le belligérant qui veut s'engager dans une autre voie doit être sûr que l'adversaire n'aura pas recours à cet appel, sous peine de perdre sa cause devant ce tribunal suprême [3]. »

Ironie de Clausewitz : la continuité politique-stratégie se lit dans les deux sens, si le guerrier ne peut chanter de victoire que politique, le gouvernant fixe ses fins avec une liberté restreinte par l' « instrument » qu'il prétend manier, il ne doit pas « quitter l'ennemi des yeux » sous peine de « se laisser surprendre par le dieu de la guerre » [4]. Les visées politiques se croisent, comme des épées : « Pour s'assurer de la quantité de moyens qu'il faut mobiliser pour la guerre, il faut considérer l'objet politique, à la fois de notre propre point de vue et de celui de l'ennemi [5]. » Ce que chacun veut politiquement doit être mesuré à ce qu'il veut stratégiquement : « Si la guerre appartient à la

---

1. *De la guerre*, p. 67, 68, 703, 709, etc.
2. *Ibid.*, p. 687.
3. *Ibid.*, p. 82.
4. *Ibid.*, p. 83.
5. *Ibid.*, p. 679.

politique, elle prendra naturellement son caractère. Si la politique est grandiose et puissante, la guerre le sera aussi, et pourra même atteindre les sommets où elle prend sa forme absolue... »

Chaque guerre est politique mais *la* guerre se laisse penser en elle-même, dans son « concept ». Le discours stratégiqne peut développer ses propositions et « l'architecture serrée de leur nécessité interne »[1] sans impliquer de choix politique précis. Le rapport politique-stratégie est celui d'une traduction bi-univoque, au grand objectif politique correspond la grande guerre, à la petite politique la petite guerre. Mais la grandeur et la petitesse de la guerre se définissent a-politiquement, entre elles, par rapport au seul « concept de la guerre ».

Toute la sagesse de Clausewitz — qui est de subordonner le but de la guerre aux fins de la politique — tient à cette possibilité de traduire. La politique peut utiliser l'instrument militaire sans s'y asservir pour autant que sa volonté politique est adéquate à sa capacité stratégique. La victoire doit être déterminée simultanément dans ces deux registres (politique : imposer sa volonté à l'adversaire, stratégique : le désarmer), l'accord aussi (paix politique = accord sur les fins, paix ou trêve stratégique = équilibre des forces et des alliances). Le calcul final prouve sa sagesse dans l'adéquation (Aequivalenz) de l'intelligence politique et de la chose militaire, de l'intention et de l'action, des projets des gouvernements et de la carte d'Etat-major.

De la guerre ne mentionne les fins politiques que pour assigner le lieu de leur intervention possible dans le cours des affaires militaires. — Sans plus. Clausewitz affirme toujours que la conduite de chaque guerre se subordonne aux fins d'une politique — mais jamais la considération du choix de fins politiques précises ne vient interrompre le cours de sa réflexion. Le discours sur la guerre a mis hors jeu définitivement la morale pure, sommée de produire les armes qui pourraient la soutenir. Il place entre parenthèses *théoriques* le discours politique, non pour clamer l'indépendance *réelle* de l'acte de guerre mais pour déduire des exigences pures du « concept de guerre » la nécessité et la possibilité de subordonner toute guerre concrète à une intention politique. C'est la guerre elle-même qui se déclare pur moyen ou instrument lorsqu'on la fait parler et qu'on ne couvre pas craintivement la voix qu'elle n'emprunte à personne : « Au sein même de l'art de la guerre, la sagesse prudente, la crainte du danger excessif

---

1. *Préface*, p. 47.

trouvent des points d'appui commodes pour se faire valoir et pour dompter l'impétuosité primitive de la guerre [1]. »

« La » guerre n'est pas directement politique ou historique, bien que toutes le soient. Ce découpage, qui permet seul de faire parler la guerre définitivement en un unique livre, Clausewitz le justifie en construisant son concept.

---

1. *De la guerre*, p. 229; allemand, p. 307.

II. – LE CONCEPT DE GUERRE

1. *Le découpage méthodique.*

« La guerre », objet de la théorie, n'est pas chaque guerre *moins* ses déterminations politiques et historiques. L'étude du conflit « in vitro », méthode chère au « Kriegspiel » ou aux « jeux de simulation » des universités américaines, n'a rien de commun avec la construction conceptuelle de « Vom Kriege ».

Clausewitz ne sépare pas la guerre et les guerres comme s'il tranchait deux réalités, l'une faite de purs rapports de forces, l'autre assemblant les traits particuliers de l'histoire politique — il n'y a pas de forces qui ne soient en elles-mêmes politiques et historiques. La tentative serait aussi vaine que de réclamer d'un général qu'il établisse un plan de campagne sans rien connaître du terrain. La distinction n'est pas physique mais théorique, on ne peut séparer à coups de ciseaux les deux faces d'une feuille de papier mais on nomme et différencie intellectuellement le recto et le verso. « Dans l'exécution, la plupart des relations apparaissent confondues, cela n'empêche cependant pas de séparer dans la théorie les choses qui sont distinctes en leur essence, lorsque chacune prise à part est connue, leur combinaison se laisse ensuite reconstituer [1]. »

De la guerre — en particulier les livres I et VIII, les seuls que l'auteur considérait achevés — se présente avec l'unité d'un corps théorique, ses propositions tiennent ensemble par « l'architecture serrée de leur nécessité interne ». Deux fondements à cette cohérence, l' « expérience » et le « concept de guerre lui-même ».

L'expérience interroge plus qu'elle ne répond [2], elle est histoire et présente une multiplicité de types de guerres : « Des guerres qui brident leur puissance comme aux XVIIe et XVIIIe siècles, des grandes marées d'envahisseurs tartares à demi barbares, des guerres d'anéantissement du XIXe, lesquelles doivent être jugées conformes à l'essence de la chose ? » Elle est aussi politique et engendre une nouvelle vague de différences. « Une guerre est-elle de la même nature qu'une autre ? Le but (Ziel) de l'entreprise militaire se distingue-t-il de la fin (Zweck) politique qu'elle poursuit ? » Enfin, l'expérience présente divers types de conduites stratégiques : « Quelle est la mesure de l'énergie devant être déployée dans l'acte de guerre, d'où proviennent les nombreuses pauses qui l'interrompent, sont-elles conformes à l'essence de cet acte ou doivent-elles être rejetées comme de véritables anomalies ? »

L'expérience fait varier l'infinité des guerres concrètes entre deux positions limites : la guerre « absolue » pousse à son extrême le dynamisme belliqueux et recherche une décision radicale par le « grand

1. Skizze eines Planes zur Taktik oder Gefechtslehre, § 234, id. : § 213, éd. allemande p. 1033. Clausewitz comparait la guerre à l'économie en fonction des rapports mis en jeu (« conflits d'intérêts et d'activités humaines », *De la guerre*, p. 145). Il eût pu tout aussi bien se réclamer de la méthode de l'économie politique classique : « Il semble que ce soit la bonne méthode de commencer par le réel et le concret... Cependant à y regarder de plus près, on s'aperçoit que c'est là une erreur... Cette dernière méthode (celle de l'économie politique qui va des notions générales aux notions concrètes) est manifestement la méthode scientifique correcte. Le concret est concret parce qu'il est la synthèse de multiples déterminations, donc unité de la diversité. C'est pourquoi... les déterminations abstraites conduisent à la reproduction du concret par la voie de la pensée » (Marx, *Introduction générale à la critique de l'économie politique*, 1857).

2. Ces questions, qui gouvernent l'argumentation des livres I et VIII, sont rassemblées en une seule page : *Nouveau point de vue de la théorie de la guerre*, éditée par W. Schering : *Clausewitz, Geist und Tat*, p. 309.

duel » de la bataille; à l'opposé, la guerre dite « d'observation »
réduit l'affrontement (les manœuvres se substituent à la décision
sanglante) et les enjeux : la lutte à mort devient dispute pour une
place forte [1].

La guerre réelle peut tendre indifféremment vers l'une ou l'autre
de ces limites; le XVIIIe siècle usait de fleurets mouchetés, quoique
Frédéric II fit, dans la mesure de ses moyens, exception [2]. Napoléon
illustre le second cas : « On pourrait douter de la réalité de l'essence
absolue que nous lui attribuons, si on n'avait pas vu se manifester à
notre époque la guerre réelle dans sa perfection absolue. Après la
courte introduction de la révolution française, l'impitoyable Bonaparte l'a vite poussé jusqu'à ce point... N'est-il pas naturel et nécessaire que ce phénomène nous ait ramené au concept originel de la
guerre, avec toutes ses déductions rigoureuses [3] ? »

Ces deux positions limites n'ont pas seulement autant l'une que
l'autre prise sur la réalité, elles sont présentes, ensemble, dans chaque
guerre. Aucun conflit ne se résout d' « un seul coup sans durée »,
la guerre réelle n'admet pas de décision unique et complète, elle est
toujours en une certaine mesure guerre d'observation [4]. Réciproquement, aucune, si limitée soit-elle, ne peut négliger la possibilité de la
décision sanglante que Napoléon révèle à jamais « une fois renversées
les bornes du possible, qui n'existaient pour ainsi dire que dans notre
inconscient, il est difficile de les relever... Chaque fois que de grands
intérêts sont en jeu, l'hostilité mutuelle se déchargera de la même
façon qu'elle l'a fait à notre époque » [5].

---

1. *De la guerre*, p. 562-563 : « On ne peut se dissimuler que la majorité des
guerres et des campagnes ressemblent plus à un état d'observation qu'à une lutte
pour la vie et la mort, c'est-à-dire à un conflit où l'un des combattants du moins
cherche à obtenir une décision par tous les moyens. Seules les guerres du
XIXe siècle ont eu ce caractère, à tel point que l'on a pu se servir à leur propos
d'une théorie fondée sur ce point de vue. Mais, comme il est peu vraisemblable
que toutes les guerres futures aient ce caractère et qu'il faut plutôt supposer que la
plupart d'entre elles tendront une fois de plus vers cet état d'observation, une
théorie qui veut servir pratiquement doit tenir compte de celui-ci. »

2. *De la guerre*, p. 282. Une étude précise relèverait d'autres cas particuliers.

3. *Ibid.*, p. 672.

4. *De la guerre*, Livre I, § 6, 7, 8, 9.

5. *Ibid.*, Livre VIII, p. 689 : « Lorsque ce coup décisif n'a pas lieu, c'est qu'au
motif d'hostilité initial se sont ajoutés d'autres, modérateurs et retardataires, qui
ont atténué, modifié ou totalement arrêté le mouvement. Mais, même dans cet état
d'inaction, caractéristique de tant de guerres, l'idée de la grande bataille possible
reste toujours pour tous deux un point de mire éloigné, un point de repère qui
oriente le sens de leurs plans. »

Désormais, la guerre de pure observation est aussi irréelle que la guerre absolue, la jonction de ces deux irréalités permet de mesurer toute guerre concrète [1].

Le concept justifiera à la fois l'unité de toutes les guerres, et leurs originalités spécifiques. Chaque guerre concrète est soumise à la « forme absolue » de la guerre, mais celle-ci engendre d'elle-même les différences par des mécanismes d'auto-limitation. La multiplicité produite par l'histoire et la politique sera stratégiquement fondée.

2. *Axiome premier : l'ascension aux extrêmes.*

De la guerre développe la théorie des formes que prend l'hostilité en l'horizon de la lutte à mort — les différents types de guerre peuvent être l'objet d'une même théorie par la « forme absolue » qui est présente en toutes : l'essence de la guerre est le « duel ». Clausewitz en déduit l'unité, l'objectivité et l'autonomie du calcul stratégique.

Le vocabulaire de Clausewitz est aussi distinct que sa pensée précise; la stratégie calcule en fonction du *but* qui lui est propre (que Clausewitz désigne toujours par le terme qu'il lui réserve : *Ziel*), elle organise *d'abord* les moyens militaires en fonction du « but proprement dit des opérations militaires ». Ce but se laisse diviser, pour des raisons encore purement stratégiques, en but offensif (désarmer l'adversaire) ou défensif (ne pas être désarmé). *Après* que la stratégie ait calculé l'adaptation des moyens matériels à son but, la politique peut intervenir et utiliser la stratégie à ses propres fins (la *fin* politique étant toujours désignée comme *Zweck*) [2].

La poursuite du but stratégique s'impose objectivement et contraint les deux adversaires. Clausewitz, le premier, a souligné l'originalité

1. La stratégie de l'époque napoléonnienne éclaire toutes les stratégies antérieures de même que selon Marx « l'économie bourgeoise fournit la clé de l'économie antique » (*Préface* de 1857). On ne suppose pas un « sens de l'histoire », l'époque moderne n'est pas plus *vraie* mais plus *distincte*, son privilège est de l'ordre de la connaissance, non du bien en soi. Elle développe les « virtualités » de toute économie marchande, de même pour la stratégie.

2. On regrettera que la traduction française n'ait pas respecté la spécificité du vocabulaire de Vom Kriege. Toute la lecture du Livre I s'en trouve affectée. La formule clausewitzienne qui fait de la guerre l'instrument de la politique n'est pas comprise pour qui y voit une évidence première — elle intervient pour conclure une longue analyse qui la fonde (tout le Livre I, repris au début du Livre VIII). Elle présuppose une limitation de la stratégie, mais tout aussi bien de la politique : il faut savoir où commencent les fins et où finissent les moyens. Sans quoi la subordination du stratégique au politique relève de l'arbitraire des bonnes ou mauvaises intentions.

du raisonnement stratégique — qui distingue radicalement l'art de la guerre et tout art mécanique : « La guerre repose sur l'action incessante que les deux camps exercent l'un sur l'autre. » Pour avoir fait de cet axiome le centre de sa théorie, l'auteur se distingue du plus doué de ses prédécesseurs, Jomini [1]. Les mathématiciens différencieront un siècle plus tard les jeux contre « la nature » et les jeux contre « l'autre » (ou jeux de stratégie). Dans le premier cas (jeux de hasard, par exemple), on prend une décision en fonction d'une situation objective (certaine ou probable) qui ne se modifie pas pour répondre à cette décision. Dans le second cas, on joue en fonction non d'un état de chose mais d'un adversaire, les stratégies se croisent, chacun décide en fonction de la réponse que l'autre fera à sa propre décision — le simple calcul de probabilité est trop court pour couper le *regressus in infinitum* que déclenche le raisonnement stratégique : « La légitime défense devient particulièrement compliquée si nous avons à nous soucier de ce que l'autre peut tirer sur nous pour nous empêcher de tirer sur lui pour l'empêcher de tirer sur nous [2]. »

Ce « principe de polarité » impose aux deux adversaires la poursuite du but stratégique; désarmer ou être désarmé, la loi du duel pèse sur toutes les délibérations. L'ascension aux extrêmes s'engendre logiquement du conflit le plus limité; au niveau des intentions : il suffit d'un minimum d'animosité pour que les précautions dictées par l'intelligence entraînent l'illimitation du conflit [3]; au niveau des capacités : « tant que je n'ai pas abattu l'adversaire, je peux craindre qu'il m'abatte » [4]; dans le jugement global enfin que chaque adversaire porte avec méfiance sur la force et la résolution de l'autre [5].

Dans l'engrenage de l'ascension aux extrêmes, le but stratégique ne fixe pas seulement l'étalon de tout calcul stratégique mais prescrit la conduite qui mène au but, le calcul stratégique détermine l'acte de guerre dans son entier. Clausewitz introduit en un paragraphe clé une discussion dont l'intelligence gouverne la compréhension des mille pages de « Vom Kriege ». La logique de l'ascension semble prescrire un seul type de guerre : la lutte à mort. Or, la réalité historique montre qu'elle est exception et non règle [6].

1. *De la guerre*, p. 128.
2. Schelling, *Surprise attack and Disarmement*, in *N.A.T.O. and American Security*, K. Knorr ed.
3. *De la guerre*, Livre I, § 3.
4. *Ibid.*, Livre § 4.
5. *Ibid.*, Livre § 5.
6. *Ibid.*, Livre § 6.

Descriptivement, on observe que les fins de la politique surdéterminent toujours le but stratégique et freinent souvent l'ascension; avant la guerre, pour ce que chaque adversaire est animé d'une intention politique limitée; pendant, car l'effort de guerre n'est jamais instantané et la modération de l'un permet celle de l'autre; après, la paix supposant un accord politique entre les deux adversaires [1].

Ayant énuméré tous les arguments qu'inlassablement répètent les politiques prudents quand ils s'opposent aux guerriers aventureux, Clausewitz conclut : « *Ce que nous venons de dire n'explique pas encore la suspension de l'acte de guerre* [2]. » Clausewitz opère sur la notion de trève; la volonté politique d'entente et de confiance, lorsqu'elle se superpose à la méfiance stratégique des duellistes, donne un résultat parfaitement incohérent : « Si l'un a intérêt à agir, l'autre doit avoir intérêt à attendre. » La rencontre de la fin politique et du but stratégique produit un curieux effet de ventriloquie, ce qui est paix pour la première est guerre froide selon le second — des deux adversaires qu'oppose la polarité stratégique, lequel attend le « moment favorable » ? lequel est berné ? La suspension de l'action militaire semble devoir défavoriser l'un des belligérants, elle risque de devenir une « contradiction en soi » pour la théorie qui se doit d'attribuer une intelligence égale aux deux.

La difficulté sera levée — la politique demeurant entre parenthèses théoriques — par l'introduction d'une nouvelle mesure stratégique. Avant de la nommer, Clausewitz la définit par ses propriétés logiques [3]. Elle doit neutraliser le principe de polarité, non pas pour les politiques, mais pour les militaires eux-mêmes, « si les intérêts de l'un des commandants en chef sont toujours de grandeur opposée à ceux de l'autre, cela implique une vraie polarité ». Il faudra découvrir une réalité stratégique originale qui fasse pendant à la bataille : « Dans une bataille, chacun des deux camps veut triompher; voilà une polarité réelle, car la victoire de l'un anéantit celle de l'autre. » Si la bataille est l'unique objet du calcul des forces, aucune trève ni paix ne sont pensables, le temps travaille en faveur de l'un ou de l'autre, il n'est pas possible de le maintenir sur le couteau d'un équilibre parfait, et parfaitement instable; la petite différence emporte toute la décision d'une bataille.

Très rigoureusement, le théoricien énonce les éléments qui gou-

---

1. Avant, § 7, pendant § 8, après § 9. Réapparition de la fin (Zweck) politique § 10-11.
2. Titre du § 12, développé in § 13, 14 et 15.
3. *Ibid.*, Livre I, § 15.

vernent la possibilité d'une solution *avant* que de chercher si la réalité militaire offre effectivement de tels éléments : « Lorsqu'il s'agit de deux choses différentes [= potentiel stratégique des deux camps] qui ont une relation commune [= la bataille] extérieure à elles, cette polarité s'applique alors non à ces choses mais à leur relation. » Le paragraphe suivant annonce que la réalité fournit ce que la théorie exige : « *L'attaque et la défense sont deux choses de nature différente et de force inégale; la polarité ne s'applique donc pas à elles* ».

3. *Axiome second : dissymétrie de l'offensive et de la défensive.*

La sagesse des nations depuis toujours sait que nul ne fait la guerre « pour » la guerre, que celle-ci est l'instrument d'une politique — mais quelle politique choisira l'adversaire potentiel ? Toutes les précautions sont bonnes à prendre, on court aux armements et pour demeurer sage, on s'assure l'avantage de l'initiative s'il peut être décisif. L' « instrument » du politique risque à tous moments de lui sauter entre les mains — à moins qu'il nedispose, pour maîtriser l'engrenage fatal, d'un cran d'arrêt stratégique.

On pourrait supposer que l'équilibre pur et simple des forces matérielles suffit à bloquer l'ascension aux extrêmes. Il n'en est rien, l'ascension rend l'équilibre physique des forces inconcevable; le petit avantage qui peut entraîner la décision de la bataille ferait tout gagner, « l'idée d'équilibre n'explique pas la trêve » car c'est un concept vide, on ne peut égaliser rigoureusement les forces de chacun (avantages indéfinis de l'espace, des alliances, du travail du temps, de la technique militaire et des forces morales). Un chef ne mesurerait ses forces qu'en osant la bataille, il ne pourrait justifier son calcul qu'après coup, par sa victoire [1]. L'équilibre stratégique ne se découvre pas directement dans la réalité, par l'arpentage besogneux des « forces » de chacun, il se construit d'abord dans un concept; il n'est pas le résultat simple de la symétrie de deux quantités physiques, il s'obtient de la dissymétrie de deux « formes de l'activité guerrière » dont la théorie fixe la différence qualitative.

---

1. *Ibid.*, Livre I, § 16 : « S'il n'existait qu'une seule forme *(Form)* de guerre, à savoir l'attaque de l'ennemi, et par conséquent pas de défense, en d'autres termes : si l'attaque se distinguait de la défense uniquement par le motif positif que celle-là possède et dont celle-ci est exempte, mais que les méthodes de lutte soient toujours unes et les mêmes, chaque avantage de l'un correspondrait à un inconvénient équivalent de l'autre au cours de la lutte, et il y aurait polarité réelle. »

Deux armées sont face à face, « elles doivent s'entre-dévorer sans répit, tout comme l'eau et le feu ne s'équilibrent jamais », la logique de l'ascension s'impose, « il faudrait donc que l'acte de guerre, comme une horlogerie bien remontée, perpétue toujours son propre mouvement ». Toute la construction de Clausewitz, nécessaire pour rendre le calcul stratégique pensable, tient à isoler la cause « qui, tel un cran d'arrêt, bloque les rouages, et amène de temps en temps une suspension complète, c'est la supériorité de force de la défense »[1]. Seulement alors, le politique peut donner à la paix une signification stratégique (= « suspension complète » des hostilités, trêve perpétuée). L'équilibre des forces provient de la différence des deux « formes » de guerre et de leur inégalité. Par elles, la force du plus fort n'est pas directement proportionnelle à la faiblesse du plus faible; deux combattants peuvent s'équilibrer pour ce qu'ils sont tous deux « le plus fort », l'un dans l'offensive, l'autre dans la défensive. L'attente, la trêve, la paix, ne favorisent pas nécessairement l'un *ou* l'autre, l'offenseur peut accroître ses forces en même temps que le défenseur développe les siennes : « On voit donc que la force d'impulsion qui réside dans la polarité des intérêts peut se perdre dans la différence entre le force de l'attaque et celle de la défense, et devenir de ce fait inefficace »[2].

La distinction des deux formes de guerre n'introduit pas seulement un cran d'arrêt dans l'ascension aux extrêmes[1] elle renverse le mouvement; la dissymétrie de l'offensive et de la défensive permet à la défense d'équilibrer une puissance offensive plus grande qu'elle, elle est « la forme de guerre la plus forte »[3]. La défense tient ses privilèges de l'exploitation de l'espace (arrières, alliances) et du temps (mobilisation de plus en plus radicale). L'aventure de Napoléon en Russie l'illustre magistralement : tactiquement, l'Empereur n'a pas commis d'erreur grave, il était logique qu'il se précipitât sur Moscou en essayant d'emporter la décision — mais la raison stratégique était contre lui, le centre de gravité de la défense n'était pas la capitale mais l'arrière-pays, l'espace et le temps jouaient pour les défenseurs. Le privilège de la défense est un principe d'équilibre, il tempère la menace que fait peser le camp offensivement supérieur par la promesse d'un « contre-coup »; il ne déclenche pourtant pas la dialectique ascendante de la menace et de la contre-menace, la supériorité dans la défense n'entraîne pas celle dans l'attaque, deux adversaires peuvent être défensivement

1. *Ibid.*, Livre III, p. 228-229.
2. *Ibid.*, Livre I, § 16-17.
3. *Ibid.*, Livre VIII, chap. viii, p. 715.

très forts l'un et l'autre : « la possibilité d'une trêve introduit dans l'acte de guerre une nouvelle modération; elle le dilue en quelque sorte dans le facteur temps, elle freine le danger de sa progression et accroît les moyens de restaurer l'équilibre des forces »[1].

4. *Le calcul stratégique.*

Il y a un calcul stratégique autonome; en tant qu'il s'y réfère, le politique peut trouver dans la guerre un instrument maniable, maîtrisable et pas seulement explosif.

On pourrait décrire d'autres motifs d'arrêter l'ascension aux extrêmes — mais seule la dissymétrie de l'offensive et de la défensive, « différence qui domine tout ce qui relève de la guerre »[2], permet de fonder une politique cohérente sur un calcul stratégique solide. Clausewitz mentionne « la connaissance imparfaite de la situation » qui provoque également la suspension de l'action de guerre. Mais il souligne, aussi fréquente que soit cette situation, on ne peut pas *compter* sur elle, « le défaut de connaissance pourrait, il est vrai, entraîner autant d'action intempestive que d'inaction intempestive, et ne contribue pas plus à différer qu'à accélérer l'action militaire »[3]. En l'intervention de la « nature humaine », il trouvera deux causes qui dissolvent le dynamisme belliqueux dans les aléas de la vie quotidienne. D'une part, « l'indécision propre à l'esprit humain » qui prend le dessus si les soldats « ne sont pas dirigés par un esprit guerrier et aventureux qui se meut dans la guerre comme le poisson dans l'eau, ou s'ils ne subissent pas la pression d'une grande responsabilité qui vienne d'en haut ». D'autre part, « l'imperfection de l'entendement et du jugement humains », soit l'erreur de calcul : « les deux parties considèrent souvent que le même objet est tout aussi avantageux pour l'un que pour l'autre, alors qu'en fait l'intérêt de l'un l'emporte sur celui de l'autre. De sorte que chacun peut croire qu'il agit sagement en attendant un moment plus propice ».

Clausewitz ne méconnaît pas les « réalités » humaines, trop humaines, qui servent de contre-poids à l'esprit guerrier — mais s'il les relève, c'est pour y reconnaître un défaut ou une illusion; aucune stratégie ne peut s'en suffire sous peine d'être surprise par le Dieu de

---

1. *Ibid.*, Livre I, § 18.
2. *Ibid.*, p. 75.
3. *Ibid.*, Livre I, § 18.

la guerre : « C'est au cours des guerres de la Révolution, et surtout au cours des campagnes de Bonaparte, que la guerre a atteint ce degré d'acuité que nous considérons comme sa loi naturelle et élémentaire. Cette acuité est donc possible, et du moment qu'elle est possible, elle est nécessaire »[1].

Les contre-poids sont trop légers, seul compte le « cran d'arrêt » de la supériorité défensive.

Les deux axiomes fondamentaux de Clausewitz donnent aux raisonnements qui produisent le calcul stratégique leur nécessité et leur suffisance.

La rationalité polarisatrice de l'interaction (Axiome 1) confère au calcul son *unité* : « En guerre, on ne dispose que d'un seul moyen, l'engagement... Cette unicité du moyen constitue un fil que nous suivons des yeux, qui parcourt toute la trame de l'activité guerrière et qui, de fait, en assure la cohésion »[2]. L'ascension aux extrêmes, forme « absolue » de la guerre, demeure le point de référence (Richtpunkt) par rapport auquel se mesure toute limitation de la guerre. Du même coup s'assure l'*objectivité* d'un calcul qui s'impose bilatéralement; la rationalité de polarisation détermine la matière du calcul, identique pour les deux adversaires : est « arme » tout ce qui offre une chance de trancher à son profit l'ascension aux extrêmes.

La rationalité structurelle qui lie les deux « formes » dissymétriques de l'acte de guerre (Axiome 2) ne se fonde plus sur la seule interaction des conduites mais sur le champ stratégique (la structure du « jeu »). Elle assure la *divisibilité* des éléments du calcul stratégique en lui découvrant son unité de mesure; par elle, les forces ne se mesurent plus immédiatement l'une à l'autre, mais indirectement, par leur possibilité stratégique objective, c'est-à-dire par la valeur que ces forces prennent dans la dissymétrie défense-attaque. Elle seule permet de passer des contingences de la description à la nécessité que la stratégie classique fait objet de calcul.

Ces deux types de rationalité offrent un point de vue strictement stratégique pour apprécier l'effort de guerre nécessaire — en ce qui concerne les armements comme en ce qui concerne les opérations elles-mêmes, dans leurs grandes lignes. Le détail est abandonné à la

1. *Ibid.*, p. 228-229.
2. *Ibid.*, p. 79.

tactique. La stratégie se montre capable de déterminer de manière univoque et aussi précise que possible — eu égard aux incertitudes insurmontables des situations objectives — les voies et les moyens qui mènent aux deux buts qu'elle distingue (désarmer l'adversaire / ne pas se laisser désarmer).

Pour penser la stratégie dans sa pureté théorique, il a fallu distinguer des fins politiques, radicalement, le but de la stratégie qui « prend la place de la fin et l'écarte pour ainsi dire, comme quelque chose qui n'appartient pas à la guerre elle-même » [1]. Le but (Ziel) se décompose d'une façon purement stratégique, en visée négative (= défense : négative Absicht) et positive (= offensive). Dans la montée aux extrêmes, celui qui est offensif peut contraindre à la bataille. Dans la dissymétrie structurelle, celui qui se maintient dans la visée négative de la défense peut forcer l'autre à perdre son intention offensive : « Si la concentration de toutes les ressources en vue d'une pure résistance... est assez grande pour *contre-balancer* la prépondérance éventuelle de l'ennemi, alors la simple *durée* du combat suffira peu à peu à amener la défense de force de l'ennemi jusqu'au point où son objectif ne sera plus un équivalent adéquat, donc un point où il devra abandonner la lutte » [2]. De même que l'offensive peut, dans l'ascension, faire exploser les limites du politique prudent, de même la défensive usera l'agressivité du politique aventureux.

Le politique utilise désormais l'instrument guerrier en connaissance de cause, il peut établir l'*équivalence* entre le but de la guerre et la fin de sa politique : « La fin politique n'est pas une législatrice despotique; elle doit s'adapter à la nature des moyens dont elle dispose, ce qui l'amène souvent à se transformer complètement... La politique pénètre l'acte de guerre tout entier en exerçant une influence constante sur lui, dans la mesure où le permet la nature des forces explosives qui s'y exercent. »

La guerre est un instrument, la politique fixe les fins. Ce n'est pas un conseil de sagesse que nous livre Clausewitz, encore moins un précepte moral. Sa raison est aussi froide que celle de Machiavel : le politique doit — et, ajoute le Livre I de Vom Kriege, *peut* — compter les moyens mis à sa disposition. Fou celui dont la fin poli-

1. *Ibid.*, Livre I, § 2.
2. *Ibid.*, p. 75.

tique dépasse trop ambitieusement le pouvoir stratégique. Vain, qui ne fait pas correspondre sa politique et sa stratégie. Ignorant, qui ne sait apercevoir cette correspondance : « Plus les motifs de guerre sont grandioses et puissants, plus ils affectent l'existence entière des peuples, plus la tension qui précède la guerre est violente, et plus la guerre se rapprochera de sa forme abstraite, impliquera la destruction de l'ennemi, fera coïncider le but (Ziel) guerrier et la fin politique (Zweck), semblera moins politique et plus purement militaire. Mais plus les motifs et la tension sont faibles, moins la tendance naturelle de l'élément de guerre, la tendance à la violence, coïncidera avec la ligne politique, plus la guerre s'écartera de sa tendance naturelle, la différence entre la fin (Zweck) politique et le but (Ziel) d'une guerre idéale ira s'approfondissant et la guerre paraîtra devenir d'autant plus politique »[1]. Ironie finale de Clausewitz, lorsque la guerre paraît purement guerrière, elle est à son maximum d'intensité politique, lorsque la politique semble la modérer et exercer tout son pouvoir, l'enjeu politique n'est pas plus important que la bataille mouchetée qu'il suscite.

---

1. *De la guerre*, Livre I, § 25. Une erreur s'est glissée dans la traduction des Editions de Minuit qui rend le texte inintelligible (um so *weniger* traduit par *plus* la tendance naturelle de l'élément de guerre...). Lénine a apprécié le sel de la remarque : « N.B. L'apparence n'est pas encore réalité. La guerre paraît d'autant plus « guerrière » qu'elle est plus profondément politique... [elle est] d'autant plus « politique » qu'elle paraît *moins* profondément politique » *Cahiers de Lénine* sur Clausewitz, éd. Médicis, 1945, p. 51.

III. – STRUCTURES STRATÉGIQUES

Le concept de guerre permet un calcul stratégique. Par sa forme ce dernier est autonome, deux axiomes le règlent qui s'imposent à tous les adversaires intelligents, quelles que soient les fins qu'ils visent. En son contenu, il manie des grandeurs qui ne sont jamais purement militaires et fonde l' « *équivalence* » (correspondance bi-univoque) du militaire et du politique : « La stratégie est l'usage de l'engagement en fonction de la fin (Zweck) qu'on assigne à la guerre. Elle doit donc fixer à l'ensemble de l'acte de guerre un but (Ziel) qui corresponde à cette fin (Zweck). C'est-à-dire qu'elle établit le plan de guerre et rattache au but (Ziel) en question une série d'actions susceptibles de le faire atteindre »[1].

Toute stratégie tire ses plans en fonction de cette équivalence.

1. *De la guerre*, Livre III, chap. ɪ, p. 181.

Armé de sa théorie, il semblerait que le stratège n'ait plus qu'à se tourner vers le « terrain », les données concrètes de son calcul relevant de l'observation pure. Absolument pas; la forme théorique détermine également — à priori — les repères essentiels qui permettent d'organiser les mouvements sur le terrain. Dans le « contenu » politico-militaire, c'est toujours la forme stratégique qui règne, « la différence entre offensive et défensive... gouverne tout ce qui relève de la guerre »[1], elle produit les différents modes où se réalise l'équivalence politico-militaire. L'ensemble des possibilités d'actions offertes aux deux adversaires — ce que la théorie des jeux nomme matrice — est déduit de l'organisation du temps et de l'espace par le concept de guerre. L'analyse du « terrain » — en tant qu'il n'est pas simplement constaté mais construit par la stratégie — permet d'y reconnaître la structure des « jeux stratégiques » définis cent ans plus tard par les mathématiciens.

1. *L'espace.*

La carte stratégique n'est pas le territoire géographique. Le plan de guerre utilise les accidents du « terrain » en fonction des exigences qui lui sont propres, le concept de guerre détermine l'unité, la profondeur, l'orientation de l'espace stratégique.

L'unification de l'espace n'est pas donnée — elle est produite par l'ascension aux extrêmes : « Hors la forme absolue... il n'existe pas d'espace neutre (...) D'après cette conception la guerre est donc un tout indivisible dont les parties (les résultats particuliers) n'ont de valeur que par rapport à ce tout. La conquête de Moscou et de la moitié de la Russie en 1812 n'avait aucune valeur pour Bonaparte tant qu'elle ne lui apportait pas la paix qu'il cherchait »[2]. Les modifications des buts de la guerre et de ses opérations sont corrélatives, lorsqu'on lutte pour une place forte ou pour une province, on combat autour des forteresses et dans une province, lorsque la vie de la nation est en jeu, c'est dans le pays tout entier que la bataille fait rage. Napoléon a stratégiquement unifié l'Europe — à ses dépens.

Le développement de la guerre moderne n'entraîne pas seulement l'extension toujours croissante du théâtre de guerre, il l'approfondit. L'attaque s'est faite de plus en plus mobile et puissante; la défense a

1. *Ibid.*, Livre I, p. 75.
2. *De la guerre*, p. 675.

116

trouvé la riposte, d'abord dans l'avantage de la position, puis en cherchant protection « derrière les fleuves ou les vallées profondes, ou sur les montagnes », enfin transformant le pays tout entier en réserves et arrières stratégiques [1]. Désormais, la grandeur de l'espace stratégique s'exprime directement par l'importance que peut prendre la guerre populaire, ses limites par la nécessité d'une armée permanente : la capacité de la résistance dépend de « l'étendue de la surface exposée ». Pour que la guerre populaire puisse décimer l'envahisseur, à elle seule, « il faut qu'elle dispose d'espaces étendus qui n'existent en aucun pays d'Europe, sauf en Russie, ou qu'il y ait entre la forme de l'armée envahissante et l'étendue du pays une disproportion qu'on ne rencontre jamais dans la réalité. Si l'on veut éviter de poursuivre un fantôme, il faut donc imaginer une guerre populaire qui soit toujours combinée avec une guerre menée par une armée permanente, toutes deux conçues selon un plan d'ensemble unique » [2].

L'espace stratégique ne résulte pas de l'addition simple des données géographiques et des possibilités militaires, il leur préexiste conceptuellement : à partir de ses exigences on peut étendre le terrain d'action (systèmes d'alliances) et modifier les instruments militaires (combinaison de l'armée régulière et du soulèvement populaire). Le calcul stratégique ordonne cet espace autour d'un point unique : le « centre de gravité ». Pour Alexandre, Gustave-Adolphe, Frédéric, c'était l'armée; pour les Etats civilisés, c'est la capitale; pour les Etats petits, c'est le grand frère, « dans un soulèvement national il est formé par la personne du chef principal et par l'opinion publique — et c'est contre ces points que le coup [décisif] doit être dirigé » [3]. Le centre de gravité est calculable, il est le point d'*équivalence* où le pouvoir politique devient force stratégique, objectif unique de l'attaque et ressort ultime de la défense. Il permet de déterminer simultanément les forces armées et l'espace de leur manœuvre.

L'espace stratégique n'est pas une réalité empirique qui viendrait

1. Cette histoire de la modification du système de défense en fonction des différentes supériorités momentanées de l'attaque est esquissée p. 405.

2. *Ibid.*, p. 552. Cf. Mao Tsé-toung : « Du point de vue de la possibilité de faire la guerre de partisans, cette condition est très importante, voire capitale. Dans les petits pays comme, par exemple, la Belgique, où cette condition (« l'existence d'un espace permettant aux détachements de partisans de manœuvrer ») n'existe pas, la possibilité de poursuivre une guerre de partisans est très réduite, voire nulle. Mais en Chine cette condition n'est pas à conquérir, elle ne pose pas de problèmes, nous la tenons de la nature et n'avons qu'à en profiter. » *Problèmes stratégiques* (1938).

3. *Ibid.*, Livre VIII, p. 692.

« remplir » la forme abstraite et vide du concept de guerre, il est tout entier articulé par ce concept. Le stratège non seulement voit, mais prévoit.

2. *Le temps.*

Le temps est une forme stratégique plus importante encore que l'espace. Lorsque le Livre I souligne que la réalité de la guerre ne correspond pas à la seule logique de la montée aux extrêmes, c'est essentiellement son déroulement temporel qui est pris pour référence : « La guerre ne consiste pas en un seul coup sans durée »[1]. Descriptivement, la réalité de la guerre se marque par le temps — stratégiquement la durée est engendrée par l'action du défenseur, le temps est « le saint patron de la défense »[2]. Seule la « dilution » de l'acte de guerre dans le temps introduit une possibilité de « modération » que le politique peut utiliser — c'est le privilège de la défense par rapport à l'attaque qui donne cette possibilité.

Le temps, par lui-même, est du côté du défenseur. Il y a une usure propre à l'offensive qui fait progressivement, irrémédiablement, décliner ses forces (par l'extension de des lignes de communication, l'hostilité du pays conquis, le réveil politique et militaire de l'ennemi qu'elle suscite presque automatiquement). Dans toute offensive, il faut repérer le « point culminant de l'attaque » après lequel les forces dont dispose l'envahisseur « suffisent tout juste à maintenir une défense en attendant la paix »[3]. Au contraire, les forces du défenseur s'accroissent à mesure que son combat se prolonge et que le « soulèvement national » porte à l'extrême l'avantage de combattre sur son propre terrain. Si l'offensive n'entraîne pas une victoire rapide, le temps joue contre elle.

Plus profondément, le défenseur « a » le temps : « Si l'on réfléchit philosophiquement à la façon dont surgit la guerre, le concept de guerre n'apparaît pas proprement avec l'*attaque,* car celle-ci n'a pas tant pour fin absolue le *combat* que la *prise de possession de quelque chose.* Ce concept apparaît d'abord avec la *défense,* car celle-ci a directement pour fin le combat, parer et combattre n'étant évidemment qu'une seule et même chose ». Celui qui répond, le défenseur,

1. *Ibid.,* Livre I, § 6, 7, 8, 18.
2. *Ibid.,* Livre VIII, p. 731.
3. *Ibid.,* p. 613.

n'est pas uniquement le premier à instaurer la dualité du combat (« Un conquérant est toujours ami de la paix... Il voudrait bien faire son entrée dans notre Etat sans opposition »). Plus encore, il définit seul le degré de radicalité qu'atteindra la lutte, c'est lui qui doit nécessairement faire du combat (et de son but — Ziel — stratégique) la fin politique (Zweck); mis au défi, son indépendance politique dépend de sa conduite stratégique, il fixe pour les deux adversaires le prix stratégique de sa vie politique, soit l'équivalence hic et nunc du Ziel et du Zweck : « Il est donc naturel que celui qui met le premier en action le concept de guerre et qui conçoit l'idée de deux partis opposés, soit aussi le premier à dicter ses lois à la guerre, et que ce soit le *défenseur* »[1].

Le défenseur « dicte ses lois à la guerre » — comme toute remarque profonde cela paraître sophisme sauf à en pointer la vérité tactique et politique. Le défenseur fait durer la guerre, si l'attaque détient l'initiative dans l'espace et décide où frapper, l'initiative dans le temps appartient à celui qui calcule quand répondre; il a le privilège de l'expectative : « L'assaillant n'a que l'avantage de l'attaque par surprise de l'ensemble par l'ensemble, tandis que le défenseur est en état de surprendre à tous moments, pendant tout le cours de l'engagement, par la force et la forme qu'il donne à son attaque »[2]. Autrement dit, la défense seule divise le concept de guerre, en choisit les formes et produit la durée, d'où son avantage de principe; l'offensive est informe, elle se règle sur les actions et le centre de gravité de la défense, toute la guerre dépend de l'organisation de la défense.

La défense fixe l'équivalence de la politique et de la stratégie parce que l'enjeu est son propre « centre de gravité » — non celui de l'assaillant. La bataille que ce dernier recherche est décisive quand elle détruit ce centre, « elle n'est pas pur et simple meurtre réciproque et son effet revient plutôt à tuer le courage qu'à tuer les guerriers ennemis »[3]. Si l'on se souvient que le centre de gravité n'est pas nécessairement un lieu géographique (une capitale) ou une force physique (l'armée de Frederic), mais « la personne du chef principal » ou « l'opinion publique » — on concevra que la guerre puisse être politique de part en part, à condition que la politique soit elle-même le déploiement dans le temps d'une guerre défensive.

1. *Ibid.*, p. 424.
2. *Ibid.*, p. 404. Cf. Mao Tsé-toung : « Le Japon cherche à appliquer la stratégie de la guerre de décision rapide et nous, nous devons adopter consciemment la stratégie d'une guerre prolongée » (*De la guerre prolongée*, 1938).
3. *Ibid.*, p. 280.

Le temps, aussi bien que l'espace, n'a de réalité que dans la dimension théorique de l'équivalence stratégie-politique.

3. *La décision par les armes.*

Le concept de guerre ne détermine pas uniquement les formes du combat, il en spécifie les moyens et articule l'histoire de l'armement. *De la guerre*, ouvrage inachevé, n'y fait qu'allusion [1]. Un autre texte étend l'empire du concept à « toutes les découvertes de l'art en matière d'armes, d'organisation, de tactique et de principes d'utilisation des troupes dans la bataille » [2].

Il y a deux types d'armes, les armes blanches, les plus anciennes, rapprochent les combattants dans le corps à corps. Elles sont la manifestation la plus simple de l'élan belliqueux origine du combat. Les armes à feu éloignent les adversaires, « instruments de l'entendement », elles n'ont plus besoin d'être soutenues par la fureur immédiate du guerrier (§ 46, 47, 48). Au contraire, elles introduisent outre la distance, la durée (§ 56, 65). Les armes blanches, outil de la décision finale, « expulsent » l'ennemi du terrain (§ 54), les armes à feu, par le moyen de la destruction, *préparent* cette décision (§ 60).

« Le combat à armes blanches n'a pratiquement pas de durée » (§ 300), instant de la décision où toutes les forces sont utilisées « simultanément » (§ 331). Les armes à feu instaurent la préparation, la durée, et la division (les « détours » § 45) de l'acte de guerre. La conséquence est évidente :

a) « Originellement, considérant la communauté de leur objectif, le combat à armes blanches est l'élément de l'offensive » (§ 77).

b) « Le combat aux armes à feu est l'élément naturel du défenseur » (§ 82).

La distinction est encore une fois une distinction dans le concept. En réalité, le défenseur se sert des armes blanches (§ 85) et il n'y a pas d'offensive sans armes à feu (§ 196). Le théoricien, quant à lui, se soucie des possibilités (Spielraum, § 45) qu'introduit le développement des armes (et la suprématie des armes à feu). Tactiquement, l'arme à feu

---

1. *Ibid.*, p. 311. « Dans nos guerres actuelles, le principe destructeur du feu (artillerie) est évidemment de loin le plus efficace. Néanmoins, il est tout aussi évident que le combat personnel d'homme à homme doit être considéré comme la véritable base de l'engagement. »

2. *Skizze eines Planes zur Taktik oder Gefechtslehre*, p. 997 de *Vom Kriege* (Ed. 1966, appendice).

accroît le côté sanglant et massif des batailles; stratégiquement elle détermine la supériorité de la défense : le fusil, ergo la suprématie de l'infanterie, ergo celle du soulèvement national [1]. L'artillerie aussi fait pencher la balance en faveur du principe défensif, elle permet de décimer les grandes masses d'envahisseurs, elle réfute la loi du nombre, celle du combat à l'arme blanche (§ 125, 175). mais son manque de mobilité fait qu'elle appartient à qui occupe naturellement le terrain, « des trois armes, elle est la seule dont l'ennemi peut très vite se servir contre nous » [2].

L'espace, le temps et les armes ne font que manifester la prise du concept de guerre sur la réalité. César autant que Fabrice, le chef d'Etat-major comme le peintre des batailles se trompent s'ils croient s'ébattre dans un espace géographique. Le « temps de guerre » n'est pas celui des cadrans solaires ou des chronomètres au millième de seconde; les coordonnées d'une bataille, la place de cette bataille dans le cours de la guerre, sont fixées par la théorie, reine des batailles.

La bataille, « tribunal suprême », manifeste un rapport de force, en quoi tout se décide. Les forces réelles se mesurent l'une à l'autre en se rapportant à ce rapport — les forces n'existent que dans le rapport mais celui-ci peut exister sans elles, il est pensable avant (prévision stratégique) ou sans (critique) que ces forces soient effectivement mises en jeu. Chacun mobilise les ressources qu'il a su politiquement et économiquement se donner pour occuper, plus ou moins bien, les positions qu'à l'avance le concept lui assigne.

Le théorie règne parce que le privilège de la défense est sa mesure, la défense gouverne quand elle fait de la théorie sa règle.

---

1. *De la guerre*, p. 317 : « A mesure que les armes à feu se sont perfectionnées, l'importance de la cavalerie n'a fait que décroître (...) par contre l'usage de l'infanterie en terrain accidenté et celui du fusil dans les escarmouches... constitue un grand progrès dans l'action destructrice »; p. 319 : « l'infanterie est l'arme principale ».

2. *De la guerre*, p. 314.

IV. – THÉORIE STRATÉGIQUE

L'embarras de Clausewitz quant aux mathématiques est extrême, il les goûte, s'en inspire, mais ne les utilise pas. Lorsqu'il se réfère au calcul des probabilités que doit faire tout chef de guerre, l'idée d'un calcul exprime l'intention profonde de toute sa théorie, mais la notion de probabilité (ou d'incertitude) en marque seulement les limites naturelles — la probabilité intervient lorsque tout ce que pouvait prévoir la théorie a été précisé et que le discours de la guerre donne son dernier conseil : pèse et ose.

De la guerre ne subordonne pas toute logique stratégique à la chance et aux probabilités : la défaite de Napoléon en Russie était prévisible, ses conséquences aussi [1]. La théorie s'impose par la rigueur de ses propositions et « l'architecture serrée de leur nécessité interne »;

1. *De la guerre*, p. 698.

l'outil mathématique qui eût permis d'exprimer cette nécessité, Clausewitz n'en disposait pas, il fut inventé un siècle plus tard lorsqu'on formalisa les situations de conflit en produisant la « théorie des jeux »[1].

Le calcul des probabilités avait déjà permis de rendre compte des jeux de hasard (ou jeux contre la nature); en calculant les chances des résultats possibles, il permet de décider s'il faut jouer ou non. La théorie des jeux dépasse ce point de vue en considérant la conduite du jeu telle qu'elle s'engendre de l'opposition de deux adversaires conscients qui calculent leur propre conduite et celle de l'autre, « elle tente de rendre intelligible ces principes rationnels [qui guident le calcul des adversaires] et les interactions des intérêts conflictuels de tous les joueurs »[2]. La logique polaire de la réciprocité des calculs distingue radicalement jeux de hasard et jeux stratégiques, Clausewitz s'en était déjà réclamé pour s'opposer à tous ses prédécesseurs (en particulier Jomini).

On peut désormais esquisser une formulation mathématique du discours de *Vom Kriege*. Double intérêt : la théorie clausewitzienne manifeste la rationalité autonome de sa construction; elle marque aussi son influence cachée; les stratèges américains s'inspirent peu de la lettre de *Vom Kriege*, ils se règlent beaucoup sur la théorie des jeux, le cadre intellectuel demeure identique.

1. *La stratégie.*

Le « plan de guerre » organise les moyens militaires en vue de leur efficacité la plus grande, eu égard aux intentions et aux actions de l'adversaire, dans le cadre des possibilités de la situation objective. Un plan de guerre est éminemment modifiable dans le cours de l'action, mais il se doit de prévoir autant qu'il est possible les modifications entraînées par l'issue de telle ou telle opération partielle. Ces modifications introduisent tous les problèmes de l' « information » des joueurs au cours de la partie — ils sont aussi définissables en termes de « jeux mathématiques ». Nous nous attacherons ici seulement au concept de « stratégie » en tant qu'il rend compte de la rationalité qui préside à l'établissement du plan de guerre.

Si un tel joue ceci, jouez cela, s'il réplique de telle façon, contre-

1. J. Von Neumann (1927), v. Neumann-Morgenstern, *Théorie des Jeux et comportement économique* (1944).
2. *Theory of Games*, J. Wiley and Sons ,1964, p. 11.

attaquez de telle autre. Dans les limites des connaissances possibles, le plan de guerre d'un joueur embrasse l'ensemble des « coups » concevables en définissant à l'occasion de chacun d'eux le « choix » le plus avantageux. Le plan résulte ainsi d'une « ultima analysi » [1] qui définit, pour un joueur, le meilleur ensemble de choix, sa *partie*, en fonction de l'ensemble des coups (moves) possibles, *le jeu*. La stratégie qui gouverne cette partie constitue ainsi une « règle de conduite qui fait face à toutes les éventualités ». La stratégie est dite rationnelle parce qu'elle propose à un joueur sa meilleure réponse aux pires éventualités; elle ne postule pas la gentillesse, ni même la rationalité de l'adversaire : « les règles de la conduite rationnelle doivent calculer avec la possibilité de la conduite irrationnelle des autres » [2].

Le joueur qui utilise sa stratégie rationnelle obtiendra le mieux qu'il puisse espérer si tous les autres jouent, eux aussi, rationnellement. S'ils jouent différemment il obtiendra plus. Cette unité de la stratégie, compte tenu des pires situations, est précisément celle qu'engendre Clausewitz à partir du « point de référence » de la bataille décisive, « mesure fondamentale des espoirs et des craintes ».

La rationalité des jeux stratégiques est « individuelle », chaque joueur poursuit son intérêt propre. Les coalitions entre joueurs, et la coopération, ne se justifient qu'en fonction de cet intérêt, « les jeux non coopératifs sont théoriquement fondamentaux et les jeux de coopération doivent et peuvent leur être subordonnés » [3]; pareillement, Clausewitz ne justifie alliances et restrictions qu'à l'intérieur des rapports de force « celui qui ne recule devant aucune effusion de sang prendra l'avantage sur son adversaire, si celui-ci n'agit pas de même ».

La définition d'une stratégie rationnelle doit se faire dans le climat de méfiance qu'engendre la rationalité polarisatrice de l'ascension aux extrêmes. Si on la peut établir, elle est supposée valoir dans le pire des cas, quelle que soit l'agressivité de l'adversaire : elle sera objective et contraignante pour les deux, « la connaissance de la théorie ne conduit aucun des joueurs à faire un choix différent de celui que recommande la théorie » [4].

1. *Theory of Games*, 14.1.1, p. 98.
2. *Theory of Games*, 4.1.2, p. 32.
3. *Luce et Raiffa, Games and Decisions*, J. Wiley, 1957, p. 165.
4. *Games and Decisions*, p. 173. *Theory of Games*, 17.3.3, p. 148.

Clausewitz peut écrire pour deux états-majors adverses, allemand et français; la théorie, si elle est possible, doit faire comprendre à chacun quelle est sa meilleure stratégie face à la meilleure de l'adversaire. Pour qu'une telle théorie soit fondée, il faut un principe qui interrompe la réflexion infinie propre à l'ascension aux extrêmes, où chaque décision n'est que le feed back [1] de la décision — rationnellement supposée la pire — de l'adversaire. S'il existe une stratégie rationnelle — i.e. : calculable, en fonction de l'avantage personnel du joueur — il n'y aura pas de stratégie de la stratégie [1]; la stratégie rationnelle doit avoir réponse à tout, y compris à la stratégie rationnelle (n° 2) de l'adversaire qui la connaît.

Les contraintes qui rendent possible une stratégie rationnelle doivent peser sur l'ensemble des *parties* que peuvent jouer les adversaires : ce sont les règles du *jeu* [3]. Ces règles délimitent concrètement les « données matérielles de la situation », c'est par elles seulement que le jeu devient calculable et par là se différencie du simple affrontement aveugle (tug of war). De même que la symétrie polarisée des intérêts dans la bataille (Axiome 1) est freinée par la dissymétrie de l'offensive et de la défensive, de même la théorie des jeux se fonde sur un postulat : « Les joueurs ont des intérêts opposés, mais les moyens qu'ils utilisent ne sont pas en relation d'opposition mutuelle » [4]. Qui ne retrouve ici le point pivot du livre I de *Vom Kriege ?* Clausewitz rend concevable une théorie de la guerre en marquant que la polarité ne s'applique pas aux choses (les moyens d'action du camp offensif et du camp défensif) mais à leur relation commune, « extérieure à elles » (la bataille).

Cette opposition seulement relative des moyens, posée dans l'horizon d'une opposition absolue des intérêts, offre la possibilité d'établir une *matrice* de jeu spécifiant objectivement les différents résultats que procure le croisement des stratégies multiples dont disposent les deux joueurs. Clausewitz déduisait pareillement de la combinaison des actions de défense et d'attaque les structures stratégiques (= matrice) et les résultats probables.

---

1. *Games and Decisions*, p. 306.
2. *Theory of Games*, 11.3, p. 84.
3. « Le *jeu* est simplement l'ensemble des règles qui le définissent. Chaque méthode particulière pour jouer ce jeu du début à la fin définit une *partie*. » *Theory of Games*, 6.1, p. 49.
4. *Theory of Games*, 14.1.2, p. 100.

Les fonctions de la bataille décisive, autant que celles de la dissymétrie offensive/défensive, sont proprement théoriques. Elles sont les conditions de possibilité pour tout concept stratégique. La bataille unifie la stratégie de chaque adversaire parce qu'elle donne une règle de terminaison, le jeu n'est pas infini [1], et elle impose cette fin aux deux adversaires : leurs stratégies se croisent nécessairement — d'où l'unité et l'objectivité du calcul stratégique; la théorie de jeux l'exprime par l'hypothèse que chaque adversaire ne joue en droit qu'une seule fois, en choisissant sa meilleure stratégie, son plan de guerre. La dissymétrie des moyens employés permet de distinguer les éléments du calcul à partir des possibilités de la matrice. Les deux références — ou leurs équivalents — sont donc indispensables à tout calcul stratégique autonome. Le problème d'une stratégie nucléaire tient à la difficulté de penser des réalités stratégiques qui exercent la même fonction.

2. *La matrice.*

La théorie des jeux fait concevoir comment la décision de la bataille, la distinction de l'offensive et de la défensive, et la finalité politique, loin de s'opposer, s'organisent dans un champ théorique, champ de tous les champs de bataille possibles.

L'horizon de la bataille enferme les adversaires dans le cadre d'un jeu à somme nulle, où ce que l'un gagne est perdu par l'autre, la somme des gains et pertes des deux camps étant égale à zéro. Le privilège théorique du jeu à somme nulle tient à ce qu'il exclut toute comparaison des échelles de valeur particulières à chaque adversaire — les joueurs n'ont pas besoin de communiquer ni de s'entendre, le résultat s'impose objectivement; chaque camp affecte d'un signe plus le chiffre que l'autre affecte d'un signe moins, les calculs portent sur des grandeurs identiques en valeur absolue, ils se correspondent automatiquement. Le même principe permet à Clausewitz d'opérer la réduction de la spécificité des fins politiques de chacun, les fins politiques ne valent qu'à l'intérieur du calcul qui vise le but (Ziel) stratégique.

Par l'introduction de la dissymétrie offensive/défensive, les stra-

---

1. « Si on décrit un jeu en termes de coups successifs, il faut une règle de terminaison. » A. Rapoport, *Two person Game Theory*, Ann Arbor, 1966, p. 20.

tèges calculent leur puissance non plus en fonction de la faiblesse de l'autre camp, mais dans le cadre d'un équilibre de force. Deux adversaires peuvent rester sur la défensive sans craindre de s'affaiblir au profit l'un de l'autre; la trêve, rencontre de ces deux stratégies prudentes, représente dans ce cas ce que la théorie des jeux désigne comme « point selle » ou « col ». Etant donnés deux joueurs qui bénéficient également du privilège de la défense — qui est, pour tous la « plus forte forme de guerre » — chacun gagnera plus si l'autre abandonne sa position défensive et se lance (Napoléon) dans une offensive aventureuse; dans la mesure où, en revanche, il utilise toutes les ressources de la défense, il peut être certain, quoiqu'il perde d'avoir réduit ses pertes au minimum.

Dans la théorie des jeux un tel calcul se règle sur le minimax (le maximum des gains minimum). Dans la mesure où la trêve se soutient de l'équilibre des forces offensives et défensives, elle définit le point où les minimax des deux adversaires concourent; chacun ayant choisi la plus avantageuse des situations risquant de le défavoriser, le « mieux du pire » de l'un correspond au « mieux du pire » de l'autre, Les deux joueurs étant rationnels (utilisant leurs ressources au maximum), la théorie démontre que, si un tel point d'équilibre existe, aucun joueur ne peut obtenir pour lui un résultat meilleur, pour l'autre un résultat pire. Le joueur rationnel a réduit ses pertes au minimum, si la raison abandonne son adversaire, ce dernier sera bloqué dans une position pire par la stratégie rationnelle — Napoléon battu par la rationalité (inconsciente) des Russes. Dans la trêve clausewitzienne comme dans le point-selle de la théorie mathématique, la moins mauvaise des solutions est commune aux deux camps, ce qui ne veut pas dire que la meilleure le soit, en l'hypothèse où un camp perdrait sa raison stratégique [1].

La matrice d'un jeu à somme nulle permet à chaque joueur d'escompter les résultats (pay off) de toute stratégie employée, en fonction de ses propres valeurs (utilities) aussi bien que de celles de l'adversaire; identiques en valeur absolue, elles sont simplement affectées d'une valeur algébrique inverse ($+/-$). La relation résultat/valeur est identique à celle du but stratégique (Ziel) et de la fin politique (Zweck) : la matrice stratégique traduit, pour tous, en termes

---

1. *De la guerre*, Livre I, § 16 : « S'il est de l'intérêt de A de ne pas attaquer son adversaire sur-le-champ, mais quatre semaines plus tard, B aura intérêt à être attaqué par lui tout de suite et non quatre semaines plus tard. Il y a ici opposition directe [= jeu à somme nulle]; mais il ne s'ensuit pas que B ait intérêt à attaquer A tout de suite. [= A et B sont dans ce cas, momentanément, sur un point-selle]. »

purement opérationnels, les intentions de chacun; un adversaire peut lire les intentions politiques de l'autre telles qu'elles se trahissent (et peut-être, s'il est ignorant ou inconscient, *le* trahissent) dans la conduite stratégique considérée en elle-même. Dans la guerre, la politique parle, mais elle emploie la voix seule de la guerre qui, langage autonome, possède « sa propre grammaire » i.e. la matrice stratégique [1].

Le découpage théorique de *De la guerre* prouve sa cohérence à correspondre — d'avance — à la construction systématique de la théorie des jeux. Fermant les livres, le lecteur, qu'il soit grand capitaine, simple troupier, et/ou future victime, pourra se dire : quels que soient les joueurs, leurs motifs, avoués ou non, leur psychologie, je sais ce que doit être une stratégie rationnelle. J'ignore ce qui se passera, mais en tout ce qui arrive je distinguerai les éclairs de la raison stratégique et les monstres qu'engendre son sommeil.

---

1. *De la guerre*, Livre VIII, p. 703 : « Les relations politiques entre nations et gouvernements s'interrompent-elles jamais avec les notes diplomatiques ? La guerre n'est-elle pas simplement une autre écriture et une autre langue pour exprimer leur pensée ? Certes, elle a sa propre grammaire, mais non sa propre logique » (texte allemand, p. 889).

V. – LA CONTINUATION DU DISCOURS

Le discours sur la guerre est fermé : il n'y a pas de stratégie de la stratégie, le plan de guerre épuise le champ du possible et tranche rationnellement. La théorie délimite les possibilités, elle ne suit pas en tâtonnant les nuances infinies de la réalité, elle passe directement du possible au nécessaire : « Cette acuité (de la guerre extrême) est possible, et, du moment qu'elle est possible, elle est nécessaire [1]. » Les événements militaires concrets naissent à la rencontre de deux possibilités essentielles, l'ascension aux extrêmes et la suprématie de la défense ; il appartient au combattant et à la politique réels de fixer la nécessité que chacune fait peser.

La trêve — la paix est stratégiquement une trêve prolongée et prolongeable — inscrit dans le réel le point où ces deux possibilités

---

1. *De la guerre*, p. 228.

s'équilibrent. Dans l'espace stratégique classique, il est toujours définissable bien qu'il change eu égard aux transformations des unités politiques et des armes. Il fixe la *valeur* momentanée du jeu où s'affrontent les adversaires [1].

En ce point, la politique se traduit en stratégie. L'offensive peut toujours forcer la traduction (« paiement comptant ») mais la défense décide de l'enjeu, du moment et du lieu de cette traduction en déterminant son « centre de gravité ». S'instaure à partir de cette mesure une correspondance terme à terme entre la « logique » politique et son expression, la « grammaire » stratégique [2]. Le champ de cette traduction est immense, qui fait correspondre à toute politique son efficace opérationnelle, à toute paix fondée sur l'équilibre des forces, la guerre virtuelle qui en est l'étalon. « Le droit est l'intermède des forces », le regard de Valéry fixe ce que Clausewitz pense — mais porte-t-il encore sur un monde précisément « actuel » ?

Les concepts stratégiques sont opératoires bien qu'ils ne soient pas quantitatifs — ils établissent les coordonnées du plan de guerre et des calculs qu'il gouverne. La stratégie décide, elle sous-tend le règlement de compte que la bataille tranche dans le sang; l'ascension aux extrêmes est une montée vers la décision.

Dans une situation de duel thermonucléaire, le recours à l'ultima ratio de la violence extrême change de caractère, il est toujours décisif mais aucunement décisoire, loin de définir l'avantage de l'un sur l'autre, il règle leur compte aux deux adversaires à la fois. Il peut sembler que la solution clausewitzienne soit tout entière datée, par là dépassée. L'arme thermonucléaire interdit la bataille décisive — l'heure de vérité n'est plus la guerre mais la crise [3]; le but de la guere

1. « Le théorème fondamental de la théorie des jeux (théorie du minimax) a comme conséquence l'existence d'une stratégie optimale pour chaque joueur... Le joueur est assuré d'un gain bien déterminé (la valeur du jeu) quelque soit la stratégie choisie par l'adversaire, et ce gain est le maximum [aussi bien la perte minimum, le terme gain est ici neutre] qui soit stratégiquement possible... Son gain peut être supérieur à cette valeur si l'adversaire utilise une stratégie non optimale. Nous avons appelé *solution du jeu* un couple de stratégies optimales (= « prudentes »), une par joueur. » M. Dresher, *Jeux de stratégie*, Dunod, p. 86.

2. Comme dans tous les jeux, où la forme du contenu et la forme de l'expression sont reliées par une correspondance bi-univoque. Ce sont des systèmes sémiologiques plus simples que le langage. Cf. B. Siertsema, *A study of Glossematics*, Martinus Nijhoff, 1965, p. 216.

3. R. Aron, *Le grand débat*, p. 218.

ne peut être d'imposer notre volonté à un adversaire qui dispose d'un arsenal nucléaire [1]; la défense ne couvre plus automatiquement notre territoire mais se soutient en menaçant le territoire adverse de représailles.

Le point de mire de la grande bataille et la suprématie de la défense ne sont pas deux événements historiques simplement transitoires. Ils constituent l'assiette théorique de tout calcul stratégique pur. *Vom Kriege* pose à la stratégie moderne son problème fondamental et lui impose la forme de toute solution possible. Si elle ne parvient pas à enfermer son objet — l'acte de guerre — entre les deux positions limites de la bataille décisive et de la défense radicale, elle devra trouver des équivalents qui exercent la même fonction conceptuelle; sinon son existence comme corps théorique doit être niée, quel que soit le volume de publications et de publicité qu'elle occupe.

Dans ce dernier cas, tout le rapport politique-stratégie doit être reconsidéré, le recours à l'ultima ratio n'aura aucune signification stratégique, il en aura une politique; sur le plan du concept, la dialectique hégélienne prend le pas sur la stratégie clausewitzienne. La guerre n'est plus alors cet objet que le discours cerne en établissant ses propriétés essentielles, elle se love à l'intérieur du discours et devient principe de tout échange de parole, le discours sur la guerre est pris en charge par le discours de la guerre.

Le « machiavélisme » de la stratégie tient à reconnaître en la force le pouvoir de la décision. Sa profondeur s'inscrit dans le dévoilement des raisons de cette force; par la « virtu » de Machiavel, guerrière, mais aussi bien républicaine et populaire, par la « défense » clausewitzienne, essentiellement nationale et populaire, le discours sur la guerre retrouve le pouvoir de la politique et de l'histoire. Ces puissances, il les avait mises entre parenthèses pour développer la stratégie dans la pureté de sa théorie, elles se découvrent fonder cette pureté théorique même.

Le pouvoir de la force peut être pensé pour ce qu'il s'avère non pas moralement méprisable, mais stratégiquement maîtrisable. Clausewitz lit toute l'histoire de la guerre comme celle de la réinvention continuée du privilège de la défense, chaque fois qu'il est mis en cause par les transformations techniques et politiques. Il en analyse la

---

1. B. Brodie, *Strategy in the Missile Age*, Princeton, 1959, p. 313.

résurrection la plus récente, la réponse européenne qui met en échec le « Blitzkrieg » napoléonien. L'inspiration est identique lorsque Machiavel assoie le pouvoir du Prince sur une armée nationale, elle devait mettre fin aux menaces de la « guerra corto et grosso » telle l'invasion de l'Italie par Charles VIII [1].

La « négativité » de la défense [2] constitue le point de vue où se juche le stratège pensant le cours du monde tel un chef la bataille. Il y redéfinit les unités politiques (Le Prince) et historiques (unité italienne, allemande) pour les faire conformes aux exigences de l'univers stratégique. La fameuse dialectique de l'obus et de la cuirasse, qui occupe tant les artificiers est trop courte pour développer un tel principe. L'histoire des armements et l'histoire de la guerre sont interdépendantes, mais c'est le développement du primat de la défense qui règle leur rapport. L'innovation technique n'a pas de caractère déterminant pour un stratège conséquent, la grande découverte de l'artillerie peut devenir un tigre de papier selon Machiavel. Clausewitz confirmera [3].

La défense n'est absolument pas position morale, et pas seulement situation politique; structure stratégique, elle décide de l'espace et du temps nécessaires à son accomplissement, par là convoque les forces politiques et historiques en assignant sa forme à leur efficacité. Il appartiendra au discours politique de donner un sens aux exigences du calcul stratégique ou de s'y refuser. Dans la décision de la défense, comme en celle de la bataille, c'est l'équivalence du politique et du stratégique qui est réévaluée. Conceptuellement, la stratégie rencontrera encore une fois ici la dialectique, en particulier la marxiste [4].

---

1. *Discours sur la première décade de Tite Live*, Livre II, chap. vi. Cf. *Le Prince* XII : « La ruine présente de l'Italie n'est advenue d'autre chose que de s'être par long espace reposée sur les armes mercenaires, lesquelles procurèrent à quelques-uns quelques progrès et paraissaient gaillardes entre elles; mais aussitôt que vint un étranger, elles montrèrent ce qu'elles étaient et celui (Sarvonarole) qui disait que nos péchés en étaient cause disait bien vrai, mais ce n'étaient pas les péchés qu'il pensait, mais ceux que j'ai racontés; et comme c'étaient péchés et fautes des Princes, ils en ont aussi porté la peine eux-mêmes. »

2. *De la guerre*, Livre I, chap. ii.

3. *L'Art de la guerre*, Livre III, vii : « L'artillerie n'est pas du tout un obstacle au projet de faire revivre, dans les armées, les institutions et la vertu des anciens. » *De la guerre*, Livre V, chap. iv.

4. « L'Espagne n'avait-elle pas montré aussi ce que peut, contre le génie offensif le plus audacieux et le plus habile, le génie offensif d'un peuple qui veut rester indépendant ? En vérité, ces leçons n'étaient point négligeables, et il est singulier que la nouvelle école française de l'offensive les élimine arbitrairement, et au moment même où elle évoque Clausewitz, ne retienne qu'une partie de ses for-

A la lumière de la théorie clausewitzienne s'éclairent les mille soleils des explosions nucléaires et l'unique de la pensée de Mao Tsétoung.

mules... Nos théoriciens éliminent de l'œuvre de Clausewitz toute la partie où il exalte la défensive » (*L'Armée Nouvelle*, p. 128, 135). Jaurès a senti l'importance de la défense, mais il l'a moralisée plus que définie stratégiquement. Il condamne trop moralement Napoléon (« le tentateur », le « magicien de la force »); c'est pour lui un « accident sublime » armé d'un « mensonge essentiel ». D'où une sousestimation des vertus de l'offensive (« la mécanique du coup droit ») et de la surprise (« mystère stérile des états-majors). L'état-major français ne pense pas le rapport stratégique de l'offensive et de la défensive, mais Jaurès non plus. « C'est en arrière des coups de l'ennemi et de toutes les surprises possibles que se fera la concentration colossale des millions de soldats citoyens... » (p. 148).
Le privilège de la défense ne joue qu'à condition d'en développer toutes les conséquences stratégiques et politiques. Trop socialiste pour être aussi radical, Jaurès, s'il n'est en rien responsable du mirage Maginot, n'a rien dit non plus qui permette de l'éviter.

LE DISCOURS DE
LA GUERRE

LE COGITO
DE LA GUERRE

La guerre devient, avec la Révolution française, moderne, c'est-à-dire doublement illimitée : dans ses moyens matériels et par ses fins politiques. Clausewitz a noté que l'illimitation des moyens, qui fut l'objet de sa théorie, ne se conçoit que dans l'horizon de la « grande politique »; de cette illimitation des fins part directement Hegel. Le stratège contemporain met d'ordinaire bout à bout les divers « facteurs » qui définissent la guerre moderne; elle est de plus en plus technique, mais par ailleurs de plus en plus politique et les distinctions tendent à s'abolir entre la guerre des Etats, la guerre civile et les révolutions. L'historien pourra collectionner les différentes causes qui font de la guerre industrielle dans le même temps une guerre « subversive », le moraliste déplorera cette confusion des genres, admirant pourtant la ruse de la raison qui oppose à l'arme la plus impersonnelle le combattant le plus individuel, à la bombe, le guérillero.

Hegel pense l'essence de la guerre, il saisit en leur unité ces caractères de la guerre moderne qu'une considération superficielle recueille à l'état dispersé. L'unité apparaît immédiatement, la guerre moderne est terroriste. La stratégie nucléaire tente de monnayer la menace ultime, d'établir l'équilibre de la terreur, voire d'assurer l'avantage dans des guerres limitées. Les guerres dites de « subversion » ou de « libération nationale » doivent elles aussi maîtriser l'usage de la terreur, l'exerçant sur « l'antagoniste », mais non « au sein du peuple » (Mao Tsé-toung). La terreur, remarque Hegel est l'ultima ratio aussi bien de la guerre proprement dite que de la lutte politique et de la guerre civile. De la tragédie grecque à la Révolution française, elle instaure la lutte à mort, y définit la victoire, la solution ou le recommencement. Mais la terreur, fondée sur des armes ou des combattants très précisément réels, n'est pas elle même réalité précise; en l'esprit de qui la subit ou l'utilise, elle est idée et son maniement demeure, au sens le plus large, idéologie. La guerre moderne n'est pas d'une part idéologique, d'autre part technique, elle est idéologique de part en part et ce plus elle est matérielle et technique.

Hegel interroge trois fois l'essence de la guerre. Les textes qui traitent directement de l'histoire et de la politique la dévoilent comme l'objet exotérique d'un discours fragmentaire sur la grandeur et la décadence des civilisations — le ton appartient encore au siècle des lumières, les conclusions brisent avec lui. Une seconde approche explore sous ces fragments le lieu ésotérique où l'essence vraie de la guerre fait écho à l'essence guerrière de la vérité : la guerre n'est pas simplement objet de l'intelligence, elle devient de l'intelligence la secrète puissance. Ces deux discours se nouent sur les tréteaux hégéliens, tandis que se dramatise non plus l'histoire réelle mais ce qui fait la possibilité de quelque histoire — un théâtre des coulisses, scène de la mise en scène où rien n'a lieu que le lieu — le jeu et le mystère de la lutte à mort.

I. – LE NATUREL DE LA GUERRE

1. *La réalité de la guerre.*

La guerre est tout d'abord plate. Si elle gouverne intérieurement les cultures les plus sophistiquées, on n'en peut découvrir le secret pouvoir qu'à la poser brutale; stupide comme un tremblement de terre, elle est « anéantissement naturel, bouleversement sans but, dévastation furieuse ». Elle illustre la revanche de la nature sur la culture, de l'inorganique sur l'organique, de la mort sur la vie : « Ainsi s'échangent dans l'espèce humaine la culture et la destruction, lorsque la nature inorganique a assez longtemps supporté le préjudice d'être cultivée par la culture, lorsque cette dernière a imposé ses déterminations sous toutes leurs faces, alors l'indéterminé refoulé éclate, la barbarie du bouleversement s'empare des édifices de la culture, fait place nette, instaure un espace libre et plat[1]. »

La guerre n'a pas de sens caché, elle manifeste ce qu'elle est, une convaincante absence de sens. Elle vient, avec toute sa gloire, d'Orient, lorsqu'un Gengis Khan ou un Tamerlan nettoient des continents comme les « balais de Dieu ». Aucune fin supérieure ne les pousse, ni ne les soutient, ils sont « l'anéantissement pour soi, qui n'a pas besoin de se rapporter à autre chose ». Mais ce « fanatisme de la dévastation », s'il n'a pas de but, possède des limites ; « comme la négation en général, il abrite intérieurement sa propre négation », la guerre naturelle est sans forme, indéterminée, on ne peut extérieurement lui résister mais elle s'éteint d'elle-même, « comme une bulle qui grossit jusqu'à éclater en une infinité de petites gouttes ». Les grandes invasions ne sont pas vaincues, elles se dispersent. La loi de cette absolue fureur est de surmonter à l'infini tout ce qui lui est opposé jusqu'au point où, plus rien ne lui faisant face qu'elle-même, elle aboutit à la destruction de soi.

Si la guerre n'a pas de sens, la fureur qui l'habite en est pourtant la loi ; cette montée aux extrêmes, dont Clausewitz attribue la révélation à Napoléon, Hegel la reconnaît déjà dans la chevauchée de Gengis Khan. Dès l'origine, la guerre atteint son « point extrême, se tenant dans l'abstraction absolue, pulsion absolue et sans recours, concept absolu dans son indétermination parfaite, inquiétude infinie du concept absolu qui n'est rien que cela et qui dans l'anéantissement de tout ce qui s'oppose à lui s'anéantit lui-même, être réalisé de la subjectivité absolue ».

Dans la guerre se révèle cette « subjectivité absolue » dont la Phénoménologie de l'Esprit fera (quelques années plus tard) le véritable acteur de l'histoire du monde. Le discours sur le peu de réalité de la réalité empirique que tiendra l'idéalisme allemand, le doute méthodique qui introduit au cogito, la guerre les soutient avant le philosophe et plus radicalement. Si l'histoire de la guerre est celle de la spiritualisation de la guerre, ce n'est pas pour autant qu'elle deviendrait plus sensée ; la guerre, se civilisant, ne s' « humanise » pas. Si la loi du plus fort se transforme en relation politique, on ne passe pas de la violence au droit, mais de la force qui s'affirme immédiatement à la force qui calcule. Lorsque deux états modernes se combattent, chacun est également dans son droit, « la guerre ou ce qui en tient lieu est précisément décisive en ce que les droits qui s'affrontent sont

---

1. *System der Sittlichkeit* : (S.S.). Œuvres de Hegel, éd. Lasson, T. VII, (1923) p. 450-451.

tous deux également vrais, alors un tiers, la guerre, doit rendre ces droits inégaux afin de les concilier et c'est ce qui arrive lorsque l'un des, deux se soumet à l'autre »[1].

L'histoire de la guerre n'est que l'intériorisation, l'assomption subjective de l'être naturel, brut de la guerre. Dire qu'avec l'histoire la guerre devient de plus en plus chose de l'esprit n'est pas affirmer que l'esprit modère la guerre, mais qu'il devient de plus en plus profondément guerrier. La fureur dévastatrice des peuples barbares s'épuisait d'elle-même, l'Etat moderne au contraire concentre et perpétue le pouvoir de cette fureur; jadis de petits états, cités grecques ou républiques italiennes, pouvaient battre de grands empires, aujourd'hui c'est impossible[2], entre états modernes l'esprit ne balance plus la force et la guerre des peuples civilisés est plus physique que jamais.

La réalité de la guerre, toujours, fait de la nature brute le berceau et le tombeau de toutes cultures, aucune d'elles ne peut échapper à ce jugement : « C'est maintenant la force de la nature et ce qui se manifeste comme la contingence de la fortune qui décident sur l'être-là de l'essence éthique et sur la nécessité spirituelle[3]. »

2. *La nécessité de la guerre.*

La guerre n'a pas de sens, elle a une fonction. Par elle, les individualités historiques (peuples, cultures) et les personnes (consciences) communiquent. Elle n'est pas une forme entre d'autres des contacts que peuvent nouer deux êtres pensants, elle est la forme mère, la structure de toute communication. La mise en scène qui confronte deux acteurs indifférents dans une lutte à mort et se clôt sur la différence du Maître et de l'Esclave n'est pas une robinsonnade à l'origine réelle de l'histoire. Elle n'est pas non plus un « rapport humain » particulier, voie exceptionnel.

La linguistique a montré qu'une communication quelconque (message) ne pouvait se concevoir hors une référence, intérieure au message même, à celui qui l'émet (émetteur) et à celui qui le reçoit

---

1. *Politische Schriften* (P.). Suhrkamp Verlag (1966), p. 101, 73 : commentant Machiavel, Hegel précise : « On ne peut ici parler de choisir ses moyens, les membres gangrénés ne se soignent pas à l'eau de lavande », p. 114.
2. P., p. 118-135.
3. *Phénoménologie de l'Esprit (PhG)*, trad. Hyppolite (Aubier), T II, p. 43.

(récepteur)[1]. L'intelligibilité d'un message tient ainsi à la position réciproque de deux interlocuteurs, dont chacun doit être « valable » aux yeux de l'autre, Hegel dit « reconnu ». La lutte à mort ne fait que décrire les conditions a priori de toute communication, que ce soit celle du mot d'amour ou de l'injonction la plus scabreuse.

Soit, dans un passé purement théorique, deux consciences indépendantes. Dans la mesure où l'une veut se faire entendre de l'autre :

1) elle attend que l'autre l'entende, par là « elle s'est perdue elle-même, car elle se trouve comme étant une autre essence »;

2) c'est elle qu'elle veut faire entendre, par là « elle a supprimé l'autre car... c'est elle-même qu'elle voit dans l'Autre ». Premier « double sens » où se partage toute conscience qui veut entamer le dialogue : un émetteur est un émetteur reçu et on ne peut se choisir purement émetteur d'un message sans choisir par là même « son » récepteur. Se vouloir pure oreille suppose un choix égal de l'émetteur et répète le double sens. Celui-ci ne peut être tranché unilatéralement, « l'opération des deux » seule peut le résoudre. La communication s'établit simultanément aux deux pôles.

La lutte à mort dénouera ces contradictions. La nécessité de la lutte tient à ce que chaque conscience « *doit* » agir pour « *se prouver* »[2] interlocuteur valable. La mort tranche trois fois le nœud gordien; en elle le futur maître a montré qu'il n'était pas attaché à la vie, « qu'il n'était attaché à aucun être-là déterminé », le sacrifice de sa vie le lave de toutes ses particularités; parce que quelconque, il s'est affirmé émetteur universel, sa parole est devenue commandement. Le futur esclave, qui préfère la vie, s'est déclaré prêt à tout écouter. La mort, qui fut l'horizon de leur lutte, assure la simultanéité de leur choix : ils communiquent en même temps.

La guerre, dont « la suprême preuve par le moyen de la mort » constitue l'intelligibilité théorique, assure ainsi doublement la possibilité de communiquer : en mettant les adversaires face à face, elle permet la synchronie de l'émission et de la réception du message, en distinguant le vainqueur et le vaincu, elle interdit qu'en ce même temps ils parlent tous deux et que leurs voix se couvrent.

---

1. Par ex. dans la définition des pronoms, des temps des verbes, etc., cf. : R. Jakobson, *Essais de Linguistique générale*. Éd. de Minuit (1963), 177, sq et 209, sq.

2. Ces deux termes sont essentiels en ce qu'ils impliquent que la lutte à mort a la nécessité d'une démonstration, préalable à toute communication. *PhG.*, T. I, p. 156.

3. *La possibilité de la guerre.*

Par sa réalité, la guerre est une épreuve de force, par sa nécessité, une épreuve de sens. Elle oppose physiquement et de la manière la plus brutale des forces qui ne sont jamais purement physiques et matérielles : « le jeu des forces a justement cette seule signification négative : de ne pas être en soi; et cette seule signification positive : d'être le *médiateur*, mais situé hors de l'entendement »[1]. Sur un champ de bataille, forces matérielles et forces morales ne s'ajoutent pas les unes aux autres comme des variables indépendantes, indissociables elles font une force unique.

Cette force agit, c'est-à-dire « elle traduit[2] ». Une bataille est à la fois épreuve de force et de sens, parce qu'elle est d'abord traduction. La violence décide de tout, mais qui décide de la violence ? « Dites-moi, M. le Général, qu'est-ce qu'une bataille perdue ? Je n'ai jamais bien compris cela... — Je n'en sais rien (...) c'est une bataille qu'on croit avoir perdue (...) les batailles ne se gagnent, ni ne se perdent physiquement[3]. » La violence qui décide de la victoire ne se laisse pas mesurer unilatéralement : « ce qui exerce une violence sur un autre, le fait parce qu'il est la puissance de celui-ci, puissance dans laquelle il se manifeste et manifeste l'autre »[4]. La victoire traduit la force de l'un *et* la faiblesse de l'autre, plus, elle traduit l'une à l'autre et réciproquement.

Le conflit des forces, le « processus mécanique réel » est analysé par Hegel comme une épreuve de communication; la force du plus fort tient à sa capacité d'absorber l'autre, de parler et d'agir à sa place, « le plus faible ne peut être saisi et pénétré par le plus fort que pour autant que celui-ci absorbe celui-là et forme avec lui une seule *sphère* ». La faiblesse est de ne pouvoir résister — de ne pouvoir répondre : « sa dépendance relative se manifeste dans le fait que son individualité ne possède aucune capacité pour ce qui lui est communiqué, qu'il s'en trouve rompu et disloqué »[5]. Dans le heurt des armées et des cultures l'incapacité de comprendre les mouvements de l'adversaire est la clef de toute défaite, le meilleur traducteur gagne. Tant que la bataille fait rage, la traduction demeure bilatérale,

1. *PhG.*, T. I, p. 122.
2. *Science de la logique* (G.L.), Td. Jankelevitch. (Aubier), T. II, p. 246.
3. J. de Maistre. *Les soirées de Saint Pétersbourg*, 7ᵉ entretien.
4. G.L., T. II, p. 233.
5. G.L., T. II, p. 417-418.

celui qui enfin cesse de traduire prononce sa défaite et décide de la victoire de l'autre : « en subissant la violence d'un autre la substance passive n'a donc que ce qu'elle mérite » [1].

Aucune guerre classique ne s'achève en l'extermination totale des combattants, toute épreuve de force se double d'une épreuve de sens : le combat cesse lorsque, pour un adversaire, il ne signifie plus rien; le défait découvre alors des raisons de se rendre; le combattant est vaincu lorsqu'il est convaincu. Le champ de bataille se réduit au heurt des discours où le meilleur discours gagne. On en concluerait à tort que la bataille n'est qu'un épiphénomène où le triomphe des discours les plus sages et des civilisations dites supérieures est assuré, « le vide de tels discours aux prises avec le cours du monde se découvrirait lui-même sur le champ », si simplement on les sommait de « dire ce qu'ils signifient » [2]. Le discours vainqueur ne triomphe qu'en tant qu'il embrasse toute sa *sphère* et rien qu'elle : le champ de bataille; il soutient le plus profondément le risque absolu, la mort, « l'esprit est en effet d'autant plus grand qu'est plus grande l'opposition à partir de laquelle il retourne en soi-même » [3].

La guerre affronte deux discours, triomphe celui qui est le plus profondément guerrier. Elle n'établit pas seulement les conditions de toute communication, elle est elle-même communication. Le dialogue des armes a pour objet ses propres conditions de possibilité, comme la littérature [4].

---

1. G.L., T. II, p. 233.
2. *PhG.*, T. I, p. 319.
3. *PhG.*, T. 1, p. 282.
4. M. Blanchot : « Le caractère du récit n'est nullement pressenti quand on voit en lui la relation vraie d'un événement exceptionnel, qui a eu lieu et qu'on essaierait de rapporter. Le récit n'est pas la relation de l'événement, mais cet événement même, l'approche de cet événement, le lieu où celui-ci est appelé à se produire, événement encore à venir et par la puissance attirante duquel le récit peut espérer, lui aussi, se réaliser. » *Le livre à venir*, p. 13.

II. — LA PLACE PUBLIQUE

La guerre n'a pas de sens, elle ne se laisse pas humaniser, sa stupidité creuse en l'homme une colonne antérieure à tout habillage culturel — conformément à la tradition Hegel nomme cet insensé « nature ». Du sens, cependant, la guerre est condition, futur antérieur, vérité : la guerre est un « rapport fondé en raison » [1]. Sur cette pierre, la société construit son état.

L'apologie existentielle de la guerre, classique dans la philosophie occidentale, semble culminer : pour l'homme le courage était une vertu supérieure (Platon), il devient « la forme absolue » de la vertu [2]; pour les nations, « comme les vents sauvent du croupissement l'eau des lacs que menace un calme prolongé, la guerre préserve la santé

1. *Wissenschaftliche Behandlungsarten des Naturrechts* (N.R.) *œuvres de Hegel,* éd. Lasson (1923), T. VII, p. 368.
2. S.S., p. 466.

morale des peuples qu'une paix prolongée, ou pis éternelle, vouerait à la décomposition »[1].

Une nation dit son unité dans le discours de ses mœurs que Hegel nomme « l'esprit d'un peuple » (Volksgeist). Cette langue, lien de la communauté, la guerre n'en constitue pas la teneur — un peuple purement guerrier serait un peuple naturel, sans esprit ni mœurs. La guerre n'est pas contenu de l'énoncé du Volksgeist, mais condition de son énonciation; dispersé dans la multiplicité de ses occupations et de ses lois, un peuple se retrouve un lorsqu'il se défend ou lorsqu'il conquiert : il n'y a de baptême que du feu.

La guerre nomme celui qui nomme, en elle toute parole se manifeste comme tenue par un sujet. L'apparente apologie existentielle devient ainsi apologie conceptuelle; la guerre n'est pas seulement preuve et épreuve des volontés, elle définit ce moment de naissance, qui toujours doit être répété, où un discours sort de la bouche qui l'émet, où la vérité d'un peuple est accouchée. Pour un peuple, elle est l'instant où se coordonne l'intelligence, soit l'énoncé de son message et la volonté, soit l'énonciation de ce même message. Il est facile de noter que la guerre rassemble le passé et l'avenir dans le présent qui en décide, il appartint à Hegel d'y reconnaître l'instant où une civilisation s'auto-intuitionne[2] soit le présent qui la présente à elle-même. Les linguistes ont marqué que toute langue construit ses temps en référence à un présent qui ne fait référence qu'à soi (il est « sui référentiel »)[3]. De même Hegel a construit toutes les institutions et les classes d'une nation ou d'une civilisation autour d'un point sui-référentiel qui les centre : la guerre.

1

La vie privée de tout citoyen est partagée; s'il est vertueux, il est en proie à la multiplicité incoordonnée des devoirs et des règles morales; s'il est intéressé, il devient prisonnier de la dispersion infinie et contradictoire de ses intérêts; qu'il existe seulement, il devra de surcroît supporter la partage et les conflits de la vertu et de l'intérêt. Dans la guerre l'intérêt commun s'affirme, l'homme privé, « le bour-

1. N.R., p. 360.
2. S.S., p. 466.
3. Benveniste, *Problèmes de Linguistique Générale. N.R.F.*, p. 262.

146

geois » s'efface devant le citoyen, l'état se révèle « l'opération de tous et de chacun », il se révèle « la Chose même ».

Nul n'éprouve de difficulté à énoncer quelque règle de morale imprescriptible, le malheur veut qu'on en énonce plusieurs. Le dialogue de la conscience, certaine de son bon droit, et du sophiste, certain du chaos qui naît de l'affirmation simultanée de ces droits, commence avant Platon. Il n'y a de vie morale, pour une communauté, que dans le rassemblement de ses valeurs multiples en un système dont elle produit l'unité. Hegel désigne comme « moralité » (Moralität) l'univers de la vie privée où les valeurs individuelles se dispersent et se heurtent en un mouvement brownien. Il décèle dans l'idéalisme allemand (Kant, Fichte), la philosophie anglaise (Hume, Locke) et le christianisme en général, la commune incapacité d'unifier cette multiplicité et de trancher le « ou bien, ou bien » où l'individu s'épuise à mesurer l'une à l'autre des valeurs incommensurables. On ne peut exister sans agir, trancher, décider au nom d'une valeur c'est-à-dire aux dépens des autres. Les valeurs en conflit instaurent une culpabilité généralisée « nul, pas même un enfant n'est innocent, seule la pierre ». Pour que l'action devienne décidable et qu'une pensée puisse éclairer ce désordre, il faut rassembler les valeurs isolées en un système, quitter la moralité de la vie privée pour découvrir le royaume de l'éthique et des mœurs (« Sittlichkeit »). L'individu atteint alors un « point d'indifférence » qui, par-delà le conflit des devoirs particuliers, l'élève jusqu'à sa « liberté absolue »[1]. Un peuple ainsi découvre sa « vie libre » et devient une « belle communauté » qui doit « rendre superflues les lois grâce aux mœurs, les désordres de la vie insatisfaite grâce à la jouissance sacrée, et les crimes de la force refoulée grâce à une disponibilité d'action pour de grands objets »[2]. Par-delà le christianisme, la Grèce a montré que la coupure n'est pas à faire entre passions et devoirs, mais entre le chaos des passions ou devoirs individuels et l'éthique d'une communauté organisée. Pour tout peuple, la guerre marquera cette coupure.

2

Les intérêts règnent dans une sphère beaucoup moins chaotique que celle des devoirs individuels; automatiquement, par leur nature

1. N.R., p. 365.
2. *Différence des Systèmes Philosophiques de Fichte et die Schelling, (Diff.).* Id. Mery, ed. Vrin, p. 131.

même ils sont interdépendants et s'organisent en un ensemble, « le système de l'économie politique » [1].

Bon lecteur des économistes anglais (Stuart, Smith...), Hegel sait que le marché économique est soumis à des lois ; la satisfaction des besoins et la division du travail possèdent une rationalité propre, l'économie est articulée comme un « tout ». Mais l'économie fonctionne comme « un destin aveugle » [2], le marché est le « lieu de l'arbitraire » [3]. L'état doit domestiquer cette force en intervenant doublement. D'une part, à l'intérieur même de l'économie, il doit remédier, autant que possible, aux conséquences funestes des mécanismes qui entraînent, à un pôle l'accumulation toujours plus grande des richesses et de la puissance, à l'autre l'accroissement d'une misère de plus en plus insupportable. La lutte de classe, pour Hegel, n'est pas le moteur de l'histoire, mais elle risque d'être le produit du développement de l'économie bourgeoise. Devant l'anarchie qui le menace, l'état moderne devra brider l'égoïsme de la bourgeoisie, restreindre ses possessions, réduire son profit et ce, « principalement par la guerre » [4]. D'autre part, l'économie risque de se constituer en une « puissance indépendante » [5] qui surbordonnerait l'état lui-même et soumettrait l'intérêt général à l'intérêt privé. Cette fois, c'est par en haut que l'état se décomposerait ; l'individualisme de l'intérêt privé, comme l'individualisme du devoir, lorsqu'il devient principe de gouvernement « pervertit la propriété universelle de l'état en une possession et une parure de famille » [6] : la nation ne sait plus se défendre contre l'intrigue ou la menace extérieure (cités grecques, Rome, l'Allemagne pré-napoléonienne).

Pour maîtriser ces germes de décadence, « il ne suffit pas de proclamer solennellement que chacun a le droit de vivre, que dans un peuple il faut un principe général qui assure à chaque citoyen son dû, la parfaite sécurité et liberté du travail et du commerce ». Au contraire, le libéralisme économique poussé à l'absolu nourrit le désordre ; il faut que la « totalité éthique » du peuple « entretienne le système économique dans le sentiment de son propre néant » [7], et cela, encore une fois, « principalement par la guerre ».

1. N.R., p. 369.
2. S.S., p. 489.
3. Realphilosophie (R.), T. II (*Jeneser Philosophie des Geistes* 1805-1806), *Œuvres de Hegel*, éd. Lasson, T. XX., p. 233.
4. N.R., p. 370.
5. N.R., p. 369.
6. *PhG.*, T II, p. 42.
7. N.R., p. 370.

La guerre, seule, permet à un peuple de surmonter ses contradictions morales, économiques et sociales : « le danger est pour les particuliers l'absolue insécurité de toute jouissance, de toute possession et de tout droit »; elle dissout les oppositions les plus solidifiées, tandis que sur son autel tout intérêt particulier nécessairement s'abolit. L'état règne alors par la « puissance du sacrifice ».

3

La guerre est la véritable *raison d'état*. Sans elle, un *peuple* n'est pas un peuple. Hegel pense isoler le principe universel qui gouverne la constitution de toute nation. Deux exceptions confirment la règle, les juifs et les allemands, les « juifs de l'Europe »[1]; ayant refusé les nécessités de l'état et de la force, ces deux peuples ne sont pas seulement voués à la diaspora, mais tout aussi bien à la vie privée. L'allemand est le bourgeois de l'Europe moderne (le philistin, petit bourgeois[2]) comme fut le juif dans l'Empire romain. Leur religion[3], ou leur philosophie, n'est que l'affirmation répétée de cet individualisme négatif[4].

Toute constitution construit une société par l'articulation de trois classes fondamentales. La classe paysanne est le peuple à l'état originel, l'unité des mœurs y règne spontanément « il en est ainsi et rien de plus ». Classe de l' « éthique à l'état brut »[5], elle vit dans les us et les coutumes, se nourrit de confiance à l'égard des autorités : seigneurs, gouvernement, Dieu. « Masse guerrière à l'état brut (...), elle se déploie comme un élément forcené, comme les vagues »[6]. En elle, la société et la guerre retrouvent leur nature première. La bourgeoisie est la classe de l'intelligence négative dans le commerce des choses et des idées; elle est aussi inapte à diriger politiquement qu'à faire la guerre. Enfin la classe noble rassemble les grands fonctionnaires, les guerriers, les savants, les prêtres et les sages, tous hommes de la volonté générale et de l'intérêt public. L'idée précise que Hegel se fait de cette classe dirigeante variera et se rapprochera de plus en plus (jusqu'en 1816) de l'idéal napoléonien d'une noblesse d'Empire.

1. P., p. 139 (1802).
2. P., p. 75.
3. Cf. *L'esprit du Christianisme et son destin* (E.C.).
4. P., p. 139.
5. S.S., p. 476.
6. R., T. II, p. 255.

C'est la classe qui discipline les autres et elle-même : « la grande discipline réside dans la communauté des mœurs, dans l'organisation, dans l'éducation pour la guerre et dans la preuve qu'en elle chaque individu sait faire de son authenticité »[1].

La fonction de cette classe noble est l'action politique, activité suprême pour Hegel qui renvoie au terme grec πολιτεύειν qu'il traduit « vivre dans, avec et pour son peuple, mener une vie publique vouée au général ». L'action politique se distingue radicalement des activités isolées et se révèle « travail ayant pour objet, non la négation de déterminations particulières, mais la mort, et pour produit, non quelque chose de particulier mais l'être et le maintien du tout dans l'organisation éthique des mœurs »[2]. Hegel use, sans en faire mention, d'une distinction aristotélicienne : le travail particulier pose son résultat en dehors de soi, il vaut par ce qu'il produit, et son produit vaut par ailleurs (ποιησις). Au contraire, l'action politique est la πραξις qui vaut en elle-même et pour elle-même : « cette activité de la production ne s'accomplit pas en un produit, au contraire elle brise immédiatement ce produit et introduit ainsi le vide de toute détermination particulière ». La vie d'un peuple n'a d'autre fin qu'elle-même[3], elle ne peut découvrir ou produire aucun objet qui soit sa vérité dernière, à vouloir se saisir comme « quelque chose » elle ne rencontre qu'un néant vide.

La réalité ne lui offre qu'un seul miroir où elle puisse se contempler totalement, la mort. Un peuple ne peut mirer son originalité que dans un autre peuple, son ennemi : « l'essence éthique doit contempler sa force vive dans une différence qui lui soit propre (...). Cette différence est l'ennemi... et le néant égal pour les deux côtés se trouve dans le danger du combat[4]. » Dire que la praxis politique n'a d'autre fin qu'elle-même, c'est désormais affirmer que sa fin authentique est la guerre où le corps politique rassemble ses membres épars.

La guerre est ainsi dans la vie d'un peuple « le stade du miroir »[5]. Autour de l'image que lui reflètent des yeux ennemis un peuple organise l'unité pratique de sa vie et ne maintient sa « constitution » qu'en répétant cette découverte de soi. On peut dire mille choses intéressantes d'un peuple ou d'une civilisation sans jamais parler de leurs guerres. Un peuple pourrait lui-même raconter mille fois le sens

1. S.S., p. 408.
2. N.R., p. 375.
3. R., T. II, p. 242.
4. S.S., p. 466.
5. J. Lacan. *Écrits*, p. 93, sq.

150

de son histoire. Nous demeurons, alors, dans le domaine des énoncés « constatifs » : ces discours évoquent des faits, dans la mesure du possible il s'agit de les vérifier. Le discours qui se baptise dans la guerre est d'un ordre différent. Les linguistes ont isolé l'énoncé « performatif » ou sui-référentiel qui « n'a pas de valeur de description ni de prescription mais... d'accomplissement (...) il est événement parce qu'il crée l'événement (...) l'acte s'identifie donc avec l'énoncé de l'acte, le signifié est identique au référent »[1]. Le linguiste reconnaît ici le mode d'énonciation propre aux actes d'autorité, aux engagements personnels (et aux pactes). La guerre est l'affirmation sui-référentielle d'un peuple, le présent où il se retrouve et l'alliance en laquelle il se constitue.

---

1. Benveniste, p. 273, 274, ex. : Je déclare la séance ouverte, je jure que, je promets que... et E.C., p. 70, 71.

III. – LE TOUR DE L'UNIVERS

La guerre révèle au peuple la vérité « générale », le secret de sa constitution et de sa culture. Plus encore, elle est moment de l' « universel ». En elle, un peuple ne découvre pas seulement sa propre vérité, mais celle de l'autre, son ennemi, et finalement celle de tout peuple. Une société ne reste pas nécessairement enfermée dans sa culture particulière, s'élevant au-dessus d'elle-même, elle n'est pourtant visitée d'aucune révélation supra-terrestre, pas de morale a-temporelle, pas de vérités ultra-mondaines, ni d'essence éternelle de l' « humanité ». La guerre, seule, entrebaille la porte de l'universel, elle fait pénétrer la Mort, ce « maître absolu » de toute culture.

La guerre porte en elle l'universel. Si elle possède une histoire et paraît se spiritualiser ce n'est pas pour ce qu'une puissance extérieure, la « civilisation » chère au XVIIIe siècle, la briderait en « humanisant » sa barbarie intrinsèque. La guerre devient de plus en plus consciente et non de moins en moins sauvage. Son devenir conscient marque l'impersonnalité croissante des combats, la technicité des armes employées, la mobilisation des combattants et des idées devenue générale. La transformation des armes et des âmes est due à la guerre elle-même qui se purifie en coïncidant plus profondément avec son essence : « cette guerre n'est pas une guerre de famille contre des familles, mais de peuples contre d'autres peuples, et, par là, la haine devient elle-même indifférenciée, libre de tout trait personnel. La mort introduit au général, de même qu'elle en naît, elle se passe du courroux qui apparaît et disparaît selon les moments. L'arme à feu est l'invention de la très générale, indifférente et impersonnelle Mort... [1]. » La guerre invente ses propres armes dont la principale : la conscience qui réfléchit et calcule. Ce qu'il est convenu d'appeler la civilisation ne modernise pas la guerre par un involontaire contre-coup, tout au contraire c'est à la guerre qu'elle emprunte les découvertes dont sa modernité s'empanache. « La guerre est crime pour la généralité... Cette sortie hors de soi (Entäusserung) doit avoir précisément cette forme abstraite, être dénuée de toute référence individuelle. La mort doit être reçue et donnée froidement; non pas dans un combat dont chacun fait continuement l'exégèse personnelle, où le particulier regarde l'adversaire dans les yeux et le tue, dans une haine immédiate; non, elle est, au contraire, la mort donnée et reçue dans le vide, *impersonnellement*, celle qui vient dans la fumée de la poudre [2]. » Il n'appartenait pas à Hegel de découvrir la formule des armes thermonucléaires, mais conceptuellement il les a déduites : la guerre instaure l'universel en ses armes et par ses combattants. L'impersonnalité esquissée dans la fumée de la poudre, le champignon atomique la perpétue.

1

La guerre impose son universalité dans le combat lui-même. Chaque peuple emploie les armes qui lui sont propres, sa manière de mourir reflète sa manière de vivre : « les armes ne sont pas autre chose que l'essence des combattants mêmes » [3]. Mais un peuple doit adopter les armes de son adversaire, le conservateur qui a « entrepris la lutte pour préserver les armes » est vaincu d'avance. La manière de mourir

1. S.S., p. 468.
2. R., T. II, p. 263.
3. *PhG.*, T. I, p. 314.

de l'un doit imiter la manière de vivre de l'autre, « l'égalité du danger »
égalise les combattants et leur mode de vie, l'urgence du défi lève
l'ancestrale méfiance et assure la communication entre cultures
adverses : « cet universel est immédiatement actualisé par le concept
même de la lutte... il est en même temps pour un autre »[1]. Plus
encore, la guerre n'est pas simplement ce qui communique l'universel,
elle est ce qui est communiqué : en elle, chaque adversaire « en tant
qu'individualité se fait puissance absolue, se contemple dans sa
liberté absolue, se pose pour lui et dans sa réalité, pour l'autre, comme
négativité généralisée »[2]. Négativité : rien n'existe que ce rapport
suprême.

L'essentiel est l'égalité dans le risque. Les figures du combat l'imposent avec plus ou moins de pureté : Hegel en a construit la progression logique en égard à leur transparence. Le *meurtre* pose déjà l'enjeu
de toute lutte comme total[3] : le sentiment de soi (l' « honneur ») ne
peut laver une offense quelconque qu'en réaffirmant sa réalité, en
tuant celui qui la met en cause; « l'honneur n'est pas distinct de la
vie, celle-ci doit être mise en jeu pour restaurer la réalité de l'honneur,
lequel, offensé, n'est plus qu'idéal : alors se réalise l'adéquation de
l'idéalité de l'honneur avec sa réalité ». Cependant, si le meurtre est à
l'horizon de toute agression, il refoule le combat « il ne laisse pas
venir au jour l'égalité dans le danger ». La *vengeance* est bien animée
du sentiment de cette égalité qui « flotte » au-dessus des adversaires,
mais la « forme de l'égalité fait défaut », un « destin » la réalisera sur,
mais non pour, les combattants, dans la justice inconsciente (primitive, familiale ou religieuse) du « qui a tué par l'épée, périra par
l'épée ». En elle, le danger se révèle comme « négation qui arrive »,
mais matériellement seulement. Avec le *duel*, s'affirme enfin « la
totalité de ce rapport (qui) est le rationnel ». Ce qui n'était que
justice extérieure, matérielle, s'empare des individus comme « conscience égale de la négation qui arrive ». C'est en tant que les deux
adversaires font face au risque suprême qu'ils se font face réciproquement, « cette égalité c'est la guerre ». La rationalité profonde de
la guerre ne culmine pas dans la *différence* (du vainqueur et du vaincu),
pure « forme extérieure », mais dans l'indifférence intime qui fait les
adversaires interchangeables : Mars est le « transfuge » qui passe
d'un camp à l'autre et fait régner « l'inquiétude absolue ». La guerre
n'oppose jamais que les chiens d'une même faïence.

1. *PhG.*, T. I, p. 316.
2. R., T. II, p. 261.
3. S.S., p. 456, sq.

2

Si la guerre est porteuse d'universel, réciproquement l'universel porte en lui la guerre « comme la nuée l'orage ». Le théâtre de la lutte à mort, où prennent corps les conditions de toute communication, représente aussi bien le procès logique qui commande l'élévation de la conscience au point de vue universel. Les textes antérieurs à la Phénoménologie en donnent une version concrète. La lutte à mort règle la transformation de la possession en propriété ; la première est définie « naturellement » par le pouvoir qu'un individu ou un groupe exerce sur les choses qu'il manie; la seconde implique une définition sociale où intervient l'autre, individu ou groupe, qui, ne possédant pas la chose, doit « reconnaître » la possession du propriétaire. L'univers impersonnel du droit suppose que les consciences se soient démontrées « personnes » juridiquement équivalentes, en s'égalisant dans une lutte à mort : « chacun ne peut être reconnu par un autre qu'en tant seulement que toutes ses façons d'être sont pour lui indifférentes, en tant qu'il est présent tout entier dans les plus petites parties de ce qu'il possède et que, par conséquent, chaque offense est vengée jusqu'à la mort »[1]. La guerre des particuliers, comme celle des peuples, est l'initiation à toute « reconnaissance », soit à la révélation de l'universel pour les sujets capables de s'y maintenir[2].

La Phénoménologie condense cette double leçon dans la forme abstraite d'une progression temporelle : deux consciences indépendantes, en proie à leurs désirs naturels, se rencontrent; dans la lutte à mort, le risque les élève chacune au-dessus des attaches immédiates ; tremblantes leurs particularités chancellent, elles s'universalisent; l'une, le futur Maître, assumera le risque; l'autre, devenant Esclave, renonce d'une manière aussi universelle à ses droits « naturels » antérieurs. Cette progression est une commodité pédagogique. La vérité rationnelle de cette « unité » ne doit pas être cherchée dans la succession diachronique des étapes de la lutte, elle réside dans ce fait : les opérations sont nécessairement bilatérales, simultanées; un synchronisme (« concept ») articule ces moments a-temporels, conditionnant toute communication. La lutte à mort, comme la guerre, ne trouve

----

1. *Jeneser Philosophie des Geistes*, 1803-1804 (I.P. : I.P.G.), *Œuvres de Hegel*, éd. Lasson, T. XIX (1932), p. 226.
2. R., T. II, p. 212.

pas sa vérité dans la différence qui est son résultat (vainqueur/vaincu; Maître/Esclave) mais dans l'*indifférence* des combattants qui est de règle au combat.

Il y a, en effet, quatre issues possibles de la lutte à mort, qui, toutes, sont dérisoires. Poursuivie à son terme la lutte aboutit à la mort d'un seul ou des deux; dans cette « unité morte » la communication, qu'il s'agissait de fonder, s'abolit [1]. Interrompue, les adversaires s'éloignent l'un de l'autre et, dans la coexistence rétablie, recommencent les relations de mauvais voisinage qui, déjà, étaient à l'origine de la lutte [2]. Que l'un soit vainqueur, celui-ci, le Maître, ne détient pas la clef de la situation; pour lui, l'esclave n'est pas interlocuteur valable mais « conscience dépendante » [3]. Le maître ne peut donc montrer à personne cet universel qu'il estime avoir conquis dans le risque suprême. Plus grave encore, il ne peut à ses propres yeux et pour ses pairs demeurer, après l'épreuve, dans l'universel, « le sacrifice de l'être-là qui a eu lieu dans le service est bien complet quand il est allé jusqu'à la mort, mais le danger de mort soutenu auquel on survit laisse comme résidu un être-là déterminé... qui rend équivoque et suspect le conseil donné pour le bien universel »[4]. L'esclave semble seulement plus heureux : sous la discipline du maître il travaille et, en transformant l'objet, se forme lui-même.

Rien pourtant ne permet à l'esclave — en tant qu'esclave, c'est-à-dire vaincu — d'hériter de l'universalité de la lutte à mort. Le travail n'est pas universel en soi — tel quel, il ne mène qu'à ce que Marx nommera l' « idiotisme du métier », « l'entêtement » [5] brut du travail spécialisé et particulier. L'esclave s'est défini par le refus de mettre sa vie en jeu, il est resté un individu naturel, particulier, soit dans le monde de la culture « quelque chose d'impuissant et d'ineffectif »; il n'a pas su renoncer à soi « ... en ce monde, seul ce qui renonce à soi et, par conséquent, seul ce qui est universel gagne l'effectivité » [6]. Hegel prend soin de conclure la trop fameuse « dialectique » du maître et de l'esclave en soulignant qu'il faut autre chose que le travail pour que l'esclave s'affranchisse : il lui faut se tremper, non dans « quelque angoisse particulière », mais dans la « peur absolue », cette peur que le

---

1. *PhG.*, T. I, p. 160.
2. S.S., p. 460.
3. *PhG.*, T. I, p. 163.
4. *PhG.*, T. II, p. 68.
5. *PhG.*, T. I, p. 166.
6. *PhG.*, T. II, p. 56.

maître a affrontée et qui chez l'esclave est demeurée muette [1], parce que refoulée. L'esclave et le maître ne possèdent, chacun, qu'une moitié de la vérité, « il manque encore un moment, celui dans lequel le maître fait sur lui-même ce qu'il fait sur l'autre individu, et celui dans lequel l'esclave fait sur le maître ce qu'il fait sur soi » [2]. Deux moitiés de vérités font deux illusions.

Maître et esclave ne demeurent pas à la hauteur atteinte dans la lutte. Ils peuvent, en aparté, poursuivre leurs discours particuliers, ils sont retombés dans les rhétoriques équivoques, mûrs pour les « philosophies » de l'ambiguïté. Les imaginaires dialogues d'outre-tombe ou d'outre-combat sont condamnés aux monologues croisés de la maîtrise jouisseuse et de l'esclavage laborieux. Dans le risque de la mort seul, une conscience « se prouve de manière univoque » et touche à l'universalité du « Maître Absolu ». La lutte à mort n'est pas une étape, sa vérité n'est pas dans l'étape qui lui fait suite, même si cette succession s'agrémente du savant qualificatif de « dialectique ». La lutte à mort soutient — en elle-même — toute communication universelle, lieu unique où toute vérité se décide; hors d'elle rien [3].

3

Ce moment de l'universel, entre particuliers comme entre états trouve son apogée à dénouer et renouer la relation du particulier et de l'état, c'est l'instant de la révolution où la guerre s'empare de tout en devenant civile, tandis que les citoyens, luttant à mort, se prouvent égaux les uns aux autres et chacun à l'état tout entier : « Dans cette liberté absolue sont donc détruits tous les « états » (Stände)... la conscience singulière a supprimé ses barrières; son but est le but universel, son langage la loi universelle, son œuvre l'œuvre univer-selle [4]. »

La guerre est le principe de toute constitution, les mœurs organi-saient le pouvoir par-dessus la tête des individus; la révolution révèle à chaque citoyen, au prix de sa tête, le fondement de la société, de même que le duel dévoile la loi de tout combat restée secrète dans le meurtre et la vengeance : la liberté « est le principe suprême des temps modernes, principe que les anciens, que Platon lui-même ne connais-

---

1. En soi et non *pour* l'esclave, *PhG.*, T. I, p. 164.
2. *PhG.*, T. I, p. 163.
3. S.S. p. 467.
4. *PhG.*, T. II, p. 132.

saient pas. Dans l'antiquité, la belle vie publique était mœurs de tous, la Beauté faisait l'unité immédiate du général et du singulier, une œuvre d'art dont aucune partie ne pouvait exister isolée du tout, l'unité géniale du savoir de soi et de sa présentation. Mais l'intimité absolue, cet absolu savoir de soi de chaque individu singulier n'existait pas. La République platonicienne, comme l'état lacédémonien est l'évanouissement de l'individualité qui se sait elle-même. » Au contraire, dans l'état moderne, l'esprit de l'individu est libre, lavé « des déterminations immédiates de l'existence » et parvenu dans « le pur élément du savoir »[1]. Pour produire cette universalisation du citoyen, la révolution reproduit la lutte à mort.

Le point culminant de la Révolution est la terreur, « la mort la plus froide et la plus plate, sans plus de signification que de trancher une tête de chou ou d'engloutir une gorgée d'eau. C'est dans la platitude de cette syllabe sans expression que réside la sagesse du gouvernement, l'entendement de la volonté universelle, son accomplissement. »[2] De la guerre la terreur reprend la brutalité originelle, « mort privée de sens, pure terreur du négatif qui n'a en soi rien de positif ». Mais cette fureur dévastatrice découvre la rationalité suprême du duel des combattants, en cela : « absolu sans prédicat », « pure égalité avec soi-même de la volonté universelle ». Dans la Révolution, comme dans la guerre, les citoyens sont libres et égaux en droit *devant la mort :* « la *terreur* de la mort est l'intuition de cette essence négative de la liberté ». L'historien contestera cette interprétation de la terreur jacobine, s'il oublie que Hegel n'analyse pas le déroulement des événements mais le sens de ce déroulement; la Révolution découvre le fondement de la société parce qu'elle soumet celle-ci à l'épreuve de la guerre[3]. Le sens qui s'impose malgré eux aux acteurs, c'est la loi de leur « action réciproque »[4], le principe de la méfiance stratégique qui engendre l'ascension aux extrêmes, la lutte à mort comme démonstration nécessaire : « Etre suspect se substitue à être coupable[5]. »

1. R., T. II, p. 251.
2. *PhG.*, T. II, p. 136.
3. « Louis a combattu le peuple : il est vaincu. C'est un barbare, c'est un étranger prisonnier de guerre ». Saint-Just, *Rapport sur le jugement de Louis XVI,* 13 novembre 1792.
4. *PhG.*, T. II, p. 133. « La force des choses nous conduit peut-être à des résultats auxquels nous n'avons point pensé. » Saint-Just, 2 février 1794.
5. *PhG.*, T. II, p. 136, cf. Saint-Just : « On est passé, par rapport à la minorité rebelle, du mépris à la méfiance, de la défiance aux exemples, des exemples à la Terreur. » 26 février 1794.

La Révolution apporte ainsi au peuple entier la révélation qui fut longtemps l'apanage de la seule classe guerrière, que l'égalité dans la vie ne se fonde que sur l'égalité devant la mort. Devenue risque suprême, la politique s'universalise par la guerre civile, elle conquiert ainsi son principe absolu et son autonomie. En cet instant « tout fut possible » (Michelet). Cette universalité, la terreur, comme la guerre, ne la pose que par une nécessité logique, interne; son sens ne lui vient de nulle source extérieure, les révolutionnaires ne sont pas les marionnettes qu'un dieu manierait en égard à une Providence supra-terrestre (J. de Maistre), ils ne sont les jouets que de leur propre jeu, lequel est absolu [1]. C'est parce qu'elle met tout en jeu que la terreur confronte les citoyens à l'universel et inaugure la politique dans sa vérité : « Quand le couteau tombe sur Saint-Just et sur Robespierre, il n'atteint en quelque sorte personne. La vertu de Robespierre, la rigueur de Saint-Just ne sont rien d'autre que leur existence déjà supprimée, la présence anticipée de leur mort, la décision de laisser la liberté s'affirmer complètement en eux et nier, par son caractère universel, la réalité propre de leur vie. Peut-être font-ils régner la terreur. Mais la terreur qu'ils incarnent ne vient pas de la mort qu'ils donnent, mais de la mort qu'ils se donnent. Ils en portent les traits, ils pensent et décident avec la mort sur les épaules, et c'est pourquoi leur pensée est froide, implacable, elle a la liberté d'une tête coupée [2]. »

4

Naturelle, la guerre définit pour tout discours les interlocuteurs capables de le tenir. Sociale, elle constitue le présent sui-référentiel où le discours commun trouve son acte de naissance, se détache des circonstances contingentes et s'impose également à tous les interlocuteurs. Universelle, elle ouvre la possibilité d'un discours qui embrase tous les peuples, autant par la force des conflits que par le droit des

1. Cette négation dans la terreur « n'est pas *entité étrangère;* elle n'est ni la nécessité universelle, restant au-delà, dans laquelle le monde éthique [grec] décline, ni l'accident singulier de la possession privée ou du caprice du possesseur dont la conscience déchirée [chrétienne et bourgeoise] se voit dépendante, mais elle est la volonté universelle qui dans son ultime abstraction n'a plus rien de positif, et donc ne peut rien donner en échange du sacrifice; cependant c'est justement pour cela que la volonté universelle se fait immédiatement une avec la conscience de soi... ». *PhG.*, T. II, p. 139.
2. M. Blanchot, *La Part du Feu*, p. 322, 323.

159

révolutions. Ce discours sera sans appel; dans la guerre, la lutte à mort et la révolution, le champ de bataille est clos, hier et demain s'y décident aujourd'hui. La volonté est universelle parce qu'exclusive, « elle est le purement positif parce qu'elle est le purement négatif »[1]; la mort ne laisse rien hors du jeu. Toute vérité — et la vérité toute entière — se trouve et se prouve dans la lutte à mort qui est « preuve suprême ». Il n'y a pas d'après, pas de « dépassement », le Maître et l'Esclave, le travail et la jouissance ne se laissent pas comprendre hors la lutte à mort — non vice versa. Les logiciens, les sémanticiens définissent l'universalité du discours par sa non-contradiction, mais il n'est rien qui ne soit contradictoire hors la mort que tous peuvent affronter en même temps et sous le même angle. Seule, l'épreuve de la mort n'est équivoque ni duplice[2], seule elle peut centrer un discours dont l'universalité logique serait, sans cette référence, vide. L'universalité ne doit pas être recherchée dans un objet quelconque et le discours qui extérieurement (discours « constatatif ») en parle, elle est du discours (« performatif », « sui-référentiel ») qui se donne pour sa propre origine à partir de la négation violente de tout ce qui lui est extérieur. Cela, le guerrier le sent, le particulier le sait, la révolution et la littérature le disent : « A cet instant, la liberté prétend se réaliser sous la forme *immédiate* du *tout* est possible, tout peut se faire. Moment fabuleux, dont celui qui l'a connu ne peut tout à fait revenir, car il a connu l'histoire comme sa propre histoire et sa propre liberté comme la liberté universelle. Moments fabuleux en effet : en eux parle la fable, en eux la parole de la fable se fait action... L'action révolutionnaire est en tous points analogue à l'action telle que l'incarne la littérature : passage de rien à tout, affirmation de l'absolu comme événement et de chaque événement comme absolu[3] ».

1. *PhG.*, T. II, p. 139.
2. N.R., p. 368 (unzweideutigkeit).
3. M. Blanchot, *La Part du Feu*, p. 322.

IV. — JE, LA GUERRE, PENSE

Epiphanie du discours universel, la guerre devient, avec Hegel, ce « fondement absolu et inébranlable » que la conscience solitaire croyait atteindre dans le cogito cartésien. Nous nous faisons la guerre donc nous sommes, mais aussi bien : nous sommes universels. Deux êtres conscients se rencontrent donc ils se battent, donc ils se mettent en doute, donc ils pensent. La guerre est un cogito à deux.

La philosophie semble hériter de la puissance unificatrice de la guerre[1]. Mais la filiation est plus étroite qui introduit l'activité uni-

---

1. Différence, p. 88 : « lorsque la puissance d'unification disparaît de la vie des hommes, et que les oppositions, ayant perdu leur vivante relation et leur action réciproque, ont acquis leur indépendance, alors naît le besoin de la philosophie »... mais « le but cherché, il est déjà présent; sans quoi, comment pourrait-on le chercher ? » (89) Si la philosophie paraît succéder à la guerre, en profondeur elles sont contemporaines et se définissent en face du même absolu.

verselle de la pensée par et dans la guerre même. C'est son propre effort que la pensée découvre dans l'ascension de la lutte à mort « mouvement de l'abstraction absolue... qui consiste à extirper de soi tout être immédiat et à être seulement le pur être négatif de la conscience égale à elle-même »[1]. Au terme de ce mouvement la conscience se découvre « soi-même comme pure abstraction (mort) ou pur « savoir » [2]. Non pas l'un ou l'autre, mais la mort, puissance absolue », *est* le savoir.

La mort est la pureté du savoir, c'est en elle que la conscience fait son cogito : « la pure individualité, qui se trouve dans la mort, est son propre contraire, l'universel » [3]. C'est par la « capacité de la mort » (Fähigkeit des Todes) que l'animal s'affirme conscience, esprit, ou, s'il y tient, homme, bien que le terme n'appartienne pas à la langue conceptuelle de la Phénoménologie de l'Esprit [4]. L'Esprit n'est pas l'animalité *plus* la conscience de la mort; de même qu'il n'y a rien avant et après la guerre, de même la mort n'est pas précédée par l'animalité du désir et suivie par l'esprit cultivé; la succession des images pédagogiques ne livre pas son secret au niveau de cette succession. Il y a une mort animale, « la négation naturelle » [5] qui ne spiritualise pas l'animal mais le tue tout simplement : lorsque l'animal est, la mort n'est pas, lorsque la mort est, l'animal n'est plus. Au contraire s'il est une mort qui est la vie de l'esprit, c'est que l'esprit et la mort sont en même temps; ce temps unique du cogito est celui du risque, du danger et de la terreur; l'esprit est la mort différée [6].

Plus encore, le savoir n'est que le savoir de la mort. La mort est le « négatif absolu » qui fait chanceler tout savoir et toute certitude et par là introduit, comme le doute cartésien, au savoir authentique. La montée aux extrêmes, dans laquelle logiquement tout conflit devient lutte à mort, glisse dans la conscience une méfiance qui est racine véritable de la pensée : « le scepticisme est la face libre de toute vraie philosophie... il forme avec elle l'unité la plus intime », c'est « l'indifférence de l'esprit, où tout ce qui est perçu ou compris est rendu vacil-

1. *PhG.*, T. I, p. 158.
2. R., T. II, p. 226.
3. N.R., p. 367.
4. 160 ans plus tard, Michel Foucault trouvera en ce terme l'origine de tous les vices des sciences dites humaines et annoncera cette mort de l'homme par quoi précisément la Phénoménologie de l'Esprit inaugure son discours.
5. *PhG.*, T. I, p. 160.
6. La mort n'est jamais « dépassée », la mort est dépassement et conservation de soi (il n'y a pas de Aufhebung de la mort, puisqu'elle est principe de toute Aufhebung : N.R., p. 368).

lant et dans ce vacillement de toutes choses finies, comme l'ombre suit les corps, s'introduit l'ataraxie produite par la raison »[1]. Le scepticisme n'est que le mouvement par lequel la pensée prolonge l'ombre portée de la mort, il réussit là où le Maître et l'Esclave échouaient tous deux, parce qu'il emprunte à la lutte à mort le secret de sa puissance : « si le désir et le travail ne pouvaient pas conduire à son terme la négation pour la conscience de soi, cette attitude polémique... sera au contraire couronnée de succès »[2]. Découvrant comme ataraxie, « négativité pure ou pure subjectivité » ce « point d'indifférence » où la mort installe l'égalité suprême entre les choses et les êtres, le scepticisme est au principe de toute pensée : « l'apathie des stoïciens, et l'indifférence des philosophes en général doit être perçue dans cette ataraxie »[3]. Le scepticisme est la « pensée en acte », raison belliqueuse qui en toute pensée fait sa loi de la montée aux extrêmes intitulée alors « *la dialectique,* comme mouvement négatif »[4]. Dubito, ou le rapport de deux consciences qui se méfient à mort : « pensée parfaite anéantissant l'être du monde ».

Le cogito ne suit ni ne précède le dubito, il n'en est que le revers; la pensée qui s'attaque au monde sous-entend la certitude de soi, la pensée qui se saisit elle-même implique la négation de tout ce qui lui est étranger. Hegel désigne en ce qui fut historiquement le stoïcisme le moment propre à toute pensée où « le concept est immédiatement, pour moi, concept mien : dans la pensée, *moi* je suis *libre,* puisque je ne suis pas dans un autre ... » Si le stoïcisme n'est pas une attitude belliqueuse c'est qu'il naît au point de calme plat qui règne au cœur des tempêtes, il emprunte à la mort son impassibilité, « la liberté de la conscience de soi est *indifférente* à l'égard de l'être-là naturel ... » Comme le sceptique, le stoïcien pense plus loin que le maître et plus profond que l'esclave : « cette conscience se comporte donc négativement à l'égard de la relation domination-servitude; son opération n'est pas celle du maître qui trouve sa vérité dans l'esclave, ni celle de l'esclave qui trouve sa vérité dans la volonté du maître... mais son opération propre est d'être libre, sur le trône comme dans les chaînes »[5]. Si le stoïcien se découvre par-delà la « dialectique du maître et de l'esclave », c'est qu'il a su retourner en deçà de ce cul-de-sac intellectuel; il revendique l'égalité dans le risque qu'instaure la

---

1. *Verhältniss., des Skepticimus zur Philosophie,* 1802, éd. Glokner, p. 226-228, 241.
2. *PhG.,* T. I, p. 175.
3. *Verhältniss,* p. 245.
4. *PhG.,* T. I, p. 173.
5. *PhG.,* T. 1, p. 169.

lutte à mort et son *impassibilité* spécifique, « cet esprit mort est une *égalité* dans laquelle *tous* valent comme *chacun* » [1].

Stoïcisme et scepticisme sont le sillage d'un même mouvement de la pensée, je doute donc je pense, mais aussi bien je pense donc je doute. Tous deux trouvent leur suprême référence en la mort et leur dualité complémentaire ne fait que répéter l'unité à double face que le combat confère à celle-ci ; elle s'y révèle différence absolue, chaque adversaire jouant sa vie pour prouver son indépendance radicale, mais elle s'affirme en même temps indifférence suprême où les combattants, lavés de toute particularité, deviennent permutables et par là universels. Dans la pensée comme dans la guerre, c'est toujours la mort qui fait son cogito.

Hegel n'est ni stoïcien, ni sceptique, parce qu'il est les deux à la fois et se donne pour tâche de penser dans un même temps, derrière ces deux figures de l'esprit, le double profil de la mort. L'esprit pense la mort, il est lui-même la mort qui pense. Il arrache à l'existence l'objet de ses pensées, l'analyse in vitro, le découpe et le tue : l'esprit est entendement, « l'activité de diviser est la force et le travail de l'*entendement*, de la puissance la plus merveilleuse et la plus grande, ou plutôt, de la puissance absolue ». Mais l'entendement n'est rien que la mise en jeu suprême qui confronte tout au Maître absolu, « la mort... est la chose la plus redoutable et soutenir ce qui est mort est ce qui exige la plus grande force ». La lutte à mort et la pensée sont une seule et même chose.

La guerre dans sa brutalité originelle introduisait la « destruction sans but », la dévastation (Verwüstung), la fureur (Wut) [2]. Depuis Gengis Khan, elle a multiplié ses formes sans rien perdre de sa brutalité, elle s'est faite moderne dans la fumée de la poudre, civile dans la terreur, individuelle dans la lutte à mort.

Un penseur, toujours, remue ses idées en un lieu privilégié ; Héraclite, dit-on, au coin d'une cheminée, Descartes dans une chambre nommée poêle, Leibniz sous les feuillages d'une cour princière. C'est dans la dévastation dont la guerre soutient l'empire que Hegel affiche *ici on pense :* « ce n'est pas la vie qui recule d'horreur devant la mort et se préserve pure de toute dévastation (Verwüstung), mais la vie qui supporte la mort et se maintient en elle qui est la vie de l'esprit ».

Pour le penseur tout n'est qu'un champ de bataille qu'il ne faut pas quitter des yeux, « l'apparition est le mouvement de naître et de

1. *PhG.*, T. II, p. 44.
2. S.S., p. 450, 451.

164

périr qui lui-même ne naît ni ne périt, mais se tient en lui-même et constitue la réalité effective, le mouvement de la vérité qui vit ». La méditation calme sait reconnaître en un champ de bataille une fête de la pensée : « le vrai est ainsi le délire bacchique, dans lequel il n'est aucun membre qui ne soit ivre, et pour ce qu'il dissout aussitôt chaque membre qui se particularise, il est aussi bien le repos translucide et simple ».

A qui sait l'entendre, Hegel annonce ici[1] que la guerre a dominé le monde, que cette domination est celle de l'esprit.

---

1. *Préface à la Phénoménologie de l'Esprit.* Les quatre paragraphes qui précèdent citent ce texte dans la traduction de Jean Hyppolite (Aubier).

V. – LA CONVERSION

Si le cogito est la vérité première du discours philosophique, il est aussi l'exemple de toute vérité ; un examen second peut découvrir en lui la preuve de l'existence de Dieu qui achève le discours en lui faisant toucher les vérités éternelles. De même le discours né de la guerre ne peut devenir définitif qu'en terminant la guerre, toutefois, sous peine de se renier, il ne trouve sa paix que dans la guerre, fondement de son universalité. D'où la tentative qui fait l'originalité de la pensée hégélienne de chercher en la guerre la solution à la guerre. Les stratèges contemporains qui définissent notre époque comme celle de la paix par la terreur sont ici pensés par avance. La « conversion » hégélienne du discours de la guerre [1] ouvre au penseur la possibilité d'écrire la

1. L'esprit est puissance absolue « seulement quand il regarde le négatif en face et séjourne en lui. Ce séjour est le pouvoir magique qui convertit (umkehrt) le négatif en être ». Préface de *PhG*.

166

« Phénoménologie de l'Esprit ». Elle introduit, dans l'analyse même de la guerre, une coupure et des retournements précis.

1

Matrice de toute communication, la guerre met les combattants au tourniquet de l'égalité devant la mort et les force à se voler réciproquement le secret de leurs armes. Les ennemis s'imitent nécessairement et les rôles s'échangent. Mais si l'esprit d'un peuple accueille, détruit ou domine l'esprit d'un autre peuple, rien, là, n'introduit encore l'histoire universelle. Avant la Phénoménologie, Hegel pointait en l'esprit d'un peuple la référence suprême [1]. La Phénoménologie prononce le discours de l'histoire et de l'esprit universels; la vérité invoque l'esprit du monde (Weltgeist) qui prend le pas sur l'esprit du peuple (Volksgeist). La guerre ne se définit plus comme machine à traduire universelle, simple transcription de la langue d'un peuple en celle d'un autre — elle devient la langue universelle même.

L'universalité négative de la guerre n'est autre que la « dialectique négative » du scepticisme, en elle les peuples échangent leurs particularités. Pour que cet échange signifie plus que l'éternel retour des particularités, donc des guerres, pour que les peuples s'élèvent à une commune universalité, il faut qu'ils puissent découvrir en ce qui les oppose à mort le principe d'une vie commune, le fondement positif de mœurs nouvelles, une sagesse. Le cogito du stoïcisme et la réalité politique que Hegel lui fait correspondre, sont la première esquisse d'une telle solution. Alexandre, puis l'Empire romain mettent fin à la lutte à mort des cités grecques. L'empire n'est pas simple règne du plus fort, il trouve sa force en garantissant « l'état de droit », comme le stoïcisme il se comporte négativement à l'égard de la relation domination-servitude, instaurant l'universalité du droit romain il met fin à la lutte à mort des individus. Pourtant, si la « paix par l'empire » est bien la solution finale que prétend déduire Hegel, elle n'est dans l'antiquité qu'esquissée; la guerre insuffisamment domestiquée par Rome détruira Rome de l'intérieur : la toute-puissance qui garantissait le droit, l'empereur, n'était que la puissance

---

1. « En ce qui concerne l'éthique des mœurs (Sittlichkeit) la vérité se trouve dans les mots des anciens les plus sages, être éthique (sittlich) c'est vivre conformément aux mœurs (Sitte) de sa patrie; en ce qui concerne l'éducation, il faut la chercher dans la réponse que fit le pythagoricien à qui l'on demandait quel était la meilleure éducation à donner à son fils : « lui enseigner à devenir le citoyen d'un peuple bien constitué. » N.R., p. 392.

négative, « l'opération de dévaster » [1]. La guerre qui domestique la guerre n'était pas encore elle-même domestiquée.

De nouveau l'Empire se profile à l'horizon d'une autre guerre. La Révolution française se termine par le même phénomène de « conversion » qui trouve en la guerre le principe de la paix : « la mort sans signification... se renverse dans l'absolue positivité » [2]. Les citoyens terrorisés par la terreur s'assagissent, les classes et les collectivités qui « ont ressenti la crainte de leur maître absolu, la mort, se prêtent encore une fois à la négation et à la différence, s'ordonnent... reviennent à une œuvre fractionnée et bornée » [3]. Ainsi s'explique le retour à la différence des gouvernants et des gouvernés, mais pourquoi la révolution, qui proclame leur indifférence, ne reviendrait-elle pas aussi ? « l'esprit devrait parcourir ce cycle de la nécessité et le répéter sans cesse ». Hegel rejette l'hypothèse et affirme : puisque la lutte et la terreur sont totales, la solution sera définitive. De même que l'Empire romain surgit de l'affrontement sans fin des cités grecques, le gouvernement napoléonien et le code civil tirent leur autorité de la radicalité de la révolution qui les a précédé.

Un ordre naît de la guerre, tant intérieure qu'extérieure, il ne peut naître que d'elle. Le discours de la guerre acquiert, alors, un second souffle, devient sagesse positive. Le théâtre abstrait de la lutte à mort implique la même conversion.

2

La lutte à mort est nécessaire, mais comment se résout-elle ? La victoire de l'un et la défaite de l'autre n'en sont pas l'issue véritable, ni l'esclave, ni le maître ne détiennent, nous l'avons vu, la solution. La simple interruption ne supprime pas non plus l'hostilité originelle : comme la guerre et la révolution, la lutte à mort semble nécessiter son éternel retour. En ce cas, la mort serait universelle mais non la vie des peuples ou des individus voués à la dispersion et au conflit renouvelé. Ce fut l'opinion momentanée de Hegel : la lutte pour la reconnaissance n'a pas de solution, « elle contient immédiatement en elle-même une contradiction absolue » [4]. D'anciens adversaires ne se coalisent que pour affronter un ennemi plus fort et la grandeur nouvelle des états doit accroître l'amplitude des guerres. Cependant,

1. *PhG.*, T. II, p. 48.
2. *PhG.*, II, p. 139.
3. *PhG.*, p. 138.
4. I.P., p. 228.

des textes plus tardifs, presque contemporains de la Phénoménologie, esquissent une solution où nous retrouvons la conversion du discours hégélien : pour la conscience en lutte, « il apparaît qu'elle a pour but la *mort* d'un autre, mais elle a pour but sa propre mort, elle est suicide dans la mesure où elle s'expose au danger »[1]. La possibilité d'une mort partagée est le principe d'un commun discours pour autant que la lutte à mort est assimilable à un double suicide.

La conversion hégélienne fait surgir la paix de la guerre sans présupposer quelque autre vérité morale ou religieuse. Elle opère, pourtant, au moyen de deux postulats :

1) le risque (pensé) est équivalent au combat (réel);

2) cette équivalence peut être dite dans un discours commun aux deux adversaires.

Le premier postulat résume l'essence de la guerre, si le risque est l'équivalent du combat c'est que la lutte à mort est à l'horizon de toute pensée comme son ultime et irréductible possibilité — l'esclavage n'est qu'une trêve illusoire puisque celui qui pense, et qui pense que l'autre pense, sait que la lutte peut reprendre à tout moment. Le second postulat met en cause l'essence de la pensée et du langage. Un discours existe commun à des adversaires potentiels, Hegel en reconnaît la trace dans le droit romain, le code civil et les constitutions; il lui appartiendra de prétendre démontrer philosophiquement que ce discours est unique, qu'il peut être achevé définitivement, et embrasse totalement chaque création de l'esprit, la culture et la religion aussi bien que la politique. Ainsi sera définie la solution de la lutte à mort, non seulement en ce que le droit posera les règles univoques de la coexistence des consciences, mais aussi pour ce que la religion et la culture respecteront ce droit sans le troubler par la croisade ou l'ironie anarchique. Soit, à démontrer, que tout sens a pour fondement la possibilité de la mort du sens.

La possibilité de la guerre absolue et la nécessité de l'essence de la pensée doivent ainsi concourir pour fonder la coexistence des discours et le discours de cette coexistence.

---

1. R., T. II, p. 211. Kojève a nettement marqué cette coupure : « Ainsi Hegel maintient et renforce dans la *PhG.* l'idée fondamentale des conférences de 1803-04 où il assimile l'auto-création de l'homme à l'actualisation de la mort. Mais il abandonne le paradoxe qu'il avait d'abord soutenu. Certes il continue à dire que la mort signifie pour l'homme son anéantissement total et définitif... mais il ne dit plus que la *réalisation* de l'homme ne peut s'accomplir entièrement que dans la *mort* effective, il dit expressément que le seul *risque* de la vie suffit pour réaliser l'être humain. » Introduction, p. 568.

VI. – SAGESSE DE GUERRE

L'analyse hégélienne atteint l'essence de la guerre, elle réunit les caractères de la guerre moderne qu'une simple description stratégique présente à l'état dispersé. La guerre est impersonnelle, technique, mais aussi bien affirmation de la plus individuelle liberté, subversion et révolution. Hegel propose de chercher la raison de cette unité dans la guerre elle-même qui, des grandes invasions à l'affrontement des états et au terrorisme révolutionnaire, ne fait que développer sa logique propre : elle monte aux extrêmes tant par la puissance des armes que par l'organisation et l'individualisation croissante des combattants. La bombe atomique et le partisan ne font qu'accomplir ce mouvement par lequel la guerre se purifie en coïncidant avec sa propre essence, où Hegel désigne « la puissance absolue du négatif ».

1

La guerre n'est l'origine de l'histoire universelle qu'au prix d'un dédoublement et d'une conversion. La sagesse négative qui creuse, en toute paix, « l'inquiétude absolue » de la lutte future, est relayée par une sagesse positive qui fonde sur le risque absolu de la guerre la solution absolue des conflits. La double fonction de la mort, qui oppose les combattants dans leur différence extrême et les égalise dans l'indifférence suprême, paraît déterminer une double nature de la guerre et introduire la duplicité dans le discours qu'elle fonde. Il y aurait alors la dialectique négative et sceptique de l'opposition et — par ailleurs — la dialectique positive, stoïcienne, de la solution. Entre les deux, le trait d'union d'un « si vis pacem para bellum » ne ferait qu'énoncer le malheur d'un discours ventriloque, l'épée et le rameau d'olivier seraient brandis tour à tour par un animal stupide dont la main droite ignore ce que la gauche fait.

Ces deux vérités ne se laissent cependant pas séparer. Si la guerre est nécessaire c'est parce qu'elle constitue la preuve ultime que deux esprits se donnent de leur liberté; qui dit preuve suppose administration de la preuve, c'est-à-dire solution. Dès l'origine, la sagesse positive de la guerre anime sa sagesse négative, on ne fait la guerre que parce qu'on pense pouvoir la terminer, le combattant doit croire en la victoire, ou plus exactement croire que cette victoire abrite une solution « finale ». Mais, hors la mort, la victoire n'est pas déterminable, il n'y a jamais eu de victoire purement matérielle, l'impasse est totale pour le maître et l'esclave qui se croient vainqueur ou vaincu et prétendent vivre en conséquence. Autrement dit, ce n'est pas la victoire qui définit la solution, mais la solution qui définit la victoire. Alexandre est élève des philosophes, il ne s'impose aux cités grecques que parce qu'il leur propose une paix où la vérité pour laquelle elles luttaient se trouve recueillie. Ainsi dans les limites de l'état même, Thésée et provisoirement Robespierre : « leur puissance n'est pas despotisme mais tyrannie... la violence que le tyran exerce est la violence de la loi en soi. Par le trûchement de l'obéissance, la loi n'est plus une violence étrangère mais volonté générale consciente [1] .» La victoire n'est que le règne de celui par qui la solution arrive, la violence tyrannique des héros et des empires est force de loi.

La guerre est un discours unique qui ne commence, dans sa fureur extrême, que pour se terminer. Sa solution ne fait intervenir nulle vérité qui lui soit extérieure, elle postule seulement la possibilité de dire la guerre, afin de se maintenir en elle dans un ordre né de la menace réciproque et de la terreur absolue. Les lois, la sagesse, ne s'imposent à tous qu'en instituant l'égalité que la mort prescrit; garantissant l'équivalence du risque pensé et de la mort réalisée, la lutte à mort devient alors le suicide collectif en l'horizon duquel la société pense son unité.

Il convient de démontrer que seule *une* solution est possible — sinon la guerre des solutions s'installe. Le discours qui prend dans la guerre sa référence doit atteindre une vérité unique. L'histoire universelle est l'histoire de l'approfondissement, étape par étape, de cette seule solution de même qu'elle est l'histoire d'une même guerre, toujours plus proche de sa propre essence.

La seconde lecture du même procès identifie parfaitement l'essence du discours et l'essence de la guerre. La guerre s'est déjà révélée condition de possibilité et référence universelle de toute communication : je fais la guerre donc c'est moi qui parle et je parle, à toi, mon adversaire; dans la lutte nous tenons parole. La Phénoménologie de l'Esprit introduit, partant cette fois de l'essence du langage, la réciproque : je parle donc je fais la guerre, il n'est de parole que de la guerre; la parole *tient* la guerre et la guerre se contient, voire se cantonne, dans la parole.

2

Cette « solution » n'est pas purement spéculative. Hegel pense l'avoir sous les yeux. Lorsque, le 18 septembre 1806, ayant presque fini de rédiger la Phénoménologie, il termine son cours, il dit : « Voici, Messieurs, la philosophie spéculative, au point où je suis parvenu à la développer. Que ce soit pour vous le commencement de l'activité philosophique, vous aurez à la prolonger. Nous nous trouvons à une époque cruciale, tout fermente, l'esprit a fait un bond, il s'est dégagé de sa forme précédente et prend une figure nouvelle. Tout l'ensemble des représentations antérieures, des concepts, tous les liens qui assemblent le monde sont dissous et s'effondrent pareils à un songe. Un nouveau surgissement de l'esprit se prépare. La philosophie doit accueillir son apparition et la saluer quand d'autres, dans leur impuissance, prétendent lui résister et restent collés au passé, quand le plus grand nombre participe à son apparition et lui donne son volume —

1. R., T. II, p. 246-247.

mais sans le savoir. La philosophie au contraire, le reconnaissant comme l'Eternel, lui doit rendre hommage [1]. » Cette forme neuve de l'éternelle solution instaurée par la guerre, Hegel la précise dans une lettre, au lendemain de la bataille d'Iéna : « J'ai vu l'Empereur, cette âme du monde (...) c'est effectivement une impression merveilleuse de voir un pareil individu qui, concentré ici sur un point, assis sur un cheval, s'étend sur le monde et le domine [2]. »

Le philosophe, à sa fenêtre, ne se laisse pas griser par l'odeur de la poudre, il n'est pas victime d'un mirage ni bonapartiste. Napoléon incarne à ce jour la réponse éternelle du discours de la guerre : la paix par l'empire; empire de la force parce qu'empire de la raison et seul véritable empire de la liberté. Napoléon perfectionne le droit romain dans le code civil, transforme l'arbitraire absolu d'Auguste ou de Néron en une organisation rationnelle et bureaucratique, l'administration française; il doit dominer le monde comme il a maîtrisé la France, instaurant par la force la coexistence des nations et des individus, il ne retourne pas à la dictature de la pax romana, mais introduit la tyrannie fondée en raison de l'empire moderne.

3

Napoléon meurt, mais il n'était que le support épisodique d'un argument que la Phénoménologie développe en sa rigueur entière. A la fin de sa vie, Hegel note que l'histoire n'a pas encore atteint son terme; la solution reste l'empire, mais il découvre d'autres acteurs prêts pour l'entrée en scène. Premier sur la liste, l'Amérique est « le pays de l'avenir où se révèlera plus tard, dans l'antagonisme de l'Amérique du Nord avec, peut-on supposer, l'Amérique du Sud, l'élément important de l'histoire universelle; c'est un pays de rêve pour tous ceux que lasse le magasin d'armes historiques de la vieille Europe. On rapporte ce mot attribué à Napoléon : « cette vieille Europe m'ennuie ». L'Amérique doit se séparer du sol sur lequel s'est passée jusqu'ici l'histoire universelle [3]. » L'autre acteur, c'est la « grande

---

1. Hoffmeister, p. 352.
2. *Correspondance*, T. I, p. 115 (13 octobre 1806).
3. *Philosophie de l'Histoire*, Introduction, p. 71. Pareillement : « Veut-on se faire une idée de ce que pourront être les épopées de l'avenir, on n'a qu'à penser à la victoire possible du rationalisme américain, vivant et universel, sur les peuples européens qui poussent à l'infini la passion de tout mesurer et de se particulariser. En Europe, en effet, chaque peuple est aujourd'hui limité par tous les autres

masse » des Slaves qui « jusqu'alors ne s'est pas présentée dans le monde comme facteur autonome... Il ne nous importe pas ici de dire si cela arrivera par la suite car en histoire nous avons affaire au passé [1]. » Hegel fixe ses regards sur la Russie — « elle n'est pas encore intervenue historiquement dans le procès de la culture européenne » — et dans sa correspondance privée précise son attente [2].

Du jeu dont les stratèges entendent aujourd'hui faire la théorie, Hegel ne définit pas seulement les armes — de plus en plus impersonnelles et absolues —, il dénombre les joueurs principaux et révèle l'enjeu : l'empire du monde. Pas de « preuve par l'histoire », pas de prophétie. Peut-être, simplement, le discours hégélien a-t-il été effectivement *tenu*; ce que le penseur énonçait explicitement et rigoureusement, mais difficilement, les grandes puissances semblent le penser silencieusement; ainsi, « suicide atomique », paix dans « l'équilibre de la terreur », « intégration » des nations en vue de leur défense, mais aussi bien « escalade » de la lutte à mort et « maîtrise des armements » dans cette lutte, tous les concepts essentiels des stratèges contemporains ne sont que les fragments épars du grand discours hégélien.

et ne peut tout seul entreprendre aucune guerre contre d'autres peuples européens; si l'on veut s'évader de la prison européenne, ce ne peut être que dans la direction de l'Amérique. » *Esthétique*, T. III, 2ᵉ partie, p. 114.

1. *Philosophie de l'Histoire*, p. 271.

2. A Uexküll : « Vous êtes si heureux d'avoir une partie qui tient une si grande place dans l'histoire du monde et qui, sans aucun doute, a une destination bien plus haute encore. Il pourrait sembler que les autres états modernes aient déjà atteint plus ou moins le terme de leur évolution... La Russie en revanche — peut-être la plus forte parmi les puissances — porte en son sein une énorme possibilité de développement... » (1821). *Correspondance*, T. II, p. 260.

LA REPRÉSENTATION
DE LA GUERRE

Toutes les guerres véritables — tant civiles qu'internationales — manifestent la même logique extrémiste qui, poursuivie jusqu'à son terme, aboutit au suicide commun des deux adversaires ; s'il est une « solution », elle sera identique pour toutes. Il semble qu'il suffise de regarder la guerre en face, de la considérer dans sa logique pure et ne voir qu'elle pour trouver le fondement d'un accord dans le refus commun du suicide. De quoi parlent deux adversaires qui veulent nouer des relations pacifiées, sinon de la guerre, de celle qu'ils prétendent limiter ou interrompre, de celle qu'ils désirent esquiver. S'ils sont rationnels, ils doivent devenir raisonnables, s'ils pèsent l'égalité du danger qui les menace, ils doivent s'accorder sur la nécessité égale de l'éviter.

Il semble qu'à moins de folie l'influence modératrice de la politique prendra le pas sur la méfiance stratégique. Les adversaires s'opposent directement en matière d'armements, la force de l'un fait la faiblesse de l'autre, mais la contradiction n'est pas nécessaire dans les fins que poursuit chacun pour son compte. Utilisant la distinction faite par Clausewitz, le politique assurerait la coexistence des fins positives de chacun (Zweck) en neutralisant la polarité contradictoire des objectifs stratégiques (Ziel). Simplement la leçon clausewitzienne est modifiée en ce que l'équilibre stratégique ne serait plus celui, rationnel, des forces, mais celui, raisonnable, de la terreur et de la communauté du risque.

Cette substitution ne s'introduit pas dans le seul univers mental des stratèges de la guerre et de la paix nucléaires. Hegel la montre déjà présente dans la tragédie grecque et il en examinera le mécanisme logique dans la théorie de la lutte à mort. Pour conclure à son insuffisance : les Grecs périssent *dans* la tragédie, la Grèce meurt *de* la tragédie.

Le politique raisonnable a voulu faire sa part à la guerre, il ne l'a pas faite assez grande. Lui-même s'est situé, avec sa prudence et sa raison, hors d'elle. Il a cru pouvoir abandonner à la guerre la stratégie des moyens pour se réserver le choix des fins ultimes, sa foi. Mais la guerre « trouble ce ménage » de même que les « lumières » de la raison ont dissout la conscience chrétienne « en introduisant dans le royaume de la foi... les ustensiles du monde de l'en-deçà » [1]. Si la prudence politique est nécessaire, la méfiance stratégique ne l'est pas moins, la tragédie naît quand on veut fixer leurs limites réciproques.

Le politique pèse justement le risque que la guerre comporte, mais il le juge comme de l'extérieur et pense que son discours échappe à la logique de la guerre. Cette extériorité, Hegel la désigne comme l'univers de la « représentation ». Le politique raisonnable nous représente le risque, c'est un spectateur qui s'adresse à d'autres spectateurs. Mais la guerre véritable se déroule dans la salle, le politique devra apprendre que la guerre n'est pas ce dont on parle, elle est ce qui, en lui, parle.

1. *PhG.*, T. II, p. 53.

I. – LA TRAGÉDIE

La tragédie est le sérieux de la politique [1]. Ce que révèle la tragédie par excellence, *Antigone* de Sophocle.

Etéocle et Polynice meurent de s'affronter. Ils font lever avant la représentation et au-dessus d'elle l'image de l'inquiétant, tournoiement de violence à partir de quoi chaque personnage doit définir sa sagesse ; un seul mot grec désigne le lieu virtuel où tous les regards se croisent : le δεινόν.

1. Hegel partage cette certitude avec Hölderlin dès le séminaire de Tübingen. Elle ne l'abandonnera plus : « Lorsque jadis Napoléon s'entretint avec Gœthe sur la nature de la tragédie, il émit l'opinion que la tragédie moderne se distinguait de l'ancienne essentiellement en ceci que nous n'avions plus la destinée sous laquelle les hommes succombaient et que la politique avait pris la place de l'antique destin. On devait donc, dans la tragédie, se servir de la politique en tant que moderne destinée, puissance irrésistible des circonstances à laquelle l'individualité avait à se plier. » *Philosophie de l'histoire*, p. 215.

177

L'œil qui le fixe n'en réfléchit jamais qu'une des nombreuses faces, le δεινόν se multiplie dans les actions, les traductions le monnaieront, c'est le « risque », la « merveille », le « terrible ». A la fin nous saurons que la mort des deux frères n'a fait qu'attendre Antigone et Créon (son sang : Hémon), elle n'était pas mauvais exemple mais présage funeste : « la victoire de l'une des forces, d'un caractère, et la défaite de l'autre serait donc seulement quelque chose d'incomplet et l'œuvre serait inachevée, elle qui sans trêve avance vers l'équilibre des deux. C'est seulement dans l'égale soumission des deux côtés que le droit absolu est accompli et que surgit... la puissance négative qui engloutit les deux côtés, le destin tout puissant et juste [1]. » Le lieu du δεινὸν n'est pas irréel, il ne précède pas la représentation, il est la tragédie elle-même; de la vouloir éviter, on l'instaure :

« Multiple est l'inquiétant, rien pourtant ne s'élève plus inquiétant que l'homme... [2] »

1. *Les frères ennemis.*

> « Les deux infortunés issus du même père et de la même mère, qui ont l'un contre l'autre levé leurs lances triomphantes et obtenu part égale du trépas qui les a frappé ensemble [3] »

Nous ignorons presque tout des frères, hors leur égalité stratégique. Ce ne sont pas de « caractères », mais deux reflets où se figure la pure logique de la montée aux extrêmes à l'ombre de laquelle se joue la

---

1. *PhG.*, T. II, p. 38.
2. *Antigone*, v. 332, 333. « D'un côté δεινόν désigne l'effrayant, le terrible... qui provoque aussi bien la terreur panique, la véritable angoisse, que la crainte recueillie, équilibrée, secrète (...). Mais d'un autre côté δεινόν signifie le violent conçu comme celui qui emploie la violence, qui non seulement en dispose mais est faisant-violence, parce que l'usage de la violence est le trait fondamental non seulement de son faire, mais bien de son être-là. Nous donnons ici au mot Gewalt-tätigkeit, « activité-de-violence », le sens qu'il a selon l'essence et qui dépasse sa signification usuelle selon laquelle il veut dire le plus souvent : brutalité et arbitraire. La violence est alors considérée dans le domaine où la convention de compensation et d'assistance mutuelle donne le critère de l'être-là, et où par suite toute violence est nécessairement dépréciée comme n'étant que perturbation et violation. » Heidegger, *Introduction à la Métaphysique*, td. Kahn, éd. *P.U.F.*, p. 163.
3. *Antigone*, v. 141.

tragédie. Même puissance, même but, même ardeur, il suffit ; la méfiance stratégique s'installe et le duel suit. La situation est si évidente qu'il n'est plus nécessaire de la représenter ; si l'un avait un droit moral au pouvoir, l'autre avait celui de défendre sa vie, le premier devait défendre le pouvoir qu'il détenait à peine ; tous deux prévoyaient, l'un que l'autre nourrissait peut-être des ambitions séditieuses, l'autre que le premier pouvait se méfier de lui et vouloir supprimer la cause de son inquiétude ; personne n'a commencé, chacun agit préventivement, ou même, persuadé que l'autre agit déjà, « préemptivement » comme disent les stratèges nucléaires : « leur égalité de droit au pouvoir les brise tous deux » [2].

Ici, commence la pensée, c'est-à-dire la tragédie. Etéocle et Polynice n'ont pas parlé, aveugles, ils avaient oublié la cause de leur acharnement : leur fraternité [1]. Dans la parole elle devient manifeste, Antigone et Créon sont encore deux adversaires, mais ils se situent et situent l'autre dans cette communauté de langue et de mœurs (la substance éthique, « l'esprit d'un peuple ») dont se sont exclus les deux frères. Il semble désormais que deux valeurs opposées règlent les rapports des personnages. L'une, toute de méfiance, les apparente aux frères, Créon l'énonce, mais elle gouverne aussi bien l'inflexibilité d'Antigone :

« Désormais, ce n'est plus moi, mais c'est elle qui est l'homme, si elle doit s'assurer impunément un tel triomphe [2]. »

L'autre éclaire leur fraternité : une piété commune. Antigone, dans le culte des morts, invoque les dieux de la nuit, tandis que Créon sacrifie aux divinités du jour, dieux politiques dont la cité est l'autel. La tragédie se déroule dans un double éclairage, où l'ombre de la lutte à mort est balancée par la lumière qui descend de l'Olympe : « les dieux sont les beaux individus éternels qui, dans leur existence

---

2. *PhG.*, T. II, p. 39.

1. « Que les deux grands d'un système international soient frères en même temps qu'ennemis, l'idée devrait passer pour banale plutôt que paradoxale. Par définition, chacun régnerait seul si l'autre n'existait pas. Or les candidats au même trône ont toujours quelque chose de commun. Les unités d'un système international appartiennent à une même zone de civilisation. Inévitablement elles se réclament, pour une part, des mêmes principes et poursuivent un débat en même temps qu'elles mènent un combat. » R. Aron, *Paix et guerre*, p. 527. «Pour moi je viens d'apprendre que l'on ne doit haïr son ennemi qu'avec l'idée qu'on l'aimera plus tard ; et pour l'ami, je n'entends de ce jour l'assister, le servir, qu'avec l'idée qu'il ne restera pas mon ami à jamais », récapitule Ajax avantde se suicider (Sophocle, v. 677, sq.).

2. *Antigone*, p. 484, 485. C'est la classique théorie dite du domino : on en tire un et tout s'effondre.

sereine, échappent aux vicissitudes temporelles » [1]. Les dieux sont condamnés à la coexistence, les frères sont condamnés au duel sans merci, les héros tragiques sont voués aux deux à la fois.

Antigone et Créon ne limitent pas leur sagesse à faire l'addition des motifs d'hostilité et des motifs de fraternité, ils ne recherchent pas deux valeurs séparées, mais poursuivent une seule chose, le bien de la communauté qui oriente leur commune sagesse. Les frères cherchaient tous deux à gouverner, mais pas Antigone et Créon le sait. Leur différence est la possibilité de leur accord, en termes clausewitziens, c'est dans la mesure où leurs fins (Zweck) sont distinctes et ne s'opposent pas polairement qu'ils peuvent entreprendre de coordonner les buts (Ziel) de leur conduite. Plus encore, la différence des fins montre qu'ils se sont déjà accordés sur l'essentiel, éviter le pire, soit le destin d'Etéocle et Polynice.

Antigone a retrouvé dans l'indifférence égale par laquelle la mort frappa les deux frères le secret qui fonde toute communauté, « la possibilité universelle de l'ordre éthique en général » [2]. Le culte des morts *représente* sur le cadavre le cogito que tout citoyen doit faire pour s'élever à l'universel; honorer le corps c'est passer de la mort comme négation naturelle à la mort comme vie de l'esprit; dans les derniers honneurs la communauté se prouve elle-même, « domine et retient sous son contrôle les forces de la matière singulière et les basses vitalités qui voulaient se déchaîner contre le mort et le détruire » [3]. Antigone célèbre ainsi la « loi non écrite » qui fonde tout état sur l'égalité que la mort maintient. Créon, non moins pieux, juge que cette égalité « vaut sous, non sur la terre »[4] et que les deux frères ont justement péri de la vouloir absolue, ici et maintenant. Sa religion est politique, il veut sauver les différences qui permettent d'organiser la vie de la cité : « Le gouvernement, comme l'âme simple, ou comme le soi de l'esprit national, ne tolère pas une dualité de l'individualité [5] ». L'exemple des deux frères doit fonder le respect de l'ordre politique comme, pour Hegel, le souvenir de la terreur jacobine justifie rationnellement l'ordre napoléonien. Antigone représente l'égalité dans la mort, Créon l'inégalité dans la vie; tous deux respectent la mort qui

---

1. *PhG.*, T. II, p. 245.
2. *PhG.*, T. II, p. 17 et « ma vie, il y a longtemps que j'y ai renoncé » *(Antigone)*; « c'est donc quand je ne suis plus rien que je deviens vraiment un homme » *(Œdipe à Colonne)*.
3. *PhG.*, T. II, p. 21.
4. *PhG.*, T. II, p. 40.
5. *PhG.*, T. II, p. 39.

est à la fois différence suprême des combattants et indifférence universelle du combat; tous deux honorent le même Zeus [1].

Antigone et Créon ne sont plus ces ennemis qui ont oublié qu'ils étaient nécessairement frères, ne fut-ce qu'en face du risque suprême. C'est dans la fraternité d'un même culte que les héros tragiques découvriront leur mortelle inimitié.

2. *La crise.*

Antigone et Créon, plus inquiétants que Polynice et Etéocle, justifient leur conduite par une volonté rationnelle et partagée d'éviter le sort de ces derniers. Tous deux pourraient prêcher la coexistence et fonder leur conviction sur la nécessité absolue d'éviter l'holocauste. L'une cherche à rendre inutile le recours à l'égalité dans la mort, elle se réclame du culte public qui assure à chacun, à travers sa dépouille, un traitement semblable. L'autre tente d'éviter ce même recours, il extirpe la volonté d'égalité absolue, mortelle et meurtrière. Tous deux savent être inflexibles, mais aussi renoncer. Antigone, sceptique à l'égard des nécessités du gouvernement, est respectueuse et stoïque à l'égard des morts; Créon recommande le stoïcisme dans le service de l'état, il abandonne les cadavres au scepticisme actif des oiseaux. S'ils avaient à fonder deux religions, elles seraient parentes par leur principe et les sentiments qu'elles mettraient en jeu. On pourrait même tenter de les réunir dans l'œcuménisme sentimental de la crainte et de la pitié universelles, tel est le rôle que Hegel confie au chœur tragique, « conscience spectatrice » pour qui « rien n'existe que la terreur inopérante... les complaintes également vaines et pour finir la paix vide de la résignation » [2]...

Pour être le sérieux de la politique la tragédie doit refuser cette « fuite hors du royaume de la présence » [3]. C'est parce qu'ils vivent sur une même terre que les héros tragiques doivent nécessairement se rencontrer er se heurter; la conscience croyante peut se permettre d'avoir « deux poids et deux mesures » mais la conscience qui agit doit mesurer sa décision à l'unique étalon, champ de bataille pour Clausewitz, crise tragique pour Hegel. Le premier définissait un équilibre

---

1. *PhG.*, T. II, p. 353, « puissance suprême et unique... la puissance de l'état... et le Zeus du serment et des Erinnyes, de l'universel, de l'intériorité restant cachée ».
2. *PhG.*, T. II, p. 248.
3. *PhG.*, T. II, p. 54.

des forces militaires, le second recherche ce même équilibre [1] au niveau des forces morales et politiques qu'incarnent Antigone et Créon. Mais l'équilibre nécessitera l'anéantissement réciproque des forces et fera éclater la vérité : entre les seuls immortels la coexistence pacifique est concevable.

Antigone et Créon sont différents, ils ne se heurtent pas directement, pourtant ils ont une décision commune à prendre, celle qui délimite leur domaine respectif sur le terrain qu'ils doivent nécessairement partager. Or chacun se réclame d'un principe qui fonde absolument la cité, leur action « embrasse l'existence entière ». De plus ils sont complémentaires, toute décision politique suppose la vérité d'Antigone, soit le serment originel qui lie tous les citoyens, mais toute décision doit trancher et instaure la différence dont se réclame Créon [2]. Parce qu'ils visent l'un comme l'autre à fonder l'existence de la société et la coexistence des citoyens en leur origine la plus radicale, la différence est irréductible et la complémentarité les tue. La vie de la cité réclame « l'immédiateté de la décision », mais toute action de l'un suscite celle, complémentaire, de l'autre « comme une essence offensée, donc désormais hostile, et réclamant vengeance » [3]. Le partage est impossible : parce que leur différence se réclame de l'origine elle est totale, parce que totale elle devient contradiction et parce que cette contradiction n'efface pas leur complémentarité les héros « vont au gouffre » en même temps, soumis à la « rigueur tragique du concept ».

La sagesse tragique n'ignore pas le risque suprême, la mort commune des adversaires, au contraire les protagonistes deviennent des caractères tragiques dans la seule mesure où ils ne se définissent que par rapport à ce risque. Chacun, pour la vie de la communauté, incarne un principe essentiel, essentiel afin d'éviter la lutte à mort. Pourtant, le destin qui entraîne le héros répète cette lutte à mort. *Antigone*, la tragédie de la *limite*, échoue à fixer le partage des principes complémentaires et contradictoires. Œdipe incarne la tragédie de la *conduite* consciente, pour autant qu'elle se retourne dans l'inconscience absolue car « l'action même est cette inversion de ce qui

---

1. *PhG.*, T. II, p. 28 : Gleichgewicht.
2. *PhG.*, T. II, p. 27 : « la loi humaine procède dans son mouvement vivant de la loi divine, la loi qui vaut sur la terre de la loi souterraine, le conscient de l'inconscient, la médiation de l'immédiat... La puissance souterraine, par contre, a sur la terre son effectivité, elle devient, grâce à la conscience, être-là et activité ».
3. *PhG.*, T. II, p. 36.

est su dans son contraire ». L'Orestie, enfin, est la tragédie de l'*accord*
et de la justice dont le pouvoir échappe des mains mortelles et dépend
du caillou blanc de la déesse [1].

Le politique raisonnable cherchait à opérer la conversion de la
guerre en paix, en obligeant les deux adversaires à considérer le
danger commun. La certitude de l'holocauste fournit à la prudence
son principe, seul le fou peut courir au suicide. La sagesse tragique
commence par le même recul devant le mécanisme de la montée aux
extrêmes, pour conclure inversement que la guerre ne naît pas seulement de la folie mais tout aussi bien de l'activité rationnelle qui a
pour unique but de la prévenir [2]. La conversion hégélienne qui pose
la guerre absolue comme fondement absolu de la paix ne peut se
résumer aux leçons faciles de la prudence : la tragédie montre précisément l'inversion de la conduite prudente en action involontaire-
ment belliqueuse et la perversion de son projet [3].

Ainsi mesure-t-on l'horizon auquel tentent d'échapper les stratèges
de la dissuasion nucléaire. Ils retrouveront la crise née de l'impossible définition des limites : « qui limite les guerres limitées ? » [4]
Les antinomies d'une conduite écartelée qui veut opérer rationnellement avec le risque absolu, réapparaissent dans la « conduite de
risque » et la manipulation de la « rationalité de l'irrationnel ».
Enfin, l'élaboration d'accords entre adversaires stratégiquement
méfiants, les tentatives de contrôle et limitations des armements
(arms control) font lever ces difficultés que seuls les dieux, aux yeux des
Grecs, tranchent.

Peut-être voudra-t-on retrouver, à travers les armes thermo-
nucléaires, ce terrifiant que surent nommer les Grecs. Ils ajoutaient :
lorsqu'ils essaient, sans folie, avec toute leur raison, de maîtriser et
de manier le terrifiant, plus inquiétants encore sont les mortels.

---

1. N.R., p. 381.
2. La tragédie dit la folie *de la raison*, celle qu'à la fin Créon constate : « Ah!
Raison qui déraisonne! » (v. 1261).
3. Le jeu de mot est hégélien, toute la Phénoménologie joue sur les « renverse-
ments » qui s'opèrent entre la conversion, l'inversion, la perversion, etc. (Umke-
rung, Verkehrung, etc),
4. H. Kahn, *On Thermonuclear War*, p. 138.

II. — LA LUTTE A MORT

> « Nous avons opposé le glaive au glaive et la liberté est fondée; elle est sortie du sein des orages; cette origine lui est commune avec le monde, sorti du chaos, et avec l'homme qui pleure en naissant »
> Saint-Just.

Etéocle et Polynice s'affrontaient aux portes de la cité, Antigone et Créon combattent dans la cité, la révolution moderne en appelle à la lutte de tous contre tous, « l'anarchie s'efforçant de *constituer* l'anarchie »[1]. Affirmer, avec Hegel et Napoléon, que la tragédie de notre temps est la politique, revient nécessairement à faire sauter la distinction spectacle-spectateur, héros-chœur. Par quoi la tragédie demeure une continuation de la guerre par d'autres moyens, toujours plus violents.

La tragédie antique « représentait », pour Hegel, la théorie du spectateur combattant. La lutte d'Etéocle et de Polynice donne l'exemple abstrait à partir duquel la tragédie tente de définir sa sagesse. Les modernes disposent d'un modèle analogue, « l'état de guerre »,

1. *PhG.*, T. II, p. 140.

184

qu'il soit dû à la nature (Hobbes) ou à la société (Rousseau). Dans la théorie de l'état moderne et du Contrat Social, ils essaient de penser la « solution » qui mettra fin au conflit radical.

La politique « raisonnable » vient prendre sa revanche. Le spectateur moderne est conscient de la lutte à mort politique comme le spectateur antique de la lutte à mort stratégique. Il pense ce que représente la Grèce — dans toute lutte menée jusqu'au bout la mort est l'ultima ratio. Cette deuxième prise de conscience serait au principe d'une prudence qui refuserait l'extrémisme stratégique. Le spectateur, devenu citoyen, n'en porte pas moins dans sa tête un spectateur au second degré, petit homme dans l'homme qui intervient lorsque le débat mène au combat et celui-ci à la ruine de tous.

Faire de la prise de conscience le fondement de tout ordre est moins la théorie de Hegel que celle de ses commentateurs. Théorie aussi de ceux qui voient en la prudence des « grands » la condition nécessaire et suffisante de la survie dans un monde thermo-nucléaire. Pourtant la tragédie antique a montré, une première fois, qu'il ne suffisait pas de se vouloir prudent pour l'être et que la conscience du danger ne se convertissait pas d'elle-même en sagesse positive. Hegel retrace, une deuxième fois, l'irrésistible logique de cette inquiétante vérité.

On conviendra, alors, que la considération du spectateur n'aboutit pas plus que celle du spectacle à la « solution » désirée. Elle met seulement en place les éléments de la seule mise en scène qui peut, selon Hegel, maîtriser la guerre par la guerre : l'empire, qui est à la fois celui de la force, celui de la raison et celui du discours.

1. *L'athéisme en politique.*

Le principe de l'accord tragique ne se cherche plus par delà les actions tragiques, caché dans le caillou d'Athéna ou dans l'inconscient de « l'esprit d'un peuple »; le sort du monde est entre « nos » mains, dans « l'absolu savoir de soi du sujet individuel » [1]. Première conséquence : pas de différence entre paix civile et paix internationale, l'une et l'autre doivent unir la multiplicité des individus en opposition, que seule caractérise la possibilité égale de pousser l'antagonisme jusqu'au suicide collectif.

Deuxième conséquence : l'origine de la société, étant pensée sans

---

1. R., T. II, p. 251.

que rien ne la précède sinon la plus violente négation de toute communauté, se confond avec celle du langage. La politique s'affirme langue universelle.

1

La pensée politique moderne est née de la manipulation d'un modèle, l'état de guerre ou de nature, qui applique sur toute société la grille stratégique des rapports tranchés par la force. Le penseur en pointera la réalité dans les relations internationales, mais il affirme ne pas l'utiliser arbitrairement pour rendre compte des relations intra-nationales. Il ne construit pas un « type idéal » qui n'exprimerait qu'un point de vue entre d'autres également possibles : il prétend atteindre la société dans sa réalité dernière et première parce qu'il la pense à partir de sa possibilité ultime. En tant qu'elle vit sous la perpétuelle menace de la guerre civile, la société est — de droit — subsumée sous ce modèle; prenant son point d'appui sur la pire menace de toute vie politique, la négativité du philosophe recherche le principe unique par quoi la société se constituera en vue d'interdire cette politique du pire.

Les illustrations historiques de l'état de nature Hobbes les emprunte toutes aux relations internationales [1]. La menace de guerre civile en universalise le modèle et par là une même intelligibilité gouverne l'usage des forces et la menace d'en user [2]. La notion de puissance (power) condense en conséquence différentes significations auparavant tenues séparées : elle est force en puissance aussi bien que force en exercice, plus encore elle ne dit pas seulement la menace de la force, mais la force de la menace : si les individus préfèrent abandonner tout moyen de se défendre à un État de ce fait, absolu (le nouveau Léviathan), ce renoncement n'est pas l'effet d'une force réelle exercée sur eux; l'état n'a de force que par ce renoncement même, « avant » lui nul n'a dans l'état de nature la force absolue de contraindre tous les autres [3]. A l'origine logique de la société, la force de la menace

---

1. *Léviathan*, XIII.

2. La guerre civile fait peser également sur tous la plus terrifiante terreur, la Paix civile sera fondée sur la « dissuasion » : « le pire qui puisse arriver au peuple, en quelque forme de gouvernement que ce soit est à peine sensible au regard des désastres et des horribles calamités qui accompagnent les guerres civiles ». *Léviathan*, XVIII.

3. Pour ce qu'aucun ne peut se garantir contre la mort « tous les hommes sont naturellement égaux », *Léviathan*, XIII.

compte plus que la menace de la force; pour éviter l'anarchie et la catastrophe, l'individu naturel se démet, le sujet de l'état se soumet. Dans la *puissance* qui fonde tout gouvernement il y a la force réelle (actuelle ou virtuelle) toujours limitée (potentia), il y a surtout l'autorité (potestas), la force absolue de la menace infinie.

Entre les hommes une égalité plus grande que celle des forces : la prudence que la crainte de la mort fait naître en chacun [1]. La société s'engendre du calcul simple que tous tiennent, l'ordre quelconque qu'assure une société l'emporte sur les désastres de la guerre à perpétuité. Et puisque l'ordre n'a d'autre fondement que ce calcul même, tous doivent le tenir en même temps, soit : s'entendre préalablement. Quelque idée qu'on se fasse du pacte social primitif, on est dans le cercle dès qu'on le projette dans l'histoire : il faut que les hommes s'entendent pour le conclure et le concluent pour s'entendre — c'est un événement nécessairement a-temporel.

Hobbes ne voit pas dans le contrat social un événement historique, mais le silence primordial qui lie tacitement (qui ne dit mot, consent) et qu'aucun discours, jamais, ne déliera; les mots sont déjà contrat — l'homme parle et contracte dans un même temps [2]. Plus encore, entre l'Etat, le Souverain — purement artificiel, personne fictive — et le peuple — personne réelle — aucune rébellion, aucune contestation ne peuvent surgir. Si l'état selon Hobbes est absolument autoritaire, c'est parce qu'entre le peuple et le souverain règne le même rapport qu'entre la chose et le mot : le mot est une construction arbitraire, le souverain est une personne fictive, mais ce rapport artificiel — de « représentation » — est le langage même, par conséquent inévitable et indissoluble; quoi que fasse le souverain, il fait la volonté du peuple puisque le peuple-auteur ne peut parler que dans le masque du sourain-acteur [3].

La « solution » proposée par Hobbes à la lutte à mort ne trouve sa vigueur qu'à identifier non seulement l'origine du langage et l'origine de la société, mais encore la nature qu'il assigne au langage et la constitution de toute société. Née du refus de la conception antique

---

1. *Léviathan*, XIII.

2. « les mots, les noms des choses ne sont rien d'autre que le souvenir et la marque des accords passés entre les hommes sur la manière de se comprendre les uns les autres. » R. Polin, *Politique et Philosophie chez Thomas Hobbes, P.U.F.,* p. 218.

3. « Hobbes nominalism and his conventinalist theory of truth lead to a command theory of justice » J.W.N. Watkins in *Hobbes Studies,* p. 258.

de la vie politique [1] sa théorie fait renaître paradoxalement la distinction de l'acteur et de l'auteur qui définit la représentation tragique. Les grecs trouvaient une solution à réserver à l'auteur (les dieux), le dernier mot, Hobbes l'inverse en vouant l'auteur, devenu Peuple, au premier silence. Mais la difficulté ressurgit puisque dans les deux cas ce n'est que dans la mort que l'auteur et l'acteur coïncident. D'où les deux failles qui ruinent tout l'édifice. Dans la cité, le citoyen menacé dans sa vie peut faire usage de toute sa force, fût-ce contre le souverain [2], mais qui décidera de l'ampleur de la menace et de l'urgence de la réponse ? Entre les cités, les souverains qui se menacent réciproquement demeurent dans l'état de nature et Hobbes n'indique pas comment ils pourraient en sortir [3].

Chaque homme a le droit subversif de défendre sa vie. Hobbes tente d'éviter le retour de la guerre civile en interdisant au citoyen de former une faction, de se défendre avec d'autres : seul, logiquement, le gouvernement parle, seul, légitimement, il peut imposer le silence. C'est souligner plus profondément que, si tout est fondé sur la crainte de la mort, cette crainte elle-même ne peut pas parler. Non pas historiquement seulement, mais aussi logiquement, on ne peut combler la coupure entre la silencieuse lutte à mort et la langue politique. L'origine du langage est aussi peu compréhensible que celle de la société, nous revenons au point de départ, le modèle international et le modèle intra-national ne coïncident pas.

2

L'état de guerre n'est pas selon Rousseau origine réelle, mais origine conceptuelle, il demeure toile de fond sur quoi la société se détache, possibilité ultime qui permet de penser une communauté politique. Tout pacte social est fondé sur un contrat librement souscrit, « l'homme est né libre », mais qu'en sait-on puisque « partout il est dans les fers » ? L'homme peut perdre et même oublier sa liberté, ce n'est pas une constatation ni un cogito qui pose l'axiome premier de la philosophie politique : la logique de l'état de guerre l'impose.

---

1. « Je pense qu'il est difficile de trouver quelque chose... de plus étranger à la nature du gouvernement que la plupart des affirmations de sa (Aristote) Politique » *Léviathan*, XLVI.
2. *Léviathan*, XIV.
3. *Léviathan*, XIII, XVII.

La force ne fonde pas le droit parce que son usage implique nécessairement la montée aux extrêmes; qu'un vainqueur épargne un vaincu et le réduise en esclavage, il ne se garantit par là aucun droit : « loin donc qu'il ait acquis sur lui (l'esclave) nulle autorité jointe à la force, l'état de guerre subsiste entre eux comme auparavant, leur relation même en est l'effet » [1]. Le pur rapport de force dans l'état de guerre exclut pour Rousseau comme pour Hobbes que la société puisse trouver son origine dans le droit du plus fort : « que des hommes épars soient successivement asservis à un seul, en quelque nombre qu'ils puissent être, je ne vois là qu'un maître et des esclaves, je n'y vois pas un peuple et son chef... ». Pour les deux penseurs également, la guerre civile confirme leur perspicacité... « si ce même homme vient à périr son empire, après lui, reste épars et sans liaison, comme un chêne se dissout et tombe en tas de cendres, après que le feu l'a consumé » [2].

Le grand feu de la guerre civile n'éclaire pas seulement l'origine, mais aussi bien toute la constitution de la société. De même que le calcul de la crainte définit pour Hobbes la nature autoritaire du gouvernement, de même Rousseau calcule les dimensions de la société et chaque rouage du gouvernement dans une mathématique dont le seul critère est d'éviter la dissolution dans la guerre civile [3]. Mais ce calcul réclame une opération antérieure qui rende commensurables la volonté générale et les volontés particulières. Le concept retrouve son cercle, il faut que les libertés s'entendent pour s'unir — et soient déjà unies pour s'entendre : « pour qu'un peuple naissant pût goûter les saintes maximes de la politique et suivre les règles fondamentales de la raison d'Etat, il faudrait que l'effet pût devenir la cause; que l'esprit social, qui doit être l'ouvrage de l'institution présidât l'institution même, et que les hommes fussent avant les lois ce qu'ils doivent

---

1. « ... et l'usage du droit de la guerre ne suppose aucun traité de paix. Ils ont fait une convention; soit : mais cette convention loin de détruire l'état de guerre, en suppose la continuité » *Contrat Social*, I, IV.

2. *Contrat Social*, I, V.

3. Ce calcul de la crainte est complexe chez Rousseau parce qu'il ne commande plus le passage de l'état de guerre à l'état de société mais leur opposition dans un même moment : « Dans une législation parfaite, la volonté particulière ou individuelle doit être nulle... et par conséquent la volonté générale ou souveraine toujours dominante... Selon l'ordre naturel, au contraire, ces différentes volontés deviennent plus actives à mesure qu'elles se concentrent. Ainsi la volonté générale est toujours la plus faible... » Le calcul du contrat compose la force « parfaite » de la législation et la force « naturelle » des intérêts particuliers, sa résultante définit une société réelle. *Contrat Social*, III, II.

devenir par elles » [1]. C'est le miracle du « législateur » qui sait faire parler les dieux et se faire entendre « quand il s'annonce pour être un interprète », c'est le mystère du sage qui parle à tous et au nom de tous bien qu'il agite « mille sortes d'idées qu'il est impossible de traduire dans la langue du peuple ». C'est aussi le Cogito qui peut se répéter en chacun à tout instant dans une société bien constituée [2].

Le secret du calcul qui règle la société doit être découvert dans la nature originelle des langues [3]. Le législateur organise la société, « c'est une nécessité qu'il recoure à une autorité d'un autre ordre, qui puisse entraîner sans violence, et persuader sans convaincre » [4]. Une première langue qui « persuaderait sans convaincre » [5] transforme ce cercle vicieux en origine positive. Le premier mot de la première langue fut le premier contrat : « aimez-moi » [6]. L'histoire des langues n'est que l'histoire de leur dégradation par la société, c'est-à-dire de l'auto-destruction de la société. Ce qu'une langue « civilisée » gagne en « clarté », elle le perd en « force »; si elle « juge » c'est qu'elle ne « sent » plus, l'homme substitue aux sentiments les idées : il ne parle plus au cœur, mais à la « raison ». Le « Contrat Social » se donne pour tâche non de faire retourner la société à son origine historique mais de lui faire retrouver son principe originel : un état bien gouverné « a besoin de très peu de lois; et, à mesure qu'il devient nécessaire d'en promulguer de nouvelles, cette nécessité se voit universellement. Le premier qui les propose ne fait que dire ce que tous ont déjà senti, et il n'est question ni de brigues ni d'éloquence pour faire passer en loi ce que chacun a déjà résolu de faire, sitôt qu'il sera sûr que les autres

---

1. *Contrat Social*, I, VII.
2. « Si, quand le peuple, suffisamment informé, délibère, les citoyens n'avaient aucune communication entre eux, du grand nombre des petites différences résulterait toujours la volonté générale, et la délibération serait toujours bonne » *Contrat Social*, I, III.
3. « La parole étant la première institution sociale » (*Essai sur l'origine des langues*, I) et n'étant que sociale : « les véritables langues n'ont point une origine domestique, il n'y a qu'une convention plus générale et plus durable qui les puisse établir ». *Essai sur l'origine des langues*. XIX.
4. *Contrat social*, I, VII.
5. *Essai sur l'origine des langues*, IV.
6. *Essai sur l'origine des langues*, X. Cf. « il fallut toute la vivacité des passions agréables pour commencer à faire parler les habitants : les premières langues, filles du plaisir et non du besoin porteront longtemps l'enseigne de leur père; leur accent séducteur ne s'effaça qu'avec les sentiments qui les avaient fait naître, lorsque des nouveaux besoins, introduits parmi les hommes, forcèrent chacun de ne songer qu'à lui-même et de retirer son cœur au-dedans de lui ».

le feront comme lui ». Le « contrat social » s'allume dans la simultanéité des décisions de tous qui est langue à l'état naissant et renaissant, « là se firent les premières fêtes : les pieds bondissaient de joie, le geste empressé ne suffisait plus, la voix l'accompagnait d'accents passionnés; le plaisir et le désir, confondus ensembles, se faisaient sentir à la fois : là fut enfin le vrai berceau des peuples... ».

3

Pour les deux penseurs, toujours le feu de la guerre force la société à penser son origine radicale — et cette origine coïncide avec celle de son langage. La différence de leur politique est celle de leur linguistique, si la langue est une création purement artificielle, l'état sera monstre froid, convention autoritaire, si elle n'est que l'expression « naturelle » des passions le gouvernement ordonnera des fêtes où les passions brûlent en commun. Mais cette différence d'accent ne modifie en rien la perspective fondamentale qui fait achopper les deux théories sur les mêmes problèmes. De quelque façon qu'on la définisse, la parole demeure le privilège de la communauté, les adversaires n'ont aucun langage commun. L'individu qui attaque le « droit social » s'exclut de la société [1]. La guerre civile est toute proche, l'individu opposé à la société ne parle pas le même langage qu'elle; l'un des deux doit avoir perverti la communauté originelle; ou la société détruit la pureté du langage par la richesse, les lettres, les arts, ou l'individu est fou [2]. De même les états, individus à grande échelle, ne pourront souscrire aucun contrat universel, à moins d'un miracle, celui d'une conversion simultanée de tous; l'hypothèse de « confédérations » de nations perpétue les rapports de force [3].

---

1. Pour Rousseau comme pour Hobbes, « tout malfaiteur, attaquant le droit social, devient par ses forfaits rebelle et traître à la patrie; il cesse d'en être membre en violant ses lois, et même il lui fait la guerre... quand on fait mourir le coupable, c'est moins comme citoyen que comme ennemi ». *Contrat Social*, I, V.

2. Parce qu'il n'y a de vrai langage que de la communauté, l'opposition ne parle pas mais délire. Impasse décrite par Hegel comme « loi du cœur et délire de la présomption », *PhG.*, T. I, p 302 et sq.

3. L'état de guerre règne entre les nations, « tous les peuples ont une force centrifuge par laquelle ils agissent continuellement les uns contre les autres, et tendent à s'agrandir aux dépens de leurs voisins, comme les tourbillons de M. Descartes » *Contrat Social*, I, IX, cette persistance de l'état de guerre international a été justement souligné par Stanley Hoffmann : « *The State of War* », p 54-88.

Toute communauté ne pense son origine qu'en se confrontant à la guerre qui la peut détruire — mais cette confrontation qui radicalise leur question, Hobbes et Rousseau la réduisent au silence. La lutte à mort n'a pas droit à la parole; sous peine de perdre son unique principe de vie, la société ne peut communiquer avec celui qui la met en danger, individu isolé ou société étrangère. Le langage, principe de la solution de la lutte à mort, ne rencontre jamais celle-ci; dès que les adversaires, demeurés ennemis mortels, communiquent, la langue se dégrade, devient éloquence vaine et rhétorique. Nous n'avons pas quitté l'horizon de la tragédie, ou bien la différence de l'auteur et de l'acteur ne se comble (Hobbes) que dans la mort, ou bien l'unité posée à l'origine ne peut être retrouvée : un peuple ne découvre pas deux fois sa liberté « il peut se rendre libre tant qu'il n'est que barbare, mais il ne le peut plus quand le ressort civil est usé » [1]. La société qui évite de parler de la lutte pour sauver son unité ne sauve qu'une unité morte, refusant de penser la mort possible, c'est sa naissance qu'elle ne peut plus concevoir.

La pensée politique moderne part de l'identité des relations internationales et intra-nationales, et pense en conséquence la commune nature de la société et de la langue sur fond de lutte à mort. Mais l'état de guerre inter-national et inter-individuel continue de faire rage au-dessus et en dessous de la paix civile; l'état de société ne résoud pas mais remplace arbitrairement une lutte à mort qu'il ne parvient pas à arbitrer. Hegel, seul, évite ce saut logique en pensant ensemble, non plus deux mais trois, l'origine de la société, l'origine de la langue et l'essence de la lutte à mort.

2. *Les postulats de la lutte à mort.*

1

La lutte à mort n'est pas une invention hégélienne. Avant la philosophie politique moderne, les penseurs grecs l'avaient déjà pointée dans la violence infinie du désir. Elle ne règne pas seulement dans les théories de la volonté de puissance selon Calliclès, elle règle aussi bien

---

1. *Contrat Social*, II, VIII. Toutes les restrictions par lesquelles Rousseau veut réduire l'essor des lettres des arts, du commerce, son idéalisation de la petite communauté patriarcale relèvent d'une technique de l'embaumement, pour survivre la société se mortifie.

le rapport de Calliclès à Socrate : entre le porte-parole de la guerre et le défenseur de la justice, la guerre seule tranche, ils ne dialoguent pas, que l'un parle, le second se mure aussitôt dans un silence qu'il promet d'imposer au premier. Tant que Calliclès existe, il a raison ; Socrate, au nom de la paix universelle, ne peut que lui faire la guerre et le condamner à mort. L'originalité de Hegel tient à vouloir trouver dans les données du problème les éléments de la solution ; le discours philosophique ne coupe plus la violence, mais, la faisant parler jusqu'au bout, accouche de lui-même. La société n'exclut pas la lutte à mort, elle naît à tout instant de s'y maintenir.

Faute de se donner cette unité, le discours de la politique moderne se cassait doublement. Une première fois, dans l'histoire imaginaire par laquelle il tentait de surmonter, en une succession feinte, l'exclusion réciproque de l'état de guerre et de l'état de société. Si la guerre, naturelle, existe d'abord, la société ne peut en naître qu'à se présupposer logiquement antérieure comme origine, artificielle, du langage, soit de cet artifice suprême qu'est l'homme lui-même. Si la société, lien naturel des passions qui dénouent le langage, précède la guerre, elle ne pourra lui survivre ; seules l'existence contradictoire de Jean-Jacques et la rigueur de son discours purement hypothétique permettaient de remonter du délire actuel des passions vers le lieu virtuel où elles devaient coexister. Quel que soit l'ordre de cette succession, l'histoire ne fait que traduire en image la cassure première, logique : lorsque la société est, la guerre n'est pas, lorsque la guerre est, la société n'est pas (n'est plus ou n'est pas encore). Une deuxième fois, la même contradiction déchire la politique que le discours voulait fonder ; à l'extérieur la paix civile est subordonnée à la stratégie internationale, à l'intérieur elle ne survit qu'en bridant toute évolution, destin des civilisations dont le terme fatal est la guerre civile.

D'où la question posée : la solution que Hegel donne à la lutte à mort est-elle histoire imaginaire ou logique vraie ? Le conte de la guerre « dépassée » dans la paix est partout ; le combat des consciences donne la reconnaissance, celui des individus, la famille, celui des familles propriétaires, le droit civil, celui des cités grecques, l'empire romain, celui des privilèges, la révolution et l'empire moderne. Que donne celui des nations européennes en 1806 ? Et celui des grandes puissances, aujourd'hui ? Il faut retrouver, derrière la succession figurée des luttes, la répétition d'une matrice logique unique ; si les termes du problème — les combattants — ne demeurent pas identiques, leur relation — la bataille — ne change pas, ni l'issue, qui, dans le tournoiement multicolore des victoires et des défaites, impose partout et toujours la même « solution ». Pour Hegel, comme pour Hobbes et Rousseau, la clé de l'histoire doit se trouver ou se perdre dans la logique sous-jacente, la fin du conte n'est repérable qu'au bout du compte.

2

La lutte à mort reproduit la même situation dans les différentes figures que trace la Phénoménologie de l'Esprit. On peut, avec Kojève, vouloir isoler des prémisses, conditions nécessaires et suffisantes de la position et de la résolution de tout conflit en tant que conflit; elles se sélectionnent par comparaison — la lutte des consciences n'est pas affrontement animal — et par généralisation — tous les conflits humains mettent en jeu les mêmes éléments fondamentaux. Les difficultés qu'une telle analyse rencontre, Kojève les attribue généreusement à Hegel, faute de remarquer que sa propre lecture les suscite.

Quatre postulats semblent gouverner la lutte à mort; tous disent les *causes* d'une lutte dont l'homme n'a fait, depuis l'origine et jusqu'à Hegel, que tirer les conséquences. Ils sont postulats d'existence, la lutte a lieu parce qu'il y a :

1) le désir « engendrant une action *négatrice*, transformatrice de l'être donné »; commun à l'animal et à l'homme, il introduit la mort comme partenaire inévitable; en moi, l'objet désiré meurt; sans lui je meurs; si l'autre me le dispute, il attente à ma vie;

2) une pluralité de sujets qui désirent « plusieurs désirs pouvant se désirer mutuellement »;

3) la parole, propre à l'homme, par laquelle le désir s'affirme « projet », le heurt animal devient guerre planifiée jusqu'à son terme, lutte à mort.

Pour s'interrompre, consacrer un vainqueur (maître) et un vaincu (esclave), la lutte suppose :

4) la liberté des combattants : « car rien ne *prédispose* le futur Maître à la Maîtrise, comme rien ne *prédispose* le futur Esclave à la Servitude : chacun peut se *créer* (librement) comme Maître et Eslcave ». Si la lutte décide tout, rien n'est joué avant elle, « ce qui est *donné*, ce n'est pas la *différence* entre Maître et Esclave, mais l'acte libre qui la crée »[1].

Un cinquième postulat doit être aligné par Kojève, qui explique

____

1. Kojève, *Introduction à la lecture de Hegel*, N.R.F. (éd. 1947), p. 171.

l'universalisation de la lutte à mort et définit la conscience qui mène le combat:

5) extension : « la conscience de soi tend nécessairement à s'étendre le plus possible... la tendance à dépasser les limites qui sont visiblement des limites caractérise la conscience-de-soi en tant que telle »[1].

Pour pointer l'insuffisance d'une telle cueillette de postulats, il faut non les prendre isolément mais dans leur jeu, faire fonctionner la lutte dont leur ensemble doit rendre compte.

3

Un combat se juge sous l'angle du combattant qui décide et dans la perspective de l'interprète qui tire la leçon. Dans les deux cas la solution est à découvrir : pourquoi le futur Maître et le futur Esclave s'arrêtent-ils dans la lutte ? Dans les deux cas les postulats n'évitent pas à Kojève une lecture double et contradictoire.

Le combattant défait voudra donner à sa reddition une explication matérielle : il était le plus faible; explication exclue dès que la lutte est pensée absolument première. La force et la faiblesse naturelles ne sont prouvées que par la mort naturelle d'un combattant. Kojève propose une thèse plus psychologique, la faiblesse du futur esclave était son manque de résolution, il s'est choisi faible et « l'acte libre est par définition irréductible »[2]. A cette lecture *réaliste* — la faiblesse d'un des combattants est cause de la fin des combats — se coordonne mal la lecture *finaliste* qui apparaît parfois — les deux adversaires s'arrêtent *pour* se reconnaître[3]. La première privilégie le postulat 4 de la liberté, la seconde se réclame du postulat 3 (parole = reconnaissance); les postulats ne sont pas simplement divers mais opposés.

L'interprète-philosophe qui prétend tirer la leçon des combats supporte une croix semblable. Puisque la lutte décide de tout, il faudra attendre la fin des combats pour dévoiler ce tout dans le Livre de l'histoire universelle, le philosophe est réaliste et son savoir rétros-

---

1. Kojève, *Introduction à la lecture de Hegel*, N.R.F. (éd. 1947), p. 398, 399 et 438.
2. Kojève, p. 171.
3. Kojève, p. 53, « la lutte pour la vie et la mort n'est pas une attitude existentielle définitive. Car si l'homme doit risquer sa vie pour faire reconnaître sa personnalité, ce n'est pas comme cadavre qu'il veut et peut être reconnu. Et s'il cherche à tuer les autres ce n'est pas par des cadavres qu'il veut et peut être reconnu. »

pectif[1]. Inversement, pour penser que la lutte décide de tout il faut supposer que ce tout « est déjà, en puissance, dans le premier moment du temps »[2]; le philosophe, en énonçant le cinquième postulat qui étend la lutte à mort sur toute réalité, serait idéaliste et parlerait nécessairement au futur, il construit l'hypothèse que la loi du savoir[3] — le tout ou rien — est aussi bien l'enjeu des luttes et de l'histoire, c'est-à-dire que l'homme qui pense est l'homme qui agit.

Les cinq postulats agités par Kojève nous laissent dans le dilemme réalisme-idéalisme parce qu'ils ne permettent pas de sortir du cercle vicieux où Hobbes et Rousseau s'enfermaient déjà. Ils répètent la définition duelle du sujet de la lutte, à la fois animal (désirant, mortel) et rationnel (parlant, calculant). En définissant préalablement par deux ou cinq postulats l'animalité et la raison, on s'acharne nécessairement à découvrir dans la lutte à mort le passage de l'une à l'autre — pour tomber dans le cercle soit de l'origine, soit de la prise de conscience[4].

Pour que l'histoire ait lieu, il faut que les adversaires ne meurent pas; s'apercevant qu'il y aurait contradiction[5] à poursuivre à mort la lutte, ils s'entendent, à partir de cette commune « prise de conscience »[6]. Subrepticement, la lutte *pour* la reconnaissance est devenue lutte *dans* la reconnaissance, si les adversaires interrompent leur bataille c'est qu'ils savent déjà ce que seul le combat devait prouver, la fin est devenue moyen. Que la conscience d'une contradiction suffise à lever la contradiction, et la lutte à mort n'a jamais lieu. La sagesse que Kojève attribue à chaque combattant postule déjà l'identité de l'action et de la pensée, soit l'idéalisme dont il fait grief au philosophe de l'histoire universelle.

Toute solution d'une lutte, hors la mort, implique une prise de conscience — mais prise de conscience de *quoi ?* Supposer qu'un commun respect du principe de non-contradiction jette les adversaires dans les bras l'un de l'autre réduit tout champ de bataille à la platitude

1. Kojève, p. 284, « le philosophe ne peut donc arriver au savoir absolu qu'après... l'achèvement de l'Histoire » *Ibid*, p. 278, 430.

2. Kojève, p. 387, et p. 398-399.

3. Kojève, p. 351.

4. Déjà pour Hobbes « les deux postulats les plus certains définissant la nature humaine » sont le désir naturel (« natural appetite ») et la raison naturelle (« natural reason »). Cf. Leo Strauss *The political philosophy of Hobbes*, chap. I. Soit, d'une part les postulats 1 et 2, d'autre part les postulats 3, 4, 5 de Kojève.

5. Kojève, p. 53.

6. Kojève, p. 126. « L'accomplissement de l'histoire ne peut s'opérer que par une *prise de conscience*. »

196

d'une page de logique élémentaire; la lutte à mort, « cette contradiction absolue », est gommée, non résolue.

Hegel, au contraire, définira différents types de lutte à mort, comme autant de variantes d'une même impossibilité d'y faire jouer le principe de non-contradiction.

3. *La matrice de la lutte à mort.*

On ne peut rendre compte de la lutte et de sa solution en additionnant simplement les facteurs qui y interviennent, désir, liberté, raison. Les « postulats » sont mis en jeu et indéfinissables en dehors du jeu. Hegel pose la lutte à mort comme une matrice où règles et possibilités stratégiques (libertés) des joueurs ont lieu ensemble.

La notion de matrice est implicite dans les textes antérieurs à la Phénoménologie. Traitant des sciences philosophiques particulières — aujourd'hui intitulées sciences humaines — Hegel leur assigne un type d'objet : *le concept de rapport*, et deux manières de l'approcher, empirique ou formelle.

Ainsi le droit n'est pas seulement l'histoire du droit ou la description des règles de droit établies; il peut délaisser ce point de vue empirique pour devenir une « science purement formelle »[1]. Le droit, aussi bien que l'économie politique ou la science des mœurs, abandonnent alors la simple description de modèles concrets et réels pour construire des structures formelles[2]. Ce faisant elles se réfèrent toutes au « principe de l'opposition absolue »; la lutte à mort est le fondement de leur formalisme[3].

Réciproquement nous pouvons trouver, dans la théorie de l'économie, du droit et des mœurs, différentes « solutions » de la lutte à mort qui définissent les règles de la coexistence belliqueuse des adversaires. Dans ces solutions encore imparfaites s'esquisse la conversion qui fait de l'état de guerre, principe négatif pour Hobbes et Rousseau, le seul fondement positif de la paix civile.

Une lutte à mort n'est que le rapport qui relie des unités au sein d'une pluralité : « parce qu'elles sont plusieurs, et que cette pluralité se rapporte à elle-même sans avoir un principe qui l'unifie, les unités

---

1. Dans ce cas, il étudie un concept de rapport (Verhältnissbegriff) N.R., p. 325.
2. La distinction faite par Hegel recoupe celle que propose Levi-Strauss, *Anthropologie structurale* T. II.
3. N. R., p. 331.

doivent nécessairement s'opposer et s'affronter dans un combat absolu »[1]. La matrice organise les différents rapports qui naissent de cette situation : le rapport des unités entre elles est libre — il n'y a pas de principe extérieur d'unification — mais la lutte à mort vaut pour toutes, par quoi le « rapport de la pluralité à elle-même » dessine des contraintes qui sont les règles du jeu.

1

L'économie éclaire le surgissement de telles contraintes. L'état de nature, ou de pure opposition, exclut par définition une harmonie préétablie — mais non une harmonie post-établie. Les besoins physiques et les travaux de chacun sont naturellement « incommensurables »[2], ils ont tous une valeur d'usage (Marx) originale. Pourtant ils s'opposent et, dans leur concurrence même, se mesurent les uns aux autres : ils acquièrent une « identité abstraite », l'échange manifeste et l'argent exprime cette « indifférence » des valeurs d'usage particulières : leur « valeur d'échange »[3]. La pluralité contradictoire et chaotique de l'état de nature s'organise ainsi en un « système » — le marché économique — régi par « la totalité inconsciente et aveugle des besoins et des moyens de les satisfaire »[4].

L'économie politique montre une première fois qu'aucun autre principe que l'état de nature n'est requis pour échapper à l'anarchie absolue de cet état[5]. La contrainte est imposée par le « rapport de la pluralité à elle-même »; pour autant que les unités indépendantes font partie du même ensemble elles ont un rapport : l'échange — poursuivant leurs intérêts particuliers et s'arrachant mutuellement leurs possessions, les individus créent un ordre qui les domine, le marché, et un moyen de communication universel, l'argent. Cette ruse de la raison, qui fait produire à chacun ce qu'il ne recherchait pas, montre que les contraintes qui règlent la lutte à mort naissent du croisement des stratégies particulières et non pas d'un principe d'unification extérieur.

---

1. N.R., p. 337.
2. N.R., p. 371.
3. S.S., p. 437 — Hegel dit « indifférence » où Marx spécifiera « valeur d'échange ».
4. S.S., p. 489.
5. Car le seul rapport qu'y impose la nécessité est de supprimer ce rapport : « exeundum e statu naturae », *I.P.G.*, p. 205.

Pourtant la contrainte est aveugle qui procède de la concurrence brute, la violence originelle s'amplifie à mesure qu'elle s'organise; laissée à elle-même l'économie bourgeoise engendre inévitablement aux yeux de Hegel la lutte de classe. La solution d'une lutte à mort est seulement alors une autre lutte à mort.

2

L'économie politique part de la considération du jeu et fait surgir l'ordre du marché de l'interaction des actions particulières — au contraire le droit formel se place au point de vue de chaque joueur. Tout contrat se fonde sur la liberté de celui qui contracte — le droit suppose entre les « personnes » juridiques le même « état de nature ». Mais le postulat se retourne, plus on suppose libres les sujets soumis au droit, plus autoritaire devra être la contrainte que le droit fera peser sur ces libertés pour les accorder : le droit romain ne règne que dans l'arbitraire de l'empereur, le droit des « lumières » appelle la terreur, Fichte ne peut fonder sa doctrine sur la liberté absolue qu'en déduisant la nécessité d'une police absolue [1].

Le conflit des libertés n'offre aucune issue hors la montée aux extrêmes — la contradiction n'est pas levée par la conscience de la contradiction car s'il est contradictoire de lutter à mort contre un adversaire aussi résolu que soi, c'est seulement après coup qu'on peut estimer la fermeté de sa résolution. Hegel, comme Clausewitz, ne trouve de « cran d'arrêt » dans la montée aux extrêmes qu'à se référer à une nécessité imposée également aux libres adversaires; la rationalité structurale de la stratégie tenait aux possibilités d'équilibre des forces, celle de l'économie aux lois du marché, celle de la lutte des personnes doit être recherchée dans leur langue commune.

3

Toute solution d'une lutte à mort suppose trois éléments :
1) un moyen de la communication entre adversaires (ex. : armement, argent, etc.);

1. Si la liberté est infinie, « la limitation doit elle-même être infinie... Chaque citoyen n'occupera pas seulement un fonctionnaire, comme dans l'armée prussienne, où un étranger n'est surveillé que par un homme de confiance, mais une demi-douzaine au moins pour la surveillance, les comptes etc. et chacun de ces surveillants de même et ainsi de suite à l'infini ». *Diff.* p. 133.

199

2) la reconnaissance réciproque des deux adversaires comme libres (ex. : la personne juridique);

3) leur commune soumission à une contrainte qui les oblige (ex. : équilibre des forces, lois du marché).

Hegel trouve dans la langue le principe de toute « reconnaissance », c'est-à-dire de toute solution : elle présente l'unité des trois éléments. Elle s'affirme valeur d'échange par excellence et « résonne identiquement dans la conscience de tous », une communauté se reconnaît par le simple commerce des mots et ceux qui n'entendent pas sont exclus, barbares[1]. En elle, locuteur et récepteur échangent sans cesse leur rôle, ils sont égaux parce que quelconques, elle se dévoile « unité de deux sujets libres »[2]. Enfin, « œuvre d'un peuple » elle fait peser sur tout individu la contrainte d'une œuvre qui lui préexiste.

Modèle de toute solution, la langue en est aussi le *secret* pour autant qu'en elle l'esprit d'un peuple instaure une communauté antérieure à toute opposition[3]. Cela, Rousseau l'avait déjà proclamé. Hegel ira plus loin. De la lutte à mort, le langage n'est pas seulement un substitut possible, mais la nécessaire solution.

La *nécessité* ne s'en démontre que par un détour, la langue ne précède ni ne succéde à la lutte à mort mais l'instaure, la développe et la conclut; la solution de la lutte se trouve dans la lutte parce que la lutte elle-même n'est que dans le langage.

4

La matrice de la lutte à mort s'établit par l'unique raison qui motive l'opposition des combattants, fixe les enjeux, détermine les armes et conditionne une solution. C'est la structure du langage qui la donnera.

Rousseau avait déjà noté que le simple voisinage naturel entraînait moins la guerre absolue que la cohabitation indifférente[4]. Aussi n'est-ce pas matériellement mais linguistiquement que chaque individu exclut l'autre. La première déclaration, quoi qu'elle dise, est

1. *I.P.G.*, p. 235.
2. R., T. II, p. 183.
3. *I.P.G.*, p. 271.
4. « Partout régnait l'état de guerre, et toute la terre était en paix. » *Orig. des langues.*

une première déclaration de la guerre de tous contre tous : le discours, dans son intonation, « est le corps de l'absolue individualité »[1].

La langue parle, qui l'écoute devient conscience, « extirpe de soi toute particularité ». Les individus ne sont pas individus par leur corps sensible ou sensuel auquel ils meurent d'écouter et de prononcer un mot, le ton du discours suffit à les isoler, ils se découvrent pur point, « abstraction absolue ». La lutte à mort s'instaure avec l'apparition du discours parlé par quoi deux consciences se reconnaissent certes, mais se reconnaissent comme enfermées chacune dans une solitude exclusive.

L'intonation du discours sonne comme le défi d'une solitude à une autre solitude. Mais le son n'est pas la marque apposée par la subjectivité à l'impersonnalité du discours : pour des raisons linguistiques et non psychologiques, il n'y a pas de discours sans ton. Nommer est un acte d'autorité, l'arbitraire de l'intonation exprime la violence qui impose le nom à l'objet et rompt tout lien naturel entre les choses et les êtres[2]. La langue ne se donne pas dans la musique des passions (Rousseau), elle est rupture; nécessaire, la lutte entre ceux qui, jouant d'elle, disposent du pouvoir le plus arbitraire; que je nomme « âne » un âne, il ne protestera pas; que je nomme âne un homme, il ne pourra me répondre, en dernier recours, que par des coups[3].

Toute lutte surgit de l'usage des signes, même la plus économique qui ne naît pas directement de la propriété mais de son signifiant.

1. S.S., p. 431-432 : « Le timbre du métal, le murmure de l'eau, le bruissement du vent ne proviennent pas de l'intérieur, de la subjectivité absolue pour se muer en leur contraire, ils sont produits par une agitation externe... La plupart des animaux crient dans un danger de mort, mais ce n'est qu'une exhalaison de la subjectivité, quelque chose de formel, même son articulation la plus soignée, le chant des oiseaux, ne vient pas de l'intelligence, de la transformation préalable de la nature par la subjectivité. L'absolue solitude... manque à l'animal qui ne s'est pas ramassé sur soi et ne trouve pas voix dans la totalité qui apparaît dans cette solitude... Au contraire, la corporéité du discours condense la totalité en l'individu. »

2. « Adam attribua un nom à toute chose (...) l'esprit se rapporte à lui-même, il dit à l'âne tu es quelque chose d'intime — intimité que je suis — et ton être est un son, que j'ai inventé arbitrairement. « Ane » est un *son*, entièrement différent de l'être sensible lui-même. Pour autant que nous le voyons, le sentons ou l'entendons nous ne faisons qu'un, immédiatement, avec lui, il nous remplit. Mis à distance en tant que nom il est quelque chose de spirituel, d'absolument différent. » R., T. II, p. 184.

3. Hegel cite Lichtenberg : « Si quelqu'un disait : tu agis vraiment comme un honnête homme mais je vois sur ta figure que tu te contrains et que tu es un fripon dans ton cœur, sans doute jusqu'à la consommation des siècles, un brave garçon riposterait à un tel discours pas un soufflet. » *PhG.*, T. I, p. 267, 268, 281.

Une chose n'est mienne que par une marque, le simple fait que je la travaille vaut seulement comme un signe : ce qui est ainsi désigné comme mien, l'autre ne doit pas le toucher. Mais quelque frontière que je trace « cette désignation est toujours contingente », que je délimite un champ avec ma charrue ou que je prenne possession d'une île par une simple flèche, les signes que je manie m'investissent d'un pouvoir aussi absolu qu'arbitraire : « le signe a une extension illimitée »[1]. Ma possession, la plus infime et la plus légitime, est déjà usurpation dans le pouvoir où je la marque comme mienne, c'est par l'envol du signe que toute propriété est vol.

La puissance de la langue oppose ceux qui en usent et détermine leur enjeu commun. « L'empire des noms » garantit à Adam le gouvernement des choses[2]. La même puissance ou négativité[3] s'exerce une deuxième fois dans le contrat qui égalise des choses naturellement inégales; disposant de l'arbitraire du langage, les propriétaires se soumettent à l'arbitrage du contrat et se garantissent mutuellement leurs possessions.

Le signe est arbitraire, donc le contrat peut poser l'équivalence des choses particulières (leur valeur d'échange). Le signe possède une extension illimitée, dont le contrat est général et porte sur l'ensemble des choses. Enfin le signe est une forme idéale, il ne vaut pas seulement hic et nunc, donc le contrat peut instituer l'équivalence de l'échange et de la promesse d'échange. Ainsi le contrat définit pleinement l'enjeu de la lutte, qui ne sera ni la victoire ni la défaite des combattants — impasse du Maître et de l'Esclave — mais le pouvoir sur les choses que le langage confère.

La lutte à mort est une lutte pour le tout (contrat) mais plus encore elle est une lutte du tout pour le tout. Le contrat ne porte que les choses[4] et suppose que se soient préalablement reconnues les per-

---

1. R., T. II, p. 205-208. La matrice linguistique gouverne la lutte économique elle-même dans les textes du jeune Hegel, c'est de l'oublier qui permet à Thao de voir le secret de la Phénoménologie de l'Esprit dans une dialectique économiste de rapports de production. Ce qui n'est qu'une version du marxisme et l'inversion de l'hégélanisme, cf. T.M. sept. 48.

2. « Par le trûchement du nom, l'objet est tiré du moi et posé comme être. C'est la première puissance créatrice qu'exerce l'esprit. Adam attribua à toute chose un nom. Ici est le droit souverain et la première prise de possession qui s'exerce sur la nature toute entière, c'est la création de celle-ci à partir de l'esprit — Logos est raison, essence des êtres et discours, chose et parole, catégorie. » R., T. II, p. 183.

3. R., T. II, p. 230.

4. S.S., p. 444, 445, R., T. II, p. 221.

sonnes, sujets mais jamais objets du contrat. Leur égalité s'affirme devant la mort dans le combat, elle est aussi l'annonce de toute parole quand elle se nomme : « lorsque je dis *moi*, ce moi *singulier-ci*, je dis en général *tous les moi*, chacun d'eux est juste ce que je dis : moi, ce moi singulier-ci »[1].

L'égalité est identique devant la mort et dans la langue, mais seule la langue la perpétue. Si l'égalité de la mort ne peut être absolument imitée dans la vie, elle peut être dite : la langue d'un peuple aussi bien que sa constitution se fonde sur « l'abstraction absolue » opérée non plus sur les choses, comme dans le contrat, mais sur les personnes. Dans la mort dite, la menace peut valoir pour la réalité, la lutte à mort être interrompue et l'homme se définir par sa « capacité de mourir » avant que de mourir réellement.

Ainsi la langue pose les adversaires, les enjeux, le combat et la solution possible, c'est elle que nous rencontrons à chaque moment de la lutte à mort.

5

Le seul postulat de la lutte à mort : l'homme parle. Deux désirs s'affrontent nécessairement, non parce qu'ils se disputent le même objet — circonstance contingente — mais parce qu'une parole illimitée les habite : le désir est fini dans son objet, infini quand il se prononce[2]. Que chacun dise seulement ce qu'il voit, ce qu'il veut ou ce qu'il croit, l'action devient négative, la mort plane[3]. Ce n'est pas l'animalité qui oppose les combattants, ce n'est pas la raison qui les rassemble; l'extension illimitée du combat et la communication dans celui-ci doivent être rapportées au pouvoir universel que confère l'usage des signes. Tous les « postulats » que Kojève isolait ne font donc que répercuter le même enracinement de la conscience dans le langage L'homme est un loup pour l'homme parce qu'il est son interlocuteur privilégié.

1. *PhG.*, T. I, p. 86.
2. « Nous ne nous *représentons* pas assurément le ceci universel ou l'être en général, mais nous prononçons l'universel. En d'autres termes, nous ne *parlons* absolument pas de la même façon que nous *visons* (quelque chose) dans cette certitude sensible. Mais, c'est le langage qui est le plus vrai. » *PhG.*, T. I, p. 84.
3. « Moi, je vois l'arbre et l'*affirme comme l'ici;* mais un autre moi voit la maison et affirme que l'ici n'est pas un arbre, mais plutôt une maison. Les deux vérités ont la même authenticité, précisément l'immédiateté du voir, la sécurité et l'assurance des deux moi sur leur savoir, mais l'une disparait dans l'autre. » *PhG*, T. I, p. 86.

Hegel évite ainsi la contradiction poussant Rousseau et Hobbes à conférer double origine à la société. Lutte à mort et langage font jouer le même type de relations. Pourtant le langage d'un peuple est propre à ce peuple, s'il rend possible l'entente à l'intérieur, à l'extérieur la lutte subsiste. Longtemps Hegel a pensé qu'il n'y avait pas de langage universel, que tout langage n'était que langage d'un peuple qui trouve dans la guerre son unité première et dernière [1]. Lorsqu'il entreprend d'écrire la Phénoménologie une mutation s'est opérée, sa référence n'est plus l'esprit d'un peuple (Volksgeist) mais l'esprit du monde (Weltgeist), son discours, celui de l'histoire universelle.

Le langage d'un peuple n'introduisait rien d'étranger à la lutte à mort, quelque chose de plus pourtant : la langue où s'affirme l'esprit de la communauté est plus réelle que la lutte où il se dissout [2], elle dit la vie, les mœurs, la beauté d'un peuple. Certes, seule la guerre et la lutte permettent d'en découvrir le prix, dans la paix un peuple perd son unité et oublie sa beauté — cependant la mort mesure dans l'unité inconsciente d'un peuple ce qui ne vient pas d'elle, elle fait scintiller un caillou blanc, don d'Athéna.

La politique moderne n'admet aucune solution inconsciente, préexistante à la lutte : le vrai est devenu sujet, affirme Hegel. La lutte à mort est un horizon indépassable, non seulement le langage dit la mort, mais il ne dit qu'elle. Personnes ou nations, si des adversaires s'entendent c'est à partir de la mort qu'ils se promettent réciproquement. *Ils n'entendent rien d'autre.* Le langage universel est mort qui parle. Les peuples du passé ont disparu, ils ne pouvaient supporter cette vérité qui seule les soutenait, les temps modernes commencent à l'assumer : « la beauté impuissante abhorre l'entendement parce qu'il exige d'elle ce qu'elle ne risquera jamais. Ce n'est pas la vie qui recule d'horreur devant la mort et se préserve pure de la dévastation, mais la vie qui supporte la mort et se maintient en elle qui est la vie de l'esprit » [3]. Tout sens est sens de la mort du sens — ici la Phénoménologie de l'Esprit inaugure l'Illiade qui mène de l'empire du discours à l'empire du monde.

Dans le domaine de la représentation le discours semble se diviser, la prudence veut distinguer la lutte et la parole, elle prétend inaugurer

1. *I.P.G.*, p. 235.
2. *I.P.G.*, p. 271.
3. *PhG.*, Préface.

le règne pacifié du débat politique. La sagesse tragique révèle que la violence couve dans la parole d'Antigone, plus terrifiante que toutes les armes de Polynice. La théorie politique moderne, quoiqu'elle en ait, confirme : la langue qui constitue l'unité de la communauté devient police contre la guerre civile, armée contre les peuples étrangers. La prudence, cherchant la paix dans la parole, multiplie la violence stratégique par la violence politique. De l'unité incassable du discours de la guerre Hegel tirera sa conséquence.

L'EMPIRE DU DISCOURS

Rien ne préexiste à la lutte, ne survit à côté d'elle, ni ne se préserve en elle. Chaque nation perd son île, nulle conscience ne sauve son hâvre, toute société rencontre la révolution; s'il existe un monde il ne trouvera son principe qu'à regarder la mort en face, elle seule garantit à tous un destin égal. Le son des canons ponctua les dernières pages de la Phénoménologie à Iéna, il ne s'est pas éteint depuis ce temps-là.

Pour la première fois le fracas des armes n'introduit pas dans le discours philosophique des bruits parasites. Disparue l'idéale Grèce du jeune Hegel, où l'esprit du peuple s'auréole d'une beauté inconsciente antérieure à la violence des consciences. Il faut désormais qu'un ordre surgisse à partir de la lutte et de la mort, d'elles seules. Comment, parce que *rien* peut être pour tous, les plus grands espoirs sont permis; comment le règne de la terreur se convertit en paix; comment la dissuasion réciproque fait que la persuasion commune arrive — les questions qui agitent nos prières et notre papier journal,

206

Hegel le premier les trouva fondamentales, à voir dans les fumées de la poudre s'élever l'esprit du monde.

La devinette philosophique se fait partout écho. Dramatiquement : qu'est-ce qui arrête deux adversaires emportés par une lutte à mort, leur permet de s'entendre sans les précipiter dans l'impasse du maître et de l'esclave ? Historiquement : que signifie Napoléon qui fait de la révolution, ordre, de la guerre, empire, de la terreur, autorité ? Logiquement : quelle solution entraîne l'équivalence de la lutte à mort et de la langue en une même matrice; de ce que l'homme lutte et meurt parce qu'il parle peut-on conclure que les hommes parlent et se lient parce qu'ils meurent ?

Hegel a l'insolence de donner la réponse, sans pousser l'outrecuidance à prétendre qu'elle sera entendue. Terminant la préface de son grand œuvre, il s'interroge sans illusion sur son retentissement; l'avant-dernier paragraphe cite deux fois les Evangiles pour justifier l' « action lente » de sa philosophie, le dernier est une protestation de modestie : « Du reste nous vivons aujourd'hui à une époque dans laquelle l'universalité de l'esprit s'est renforcée... aussi la part qui, dans l'œuvre totale de l'esprit, revient à l'activité de l'individu, peut être seulement minime » — pour l'individu qui ne parle que de cette œuvre totale de l'esprit, y-a-t-il façon plus discrète d'affirmer : que tous m'entendent ou personne, je suis une fatalité ?

La réponse est difficile parce que dure. Ce ne sont pas les raisonnements philosophiques qui la cèlent, ils se font complexes, voire abstrus, seulement lorsqu'ils doivent la révéler dans les détours mêmes que nous décrivons pour l'éviter. La vérité n'est pas seulement dans l'œuvre du penseur, elle est dans l'époque, elle est là « depuis le commencement ». La réponse, la tragédie grecque en a fait son secret, les croisés l'ont reçue, qui découvrent que la présence suprême « n'est que le sépulcre de (leur) propre vie », les révolutionnaires l'ont prononcée, le Christ l'a révélée — une seule réponse : la mort, vérité dure à subir, plus difficile encore à recevoir jusqu'à ce que Hegel fasse savoir que la mort a réponse à tout, répond de tout, et qu'en elle toute parole qui lie une communauté « chaque jour meurt et ressuscite »[1].

---

1. Les croisés, *PhG*, T. I, p. 184; la révolution cf. Hoffm; p 359 : « la réponse que donnait Robespierre à tout ... c'était : *la mort!* Son uniformité est particulièrement ennuyeuse, mais elle convient à tout (...) je peux tout tuer, tout soumettre à mon abstraction (...) tout surmonter. Mais le plus haut qu'on doive surmonter est précisément cette liberté, cette mort même » et *PhG* II, p. 130... la mort du Christ : « la mort n'est plus ce qu'elle signifie immédiatement, le *non être* de *cette* entité *singulière*, elle est transfigurée en l'*universalité* de l'esprit qui vit dans sa communauté, en elle chaque jour meurt et ressuscite » *PhG.*, T. II, p. 286.

I. — L'INTERRUPTION

Deux adversaires doivent lutter à mort pour s'administrer la « preuve suprême ». Toute cessation des hostilités suppose entre eux l'accord, sinon, trêve ou leurre, elle porte sa charge de revanche : pour épargner un combattant et le réduire en esclavage le « maître » doit supposer que son adversaire ne rêve pas de reprendre le dessus, et l' « esclave », pour poser les armes, doit juger que le maître l'épargnera — les deux sont noués par un contrat tacite qu'ils oublient l'un et l'autre, leur relation ne sera pas le moteur de l'histoire mais son impasse.

L'accord qui met fin au combat suppose :
1) que chacun *renonce* à la preuve suprême;
2) que ce renoncement s'impose aux *deux* adversaires;
3) qu'il s'impose *en même temps;*
4) et de la *même façon* i.c.e. qu'ils en tirent les mêmes conséquences.

208

On peut donner à ces conditions une signification stratégique simple, la fin de la belligérance suppose qu'on ait abandonné la montée aux extrêmes, préféré des négociations bilatérales, obtenu un cessez-le-feu et précisé les clauses du traité de paix.

La « Phénoménologie de l'Esprit » fait la théorie générale de ces conditions. Chaque grande étape de sa progression en isole une pour la suivre dans ses dernières conséquences. Le stoïcisme et le scepticisme disent qu'il faut renoncer absolument à la lutte absolue, et la conscience malheureuse vit cette unique sagesse dans le déchirement [1]. Les deux adversaires doivent tous deux interrompre la lutte parce qu'ils sont également mortels, privilégier cette seconde condition c'est prétendre les considérer comme déjà morts; tel sera le point de vue de la « Raison » [2] dont la science affirme que « l'être de l'esprit est un os ». L' « Esprit » [3] vit politiquement, culturellement et intimement cet « en même temps » où les combattants se rencontrent, sur la scène tragique, par la terreur qu'exercent les factions révolutionnaires, dans la communion de la « double confession » où les âmes s'épanchent les unes dans les autres. La « Religion » [4] montre que tout est la conséquence univoque de cet accord qui « chaque jour meurt et ressuscite ».

Le savoir absolu [5] de Hegel noue les conditions et justifie le renoncement premier; le stoïcien croyait renoncer à tout, en fait tout naît et renaît sans cesse de ce renoncement perpétué.

Les quatre conditions s'imposent comme un ensemble. Lorsqu'on en privilégie une seule, on ne peut la maintenir; la logique qui les rend complémentaires prend sa revanche et bouscule l'unilatéralité des points de vue. La « Phénoménologie » apparait ainsi comme une série de luttes et de solutions partielles qui font rebondir le combat. Chaque acteur croit lutter pour la paix; en se réclamant d'une seule condition, il déclenche, comme Antigone et Créon, une nouvelle lutte à mort qui se retournera contre lui. Ce retournement n'est pas toujours identique, il dépend de la paix que vise le combattant. Seuls, le stoïcien et son entourage échappent à ce destin : ils ne s'y risquent pas, aussi seront-ils incapables de maîtriser la dévastation qui ravage, de l'intérieur et de l'extérieur, l'empire romain.

1. *PhG.*, T. I, p. 167-192.
2. *PhG.*, T. I, p. 194-fin.
3. *PhG.*, T. II, p. 1-200.
4. *PhG.*, T. II, p. 201-290.
5. *PhG.*, T. II, p. 290-fin.

1

Les crises ponctuant la progression de la Phénoménologie sont d'espèces diverses. Toutes manifestent la pression exercée par l'ensemble des quatre conditions sur l'acteur qui n'en accepte qu'une. La nécessité qui les impose n'attend pas une prise de conscience, elle s'affirme dans la lutte et par la lutte.

D'abord, par les coups. Hegel est le premier penseur qui ait tenu la gifle pour un argument philosophique irréfutable [1]. Elle désarçonne la « Raison » soit l'écran où apparaît seule la seconde condition. Les adversaires qui veulent interrompre la lutte peuvent se placer hypothétiquement *après* la lutte — dans la perspective de la « raison observante » — ou *avant* la lutte — c'est « l'actualisation de la conscience rationnelle » [2]. Dans le premier cas la raison ne veut connaître ni langage ni signe, elle se place au-delà de toute question et ne voit que « chose morte » [3] en toute activité. Puisque nous pouvons chacun la mort de l'autre, admettons que nous sommes morts. Dans le second cas la raison se réclame d'un « sentiment de confiance », [4] elle exclut toute méfiance stratégique, elle veut vivre sans se référer à la lutte, dans le règne du plaisir, du cœur ou de la vertu.

Seule la mort peut en effet forcer les deux adversaires à renoncer : les lutteurs se condamnent réciproquement à mort, « donc » les mortels sont condamnés à ne pas lutter. La raison tire argument de ces deux vérités sans savoir que seule la lutte à mort les impose, elle a « oublié » le chemin qui conduit à ce renoncement [5], elle a oblitéré le combat qui fonde la nécessité des accords. Le cours du monde semble régi par l'opposition violente des adversaires, mais la raison vertueuse « a soigneusement mis en réserve un piège », elle parle au nom des deux adversaires, elle dit leur fraternité; il faudra bien qu'ils vivent ensemble, comme avant, ou qu'ils meurent tous deux, après.

Vulgairement, la raison dit : il faut voir après; le cours du monde, qui a ses raisons, répond : on verra après. Le « il faut » dont se réclame la raison vertueuse ne s'impose que de la lutte qu'elle refuse. Le cours

---

1. *PhG.*, T. I, p. 267, 268, 281.
2. *a)* Raison observante *PhG.*, T. I, p. 205-287.
   b) Actualisation de la conscience rationnelle *PhG.*, T. I, p. 288 sq.
3. *PhG.*, T. I, p. 283
4. *PhG.*, T. I, p. 293.
5. *PhG.*, T. I, p. 198.

du monde fait la guerre. Il nie tout devoir imposé de l'extérieur, « sa force est alors le principe négatif pour lequel il n'y a rien de subsistant, rien d'absolument sacré, ce qui peut risquer et supporter la perte de toute chose, quelle qu'elle soit. La victoire est donc certaine... » La vertu ne peut pas faire la guerre à la guerre, elle ne se reconnaît pas d'ennemis, elle parle au nom de tous, sa lutte « peut seulement être une fluctuation entre conserver et sacrifier, ou plutôt il ne peut y avoir de place ni pour sacrifier ce qui est propre, ni pour blesser ce qui est étranger ».

La « raison » a oublié que renoncer ne suffit pas, il faut renoncer en même temps. Ce temps commun est le présent du combat, le cours du monde; se plaçant avant et après la raison voulait le prendre à revers; « le cours du monde est la conscience éveillée, certaine de soi-même, qui ne se laisse pas prendre à revers et fait front de tout côté; en effet le cours du monde est de telle nature que tout est *pour lui*, que tout se tient *devant lui* ». La raison « observante » reçoit les soufflets, lorsqu'elle se veut active elle est à nouveau victime, car « elle a entrepris la lutte pour préserver les armes »[1].

2

Au soufflet succède l'évanouissement. Si la Phénoménologie règle finalement les problèmes de la « raison » à coups de canon, elle fait disparaître « l'esprit » comme s'éclipse une dame de la bonne compagnie, il aura ses vapeurs et exigera les sels de la « religion ».

Pour que deux adversaires s'entendent, il faut qu'ils le veuillent *en même temps*, « l'esprit »[2] emprunte sa puissance à la troisième condition de tout accord. Il se réclame de l'unité de la scène tragique, de l'universalité de la philosophie des lumières, de la radicalité de la révolution. La raison parlait de la fraternité des adversaires hors le champ de bataille, l'esprit se réfère à la présence de tous dans la lutte : « le ciel est descendu et transporté sur la terre ». Pas plus que la raison, l'esprit n'est la voix solitaire d'un seul des adversaire, il parle pour tous, « c'est la force du parler comme telle »; tandis que la raison qui oblitérait la bataille était toujours défaite, l'esprit sera toujours victorieux, il est le cours du monde. Ainsi le rationalisme du XVIIIe siècle exerce sur la foi « le droit absolu de la violence »

---

1. *PhG.*, T. I, p. 313-321.
2. *PhG.*, T. II, p. 1-200.

parce qu'il a « rassemblé » toutes les pensées que la conscience croyante — « elle a des yeux et des oreilles doubles » — tenait éparses; la foi ne peut combattre les lumières qu'en lui empruntant les armes, l'esprit qui prononce le « en même temps » du combat triomphe par contagion.

L'esprit proclame que les adversaires usent des mêmes armes sur le même terrain — quand les adversaires, pénétrés par l'esprit, veulent énoncer ce qui les oppose, ils disent nécessairement la même chose. Au comble de la terreur disparaît toute différence, les factions se condamnent réciproquement, la sentence qui tranche est identique au gémissement qui expire : la liberté ou la mort. Que les adversaires sacrifient tout à leur lutte et qu'ils la disent jusqu'au bout, plus rien alors ne les distingue, aucune parole ne soutiendra plus leur adversité : ils s'évanouissent ou « se désistent », leur discours se suicide [1].

Si la lutte se termine de devenir muette, l'esprit n'a plus rien à dire, il s'évanouit aussi. Le silence qui règne alors est menaçant, l'homme parle nécessairement, il risque de reprendre le discours à son origine en recommençant la lutte. Cet éternel retour, Hegel l'envisage [2] mais il l'interrompt par un troisième coup de théâtre.

3

La « religion » est le point de vue qui permet aux adversaires de tirer la même conséquence de la fin du combat — la quatrième condition de leur accord. La religion se distingue de la croyance ou de la foi : la « raison » se définit par les coups qu'elle suscite et reçoit, l' « esprit » par le suicide qu'il propage, la religion s'affirme dans le dévoilement [3] qui prend le relais du soufflet et de l'évanouissement.

Pour que la paix soit *la* conséquence de la guerre, il faut que la quatrième condition prolonge les trois autres; la religion rassemble la « substance terrifiante » du cours du monde et la « confiance » de la raison, les lumières de la révélation ne rencontrent plus rien d'étranger; le philosophe du XVIIIe siècle éclairait un monde rebelle, désormais le Christ vit dans la communauté. Ce point de vue noue les deux qui précèdent, la mort était d'abord reçue, puis donnée et reçue en même temps, la religion montre que tous peuvent la voir de même façon,

1. *PhG.*, T. II, p. 189, 200.
2. *PhG.*, T. II, p. 138.
3. *PhG.*, T. II, p. 206, 216, 256.

elle opère la mise à nu de la mise à mort. Dieu est Verbe, Dieu est Mort, l'esprit qui dévoile ces deux vérités comme conséquentes l'une et l'autre est saint, en lui « la communauté tous les jours meurt et ressuscite ».

Hegel ne propose pas une solution religieuse au conflit. Pour lui la quatrième condition est inaugurée par le dévoilement religieux d'une façon aussi directe que le soufflet et l'évanouissement ont imposé les deux précédents. Dans les trois cas la preuve vivante est administrée isolément. L'histoire et la logique devront démontrer que les quatre conditions ne sont pas seulement complémentaires mais identiques à l'intérieur de la matrice qui gouverne aussi bien la lutte que le langage.

4

L'éternelle et lassante comptine du bon sens veut qu'il soit contradictoire de poursuivre jusqu'à son terme une lutte qui aboutit à la mort commune des adversaires. Le bon sens n'hésitera pas à prêcher mille fois cette grande vérité, pourtant il se tait lorsqu'on lui pose une seule question : *quand* y a-t-il contradiction ? La contradiction est réelle quand la lutte est réelle, elle est absolue quand la lutte est absolue, le bon sens persuadera les adversaires mais ceux-ci seront morts.

L'interruption de la lutte est aussi brutale que la lutte, Hegel n'en cherchera pas le secret dans une prise de conscience inspirée par le bon sens. Le principe de contradiction affirme qu'une même chose ne peut pas être et ne pas être en même temps (ἅμα) et sous le même angle[1]. Ce principe ne joue dans la lutte à mort que si les quatre conditions valent déjà pour les adversaires.

Ils doivent alors :
1) penser;
2) la même chose (la mort égale pour les deux);
3) en même temps (dans le présent du combat);
4) sous le même angle (que le dévoilement religieux définit).

La prétendue conscience d'une contradiction n'est donc pas la cause de la fin des combats. Au contraire la fin s'impose de la même

---

1. Aristote, *Métaphysique*, VI.

façon que le combat, elle bouscule les ratiocinations du bon sens par
« une violence aussi imprévue qu'arbitraire »[1].

Il reste à faire la démonstration que le soufflet, l'évanouissement
et le dévoilement ne sont pas des interruptions vides, simples hoquets
dans un conte « signifying nothing ». C'est la tâche qu'assigne Hegel
aux trois disciplines du savoir absolu : l'histoire, la révélation et la
logique le montreront, tout conflit est gouverné et gouvernable par
l'ensemble de ces quatre conditions que la lutte à mort noue et que le
langage trame.

1. *PhG.* **Préface.**

A coups de canons, d'esprits et de religion, la Phénoménologie dévoile « l'âme du monde ». Hegel pourtant ne la nomme pas, lui qui avoue, dans sa correspondance privée, l'avoir vue passer sous ses fenêtres au lendemain de la bataille d'Iéna. Le livre propose un concept. Le royaume des esprits et l'empire du monde sont régis par une même organisation [1]. La politique du jour apporte un nom, Napoléon.

La Phénoménologie s'avance masquée, le « prodigieux travail de l'histoire du monde » qu'elle résume, procédera par trois fois au sacre d'un empereur anonyme. Ce silence est plus inquiétant que le nom qu'il dissimule. Hegel n'est pas un philosophe ébloui, il décrit la

1. Dernière page de la *Phénoménologie :* Geisterreich, Reich der Welt, Organisation.

nécessité de sa vision, l'histoire universelle est un système optique qui ne peut être mis au point que sur un seul objet ; le nom qu'on lui donne importe peu, s'il tire son autorité de ce que la fin de l'histoire est nécessairement la paix par l'empire.

Ce n'est pas ce que, de sa fenêtre, voit Hegel qui nous retient, mais son œil, le regard qui fait lever du champ des batailles mondiales l'ombre d'un empereur.

1

La position politique de Hegel est claire, Napoléon est un bien pour l'Allemagne incapable de s'unifier par ses propres moyens [1]. C'est un bien pour le continent, il met fin par la guerre aux guerres européennes. C'est un bien pour le monde, il termine ou évite les révolutions en organisant rationnellement l'Etat.

La victoire de Napoléon est nécessaire, rares sont les Allemands qui, comme Goethe, l'ont comprise et acceptée ; la science hégélienne manque, « la science seule est la théodicée ; elle nous gardera tout autant de l'étonnement animal devant les événements que de l'attitude plus intelligente qui les attribue aux hasards de l'instant ou au talent d'un individu, qui fait dépendre le destin des empires d'une colline occupée ou non occupée ; elle nous gardera de nous lamenter sur la victoire de l'injustice ou la défaite du droit ». Hegel l'écrit trois mois après Iéna, il l'avait déjà affirmé avant, dans la Phénoménologie [2]. Le philosophe avait même pensé la bataille d'Iéna avant qu'elle n'ait lieu, l'Allemagne était la Vertu impuissante et hésitante, Napoléon est le Cours du Monde dont la victoire est « certaine » [3].

---

1. Die Verfassung Deutschlands.

2. Lettre à Zellmann, 23-1-1807. Correspondance I, p. 129, cf. *PhG.*, T. I, p. 320 et *PhG.*, T. II, p. 195 : « il n'y a pas de héros pour son valet de chambre, non parce que le héros n'est pas un héros, mais parce que le valet de chambre est — le valet de chambre ». Goethe qui partageait avec Hegel le culte d'une personnalité précise lui a emprunté la formule.

3. Comparer : *PhG.*, T. I, p. 317 : la force du cours du monde « est alors le principe négatif pour lequel il n'y a rien de subsistant, rien d'absolument sacré, ce qui peut risquer et supporter la perte de toute chose, quelle qu'elle soit — sa victoire est donc certaine... » et Correspondance, T. I, p. 130 : « Grâce au bain de sa révolution, la nation française n'a pas seulement été libérée de beaucoup d'institutions que l'esprit humain sorti de l'enfance avait dépassées... mais en outre l'individu s'est dépouillé de la peur de la mort et du train habituel de la vie, auquel le changement de circonstances a retiré toute solidité ; voilà ce qui lui a donné la grande force dont elle fait preuve à l'égard des autres. »

Le couple Napoléon-Hegel ne laisse pas d'intriguer. Ou bien le philosophe est un « réaliste » qui juge rétrospectivement, « toute action est égoïste et criminelle, tant qu'elle n'a pas réussi — or Napoléon a réussi »[1]; la Phénoménologie ne serait alors que la théorie justificatrice du fait accompli. Ou bien c'est un prophète; Napoléon devait réussir puisqu'en lui le philosophe reconnaît son idéal — mais le penseur postulerait alors arbitrairement que sa sagesse gouverne le cours du monde[2].

L'alternative est trop courte pour embrasser ou embarrasser la démonstration hégélienne. Le penseur n'est jamais un politicien réaliste qui attend que l'histoire soit terminée pour dire comment elle peut se clore, pour lui les faits ne parlent pas d'eux-mêmes, « ce qui est exprimé n'est jamais la pure expérience immédiate, mais l'expérience conçue; une expérience qu'on avance pour contester une vérité philosophique claire doit être elle-même contestée — car dans l'expérience réelle rien ne peut se produire qui contredise la vérité de la philosophie »[3].

Réciproquement, rien ne lui est plus étranger que la volonté de plaquer arbitrairement sur des faits indifférents les postulats d'une sagesse exprimant seulement une volonté particulière, non le secret de l'histoire elle-même — qui n'accepte aucune « volonté étrangère ».

Toute sa lecture de l'histoire s'efforce de montrer qu'une même nécessité impose la lutte à mort et sa solution dans l'empire. Napoléon pourra n'être pas nommé, les bons élèves saisissent le théorème général et sauront l'appliquer. Lire l'histoire n'est pas comprendre tout à partir de la figure sensible que nous présente le tableau noir du présent, c'est inversement comprendre cette figure et l'éclairer par le savoir de l'histoire du monde[4].

1. Kojève, *Introduction*, p. 153, 398.
2. Kojève, p. 290, 398, 438.
3. I.P.G., p. 268.
4. Hegel n'est pas seul à couronner Napoléon de palmes philosophiques. Le jeune Marx retrouve la très hégélienne liaison Révolution-Terreur-Guerre-Empire, dont il inverse le sens, Napoléon ne succède plus, en le garantissant, au règne du citoyen bourgeois, mais le précède : après lui la classe bourgeoise gouvernera pacifiquement : « Napoléon, ce fut la dernière bataille du terrorisme révolutionnaire contre la société bourgeoise et sa politique, également proclamée par la révolution. Certes Napoléon comprenait déjà la nature de l'état moderne; il se rendait compte qu'il était fondé sur le libre développement de la société bourgeoise, sur le libre jeu des intérêts particuliers, etc. Il décida de reconnaître ce fondement et de le protéger. Il n'était pas un terroriste rêveur. Mais Napoléon ne voyait

2

Le Livre ne propose pas une description mais une intelligence, il ne parcourt pas l'histoire une seule fois d'un bout à l'autre comme un manuel, il répète le même trajet déchiffré sous des angles nouveaux; l'élargissement de la perspective va de pair avec son approfondissement [1]. Le découpage qui rend l'histoire intelligible doit être cherché d'abord dans le plan de la Phénoménologie.

Deux séquences sont clairement distinctes : le chapitre sur « l'esprit » part de la politique grecque et nous mène à la culture philosophique allemande, via l'empire romain, la foi chrétienne, les

encore dans l'état que l'agent de ses propres desseins, et dans la société bourgeoise un bailleur de fonds, un subordonné ne devant pas avoir de volontés propres. Il pratiqua le terrorisme en remplaçant la révolution permanente par la guerre permanente... Même dans l'administration intérieure il combattait dans la société bourgeoise l'adversaire de l'Etat tel qu'il le comprenait...

Dans Napoléon, c'est le terrorisme révolutionnaire qui s'oppose une fois encore à la bourgeoisie libérale... en 1830 la bourgeoisie libérale finit enfin par réaliser ses dessins de 1789, avec une différence pourtant; son instruction politique étant achevée, la bourgeoisie libérale ne vit plus dans l'état représentatif constitutionnel l'idéal de l'Etat et ne se figura plus, en le réalisant, poursuivre le salut du monde et ses buts généreux et humains; elle y avait, au contraire, reconnu l'expression officielle de sa puissance exclusive et la reconnaissance politique de son intérêt particulier. » (La Sainte Famille, trad. Molitor, p. 220 et sq.)

A la fin du xixe siècle, Nietzsche reprendra l'apologie conceptuelle de Napoléon avec le même enthousiasme que Hegel : « C'est à Napoléon (et nullement à la révolution française qui visait à la « fraternité » des peuples et à d'universelles effusions fleuries) que l'on doit de pouvoir s'attendre désormais à une succession de siècles belliqueux sans précédent dans l'histoire, en un mot d'être entré dans *l'ère classique de la guerre*, de la guerre à la fois savante et populaire de la plus vaste envergure (quant aux moyens, aux talents, à la discipline), période que tous les millénaires à venir considéreront rétrospectivement avec envie et respect comme un morceau de perfection : — le mouvement national en effet dont procédera cette gloire belliqueuse, n'est qu'un contrecoup de l'action même de Napoléon et n'aurait pu se produire sans lui. Ce sera donc à lui qu'un jour on reconnaîtra le mérite d'avoir restitué à l'*homme* en Europe la supériorité sur l'homme d'affaires et le philistin; peut-être même sur « la femme » que le christianisme et l'esprit enthousiaste du xviiie siècle et davantage les « idées modernes » n'ont cessé de cajoler. Napoléon, qui tenait la civilisation avec ses idées modernes pour une ennemie personnelle, s'est affirmé par cette hostilité comme l'un des plus grands continuateurs de la Renaissance; c'est lui qui a ramené au jour tout un morceau de la nature antique, le morceau décisif peut-être, le morceau de granit. Et qui sait si ce morceau de nature antique ne parviendra pas à reprendre le dessus également sur le mouvement national, pour hériter et continuer au sens positif l'effort de Napoléon : lui qui voulait une seule Europe, comme on sait, et cela en tant que maîtresse de la terre. » (Le Gai Savoir, trad. Klossowski, N.R.F., p. 256-257.)

1. *PhG.*, T. II, p. 312.

« lumières », la révolution française. Le chapitre sur la « religion » débute bien avant, dans l'orient qui est origine de l'histoire, il se termine au même point de l'actualité. Reste une troisième séquence, tout le début de la Phénoménologie, que les commentateurs décrivent en général comme l'histoire non du monde mais d'une conscience individuelle.

L'interprétation du commencement de la Phénoménologie fait problème. Si la sensation, la perception, etc. peuvent être considérées comme des expériences subjectives, l'histoire s'introduit assez vite dans la figure du stoïcisme, du scepticisme et de la conscience malheureuse (chrétienne). Et le chapitre de la raison fait intervenir des situations où le commentateur ne peut s'empêcher de noter des références implicites à l'organisation médiévale du monde chrétien, à la Renaissance et à Napoléon [1]. L'historien relève ces incohérences pour conclure trop facilement à un travail bâclé résultant de l'entrecroisement des différents projets d'un Hegel indécis ou trop pressé [2].

Ces prétendues contradictions sont levées si l'on reconnaît dans le chapitre « La Raison » le premier parcours historique proposé par la Phénoménologie : depuis la chute de l'empire romain jusqu'à, de nouveau, l'époque contemporaine (Napoléon). Le plan de la Phénoménologie devient clair : Hegel analyse d'abord les éléments permanents du savoir et de l'existence, suivent les trois lectures de l'histoire, enfin le « savoir absolu » s'installe au point où toutes trois aboutissent.

Le début de la Phénoménologie n'est pas historique, toute civilisation et tout individu sent, perçoit, entend, parle et lutte à mort; toute pensée possède une face sceptique et une autre stoïcienne, toujours l'impasse du maître et de l'esclave risque de se reproduire — ainsi se trouve définie au départ une batterie d'éléments qui coexistent en toute vie, bien que chaque époque les utilise de manière différente [3]. Le livre se découpe en trois morceaux, la partie initiale décrit un ensemble synchronique, la partie médiane le développe en trois diachronies, le « savoir absolu » conclut en appliquant la première partie sur la seconde. Par là s'opère la preuve qu'aucune autre histoire ne peut plus être construite à partir des éléments donnés au départ.

1. Cf. les notes de l'édition Hyppolite.
2. O. Pöggeler, *Zur Deutung der Phänomenologie des Geistes*, Hegel-Studien 1.
3. On vérifiera facilement que la « raison » accorde un privilège relatif à la « Meinung » (idéalisme de l'observation) et au désir (raison « effective »), l'esprit se centre surtout dans le « aussi » de la perception et de la lutte à mort, la religion se réclame de l'organisation de l'entendement mais la communauté ne reconnaît pas les lois comme siennes et se fourvoie dans l'esclavage.

Le philosophe a le droit de conclure, l'histoire résout trois fois le problème posé par les hypothèses initiales, elle aboutit toujours au même point, et il n'y a pas d'autre solution possible. La preuve est ici strictement interne et ne dépend pas d'événements contingents, Napoléon a remporté la victoire d'Iéna dans la Phénoménologie avant de gagner sur le terrain [1].

Soit x le point où les trois trajets historiques concourent (on ne pourra le nommer Napoléon qu'après avoir établi la possibilité de son existence). De ce point on pourra voir l'unité de ces trois histoires, c'est la vision du Savoir Absolu — réciproquement ce point pourra être vu de trois perspectives différentes, trois chemins y conduisent; on s'accordera, mais pour des raisons particulières et à travers des discours distincts. La fin de l'histoire ne suppose pas l'uniformisation de la société hégélienne, les parcours historiques s'y sédimentent en trois classes qui, bien qu'inégales, voient sous leurs angles respectifs la même chose.

La triple vision de l'histoire proposée par Hegel s'applique sur la tripartition de la société et de la culture. Si on explore ce découpage, on atteindra le point unique qu'il cerne, où la mort parle trois fois.

3

L'histoire — comme toute société — est construite en amphithéâtre, autour d'une même scène les spectateurs se répartissent en trois catégories. Chacune dispose d'un collectif d'interprètes qui passent dans les rangs et donnent les explications nécessaires pour suivre l'action, ce sont les intellectuels. Ceux-ci ne forment pas une couche séparée, ils se définissent par le public auquel ils s'adressent et leurs problèmes sont à chaque fois spécifiques.

Collés à la scène, les paysans subissent le spectacle plus qu'ils ne le voient, ils ont la compréhension la plus tardive et la plus courte.

---

1. Ce type d'analyse fortement inspiré des mathématiques, on le reconnaîtra dans le rapport que C. Levi-Strauss établit entre la matrice synchronique du « triangle culinaire » et la diachronie intelligible des mythes qu'il organise dans « Le Cru et le Cuit ». Deux différences pourtant : le nombre des mythes est indéfini, la matrice ne permet pas une « fin de la mythologie », la succession qui rend ces mythes intelligibles les uns par les autres peut être construite avec plus d'arbitraire que ne s'en accorde Hegel. Il faudra déterminer chez Hegel le point qui permet de clore le développement.

2. Pour la société, cf. ci dessus p. 81 sq.; pour la culture, cf. préface *PhG.*, p. 21.

Ils ne commencent à s'intéresser à la représentation qu'à la fin de l'empire romain; le christianisme, leur ayant donné une « âme », s'est vu dans l'obligation de leur fournir en même temps une sagesse séculière qui deviendra le discours de la « Raison ». Ces paysans n'ont jamais fini de sortir de « l'immédiateté de la vie substantielle » pour se hausser à la « pensée de la chose en général » [1]. Les sentences auxquelles ils parviennent doivent être ponctuées par les interruptions du premier genre, la violence brutale des coups de bâtons et des batailles. Les intellectuels qui ont un tel public pour référence en viennent à se replier sur eux-mêmes, cultivant leur génie solitaire et malheureux, c'est le « règne animal de l'esprit » [2].

La vision de l'histoire que propose la « Raison » est celle de l'Europe chrétienne, depuis le Moyen Age jusqu'à la dissolution — fêtée par Hegel — du Saint Empire Romain Germanique, La Raison n'est pas le christianisme, elle est l'histoire profane du christianisme : la profanation de l'histoire par le christianisme. La Raison est matérialiste et scientiste (« l'esprit est un os »), mais le matérialisme, pour Hegel, est une invention chrétienne : « la nature séparée de l'essence divine est seulement le *rien* » [3]. De même, lorsque la Raison se veut active et vertueuse, elle est interrompue par des coups, par une violence inintelligible : lorsque l'esprit s'est religieusement retiré en lui-même, son actualité et son action prennent la forme d'un « événement inconcevable ».

La séquence historique théorisée dans la raison est en même temps le point de vue du paysan et celui de la politique chrétienne; la violence qui ponctue cette interprétation disciplinera le premier et détruira la seconde. La force du cours du monde l'emporte sur la sagesse ratiocinante : elle incarne le retour du refoulé. La « Raison » inaugure sa vision de l'histoire avec la décadence romaine — elle a oublié la politique grecque —, elle la clôt comme « raison législatrice » [4], elle est capable de comprendre le code civil mais elle a sauté par-dessus la révolution. Dans les deux cas, l'oblitéré est la lutte à mort politique, dans les deux cas le discours historique est troué. La Révolution étant la tragédie moderne, la raison conçoit l'histoire comme si elle n'avait

---

1. Préface *PhG.*, p. 21.
2. *PhG.*, T. I, p. 324. Dans tout le chapitre de la Raison, les intellectuels dont Hegel décrit le drame sont plus particulièrement les romantiques et préromantiques allemands, fixés dans leur culte du Moyen Age.
3. *PhG.*, T. II, p. 282.
4. *PhG.*, T. I., fin.

pas encore fait l'expérience politique du citoyen grec (elle est paysanne) ou comme si elle l'avait perdue (elle est chrétienne) [1].

Les spectateurs du premier rang ne voient pas tout ce qui se passe, et ce qu'ils aperçoivent ils ne se l'expliquent pas, leur raison est trop courte. Le paysan et le prince chrétien accepteront Napoléon, comme ils se sont toujours soumis à l' « audace tyrannique » [2]. S'ils ne pénètrent pas le secret de l'histoire, celle-ci s'impose à eux sous sa forme la plus nue : la guerre où l'emporte une force étrangère.

*
* *

A mi-hauteur, sur les gradins de l' « Esprit », les spectateurs forment une catégorie plus privilégiée. Les citoyens-bourgeois ne reçoivent pas seulement les coups, ils savent les distribuer; ils connaissent l'expérience politique de la Grèce et de la Révolution française et peuvent être acteurs. La guerre n'est pas pour eux une force étrangère qui ponctue leurs discours de l'extérieur, le secret de l'histoire n'est pas muet.

L'esprit surgit des silences de la « raison », celle-ci recevait des soufflets celui-là les applique la lutte à mort dont elle voulait à tous prix ne pas parler il en fait la référence ultime, l'esprit est la « perversion » de la raison [3]. Le point autour duquel la raison rôde, mais qu'elle ne touche pas, l'esprit s'y fixe pour faire graviter toutes choses autour de lui. Sa puissance naît avec la tragédie grecque, lorsque s'inaugure la répétition de la lutte à mort dans la parole; la culture qui s'accomplit dans la philosophie des lumières enlève des mains d'Athéna le caillou blanc et la révolution fera de chaque tête — coupée ou coupable — le refuge secret de l'histoire. L'histoire est de la lutte à mort.

Le commentateur qui circule pour expliquer le spectacle propose une autre interprétation : l'histoire de la lutte à mort est celle de la purification du langage; toujours, « nous voyons le langage se manifester comme l'être-là de l'esprit » [4]. La lutte à mort est une lutte pour fonder la communication, la terreur prouve que rien d'extérieur au discours ne peut le garantir — car le discours peut tout tuer : l'expres-

---

1. « On peut en effet aussi bien dire l'une ou l'autre chose » *PhG.*, T. I, p. 292-296.
2. *PhG.*, T. I, p. 282.
3. *PhG.*, T. II, p. 83 : le neveu de Rameau.
4. *PhG.*, T. II, p. 184-185 : « la bonne conscience ».

sion parlée de sa conviction « est la véritable actualité de l'opération et la validité de l'action ».

L'esprit qui pense la lutte à mort s'est affranchi de toute réalité, sa vie ne tient qu'au fil de sa parole, il « est maître sur tout fait et toute actualité, peut les rejeter et faire que ce qui est fait ne soit pas fait ». Désormais il n'y a pas de fait accompli, deux esprits ne pourront pas vouloir prouver leurs discours par des actes, ils ne pourront pas même se juger car la conviction de l'un vaut celle de l'autre, eu égard à « l'être-là spirituel du discours et l'égalité de l'esprit » [1].

La lutte à mort s'est « évanouie » deux fois, les citoyens se sont trouvés purement égaux devant la mort et les esprits dans le discours. Une nouvelle fois l'histoire se termine, le citoyen-bourgeois n'a politiquement plus rien à faire ni à dire; qu'on (= Napoléon) lui garantisse l'égalité qu'il a obtenue et l'ordre dont il a besoin, il retournera à ses affaires privées.

Le spectacle n'est pas terminé. Le citoyen peut encore apprendre deux choses :

1º que le point où se clôt son histoire détermine une solution, qu'un ordre fondé sur la double égalité de la mort et de la parole peut être établi.

2º que cette solution est seule possible, qu'il ne sera pas importuné ou enthousiasmé par la tentative de construire par une autre histoire un autre type de civilisation.

Ce savoir ne s'acquiert qu'aux gradins supérieurs du théâtre hégélien, lorsque le point de vue de la « religion » découvre l'ensemble des civilisations; l'histoire une nouvelle fois parcourue n'est pas seulement plus ample mais plus profonde, nous saisissons le « tout » que forme chaque civilisation et le principe de son unité [2]. Le bourgeois trouve la réponse à ses deux problèmes : l'expérience politique qu'il a faite, les autres civilisations la connaissent aussi, mais à travers la religion — elles lui montrent ainsi que l'égalité devant la mort et l'égalité dans la langue sont une seule et même vérité d'où tout ordre naît. La révélation que la religion apporte n'est pas essentiellement religieuse, elle indique que, bien plus qu'acte de prudence politique, l'acceptation

---

1. *PhG.*, T. II, p. 197 : « das geistige Dasein der Rede und die Gleichheit des Geistes » : « le mal et son pardon ».
2. *PhG.*, T. II, p. 207.

de l'autorité impériale reproduit le mouvement créateur par quoi toute culture s'affirme.

La raison vertueuse raisonnait autour de la mort (circum nihil), l'esprit poursuivait avec perversion la parenté de la lutte et du discours jusque dans la mort (ad nihil), la religion fera surgir de la mort (ex nihilo) un langage qui en projette, comme un faisceau, sur toutes choses, l'ombre absolue. C'est le moment de la conversion. La religion n'est plus interrompue par la violence ou l'évanouissement, non parce qu'elle évite l'interruption, elle dit elle-même ce qui fait irruption dans toute interruption [1] — elle est révélation continuée.

Révélation de quoi ? Aucun intellectuel-commentateur ne circule plus dans les travées supérieures pour annoncer la signification du spectacle — chaque religion est un théâtre total, le spectateur qui lui est contemporain s'y découvre sans explications subséquentes. Pour le spectateur final de l'histoire universelle les religions se commentent entre elles [2]. La religion est révélation : elle produit tous les secrets de mise en scène, la sienne propre autant que celles de l'esprit ou de la raison.

Lorsque avec le philosophe on aura scruté le dernier mystère de ce suprême spectacle, on saisira le regard qu'il jette sur l'âme du monde passant à cheval sous ses fenêtres, troisième sacre du dernier metteur en scène, nommé empereur.

---

1. *PhG.*, T. II, p. 209 : « la série que nous avons jusqu'ici considérée (= Raison, Esprit) marquait au cours de son progrès les retours (de la Vérité) par des nœuds formés à l'intérieur d'elle-même (= « interruptions ») mais se dégageait à nouveau pour continuer son progrès linéaire; désormais (= Religion) cette série est pour ainsi dire brisée en ses nœuds — les moments universels (= de l'histoire) —, et fractionnée en de multiples lignes rassemblées en faisceau... »

2. *PhG.*, T. II, p. 212 : « la série des religions diverses qui se produiront représente aussi bien seulement les cotés divers d'une religion unique ou mieux de toute religion singulière, et les représentations qui semblent caractériser une religion par rapport à une autre se retrouvent dans chacune... » De même, Levi-Strauss affirmera : « d'une certaine manière les mythes se pensent entre eux » (Le Cru et le Cuit, p. 20-21).

Le chapitre « Religion » clôt sur un appel : il faut revenir au présent, retrouver dans l'actualité la sagesse que la religion ne fait que prononcer, elle qui ne vit jamais que d'un passé révolu ou d'un avenir hors d'atteinte — Hegel a monté son dernier spectacle non pour que l'homme moderne se convertisse à une religion, mais afin qu'il opère, dans la réalité, cette conversion dont la religion dévoile la mécanique.

Avant de s'introduire dans la révélation religieuse, le citoyen-bourgeois croyait n'avoir plus rien à apprendre ; politiquement français, la terreur a été sa leçon, il est sceptique ; moralement allemand, goethéen, il sait qu'il ne faut pas juger autrui, c'est un stoïcien aimable. Pourtant il est inquiet, sa sagesse n'est pas celle du monde, il se demande si la révolution est à faire (en Allemagne) ou, éternellement, à refaire. Les Allemands sont « les juifs de l'Europe », citoyens errants du nouvel empire[1], doivent-ils attendre le messie, ou bien l'ont-ils sous les yeux ?

Cette situation semble la copie atténuée d'un original d'il y a dix-huit siècles. A cette époque, la religion grecque apporte la même « certitude de soi-même... comme langage pur » que répètera la philosophie des lumières et la pensée allemande. Et aussi, « de l'autre côté », l'empire, avec son droit rationnel comme avec son autorité et ses légions. On attend : « Le monde de la personne et du droit, la sauvagerie destructrice des éléments du contenu laissés libres, et également la personne pensée du stoïcisme, et l'inquiétude inapaisée de la conscience sceptique, constituent la périphérie des figures qui, rassemblées dans une attente ardente, se disposent autour du lieu natal de l'esprit[2]... » Le siècle est mûr pour la conversion : « les espérances et les attentes du monde précédent poussaient seulement à cette révélation pour avoir l'intuition de ce qu'est l'essence absolue et se trouver en elle. Cette joie vient à la conscience de soi et capte le monde entier, cette joie de se contempler dans l'essence absolue... »[3].

Les miracles n'arrivent pas qu'une fois — pour Hegel, ils ont toujours lieu ceux qui définissent le lieu où la lutte se convertit en accord, la guerre en Paix, la rivalité brutale en culture commune. Toutes les religions disent le secret de cet unique miracle, Hegel le dévoile à l'homme moderne qui n'attendra plus mais verra.

1

Terreur et confiance font le berceau de la religion[4], la première élève un dieu au-dessus de l'homme, la seconde rapproche — mais jamais leur complémentarité ne s'abolit. La confiance libre de toute terreur ne constitue que le ressort de la comédie grecque — cet humanisme est plaisanterie. La religion opère avec le résultat d'une part de la lutte à mort, d'autre part de la réciprocité des consciences dans le langage. Elle ne privilégie pas l'un par rapport à l'autre, mais instaure leur identité. La religion accomplit en même temps l'essence du langage et celle du sacrifice.

1. Hegel le répètera encore en 1816. Cette comparaison qui gouverne explicitement les œuvres de jeunesse — en particulier la « Vie de Jésus » et « l'Esprit du christianisme » se poursuit implicitement, mais transparente, dans la Phénoménologie.
2. *PhG.*, T. II, p. 262.
3. *PhG.*, T. II, p. 269.
4. *PhG.*, T. II, p. 258.

L'histoire hégélienne de la religion est l'histoire du langage. Toute religion répond à deux questions : qui parle ? — elle nomme Dieu; comment ? — elle se révèle elle-même. L'évolution des religions s'identifie à l'apprentissage du langage, analysé à un triple point de vue :

1) Celui qui parle se découvre d'abord comme la « pierre noire » muette des « religions naturelles », puis le caillou blanc manifeste l'individualité d'Athéna, enfin Dieu est verbe.

2) Ce qui est dit (le « signifié ») éclate en fragments oraculaires, gagne en Grèce « un contenu clair et universel », mais le silence final de la tragédie n'est éclairé que lorsque Dieu s'affirme verbe.

3) Ce qui dit (le « signifiant ») évolue pareillement; toutes choses servent de moyens d'expressions à la religion naturelle dont les hiéroglyphes seront le signifiant achevé; la religion grecque s'exprime d'une façon privilégiée avec la forme humaine (corps, voix), la langue proprement dite sera le seul médium du dieu chrétien.

Le Christianisme, ou le langage qui s'est appris lui-même et peut dire ce qu'il est : le Père *(« c'est le verbe qui prononcé laisse aliéné et vidé celui qui le prononce... »)*, le Fils *(«... mais qui est entendu non moins immédiatement... »)*, le Saint-Esprit *(«... et c'est seulement le mouvement de s'entendre soi-même qui est l'être-là du verbe... »)*. Ainsi soit tout *(« ... Ainsi les différences qui sont faites, sont résolues aussi immédiatement qu'elles sont faites, et faites aussi immédiatement qu'elles sont résolues, et le vrai et l'effectif sont justement ce mouvement circulant en soi-même »* [1]*)*.

On peut lire l'histoire hégélienne de la religion d'une autre manière : comme l'apprentissage du sacrifice. Ici la religion répond à une troisième question, non plus qui parle ? mais qui entend ? Le salut qu'apporte la religion implique la mort du bon entendeur. Dans les religions naturelles, Dieu est mutisme, les peuples « vénèrent leur dieu comme la profondeur vide, non comme esprit » et réciproquement « cette essence simple et sans figure n'accorde donc en retour à ses adeptes rien si ce n'est d'être le peuple de leur dieu » [2]. Le croyant ne sait pas encore *se* sacrifier — il *est* sacrifié à l'intérieur d'une « multitude d'esprits et de peuplades isolées et insociables qui dans leur haine se combattent à mort » [3].

---

1. *PhG.*, T. II, p. 274.
2. *PhG.*, T. II, p. 237.
3. *PhG.*, T. II, p. 217.

En Grèce, le sacrifice devient une opération éclairée par la religion, le croyant apprend à convertir une partie de ses richesses en temples, la tragédie énoncera le sacrifice des héros comme affirmation de la sagesse. Seul le christianisme enseignera un sacrifice à la fois total et conscient, où le mystère bacchique du pain et du vin s'approfondit dans « le mystère de la chair et du sang »[1] — le Christ ne meurt pas symboliquement mais réellement, aucun vêtement ne doit couvrir la « nudité du phénomène »[2].

La religion ne s'adresse qu'à celui qui s'est trempé dans le cogito de la guerre, qui porte la mort au plus clair de sa chair pour y découvrir son âme : « l'infime est donc en même temps le suprême; le révélé émergeant entièrement à la surface est justement en cela le plus profond »[3].

Le langage est le *sens* de la religion : une religion donnée se « dépasse » vers une religion qui n'est supérieure qu'en ce qu'elle accomplit plus explicitement l'essence du langage. La lutte à mort est la *cause* de ce dépassement, « dans la haine se consume la détermination de l'être pour soi purement négatif et, grâce à ce mouvement du concept, l'esprit entre dans une autre figure »[4]. Si Hegel raisonnait avec les catégories, et dans les limites, de la sociologie contemporaine, il dirait que la « base » ou l'« infrastructure » de la religion n'est pas l'économie politique mais la guerre.

Philosophe, et non sociologue, Hegel n'affirme pas simplement que la religion trouve dans la lutte à mort son existence et dans le langage son essence, il désigne entre ces deux termes un rapport plus intime. Quand, dans les religions naturelles, Dieu se tait, c'est la guerre qui parle, dans « la haine dévorante et qui ne connaît pas de repos des peuplades » et dans « leur asservissement à des castes »[5]. Lorsque Dieu s'anime et parle, c'est de la guerre qu'il parle en la tragédie, le plus haut lieu de la religion antique selon Hegel. Quand enfin Dieu est verbe, sa révélation est l'annonce et le commentaire de sa mort, elle enferme tout être dans ce « mouvement de s'entendre

1. *PhG.*, T. II, p. 239.
2. *PhG.*, T. II, p. 264.
3. *PhG.*, T. II, p. 268.
4. *PhG.*, T. II, p. 217 : « autre figure » = nouvelle religion.
5. *PhG.*, T. II, p. 223.

soi-même » — la mort est cette nuit devenue blanche où le verbe se fait chair et la chair, verbe, « mouvement circulant en soi-même ».

2

La mort du Christ — représentation qui condense tout le christianisme hégélien — est une scène transparente où, dans la « nudité du phénomène », apparaît la mise en scène elle-même; la mort et le langage y énoncent leur dernier rapport.

La lutte à mort est née de polarités engendrées par la structure du langage et de la communication, la mort désignant le point où les pôles ne se repoussent plus, où le contact se fait entre consciences égales. La philosophie rappelle que ce point doit être aussi celui en lequel la langue abolit ses séparations tandis que la communication s'effectue dans la réciprocité des consciences. La religion montre que ces deux points sont identiques, que c'est dans la mort même que le langage trouve le pouvoir de parler et de communiquer.

Le spectacle religieux culmine en trois actes [1], qui isole l'un se fourvoie et tombe dans la mauvaise « représentation », qui les frotte les uns contre les autres sait.

La mort du Père pointe l'instant où le langage supprime la distinction de l'émetteur et du récepteur. Dieu a parlé, il s'est vidé, évanoui. « C'est le verbe qui prononcé laisse aliéné et vidé celui qui le prononce. » La conscience non cultivée ne sait pas que le drame se noue dans la langue, elle croit que Dieu crée le monde, elle isole à tort ce premier moment; de la bouche divine sortent non des cailloux mais le verbe « qui est entendu non moins immédiatement », l'émetteur meurt dans le récepteur, fils de sa parole.

La mort du Fils n'apporte pas un message, elle fait apparaître l'essence de tout message, où le langage accorde l'acte de communiquer (énonciation) et ce qui est communiqué (énoncé). Celui qui parle est universel parce qu'il meurt : « la mort du médiateur... est la suppression de son objectivité ou de son être-pour-soi particulier; cet être-pour-soi particulier est devenu conscience de soi universelle ». Ce qui est dit est universel parce qu'annonçant que rien n'échappe à la mort : « la mort du médiateur n'est pas seulement la mort de son aspect naturel ou de son être-pour-soi particulier; ne meurt pas seulement l'enveloppe déjà morte, soustraite à l'essence,

---

1. *PhG.*, T. II, p. 272-290.

mais encore l'abstraction de l'essence divine ». La conscience naïve, incapable de penser que cette circulation universelle de la mort est le langage, tente de fixer la leçon par deux images contradictoires : le Christ est ressuscité — Dieu est mort. Elle est « malheureuse ».

La mort des apôtres — témoins vivants du Dieu vivant — accomplit l'impérialité du langage qui ne trouve plus sa vérité dans un événement extérieur (le « contexte » ou le « référent » des linguistes), mais en lui-même : « l'homme divin — ou le dieu humain — mort est en soi la conscience de soi universelle. Cela il doit le devenir pour cette conscience de soi. » La communauté croit devoir distinguer en elle ce qui *est* la vie du Christ (le Bien) et ce qui est la mort de Dieu (le Mal), elle n'a pas encore réfléchi le message; la contradiction qui la déchire « a sa seule source dans la ténacité avec laquelle on maintient le *est* en oubliant la pensée dans laquelle les moments *sont* autant qu'ils ne *sont pas* ». En fait la mort du Christ libère, désormais seul le langage abrite sa présence [1]. Il faudra que la communauté découvre que ce fait est signe de son droit, que c'est en elle que l'esprit « chaque jour meurt et ressuscite », que rien, plus, ne lui est extérieur, ni la nature, ni Dieu, que son discours est la mesure de tout : « ce savoir est donc la spiritualisation par laquelle la substance est devenue sujet, par laquelle son abstraction, sa non-vitalité sont mortes, par laquelle donc elle est devenue effectivement conscience et simple et universelle de soi ».

Tout gravite autour de la mort, dans le langage, circulation qui est vérité de l'esprit [2]; celui-ci naît à la jonction de l'émetteur et du récepteur (« ce mouvement à travers soi-même constitue son actualité effective... »), au croisement de l'énonciation et de l'énoncé (« ce qui se meut, c'est lui »), par l'absorption de tout référent extérieur dans l'intériorité du langage (« ... il est aussi le *mouvoir* même, ou la substance à travers laquelle le sujet passe »). Le droit à la parole et le devoir de mourir font une seule vérité.

3

La religion donne à la lutte à mort sa solution. L'impasse du Maître et de l'Esclave était bouchée par leur commune incapacité de convertir

---

1. Déjà dans « l'Esprit du Christianisme » la mort de Jésus fait descendre l'esprit saint pour autant que les fidèles ne dépendent plus « de l'individualité d'un autre homme » et découvrent la vérité de la seule parole.
2. Dont Hegel récapitule en conclusion les trois « éléments ». *PhG.*, T. II, p. 288.

la mort, de transformer une négation « naturelle » en négation « spirituelle » [1]. La mort du Christ offre de cette conversion, non pas le seul spectacle, mais la clé : le langage fait tout circuler, c'est là son pouvoir, chaque être qu'il touche porte la marque de cette puissance absolue qui vient de « regarder le Négatif en face ». Le langage permet aux combattants de différer leur mort, ils interrompent la lutte, mais ne lui sont point infidèles, s'ils parlent c'est qu'ils se « maintiennent » en elle [2].

La religion n'a fait qu'exprimer le cogito implicite dans chaque parole prononcée : *Je doute* — et nul malin génie ne pourra tromper la parole puisqu'il n'y a pas d'émetteur qui puisse se conserver hors d'elle (mort du père); *je pense*, mortel, je ne suis que celui qui parle (mort du fils); *je suis*, et rien n'est que de parole (la mort des témoins est la vie de la communauté). Chaque fois c'est la mort qui dit « ergo » : la « raison » croyait atteindre une réalité indépendante, pour elle l'esprit était « un os » ou « la vertu », la violence la ramène au langage, lui apprend qu'il n'y a pas de référent qui le mesure; « l'esprit » naissait de la distinction de l'émetteur et du récepteur, il les joignait dans sa mort ou son évanouissement; Dieu enfin apporte la preuve suprême — qui, comme toute preuve, est suprême « par le moyen de la mort » [3].

Le cogito du langage énonce le cogito de la guerre — et ne dit rien d'autre, sinon, précisément, qu'il est possible de l'énoncer, que les combattants sont capables de s'accorder en lui. Parlant, ils s'entendent déjà, mais quoiqu'ils se disent, le langage révèle d'abord leur commune capacité de mourir.

La religion convertit la guerre en paix en se fondant sur la lutte à mort et proclamant non son absurdité mais sa vérité. Le langage suspend la mort, au-dessus de lui.

La « Raison » parlait avant et après la lutte à mort; l'Esprit, pendant; la religion parle toujours en elle, révélant l'esprit qui « chaque jour meurt et ressuscite ». C'était le dernier spectacle, le langage s'est confié, les spectateurs savent désormais ce qu'ils disent — la représentation terminée, vont-ils évacuer l'amphithéâtre pour retrouver

---

1. Comparez *PhG.*, T. I, p. 160 et *PhG.*, T. II, p. 286.
2. Préface *PhG.*
3. *PhG.*, T. I, p. 160.

un monde « qui doit encore attendre sa transfiguration » ? C'est la dernière illusion du spectateur, on ne sort jamais du langage, s'il quitte les gradins c'est pour se trouver, depuis toujours, sur la scène.

Il ne reste qu'à savoir entendre le brouhaha qui salue la fin de l'histoire, par lequel les acteurs-spectateurs s'auto-applaudissent à la mode soviétique, lors même qu'ils croient rendre hommage au metteur en scène que la religion a su penser sans nommer.

IV. — LA PREUVE DE L'EXISTENCE DE DIEU

La religion présente la fin de tout spectacle, mais dans un spectacle particulier, elle révèle le secret de l'histoire et du politique, mais elle s'exprime d'une façon purement religieuse, elle n'est pas historienne, elle ne fait pas de politique; son message est universel — et dévoile l'être du langage, de tout « code » — mais sa forme reste particulière, « inauthentique »[1]. La parole divine annonce la seule fin possible des combats, il faut encore l'énoncer dans la prose du monde. A la lumière de la religion — mais hors d'elle — le « savoir absolu » fixe le point où les trois séquences historiques de la Phénoménologie se rejoignent : le présent.

La religion montre que lutte à mort et langage sont identiques et admettent la même solution. La lutte affirme la *nécessité* de la solution,

1. *PhG.*, T. II, p. 299.

il faut que les adversaires se résignent, et le fassent en même temps. La langage définit la solution comme *suffisante*, unique; si les adversaires s'accordent, ils s'accordent de la même façon, ils en tirent les mêmes conséquences, ce sont seulement les conséquences de toute parole. Le *présent* est défini par la réunion de ces conditions, la conscience qui possède le Savoir Absolu se résigne à son bonheur et devient « belle âme » définitivement, le temps identique pour tous est l'histoire, « souvenir et calvaire de l'esprit » le savoir est celui du langage universel : la Logique.

La lutte définit le présent par la bataille; s'affrontant les adversaires se traduisent l'un dans l'autre; le langage — bataille différée — donne le motif et les lois de cette traduction simultanée. Le présent qui termine la Phénoménologie est le lieu où toutes les traductions sont possibles : l'Art, le Politique, la Religion, l'Histoire, la Philosophie, la France, l'Allemagne, le citoyen, l'empereur, tout peut se traduire en tout; chaque message est transformable en n'importe quel autre par le truchement des règles de traductions — le code ou « savoir absolu », — déduites de l'essence du langage. Les universaux du langage fondent l'empire universel.

1

Qui peut mettre fin à la lutte à mort ? Celui qui sait — via la religion — que le cogito du combat et celui de la parole se confondent. Il vit dans « l'unité transparente » de la belle âme [1]. Cette conscience ne se connaît plus d'irréductible ennemi, elle est « près d'elle-même » en toute chose; elle a compris que la lutte à mort ne permettait de vivre que dans le seul langage et que celui-ci gouverne tout à partir de l'unité de l'énonciation et de l'énoncé — qu'elle est. Si rien ne survit qu'affirmé et soutenu par la parole, celui qui aura fait de la parole le principe de sa vie reconnaîtra en tout « son opération propre » [2].

C'est dans cet esprit que les adversaires renoncent [3] à poursuivre la lutte, non par morale, ni parce qu'il serait « toujours » absurde de lutter à mort — ils savent que tout langage par quoi ils prétendent se distinguer « retourne de cette opposition à travers et dans cette

1. *PhG.*, T. II, p. 299.
2. *PhG.*, T. II, p. 302 : la conscience du « savoir absolu » vit dans le concept, le sens et retrouve partout « le mouvement de sa position de soi ». Elle possède le Code : « la Logique est la forme absolue qui est pour elle-même son objet, tel un poème dont l'objet serait la poésie et contiendrait par là même, intrinsèquement, la particularité de tout poème... » J. Hyppolite, *Logique et Existence*, p. 228.
3. *PhG.*, T. II, p. 301.

opposition même » et établit la réciprocité de l'émetteur et du récepteur dans la réversibilité de l'inter-locution, que Hegel nomme « double confession » [1].

Le langage accorde l'égalité promise par la mort, il n'admet rien qui lui soit étranger et proclame la mortalité de toute chose. Les adversaires qui s'accordent dans le langage doivent s'y perdre, chacun renonce à son intimité naturelle, muette, c'est leur commune « extériorisation » (Entäusserung). Réciproquement, ils ne se perdent que pour gagner, le langage est leur propre opération et ne les soumet à rien d' « étranger », à aucune aliénation (Entfremdung) [2]. Car rien n'existe en dehors du langage (il n'y a pas de référent) et celui-là ne dit que l'acte de dire, énonce son énonciation, « chaque jour meurt et renaît ».

La solution n'est donc pas religieuse. La religion dévoilait l'être du langage, mais par une bouche comme étrangère aux auditeurs, leur apportant une satisfaction qu'ils acceptaient sans y reconnaître leur propre opération. Au contraire les adversaires qui savent, ne se soumettent qu'au langage donc ne s'accordent que sur leur accord ;

---

1. *PhG.*, T. II., p. 305. Cf. Benveniste, Problèmes de Linguistique Générale : « La polarité des personnes, telle est dans le langage la condition fondamentale, dont le procès de communication... n'est qu'une conséquence toute pragmatique. Polarité d'ailleurs très singulière en soi, et qui présente un type d'opposition dont on ne rencontre nulle part, hors le langage, l'équivalent. Cette polarité ne signifie pas égalité, ni symétrie : « *ego* » a toujours une position de transcendance à l'égard de *tu;* néanmoins aucun des termes ne se conçoit sans l'autre; ils sont complémentaires mais selon une opposition « intérieur-extérieur » et en même temps ils sont réversibles. Qu'on cherche à cela un parallèle; on n'en trouvera pas. Unique est la condition de l'homme dans le langage. » (p. 260.)

2. Du fait de la projection rétrospective de querelles marxistes, la traduction de ces termes devient presque impossible. Le savoir absolu distingue entre l'irrémédiable « éternelle extériorisation » (ewige Entäusserung, texte allemand p. 563), à quoi la conscience sachante se « résigne », et l'Entfremdung, illusion d'un « étranger » à craindre ou à espérer, qu'elle rejette (texte allemand p. 559, français p. 396). Le tort de la religion étant, pour Hegel, de ne pas savoir distinguer les deux (p. 276, 281, 290). Hyppolite traduit Entäusserung par aliénation, Entfremdung par extranéation en quoi on ne reconnait plus l'être-étranger (Fremdsein, p. 296). J. Hyppolite propose de considérer ces termes comme ayant « un sens très voisin » (*PhG.*, T. II, note p. 49) et marque la différence entre Hegel et Marx de ce que le premier aurait confondu, le second distingué radicalement, « objectivation » et « aliénation » (Logique et Existence, p. 236). Pourtant toute la conclusion de la Phénoménologie tient en l'affirmation que l'Entäusserung est nécessaire et positive, par contre, l'Entfremdung est illusoire et toujours néfaste. La distinction existe chez Hegel autant que chez Marx, bien que le découpage qu'elle signifie soit différent.

ils abandonnent en même temps l'idée d'une garantie étrangère (un dieu différent de leur communauté) et d'un enjeu étranger (les choses n'existent que dans le langage).

Les combattants prouvaient leur droit à la parole en risquant toute chose et leur vie, ils se libéraient de l' « essence étrangère »[1] mais devenaient extérieurs à eux-mêmes par une négation naturelle, morts. La langage perpétue cette démonstration, extériorisation spirituelle, il ne supprime ni la mort des choses ni celle des beaux parleurs[2], il fonde sur elles un accord dont, à la fois moyen et résultat, il prononce en chaque mot la preuve a contengentia mundi.

2

Quand prend fin la lutte à mort ? L'accord suppose que les adversaires se résignent en même temps; le combat permettait à chacun de vérifier le crédit qu'il fallait accorder à l'autre, en cet instant d'échange absolu tous faisaient ce qu'ils disaient et disaient ce qu'ils faisaient : ils n'avaient plus le temps, ni de remettre à demain, ni de se réfugier dans les engagements pris hier. De même que le cogito du combattant se perpétue dans celui du pur parleur, de même l'instant du combat se répète dans le présent qui définit le langage.

Le langage dit les temps, passé ou futur, en les posant par rapport à un présent où coïncident ce qui est dit (énoncé) et l'acte de dire (énonciation). C'est le discours qui définit la « réalité présente », non l'inverse. Le temps proprement parlé — extérieur à ce présent fondamental — est non présent, en lui, énoncé et énonciation ne coïncident pas : « L'esprit... se manifeste dans le temps aussi long-temps qu'il ne saisit pas son concept pur, c'est-à-dire n'élimine pas le temps... le temps est le pur soi extérieur... non saisi par le soi. » Tant que les adversaires n'ont pas tout nié dans leur combat fors la parole, ils ont chacun leur passé et leur futur dont ils se méfient réci-proquement, le combat rebondit. Dès qu'ils se sont reconnus dans la pure parole, le langage pose en même temps leur cogito et le lieu de la rencontre : la coïncidence de l'énoncé et de l'énonciation — dans les pronoms personnels comme dans le présent le langage dit l'acte de dire, prononce l'accord sur l'accord[3].

1. *PhG.*, T. I, p. 160.
2. *PhG.*, T. II, p. 311.
3. *PhG.*, T. II, p. 305. Cf. Benveniste : « Le domaine de la subjectivité s'agrandit encore et doit s'annexer l'expression de la temporalité. Quel que soit le type de langue, on constate partout une certaine organisation linguistique de la notion

Tous les hommes sont mortels, c'est seulement en s'annonçant à partir de leur mort qu'ils peuvent, tels le Christ, s'investir purement dans le présent du langage, être ce qu'ils disent. Ce principe de l'accord vaut pour toute civilisation, chacune se forme dans l'affrontement de la mort, elle peut une fois morte être conservée sans infidélité dans la « recollection du souvenir » : le présent pense le passé, le vivant se met « à la place » du mort, parce que la mort que fixe toute vie n'introduit rien d'étranger — voir une civilisation « de l'intérieur » c'est toujours la comprendre à partir de la mort, qu'elle soit actuelle ou passée. D'où, l'histoire universelle.

La lutte à mort s'interrompt seulement lorsque les adversaires se résignent à ne se réclamer que du langage. L'accord qui fonde et spécifie une civilisation, quelle qu'elle soit, peut et doit être déchiffré comme une langue. Les cultures, bien que mortes, n'ont pour nous rien d'intraduisible. « Réduites à l'abréviation, à la simple détermination de pensée » [1], elles sont plus transparentes, de même que le Christ, de mourir, a purifié son message : « La conscience pour laquelle il y a cette présence sensible cesse de le voir, de l'entendre... il naissait pour elle comme être-là sensible, il est né maintenant dans l'esprit [2]. » Les civilisations sont lisibles parce que fondées comme langage, d'où l'intelligibilité de l'histoire universelle.

L'histoire se déroule dans le « temps », qui est non-coïncidence de l'énonciation et de l'énoncé. Autrement dit, l'histoire est lutte, violence désaccordée, elle a lieu tant que l'accord dans le langage n'est pas complet et que les combattants ne se sont pas découverts purs sujets du langage. Si l'histoire des religions est la révélation progressive de l'essence de parole, l'histoire profane radicalise la lutte à mort jusqu'au point où les combattants ont conscience de ne survivre que par le pur discours. La terreur masque ce point et fait la force de Napoléon. Hegel n'est pas un « réaliste », il lit l'histoire et l'actualité à partir de l'essence du langage, il dévoile le fait non accompli mais en

de temps. Mais toujours la ligne de partage est une référence au présent. Or ce « présent » à son tour n'a comme référence temporelle qu'une donnée linguistique : la coïncidence de l'événement décrit avec l'instance du discours qui le décrit. Le repère temporel du présent ne peut être qu'intérieur au discours... Le temps linguistique est sui referentiel » (Problèmes p. 262). Georges Mounin fonde sur cette remarque la possibilité de la traduction (*Problèmes théoriques de la traduction*, p. 209). Hegel aussi.

1. Préface *PhG.*, T. I et *PhG.* T. II, p. 310 : « comme l'esprit étant-là n'est pas plus riche que la science, ainsi encore dans son contenu il n'est pas plus pauvre ».

2. *PhG.*, T. II, p. 270.

train de s'accomplir : le règne de la parole arrive. D'où la fin, le présent intelligible, de l'histoire universelle.

Dans le savoir qui termine l'histoire règne la « transparence »[1]. Formés par l'histoire, cet apprentissage du langage, les adversaires savent, dans leur accord, entendre leur entente : « c'est seulement ce mouvement de s'entendre soi-même qui est l'être-là du verbe ». Ils savent aussi qu'il n'y a rien d'autre que le passé puisse leur léguer en héritage, rien d'autre qu'ils aient à chercher dans le futur : « l'esprit qui n'est pas saisi comme ce mouvement est seulement un mot vide ».

Chaque coup qu'échangent les adversaires prouvait leur liberté, ils savent désormais que chaque mot la confirme et la continue; le royaume du monde se découvre toujours « organisé » par le langage, il est l' « incarnation »[2] du royaume des esprits. La tradition religieuse nomme « physico-téléologique » la preuve qui conclut de l'organisation du monde à l'existence de Dieu — c'est la seconde preuve de son empire que le langage administre, il en est à la fois le moyen (lecture, intelligibilité) et l'objet (accord).

3

Que dit l'accord ? Les adversaires ne s'accordent pas sur « quelque chose » qui serait dicible en dehors de cet accord, ni en quelqu'un qui le garantirait. Tout naît de l'accord qui détermine la « forme d'objectivité » ou l'univers commun des deux adversaires,

Deux combattants décident d'interrompre la lutte. Rien n'est suffisamment stable et assuré pour ne point être remis en cause par une nouvelle montée aux extrêmes. Donc ils s'entendent sur n'importe quoi. Parce que leur liberté est absolue, leur décision d'interrompre est libre de tout motif particulier, elle éclate arbitrairement. Parce que leur lutte peut être absolue, l'objet sur lequel ils passent un accord est quelconque. Sa seule qualité est d'être « là ». La *contingence* de « l'éclosion de l'être-là » résulte de la liberté nécessaire de l'accord[3].

On ne peut convoquer les adversaires devant aucune norme, morale, logique ou de bon sens, l'accord fixe toutes les normes arbitrairement, les adversaires parlent ex nihilo[4].

1. Préface *PhG.*, T. I.
2. *PhG.*, T. II, p. 312.
3. *PhG.*, T. II, p. 294, 309, 310.
4. « En rejetant la proposition : du néant nait le néant, la métaphysique ultérieure, surtout la chrétienne, a voulu affirmer le passage du néant à l'être... il y a

Ils sont désormais condamnés à négocier. Le contenu de ce premier accord étant arbitraire il faudra de nouveau s'accorder sur l'accord, rompre les premiers accords s'ils deviennent des chaînes, la contingence de leur contenu l'emportant sur la liberté qui les pose. D'où « l'inquiétude » qui définit l'esprit, l'accord ne se fixe définitivement en aucune chose, ses clauses ne lient que sous bénéfice d'inventaire.

L'accord initial se faisait sur un « être indifférent » qui ne valait que parce que les adversaires devaient « se chercher et se trouver » dans une chose nécessairement quelconque. La remise en cause de cet accord vise à supprimer cette contingence : la chose vaut par l'accord, « elle est essentiellement seulement être pour un autre », *utile* [1].

Il y a une progression dans cette succession d'accords et de ruptures. Chaque rupture n'est pas seulement un retour à la lutte à mort mais aussi bien à l'essence du langage, dans l'interruption les adversaires retrouvent le monde comme créé par leur volonté de parler, « ce comportement négatif envers l'objectivité est aussi bien positif, c'est-à-dire le mouvement de poser » [2]. Au commencement les adversaires n'avaient que le choix entre rien et n'importe quoi, ayant parlé ils ont choisi le n'importe quoi, continuant de parler ils remettent en chantier ce n'importe quoi, de nouveau ils le mesurent au rien qui résulte de leur égalité dans la lutte à mort. Les adversaires inscrivent ainsi de plus en plus profondément l'impératif de l'accord dans la contingence des premiers mots, ils procèdent à « la transformation du néant... en quelque chose d'affirmatif » [3].

L'arbitraire du premier accord est inévitable mais surmontable, à l'origine l'énonciation et l'énoncé sont confondus, la progression consiste à transformer cette confusion inconsciente en rapport conscient Le langage, en tout ce qu'il dit, ne fait jamais que tirer les conséquences du premier moment où, sur l'horizon de la mort, détachés de tout, « nous » décidons de parler. Parvenant à exprimer cette adéquation de l'énoncé avec l'énonciation, l'accord n'est plus seulement arbitraire et utile — mais *vrai*.

toujours un point où l'être et le néant coïncident et se rencontrent, où la différence qui les sépare s'efface. » *G.L.*, T. I, p. 74-75. Tout « commencement » pose ainsi l'identité immédiate de l'Etre et du Néant, *G.L.*, T. II, p. 177.

1. *PhG.*, T. II, p. 296.

2. *PhG.*, T. II, p. 310, 404.

3. *G.L.*, p. 96 : c'est la progression de la logique qui représente « l'Idée Absolue dans son mouvement spontané comme étant le verbe primitif, ce verbe étant bien extériorisé, mais d'une façon telle que son extériorité disparaît, aussitôt apparue. L'Idée ne possède donc qu'une seule autodétermination qui la pousse à se saisir, se retrouver, à se comprendre. » *G.L.*, p. 550.

La vérification du sens d'un signe s'opère en lui substituant un autre signe, ou un groupe de signes, qui par là le définissent. L'ensemble des substitutions possibles est le *code*, l'opération qui consiste à définir un énoncé (ou message) par le code est nommée métalinguistique [1]. Le langage ne faisant référence qu'à lui-même, la vérité est tout entière pour Hegel dans ce procès de vérification ou de définition (« transformation du néant, à la faveur de sa définition... en quelque chose d'affirmatif... »). A l'origine se trouve la décision de parler (d'être) en face de la mort, l'unité de l'être et du néant : « première vérité, vérité de base de tout ce qui suit... ». Cette origine se répète en chaque parole échangée, dans tout ce qui est dit : « il n'y a rien dans le ciel et sur la terre qui ne contienne à la fois l'être et le néant » [2]. Le code — savoir absolu hégélien — développe en toutes ses conséquences l'unité de l'énonciation et de l'énoncé, décision de parler qu'annonce, sous une forme compacte et par là arbitraire, chaque message. Le retour au code est la remémoration de cette décision.

Le langage dit tout, mais tout ce qu'il dit, il l'arrache toujours à nouveau à la mort, « Néant qui ne doit pas seulement être Néant mais auquel, dans la pensée, dans la représentation et le langage, nous attribuons une existence » [3]. La parole fait parler la mort, elle surgit ex nihilo, création continuée qui se dit elle-même, en elle les adversaires vérifient que leur accord est à l'origine de tout, c'est la véritable preuve ontologique [4].

---

1. « Le métalangage n'est pas seulement un outil scientifique nécessaire à l'usage des logiciens et des linguistes; il joue aussi un rôle important dans le langage de tous les jours. Comme Monsieur Jourdain faisait de la prose sans le savoir, nous pratiquons le métalangage sans nous rendre compte du caractère métalinguistique de nos opérations. Chaque fois que le destinateur et, ou le destinataire jugent nécessaire de vérifier s'ils utilisent bien le même code, le discours est centré sur le code : il remplit une fonction métalinguistique (ou de glose). « Je ne vous suis pas — que voulez-vous dire ? » demande l'auditeur... et le locuteur, par anticipation, s'enquiert : « comprenez-vous ce que je veux dire ? »... Tout procès d'apprentissage du langage, en particulier l'acquisition par l'enfant de la langue maternelle, a abondamment recours à de semblables opérations métalinguistiques... » R. Jakobson, *Essais*, p. 218.

2. *G.L.*, T. I, p. 75, 76.

3. *G.L.*, T. I, p. 130-131.

4. La preuve ontologique découvre un dieu qui, s'il n'est pas pur « nom » (*G.L.*, T. II, p. 400) est le secret de la création continuée « absolue activité, production éternelle de soi... Le concept est éternellement cette activité. » *Preuves de l'existence de Dieu* », p. 246, 247.

Dans la lutte les adversaires se comprennent réciproquement, le langage ne fonde l'accord sur rien d'autre; dans la bonne entente c'est toujours la possibilité du combat et de la mort qu'on entend. Le langage peut interrompre la lutte sans la masquer ou la refouler, la faisant transparaître, il transforme la compréhension stratégique en conclusion rationnelle. « Tout ce qui est rationnel est réel» dit Hegel, qui ne substitue pas à la réalité de la violence l'autre monde d'une raison providentielle — il fonde au contraire sur la réalité de cette violence, jamais absolument « dépassée », la possibilité d'un langage qui la conclut en l'interrompant, « tout ce qui est rationnele st conclusion »[1]. La mort conclut tout, elle force les adversaires à conclure, le langage les maintient et leur permet de se maintenir en elle.

1. Schluss = syllogisme = conclusion : « On a depuis toujours attribué à la raison le pouvoir du syllogisme, mais, d'autre part, on parle de la raison comme

1

Saisi l'essence du langage, l'esprit « se sachant lui-même » retrouve le monde *organisé* par ce même langage. Le lecteur ayant achevé la Phénoménologie de l'Esprit peut comprendre pourquoi le livre désigne — mais ne nomme pas — l'âme du monde, Napoléon.

La « Raison » sacrait une première fois le « Cours du monde » en le subissant comme violence « étrangère ». Pour qui se réclame du langage, il n'y a plus rien d'étranger. Napoléon est bien « extérieur » mais non « étranger », ses grandes batailles administrent la même preuve a contengentia mundi que le langage en tous ses mots. La violence qui habite les armes régit le langage, elle n'est pas aliénation, mais extériorisation, la belle âme qui vit de pure parole reconnaît en Napoléon l'âme sœur qui la confirme : il n'y a de sens que par la mort des choses.

L' « esprit », éclairé par la terreur, connaissait de l'intérieur la force de Napoléon, il savait l'élan animant les armes et la parole dans l'affrontement suprême. Il lui restait à découvrir que son secret était universel, que son expérience présente définissait le présent de toute culture et que du haut de cette pyramide c'est lui qui regardait, comprenait et résumait quarante siècles d'histoire. Ayant trouvé la langue universelle, aucun passé ne le retient, aucun futur ne l'attire, l'esprit d'un peuple se fond dans l'esprit du monde, l'état national est dépassé : la preuve dite « physico-téléologique » permet de reconnaître dans l'empire du monde le royaume des esprits, car l'œuvre de l'esprit est universelle comme sa langue — il n'y a de sens que dans la mort du sens.

La religion prétendait distinguer entre l'autorité spirituelle et sa profanation temporelle, mais la preuve ontologique où le langage se dit lui-même ex nihilo montre que l'autorité temporelle est, dans son arbitraire même, spirituelle. Si Napoléon décide seul, il décide au nom de tous, car sa force vient de son universalité, du pur langage. Napoléon est nécessairement dictateur, il prononce, dicte l'interruption de la lutte; mais sa dictature n'est pas discrétionnaire, son empire est rationnel parce qu'établi en fonction de la seule interruption de la lutte (code civil, suppression des privilèges « naturels » etc.).

telle, de principes et de lois rationnels d'une manière telle qu'on ne voit pas bien quels sont les liens qui rattachent la raison qui conclut à la raison qui est la source de lois. » *G.L.*, T. II, p. 349.

L'empire, comme l'essence du langage développée dans la logique hégélienne, est organisé comme *conclusion* de la lutte à mort : il n'y a de sens que par la mort du sens.

Au nom de la violence, de la Terreur et de l'Autorité, parce qu'il peut conclure : au nom du langage, Hegel sacre une quatrième fois Napoléon — pourquoi ne le nomme-t-il pas?

2

Le mouvement qui gouverne l'histoire est celui du langage faisant refluer toute chose vers sa propre essence. Hegel n'est pas un prophète dans la guise chère au XIXe siècle, il ne se réclame pas d'une nécessité historique inscrite dans les choses, pas non plus de l'appel irrésistible d'un « idéal ».

Nommer Napoléon est inutile. Dans le présent qui termine l'histoire c'est le discours seul qui « fait valoir » les actions [1], si l'empereur agit, il parle et se nomme lui-même en toute action; Hegel donne le savoir — le code — qui permet de déchiffrer les décrets. L'empereur moderne élève l'organisation rationnelle de son empire au-dessus de l'assemblage arbitraire qu'était Rome, ou la Monarchie Absolue; de même le philosophe, énonçant le savoir de cette raison, n'a pas besoin du « langage de la flatterie » qui cultive la singularité « en donnant au monarque le nom propre ». Dire « Napoléon » est le moins qu'on puisse dire de l'Empereur, c'est insister sur sa singularité quand toute sa force vient de son universalité : « Dans le nom, le singulier *vaut* comme purement singulier, non plus seulement dans sa conscience mais dans la conscience de tous. Par ce nom le monarque est complètement séparé de tous, exclusif et solitaire; dans le nom il est l'atome qui ne peut rien communiquer de son essence [2]» .

Dans ses lettres Hegel nomme l'individu qui est « concentré ici sur un point, assis sur un cheval » — pour dire ce qui compte, qu'il « s'étend sur le monde et le domine ». Le nom propre est « vide », il désigne le secret de l'histoire réduit à un point, « absolu sans prédicat » qu'isole le couperet de la guillotine ou un sentiment religieux incapable de penser Dieu autrement qu'en balbutiant un nom. Au contraire la volonté et le savoir font de la conscience « bien plus que le

1. *PhG.*, T. II, p. 185-187.
2. *PhG.*, T. II, p. 72-73.

point atomique » [1]. Ce « plus » est dit dans le savoir, qui passe sur le moins.

*
* *

Le nom propre ne désigne pas seulement le degré zéro du savoir mais en outre, ce qu'il n'est pas possible de savoir, « une complète singularité et contingence ». Hegel a défini l'empire comme l'unique possibilité de terminer l'histoire, cette possibilité est réelle, l'histoire passée et la culture présente en témoignent, qu'elle soit réalisée fait pourtant jouer une contingence irréductible.

Ce qui est dit est dit, le savoir de l'histoire est irréversible, ainsi, les religions ne peuvent inverser leur succession : « la forme supérieure rétrogradant sous une forme inférieure est privée de sa signification pour l'esprit conscient de soi... » [2]. Mais ce qui est fait peut être défait [3], la nature dans son absence de signification — la mort naturelle — est une possibilité que tout discours implique dans son « éternelle extériorisation » [4]. Si l'on ne peut pas reculer d'une religion à une autre, antérieure, on peut reculer dans cette religion même, l'erreur est dépourvue de toute signification mais elle n'est pas exclue. L'éternel retour de la culture à la nature, de la parole au nom propre, de la mort spirituelle à la mort naturelle, Hegel en a relevé la menace dans la politique, puis dans le christianisme, l'essence du langage lui permet de le poser évitable, non impossible [5].

La Phénoménologie définit le concept de l'esprit du monde (Welt-*geist*) — la « napoléonéité », l'impérialité. Le philosophe voit passer sous ses fenêtres la vitalité de cet esprit (Welt*seele*) — l'impérialité incarnée, « concentrée ici sur un point » [6]. De même que le christia-

---

1. *PhG.*, T. II, p. 137-140; *G.L.*, T. II, p. 400.
2. *PhG.*, T. II, p. 214.
3. *PhG.*, T. II, p. 196.
4. *PhG.*, T. II, p. 311.
5. *PhG.*, T. II. p. 271. « A la base de ce retour en arrière se trouve l'instinct d'aller jusqu'au concept, mais il confond *l'origine*, comme *l'être là immédiat* de la première manifestation, avec la simplicité du concept. Par cet appauvrissement de la vie de l'esprit... naissent au lieu du concept plutôt la seule extériorité et singularité, la modalité historique du phénomène immédiat, le souvenir privé d'esprit d'une figure singulière visée et de son passé, au lieu de l'esprit du Christ, son nom et son corps. »
6. Dans la notion d'âme du monde, qui est grecque, « est seulement posée la vitalité, mais pas encore que l'âme du monde soit distincte en tant qu'esprit de cette sienne vitalité » *Preuves de l'existence de Dieu,* p. 236.

nisme moderne peut, par inculture, ne viser que le corps et non l'esprit du Christ, de même le siècle et Napoléon lui-même peuvent se laisser fasciner par le nom de l'empereur en oubliant le sens qui fait sa force.

L'erreur est celle de l'opinion qui s'absorbe dans la visée du ceci sensible. Si l'on apprend ce que parler veut dire, elle apparaît comme insensée. Mais le langage n'exclut jamais cet insensé, à son origine il y a l'acte arbitraire d'une voix qui marque d'un signe irréductiblement sensible le pouvoir individualisé dont le nom propre affiche la contingence. Fascinée par ce point zéro où l'énonciation et l'énoncé sont trop noués pour poser leur rapport de façon explicite, l'opinion ne saisit que le sensible, et non l'intelligibilité de ce sensible, la lettre, sans l'esprit de cette lettre, elle ouvre une possibilité permanente d'impasse [1].

Hegel a dit tout ce que peut faire Napoléon, non qu'il ne pouvait défaire. Dans le nom propre tu, la possibilité que le langage s'accomplisse reste suspendue à l'arbitraire de son acte de naissance; l'ordre napoléonien « chaque jour meurt et renaît ».

3

L'impasse que d'un bout à l'autre la Phénoménologie évite mais n'abolit pas, le rapport du maître et de l'esclave, figure la méconnaissance du langage. Le Maître jouit, l'Esclave travaille, ils se prennent l'un et l'autre pour des corps. Le victorieux ne sait pas que son autorité lui vient de la dictature du langage, le vaincu est prisonnier de son angoisse muette. Qu'ils parlent tous deux, ils se convertiront à l'empire du langage, qu'un seul commence à parler et le corps à corps reprend. La religion même, qui reçoit son message d'un maître encore « étranger », n'échappe pas au risque de partir en guerre contre le présent. En dehors du langage il n'y a rien, deux chemins, celui du maître et celui de l'esclave mènent à ce rien où la mort naturelle fait régner son silence.

Hegel conclut en invitant la religion à prendre langue avec le présent. Réciproquement sa correspondance la désigne comme la plus grave des désagrégations qui menacent l'empire napoléonien [2]. L'invitation

---

1. Le « système de l'opinion » n'est jamais dépassé une fois pour toutes, c'est une déviation qui éclôt dans toutes les figures de l'esprit. Heidegger l'a fortement souligné (*Hegel et son concept d'expérience, Chemins*, p. 126).
2. Lettre à Zellmann, 23 janvier 1807 : « les choses prendraient un tour intérressant si la question de la religion venait en discussion... La patrie, les princes, la consti-

au dialogue vaut pour le Grand temporel, la France, autant qu'elle sollicite le Grand « spirituel », l'Allemagne, cette « autre terre de l'esprit conscient de soi ». La victoire et la défaite n'installent définitivement le présent dans l'histoire que si le victorieux affirme son pouvoir comme l'arbitraire inaugural du langage, et si le défait conçoit qu'il ne rend ses armes qu'au discours universel. Le dialogue ne suppose pas que chacun dispose d'une autorité égale mais il faut que le langage, dans son organisation, soit le maître absolu de celui qui décide et de celui qui entend, de même que le maître et l'esclave étaient soumis et éduqués par leur maître absolu, la mort (naturelle).

Nous, savoir absolu, connaissons tout ce qui se dira dans le dialogue : le monologue d'une âme du monde sachant ce que parler veut dire aussi bien que la monographie — la science de la logique — de l'esprit qui sait le dicible. Que le dialogue ait lieu, c'est seule « l'éclosion de l'être-là » qui l'indiquera dans la contingence de l'événement. Le livre a tressé la couronne, il a précisé la circonférence exacte d'une tête quelconque.

Ici prend fin l'intelligence de l'histoire. Sa phrase est parfaitement construite, dont le point final centre le monde, parce que le monde peut être réduit à un point atomique. On ferme le livre et on ouvre le journal, « prière du matin » ou signe de croix réaliste — l'histoire met du temps à comprendre mais sa conclusion est connue. Une seule nouvelle — la dernière — intéresse encore : que le temps violent de comprendre est terminé, que le moment de conclure est arrivé — que le temps de comprendre que le moment de conclure est arrivé est terminé.

On ne pense plus, on s'informe.

tution et autres choses semblables ne paraissent pas être les leviers capables d'élever le peuple allemand; la question qui se pose, c'est de savoir ce qui adviendrait si la religion était touchée. Sans aucun doute rien ne serait plus à craindre que cela. » Jamais la guerre antinapoléonienne ne sera pour Hegel une guerre de libération *nationale :* « X était ici pour voir passer nos libérateurs (si par hasard on voit aussi passer des gens libérés, je me mettrai aussi en marche pour les voir)... », écrit-il ironiquement quand les cosaques défilent à Nuremberg (23 décembre 1813). Il interprétera finalement la chute de Napoléon comme la revanche du Grand spirituel — non la nation allemande mais l'esprit protestant. Un remaniement de sa conception de l'histoire suivra, le lever au soleil des temps modernes n'est plus la Révolution française mais le Protestantisme allemand (cf. Lukacs, « Der junge Hegel », p. 575 sq.). L'étude de ces transformations dépasse le cadre de ce livre centré sur les textes antérieurs à 1814. On sait que pour le « vieil » Hegel la question de l'Empire reste ouverte et posée explicitement.

LA CRISE CUBAINE DANS LA PHÉNOMÉNOLOGIE DE L'ESPRIT

1

La crise de Cuba (automne 1962) est considérée par tous comme l'exemple le plus transparent d'une stratégie de dissuasion nucléaire. Sa vérité est théorique, elle illustre les théorèmes de la « diplomatie de la violence [1] », elle marque aussi un tournant dans l'histoire des relations internationales après la seconde guerre mondiale : « La dissuasion cessait d'être une abstraction. Les dirigeants soviétiques découvraient, peut-être avec surprise, qu'en certaines circonstances le président des Etats-Unis ne reculerait pas devant les périls d'une

1. T. C. Schelling. *Arms and Influence* : A Cuba, « nous avons essayé de leur faire un cours sur ce qui aurait pu être nommé la « coexistence pacifique » si le terme n'avait été discrédité par l'usage que les Soviétiques en font », p. 280.

249

confrontation directe... M. Krouchtchev tira la leçon de la crise et de la défaite. Il renonça à modifier le statu quo dans l'ancienne capitale du Reich et il tint désormais, sur le sujet de la guerre atomique, le même langage que J. F. Kennedy [1] ». Depuis, la rupture avec la Chine — qui ne tient pas le même langage — va s'approfondissant; les négociations et accords de Genève tentent de préciser ce langage commun que la guerre au Vietnam « interrompt » — à la manière hégélienne : Union Soviétique et Etats-Unis fondent sur cette possibilité de lutte à mort la nécessité de continuer le dialogue (Glassboro).

Pourtant, cet exemple si clair, considéré sous l'angle des rapports de force est parfaitement obscur. Les spécialistes n'ont pu s'accorder sur le facteur décisif qui entraîna le départ des fusées soviétiques. Certains insistent sur l'écrasante supériorité « classique » — en armement conventionnel — dont les Etats-Unis disposent dans la zone des Caraïbes : protégée par le bouclier atomique, c'est l'épée de la force traditionnelle qui contraignit Krouchtchev à reculer [2]. Pourtant, remarquent les analystes subtils, la situation est analogue mais inversée à Berlin, et les Etats-Unis ne furent pas obligés de céder [3]. La supériorité en armement nucléaire, en admettant qu'elle fut en faveur des Etats-Unis, ne suffit pas non plus, l'égalité de la terreur l'emportant en ce domaine. Les sanctions de la crise sont aussi peu précises que les moyens qui l'assurent, les Américains semblent sortir vainqueurs, mais Krouchtchev chante lui aussi victoire [4] et des esprits belliqueux (« faucons ») abondent dans son sens. La crise de Cuba se distingue de la bataille classique, elle n'est pas stratégiquement définissable, ni les forces en jeu, ni le résultat, ne se laissent saisir en termes opérationnels et militaires.

En opposition lorsqu'il faut caractériser les origines, le déroulement et les conséquences immédiates du conflit, les commentateurs s'accordent pourtant sur sa signification : la crise peut être vue « comme une grande manœuvre pédagogique en faveur de la coexistence paci-

---

1. R. Aron. *A l'ombre de l'Apocalypse. Figaro Littéraire*, 29-9-66.
2. General Wheeler, *Hearings on Military Posture*, House Armed Services Committe, 1963. p. 692.
3. A. et R. Wohlstetter, *Controlling the Risks in Cuba*. Adelphi Papers, april 1965.
4. « Notre unique but à Cuba a été d'empêcher l'intervention américaine dans cette île : nous n'avons pas envoyé de fusées à Cuba pour déclencher la guerre mais pour l'empêcher et cet objectif a été atteint » (Krouchtchev au Congrès de la S.E.D., 16-1-63). Alain Joxe (*La crise cubaine de 1962*, Stratégie n° 1, 1964). montre qu'une telle « perception » peut être motivée par des déclarations et des préparatifs militaires américains antérieurs à la crise.

fique »[1]. Les conceptions que les deux adversaires se font de ladite coexistence étant idéologiquement distinctes, voire opposées, la crise n'est pas seulement illustration, elle devient le moment essentiel où les deux conceptions — de facto — s'accordent. Dans l'échange des défis et des menaces, devant le risque commun, la montée aux extrêmes demeure l'instrument d'une contrainte objective, qui pèse sur les deux adversaires à la fois. Cette « preuve suprême par le moyen de la mort » apparaît hégélienne, non plus clausewitzienne, elle n'est pas épreuve des forces matérielles mais « démonstration par l'absurde »[2], ce qui convainc n'est pas la force de l'un mais l'abîme où tous deux risquent de se précipiter.

La crise, comme la bataille, traduit. En elle, chaque adversaire vérifie l'intention de l'autre et modifie la sienne en conséquence. Pourtant, le mécanisme de traduction change, la guerre vérifiait des forces réelles, « la lutte consiste à sonder la force morale et physique *au moyen de cette dernière* »[3]. Ce moment où intentions et actions étaient testées d'une façon purement physique n'existe pas dans la crise, la traduction ne s'opère plus par la comparaison de deux forces réelles dans une bataille effective : la stratégie a perdu son « étalon ». La leçon de la crise cubaine intime à chacun de vérifier l'irréalité, non plus la réalité, de sa puissance. On ne peut saisir le rapport de force qui fut décisif — parce qu'aucun ne le fut : la décision confronte les forces non pour évaluer leur poids stratégique mais, les frottant l'une à l'autre comme pour les user, elle introduit les ennemis à la conscience de leur idéalité; dans une crise, on use de la force comme d'un moyen de communication[4].

Les experts s'accordent sur la conséquence de la crise cubaine et se disputent sur les causes, la nature de la crise explique cet apparent paradoxe : au contraire de la bataille, la crise ne traduit pas un rapport de forces stratégiques, elle le détruit; elle n'est décisive que d'introduire les deux adversaires à la langue universelle de la coexistence dissuasive : « la stratégie de dissuasion est, par essence, épreuve de volontés, alternance de menaces et de messages ou mieux de menaces chargées

---

1. Alain Joxe, art. cité, p. 87.
2. P. Hassner, *Violence, Rationalité, Incertitude*. Revue Française de Sciences Politiques, décembre 1964.
3. Clausewitz, *De la guerre*, Livre II. chap. I.
4. « On communique par des actes plutôt que par des mots, ou par des actes qui s'ajoutent aux mots et on fait de l'action une forme de communication *(pattern of communication)*. Schelling, ouv. cité. p. 147.

d'un message ou de messages lourds de menaces »[1]. Il n'y a pas deux temps : on lutte puis, à partir des résultats, on cause. La crise, dès son origine, instaure, en un seul mouvement, à la fois la lutte, la communication et l'indistinction des deux — situation qui est celle même de la lutte à mort selon Hegel.

Le désaccord sur les résultats concrets de la crise (les Russes ont retiré leurs fusées / les Américains n'ont pas envahi Cuba) n'est que l'envers de l'accord sur la solution ; le résultat est exprimé en termes de stratégie classique, il implique un vainqueur et un vaincu, un maître et un esclave ; la solution introduit au langage nouveau, celui de l'accord à l'ombre d'une mort commune[2]. La rupture avec la Chine, les accords explicites (sur l'arrêt des expériences nucléaires) et implicites (contre la dissémination des armes nucléaires, etc.) tenteront de prolonger cette très hégélienne « conversion » du conflit en langage. La lutte à mort ne s'achève pas par la victoire d'un maître, elle s'interrompt, à charge pour le langage d'instituer un ordre que soutient la menace de la mort, ce Maître absolu.

La crise cubaine, tournant estimé décisif de la guerre froide, reçoit ainsi une signification analogue à celle que la Phénoménologie de l'Esprit confère à la Terreur jacobine ; la mort impose aux factions rivales une discipline commune. Le champignon atomique projette comme la Croix l'ombre d'où naît l'ordre universel, pour le chrétien hégélien comme pour les deux grands il n'est de sens que de la mort du sens. Si à l'âge thermonucléaire « l'heure de la vérité est la crise, non la guerre », c'est qu'à l'heure de Clausewitz a succédé celle de Hegel.

De là nul optimisme impératif, la nécessité du progrès dans la Phénoménologie est toute logique — la contingence dans l'ordre de la réalité ne peut être surmontée, elle ne fait qu'affirmer la possibilité de la mort, principe même de cette logique. Pareillement, la leçon de la crise cubaine est permanente parce que le danger de la montée aux extrêmes perpétue sa vérité. La logique hégélienne déplace la lutte à

---

1. R. Aron. *Le grand débat*, p. 234.

2. « Lequel des deux camps a triomphé, lequel a gagné ? On peut certainement affirmer que ce sont le bon sens, la cause de la paix, la sécurité des peuples qui l'ont emporté. De part et d'autre on a fait preuve de lucidité, on s'est rendu compte qu'à moins de mettre fin à l'évolution dangereuse des événements, on risquait de déclencher une troisième guerre mondiale. » N. Krouchtchev, 12-12-62.

« Le télétype (« rouge »)... proclame aussi le fait, non pas radicalement nouveau mais accentué par la démesure des armes, de la solidarité des Frères ennemis — *à condition du moins que l'un et l'autre aient renoncé à l'espoir d'une mise à mort de son rival.* » Souligné par R. Aron, *Le grand débat*, p. 230.

mort, ne la supprime pas, en la déplaçant ses différentes « figures » la répètent. L'accord dans la dissuasion élargit le champ de l'équilibre de la terreur, elle approfondit également la terreur d'un déséquilibre, loin de l'abolir.

Nul sentiment de fraternité définitive non plus : l'égalité devant la mort et dans le langage n'implique pas l'égalité dans la vie; au règne de la logique hégélienne, la réalité devait faire correspondre l'empire — l'empire de la raison par la raison dans l'empire. Sous les titres de « fin de la guerre froide » ou de « début du quatrième conflit mondial » (contre la Chine seule), d'impérialisme, d'hégémonie ou de « gigantisme » américain, nous sommes entraînés à penser la relation d'un grand et d'un super-grand, ce dernier ayant depuis la crise de Cuba une prépondérance dans la décision. La supériorité n'est pourtant pas simplement stratégique : « Sur le plan militaire, la thèse de la toute-puissance américaine est largement exagérée. Les armes nucléaires se paralysent et la guérilla résiste aux canons et aux hélicoptères. La thèse du gigantisme américain n'est pas fausse pour autant, mais il faut en chercher ailleurs, dans l'ordre économique et idéologique, les fondements véritables »[1]. Hegel ne disait rien d'autre en « reconnaissant » le gigantisme napoléonien; l'Allemagne à Iéna était battue, non écrasée, elle devait, brillant pays de la culture, trouver son unité en s'intégrant à l'empire rationnel et moderne, plutôt que le détruire en cassant l'unité de l'Europe — pour s'être grossis aux dimensions de la planète les termes de l'alternative ne semblent pas fondamentalement modifiés.

La crise de Cuba n'introduit pas seulement les adversaires à la considération de la communauté du risque, sur le fond de cet accord négatif des décisions sont prises, la terreur est convertie lentement en ordre du monde. Dans ce jeu, la stratégie n'intervient jamais seule, les facteurs économiques et idéologiques s'y ajoutent — mais une simple addition ne rend pas compte de la possibilité d'unifier les décisions, il manque l'étalon de la bataille décisive où toutes les forces morales et politiques sont estimées à leur valeur physique. La crise ne peut gouverner le cours du monde qu'à se soutenir d'une matrice qui assure la traduction des intentions adverses, la convertibilité des facteurs militaires, économiques et idéologiques, et l'unité du procès de décision qui en résulte : l'efficace de la crise implique sous-jacente l'existence d'une lingua universalis née dans la lutte à mort interrompue et de sa menace perpétuée.

---

1. R. Aron, « Le gigantisme américain », *Le Figaro*, 7-10-66.

Le langage de la crise est hégélien — soit à démontrer la réciproque :
le langage hégélien ne s'énonce qu'en état de crise.

2

Une crise ne nous apprend rien, elle est pourtant nécessaire pour
montrer qu'elle n'a rien à montrer. Elle ne vérifie pas, comme jadis
la bataille classique, un rapport de force effectif et isolable : aucune
des manœuvres qui la dramatisent n'est purement militaire, tout y est
instrument de communication : la crise développe plus ou moins loin
sa « preuve par l'absurde », la montée aux extrêmes, pour confirmer
chacun dans le bon sens pré-existant. Réciproquement, ce bon sens ne
peut se passer d'évoquer l'absurde à partir de quoi il devient sagesse,
il est hégélien; de même que le Croisé devait aller à Jérusalem pour
découvrir dans le tombeau du Christ « le sépulcre de sa propre vie »,
de même la puissance thermo-nucléaire doit prouver à elle-même et à
son adversaire que la victoire stratégique « est seulement l'enjeu d'une
lutte et d'un effort qui doit nécessairement finir par une défaite » [1].
Une crise est nécessairement vide, mais ce vide est nécessaire — espace
d'horreur où la parole se fait entente.

Le langage qui y trouve son écho s'obtient d'une réduction que la
Phénoménologie opère.

Les linguistes découvrent en toute communication verbale six facteurs constitutifs : le destinateur (émetteur), le destinataire (récepteur),
le message, le contexte (soit verbal, soit susceptible d'être verbalisé,
auquel renvoit le message : le « référent »), le code (commun aux
interlocuteurs), enfin le contact (connexion physique et psychologique
qui permet aux interlocuteurs d'établir et de maintenir la communication). Chacun de ces termes joue son rôle dans le contenu du message,
la compréhension de celui-ci résulte de leur concours; la signification
d'un message concret doit être lue à partir du jeu de ces éléments,
dans l'entrecroisement de différents régistres (les six fonctions isolées
par les linguistes) [2].

1. *PhG.*, T. I, p. 184.
2. Un message exprime l'émetteur (fonction expressive ou émotive, cf. tics, etc.),
convoque le récepteur (f. conative, cf. l'impératif, le vocatif, etc.), désigne un
contexte (f. dénotative. cognitive ou référentielle). De plus, on peut l'expliciter en
lui substituant d'autres messages (f. métalinguistique : se faire coller = sécher
= échouer à un examen), on peut mettre l'accent sur le fait de son existence matérielle (f. phatique : « allo, vous m'entendez ? ») ou sur la nature de cette matérialité

La Phénoménologie construit le discours de la crise en faisant de la lutte à mort le principe de l'autonomie du langage et de l'unité de ses six fonctions. L'émetteur et le récepteur se lavent de leurs particularités en s'affirmant purs sujets de la lutte à mort (réduction des fonctions émotive et conative); la multiplicité qualitative du contexte disparaît dans la négation absolue de la Terreur, qui ne laisse subsister qu'un langage acosmique, sui-référentiel (réduction de la f. référentielle). La mort du Père illustre la disparition de l'émetteur dans le récepteur, la mort du Fils, celle de la réalité dans la parole, la mort des apôtres annule la réalité matérielle du message (réduction de la f. poétique). L'ensemble de ces trois morts définit la tâche de la communauté en qui le sens « chaque jour meurt et ressuscite », elle doit déchiffrer elle-même le message où code et message coexistent (réduction de la f. métalinguistique).

Reste une dernière fonction, celle, phatique, du contact : « allo, m'entendez-vous ? ». Elle gouverne la saisie du discours tel qu'il est tenu ici et maintenant. Que toute la réalité témoigne, qui n'être que la proféation — encore ambiguë voie inconsciente — de ce discours, c'est ce qu'implique la différence faite par Hegel entre le discours qui se manifeste dans la réalité extérieure (Entaüsserung) et le discours qui s'ignore comme tel et se prend pour une réalité étrangère (Entfremdung); le savoir « absolu » réduit toute réalité à la fonction phatique du message — un monde qui lui serait étranger est illusion pure.

Le langage ainsi réduit est celui même de la crise; la mort opère seule la réduction qui supprime toute réalité extérieure et indépendante dans la personne des combattants-interlocuteurs, dans l'enjeu (référent) et dans le savoir commun aux deux (code). Réciproquement, la menace de mort est parlante, puisque source de toute parole, son message est unique : émetteur et récepteur se fondent en ce « mouvement circulant en soi-même »[1]; autonome : il agit de sa seule force, sans autre contrainte qu'interne, par « contagion »[2]; transparent : index sui,

---

(f. poétique, jeu sur le côté palpable des signes : I like Ike). Aux six éléments constitutifs correspondent six fonctions présentes, d'une manière plus ou moins appuyée en tout message; Jakobson les résume en deux tableaux (*Essais de linguistique générale*, p. 214, 392).

	Contexte			référentielle	
Destinateur	Message	Destinataire	émotive	poétique	conative
	Contact			phatique	
	Code			métalinguistique	
	Les six facteurs			*Les six fonctions correspondantes*	

1. *PhG.*, T. II, p. 274.
2. *PhG.*, T. II, p. 69.

il est auto-révélation, comme la religion, il parle directement à l'esprit et ne dépend pas de son support matériel (« poétique »), il traduit tout et se traduit en tout [1]; suffisant : il développe son propre code [2]; concluant : il énonce la décision qui fait que quelque chose, dans la contingence de l'être-là, existe [3].

Des crises multiples ponctuent le discours de la dissuasion comme les interruptions celui de la Phénoménologie; on connaît les défis, les heurts, les ruptures de négociation, traductions thermo-nucléaires des injures, soufflets et évanouissement qui agrémentent le parcours hégélien. Quels que soient ses modes, la crise en général est inévitable, en elles prennent contact des adversaires qui s'y avèrent en même temps sujet de la lutte à mort et parties de la négociation; elle manifeste la décision contingente, par là nécessairement répétée, qu'il y ait du discours plutôt que rien. La crise extériorise la dissuasion, elle ne lui est pas étrangère; multiforme et métamorphosable à merci, elle donne au discours dissuasif sa fonction « phatique » que Hegel nommait « forme » [4].

La transparence de la crise cubaine, qui en a fait le paradigme de la dissuasion, il ne faut point la chercher dans un rapport proprement stratégique, ni définissable, ni décisif — elle manifeste la prise de contact de deux purs adversaires nucléaires. Parce qu'aucun ne peut espérer que les armes trancheront en sa faveur — le cas du Vietnam est en cela beaucoup plus complexe — tous deux se reconnaissent, également, sujets de la lutte à mort et assujetis au discours dissuasif. La crise est le moment où, dans ses structures hégéliennes, le discours dissuasif se manifeste comme « étant là » et, comme une mayonnaise, « prend ».

---

1. *PhG.*, T. II, p. 270.

2. « La distinction faite entre l'esprit *effectif* et l'esprit qui se sait comme esprit... est supprimée dans l'esprit qui se sait selon sa vérité. » *PhG.*, T. II, p. 210.

3. *PhG.*, T. II, p. 311.

4. « L'identité du sujet et du prédicat ne doit pas anéantir leur différeuce qu'exprime la forme de la proposition. Mais leur unité doit surgir comme une harmonie. La forme de la proposition est l'apparition du sens déterminé, ou est l'accent qui en discerne le remplissement; mais que le prédicat exprime la substance. et que le sujet lui-même tombe dans l'universel, c'est là *l'unité* dans laquelle cet accent expire. » (Préface de la *PhG*.) « Unité » = solution de la crise... jusqu'à ce qu'une crise nouvelle manifeste « phatiquement » cette unité comme celle du discours dissuasif.

3

La transparence de la crise de Cuba trouve sa pleine intelligibilité dans la Phénoménologie de l'Esprit. Point n'est besoin d'avoir lu Hegel pour se conduire hégéliennement, le philosophe écrivant sur le fond sonore des batailles napoléoniennes savait qu'il entendait ceux qui n'attendaient pas pour l'entendre. Entre l'acte et son interprétation l'écart n'est pourtant pas absolu, les exégèses de la crise cubaine répètent à l'état condensé les données essentielles du théâtre de la lutte à mort.

Le déclenchement officiel de la crise s'effectue le 22 octobre 1962 par un discours télévisé de Kennedy. Il est dramatisé par l'annonce que tout missile nucléaire lancé de Cuba, quel qu'il soit, contre n'importe quel Etat d'Occident « sera considéré comme une attaque de l'Union Soviétique contre les Etats-Unis, qui requiert une réponse de représaille complète sur l'Union Soviétique (a full retaliatory response) » — six mois après que le secrétaire McNamara ait proclamé doctrine officielle des Etats-Unis la stratégie des « représailles graduées », c'est un paradoxe. En évoquant la possibilité d'un conflit nucléaire généralisé, Kennedy inscrit la crise dans l'horizon de la lutte à mort [1].

Autrement dit, Kennedy s' « engage ». L'engagement (commitment), terme cher aux experts américains, désigne le moment où un camp se définit comme partie prenante au grand jeu nucléaire; les formes en sont multiples, elles conduisent toutes à définir certains enjeux comme non négociables en se liant les mains par avance, en se refusant volontairement toute possibilité d'esquive (brûler ses vaisseaux, etc.) : « Dans la dissuasion, un paradoxe veut qu'en promettant de blesser quelqu'un s'il se conduit mal, ça ne fasse pas grande différence que vous vous blessiez par là vous-même — *si* vous arrivez à lui faire considérer la menace comme sérieuse » [2]. Pour faire reconnaître ses prétentions comme un droit, l'émetteur affirme rompre toute attache naturelle et entame le procès de la « preuve suprême par le moyen de la mort » (réduction des fonctions expressive et conative. Destinateur = Destinataire).

---

1. Schelling note le paradoxe et l'explique par la volonté américaine de ne pas soulever une question limitée aux Caraïbes, de poser un problème Est-Ouest *Arms and Influence*, p. 40-41 et 64).
2. Schelling, *ibid.*, p. 36.

Dans un second paradoxe, Kennedy propose aux Soviétiques ce qu'il vient lui-même de refuser : de limiter le conflit au problème des fusées dans les Caraïbes (malgré quelques allusions à Berlin et à la Turquie, Krouchtchev acceptera). Entre les deux formulations d'un même problème, il y a toute la différence qu'on peut faire entre un conflit local et un conflit localisé. Dans le dialogue nucléaire comme dans le langage « réduit » de la logique hégélienne, pas de référent : le message ne désigne pas un objet (préexistant), il le construit en le définissant. Instaurant le blocus de Cuba, Kennedy propose une « définition caribéenne [1] » de la crise — le conflit est circonscrit non par un état de chose naturel, mais, au sein de la lutte à mort, par une décision libre des adversaires (réduction de la f. référentielle. Message = Référent).

Cette limitation de la crise tiendra, parce qu'elle est claire, évidente, commode : « La définition caribéenne avait plus de cohérence et de pureté que n'en aurait eu une définition Cuba-Turquie, ou, en termes de blocus réciproque, Cuba-Grande-Bretagne. Le risque d'une extension postérieure doit avoir inhibé toute inclination à laisser la crise déborder son cadre cubain originel » [2]. Autrement dit, c'est le côté palpable (« poétique ») du message qui le renforce : « Pourquoi dites-vous toujours Jeanne et Marguerite, et jamais Marguerite et Jeanne ? Préférez-vous Jeanne à sa sœur jumelle ? — Pas du tout, mais ça sonne mieux ainsi » [3]. La limitation ne se soutient pourtant pas uniquement de son apparence naturelle (géographique et historique), elle est aussi bien arbitraire (le conflit risque à tout moment de s'étendre). Ce caractère artificiel, fragile, renforce à son tour la face « naturelle » du message et logiquement la domine [4]. Krouchtchev, tenant compte du risque, ne choisira pas de définir « naturellement » une seconde crise, où les données militaires et géographiques s'inversent : Berlin. La définition caribéenne se maintient certes de ce qu'elle est lisible, mais surtout de ce qu'elle est première. Une autre crise, venant après, serait une ascension vers les extrêmes; le message vaut parce qu'il existe (il est « premier »), il témoigne d'une décision arbitraire, il est accepté pour ce qu'il a, eu égard à l'arbitraire de toute décision, le privilège d'exister. (La f. « poétique » est réduite par la f. « phatique », Message = Message).

1. *Ibid.*, p. 87.
2. *Ibid.*, p. 87.
3. Jakobson, ouv, cité, p. 218.
4. H. Kahn, *De l'Escalade*, p. 149 : « La guerre limitée doit presque par définition être artificielle, et plus élevé sera le degré d'artifice, plus l'inhibition à l'égard de l'extrême violence sera claire — et peut-être digne de confiance. »

Les deux adversaires considèrent que la crise a été une leçon — tirée après, administrée pendant la crise[1]. Le caractère sentencieux des déclarations est inévitable et fait partie du jeu : l'adversaire qui court le risque d'une lutte à mort « ignore » quelque chose, notre résolution ou notre capacité, dans les deux cas : notre nature de lutteur à mort. L'autre fait un raisonnement identique. La lutte à mort est par essence une leçon, une « preuve » : le message de la crise informe sur la nature des joueurs et les règles du jeu, il véhicule le code. La crise cubaine est un phénomène transparent pour ce qu'elle montre les mécanismes de toute crise (f. métalinguistique, Message = Code).

La première loi qu'enseigne toute crise nucléaire est que son déroulement n'est pas soumis à des lois. La crise cubaine ne menait pas nécessairement à la guerre, elle ne conduisait pas inévitablement à la paix — d'où son caractère dramatique et sérieux : « l'essence de la crise est son imprévisibilité... Il est de l'essence d'une crise que les participants ne soient pas absolument maîtres des événements; ils avancent des pions et prennent des décisions qui augmentent ou diminuent le danger, mais c'est dans une atmosphère de risque et d'incertitude »[2]. Parce que la lutte à mort doit témoigner de la « liberté » des combattants, l'arbitraire des signes échangés ne disparaît jamais, la décision de l'un garde toujours un côté contingent, son acceptation ou sa méconnaissance par l'autre, aussi. Chaque crise obligeant les adversaires à s'entendre « à partir de zéro », rien ne garantit que la communication s'effectue sinon cette communication même. L'installation du « télétype rouge » après la crise cubaine symbolise le « allo, m'entendez-vous ? » qui fait l'essentiel des messages que transportent les actes et les séquences des crises, plus encore que les mots. La crise est la prise de contact dans l'irréductible contingence de l'être-là, seule preuve effective que la dissuasion existe bilatéralement (f. phatique; Message = contact).

En termes hégéliens, la solution d'une crise impose par la violence une décision logiquement rationnelle (fondée sur l'identité de l'énonciation et de l'énoncé), réellement contingente (le discours existe — plutôt que rien). Le contenu de cette décision varie, la « Phénoménologie de l'Esprit » entreprenant d'y soumettre tout, en démontrant

1. Cf. par exemple Schelling, *ibid.*, p. 280.
2. Schelling, *ibid.*, p. 96-97.

qu'il n'y a pas sur terre et dans le ciel plus de choses que n'en rêve l'empire du discours dissuasif. Il est *théoriquement* concevable que les « grands » déplacent le champ clos de leur opposition, que la confrontation qui opérait jusqu'ici avec des moyens plus spécialement militaires devienne économique, etc. On ne voit pas d'ailleurs pourquoi cette perspective devrait être rassurante, tant que la logique de l'opposition demeure celle de la lutte à mort : tous les divers champs de bataille ou « figures » de la Phénoménologie, qu'ils soient militaires, politiques ou culturels, sont également gros de la possibilité d'une catastrophe ; qu'on mette l'accent sur le politique ou l'économique, la montée aux extrêmes et la destruction par les armes demeure la toile de fond sur laquelle tout dialogue se dramatise.

Jusqu'à présent, pourtant, la confrontation s'est essentiellement opérée en termes de rapports de force et de décisions politico-militaires. Il appartint aux analystes américains — les discussions soviétiques, si elles existent, demeurant ignorées dans leur détail — d'essayer de mettre en lumière les principaux facteurs gouvernant ces décisions.

Dans le jeu total de la lutte à mort, la Phénoménologie de l'Esprit mettait tout en jeu — le tout comme enjeu. Les analystes américains considéreraient une telle extension comme le fait, plutôt, du totalitarisme attribué à leur adversaire. Dans un jeu qu'eux aussi définissent lutte à mort, ils essaient de limiter — par une stratégie militaire — les enjeux : dans une situation fondamentalement hégélienne, ils prétendent faire du Clausewitz.

RHÉTORIQUES
DE LA DISSUASION

Définition de la rhétorique par Baudri de Bourgueil :

Commotis pacem, pacatis seditionem.
Ad motum linguæ noverat efficere.
Lætos in lacrymas, triste in læta ciebat,
Omnia nam voto compote sic poterat.
Denique mox poterat quicquid suadere volebat
Dissuadere cito suasa prius poterat.

ART DE DISSUADER
ET ART DE CONTRAINDRE

Il s'avance modestement, le discours que les stratèges américains, pour eux-mêmes et pour la conduite muette de leurs adversaires, profèrent. Ce n'est pas un discours total et fermé, ni dans son objet, ni dans ses raisons. Il n'embrasse pas tout, comme le discours hégélien; dans l'intelligence de la lutte à mort, il limite la part du feu et abandonne à la politique, voire à la religion ou la philosophie, le souci de l'universel, à l'analyse opérationnelle le soin des situations singulières. Dans la sphère qu'il se réserve, il ne se ferme pas non plus sur l'ordre autonome de ses raisons, tel que fit le discours clausewitzien; il est pourtant « systématique », mais l' « éventail complet » qu'il établit est de « possibilités » non de réalités, ses conclusions ne gouvernant pas la nécessité d'un calcul univoque, donnant « essor à l'imagination », il s'affirme un « générateur de scénario »[1].

1. H. Kahn, *De l'escalade.* Calmann-Lévy, p. 53, 54, 55.

Il y a mille modesties, celles du maître « après » Dieu, celle du père Karamazov, aucune qui ne satisfasse un secret orgueil. Il s'agit ici de la modestie d'un discours, qui revendique 1 — la complétude (« étude systématique »); 2 — l'objectivité; eu égard aux objets qu'il considère, il prétend tout dire pour les deux parties. Il tient ses catégories pour des instruments « métaphoriques » propres à « faciliter l'examen et la discussion » sans conclure; cependant son incertitude est souveraine, elle est attribuée non à la faiblesse du discours mais à la nature de l'objet : la « crédibilité » des actes d'adversaires thermonucléaires ne se mesure plus à l'étalon clausewitzien du rapport absolu des forces réalisé ou réalisable sur un champ de bataille. La prenant pour thème, le discours de la dissuasion se constitue en logique du probable.

Reste à situer cette logique et sa valeur intrinsèque. Les stratèges la comprennent volontiers comme un ensemble de modèles généraux du maniement des crises, chaque situation concrète venant les « remplir » et spécifier. D'où l'imprécision des modèles, condition de leur adaptabilité : ce sont des « archétypes »[1]. Il y aurait comme un ordre d'intelligibilité descendante, et de réalité croissante, qui mènerait des modèles abstraits et calculables de la théorie mathématique des jeux aux modèles plus concrets et analysables qualitativement — non plus quantitativement — de la stratégie des conflits et de la dissuasion, eux-mêmes à leur tour modifiés et adaptés à la complexité des situations effectives (Schelling).

Un tel schéma suppose que, s'approchant de la réalité, le type de décision concevable change, sa rigueur et sa prévisibilité diminuant. Mais dans les trois cas des jeux mathématiques, des modèles de situations dissuasives et des événements concrets, ce serait toujours une *décision* qui reste pensable et pensée.

Les deux études qui vont suivre ont pour but de montrer qu'il n'en est rien. Qu'au travers de la théorie de la dissuasion aucun fil ne relie la définition mathématique de la décision à la décision réelle, sur le terrain. Que la dissuasion n'est absolument pas une théorie de la décision, que les conduites qu'elle analyse, parfois très subtilement, ne sont d'aucune façon et à aucun degré *décisives*.

Dissuasion = indécision. Pour le démontrer, il faut — et il suffit de — mesurer les théories de la dissuasion aux deux modèles entre les-

1. Kahn, *ibid.*, p. 54.

264

quels elles prétendent établir un pont : 1 — le règlement de compte réel, sur le terrain; 2 — la théorie mathématique du règlement de compte (théorie des jeux). Dans le premier cas, les catégories de la spéculation dissuasive seront confrontées au langage courant du rapport de force et de l'explication entre puissances, on examinera leur faculté de partager l'espace et d'organiser le temps, et la définition de l'équilibre ou de la supériorité des forces qu'elles proposent. Dans le second cas, c'est l'intelligibilité interne du mécanisme de décision dont elles se réclament qui sera questionné, à partir de la confrontation d'un concept dissuasif clé : « l'escalade » avec la logique de la théorie des jeux.

On espère montrer de la sorte que la dissuasion s'oppose autant à la définition concrète, opérationnelle de la décision qu'à sa définition idéelle, conceptuelle. Entre la décision réelle, qualitative et la décision mathématique, plus ou moins quantitative, il y a différence de domaine mais commune intelligence, Clausewitz en témoigne remarquablement. L'indécision de la dissuasion contredit aux deux.

Seule cette discussion préalable permettra de donner, dans la sphère du discours de la guerre, le statut du discours dissuasif : c'est celui de la Rhétorique « art de bien construire un discours »[1].

La dissuasion, quoi qu'il paraisse à ceux qui l'énoncent, n'est pas et ne peut être la logique certaine qui a pour objet des événements simplement probables. Son incertitude n'est pas seulement dans l'objet qu'elle se donne mais dans l'intelligibilité interne qu'elle vise, c'est une logique vraisemblable du vraisemblable, l'art de discuter sans conclure rigoureusement.

De cette discussion, elle développe la *subtilitas*, *l'elegantia*, qui est au fait de ses quaestiones pourra, après les exercices théoriques auxquels elle forme, passer, comme les élèves d'Oxford au XIIIe siècle, « general sophister ».

Nulle ironie ici, que celle qui vise un art libéral voulant se faire passer pour science par égard pour les croyances du siècle. La rhétorique fut l'art des controverses ne pouvant être tranchées de façon certaine, elle est née politique avec Gorgias, elle fut judiciaire avant que d'être littéraire, on ne s'étonnera pas qu'elle triomphe, masquée, en certaines situations internationales, construisant les discours et les actions dans

---

1. E. R. Curtius, *La littérature européenne et le moyen-âge latin*, p. 78.

la « dispositio » rhétorique la plus classique : l'exorde et l'épilogue de la crise de Cuba entraînent les deux grands à « émouvoir » (animos impellere), le dialogue et les événements qui s'intercalent ont pour but de « convaincre » (rem docere).

La théorie dissuasive fournit dans ces cas un « trésor » (topique) de conduites possibles dont l'organisation déploie, toujours dans l'ordre de la vraisemblance et non de la nécessité, une force de conviction plus ou moins grande. Le livre de H. Kahn, « De l'escalade », porte en sous-titre : « métaphores et scénarios ». Dans la métaphore, celle de la « grève » ou du jeu de « poule mouillée » pris comme modèles de compétition, le connaisseur retrouvera l' « exemplum » de la rhétorique classique fondé sur l'analogie; dans les divers scénarios de l'escalade, l'enthymème, forme rhétorique du raisonnement, syllogisme du vraisemblable. Indiquant les deux sources de ses raisonnements, H. Kahn retrouve sans le savoir les deux seules voies prescrites par l'inventio de la rhétorique à qui veut convaincre vraisemblablement du vraisemblable.

Cette rhétorique gouverne les théories de l'affrontement et des crises et pareillement celles des négociations et de la maîtrise des armements (« arms control »). Il n'est pas possible ici d'en détailler les formes et les figures particulières, qu'il suffise donc de fixer la nature de ce discours dans son ensemble.

Depuis qu'elle existe, la Rhétorique pose à la conscience occidentale un problème fondamental : quel est le champ où elle s'exerce légitimement, quelles en sont les limites ? Il y eut un impérialisme rhétorique, dont le danger fut dès l'origine ressenti, comme il y a un impérialisme conceptuel de la dissuasion.

Tout le Moyen-Age s'est efforcé de faire sa place à la Rhétorique en la définissant à l'intérieur d'un ensemble, entre la « grammaire » et la « dialectique ». Les débats, parmi les plus profonds de l'intelligence médiévale, ont porté sur la position réciproque de ces trois arts libéraux à l'intérieur du « Trivium ». La part des trois disciplines a considérablement varié, autant que leur contenu [1]; le problème était celui du partage, entre les arts de la parole, de trois fonctions : construire le verbe d'une façon juste (grammaire), fixer son rapport au vrai

1. Roland Barthes a analysé le Trivium comme une structure dont les termes se définissent réciproquement (diacritiquement) pendant tout le Moyen-Age. Séminaire de l'Ecole Pratique des Hautes Etudes (année 64-65).

(dialectique), l'administrer et l'orner, soit organiser les grandes parties et liaisons du discours (rhétorique) [1].

Notre examen de la dissuasion est analogue, qui vise à la situer par rapport à d'autres théories de la décision. Montrant les règles de construction d'une décision entre adversaires, la théorie des jeux joue le rôle d'une grammaire de la décision, nous l'utiliserons de façon critique pour repérer les barbarismes, solecismes et autres fautes d'une théorie impérialiste de la dissuasion qui n'est pas au fait des limites internes de ses raisonnements. Passer des vraisemblances de la dissuasion aux vérités de la décision politique implique qu'on mesure le soutien qu'une rhétorique reçoit d'une logique de la vérité (« dialectica » du Moyen-Age). Nous abandonnerons au pur jeu des mots l'ironie qui veut que la dissuasion ne trouve sa véritable efficace qu'en s'appuyant sur une politique, pas n'importe laquelle, celle qui fonde tout ordre du monde sur la terreur partagée, celle que la dialectique hégélienne a théorisée.

La dissuasion ne règne pas sans partage, et ce partage ce n'est pas elle qui le fixe. La philosophie politique des adversaires qui l'emploient lui donne sa pâture, délimite les objets sur lesquels elle s'exerce. L'intelligence mathématique met une barrière devant ses prétentions à la rationalité. Dans ce champ deux fois clôt, elle exerce ses vertus propres.

---

1. « Gram. loquitur; Dia. vera docet; Rhe. verba ministrat; » Curtius, ouv. cité, p. 45.

LA GUERRE DES NON-« C »

« *Evoquer, dans une ombre exprès, l'objet tu, par des mots allusifs se réduisant à du silence égal, comporte tentative proche de créer.* »

MALLARMÉ.

Avant et après Clausewitz, qui en formule le projet rigoureux, quelques rares livres font la théorie de la guerre; jusqu'en 1945 un rayon de bibliothèque suffit.

Depuis la seconde guerre mondiale, on a recensé aux Etats-Unis plus de cent mille ouvrages, articles et rapports consacrés aux problèmes de la guerre et de la paix. Les études proprement stratégiques se sont multipliées, des instituts spécialisés tentent d'appliquer à la recherche stratégique les ressources de l'esprit scientifique et les moyens de la grande industrie. Les notions théoriques de « dissuasion », « guerre thermonucléaire », « escalade », sont diffusées massivement et universellement. Il semble qu'on ne puisse plus prévoir de guerres sans penser *la* guerre, comme si la mort, d'introduire tous les adversaires à la menace suprême, imposait au même instant son ultime objectivité.

La pensée stratégique américaine a pour but de développer un ensemble de propositions qui permettent de régler et de prévoir la conduite d'adversaires usant de la menace thermonucléaire; elle propose à tous les participants du jeu diplomatico-stratégique actuel ce qu'elle estime être son objectivité et sa cohérence.

Pourtant elle n'a pas su formuler dans un nouveau *Vom Kriege* ses notions essentielles apparues en ordre dispersé, dans des écrits multiples, à des époques différentes. On en saisira l'unité à la faire surgir dans son rapport au Livre de la stratégie classique : Clausewitz est la mesure des incertitudes aussi bien que de l'originalité de la pensée stratégique américaine.

I. — L'ESPRIT STRATÉGIQUE

De multiples emprunts faits aux théories mathématiques modernes colorent la pensée stratégique américaine. Pourtant il n'y a pas — du point de vue de la méthode — de nouvel esprit stratégique, la rationalité clausewitzienne gouverne son projet et mesure ses ambitions.

I. — L'ANALYSE STRATÉGIQUE.

Le stratège américain s'affirme scientifique en ce que son dessein ne se borne pas à utiliser les résultats de la science mais à en retrouver l'esprit pour « appliquer les méthodes scientifiques à l'analyse des alternatives stratégiques politico-militaires »[1]. C'est moins un empi-

1. A. Wohlstetter, *Scientists. Seers ans Strategy*, Foreign Affairs, April 1963.

riste qu'un « analyste » qui prétend comme Clausewitz fonder les propositions qu'il énonce sur « l'architecture serrée de leur nécessité interne »[1].

I. 1. — *L'abstraction stratégique* : Recherchant cette nécessité, l'analyste devra s'assurer de l'autonomie de son objet. S'il s'occupe des relations internationales, il rencontre le sociologue, le penseur politique, le moraliste, etc. Il trouvera son originalité à se réclamer d'un point de vue plus « objectif », plus « technique » ou plus « systématique » pour autant qu'il considère « l'éventail complet » des possibilités d'user de la force ou de la menace de la force dans les relations entre Etats[2].

Faire la théorie des relations internationales suppose qu'on tienne compte de l'ensemble des facteurs qui en rythment le cours : « Qui peut dissuader qui ? De quoi ? en quelles circonstances ? Par quelles menaces ? »[3]. Le stratège découpe un objet plus restreint, il tend « nécessairement à ignorer les aspects de qui ? de quoi ? pourquoi ? »[4]. pour dégager les « principes généraux » qui gouvernent l'interaction des opérations, des menaces et des contre-menaces. Son point de vue « technique » tient compte de la seule question « Comment faire ? », tandis que le théoricien politique se demande « Que faire ? » en posant la double question du comment et du pourquoi (pour qui ? contre qui ?) Le stratège a limité son domaine : il s'occupe des moyens violents de la politique internationale; il en a assuré l'autonomie donc l'objectivité : en tant qu'il met les fins entre parenthèses, il se place du point de vue des deux adversaires pour étudier non les intentions de chacun mais les possibilités qu'offre le jeu de leur interaction.

I. 2. — *Les moyens dévorent-ils la fin ?* L'abstraction stratégique semble suffisamment définie par son objet; en tant qu'elle étudie les moyens de la politique internationale, elle subordonne aux fins politiques « l'instrument » qu'elle a pour charge d'examiner. Mais l'équilibre clausewitzien de la stratégie et de la politique n'est pas si facile à respecter. La réflexion stratégique avait pris son départ aux Etats-Unis dans l'étude des conséquences militaires des révolutions techniques en matière d'armements[5]. Elle a vite découvert que si les plans

---

1. Clausewitz, *De la guerre*, préface.
2. H. Kahn, *De l'escalade*, Calmann-Lévy, p. 36, 38, 39, 54.
3. R. Aron, *Le grand débat*, Calmann-Lévy, p. 211.
4. Kahn, *ibid.*, p. 38.
5. Cf. B. Brodie, *La guerre nucléaire*, Stock, p. 9-48.

militaires doivent tenir compte de la nature des armements, la réciproque est encore plus vraie : les investissements, les priorités et par conséquent les découvertes dans le domaine de l'armement dépendent des possibilités stratégiques auxquelles on veut se préparer. La stratégie s'est donc trouvée devoir définir un plan de « course » aux armements aussi bien qu'un plan de contrôle (limitation) des armements, les deux devant être établis en fonction « d'une image aussi complète que possible » de toutes les éventualités d'emploi [1].

Il semble que le point de vue particulier qui caractérise l'analyse stratégique ne l'empêche pas de prétendre gouverner tout le champ des relations internationales et d'imposer son image stratégique du monde : « pour Clausewitz, la guerre était la continuation de la politique par d'autres moyens. S'il avait vécu à notre époque, il aurait observé que la politique est devenue la continuation de la guerre par d'autres moyens » [2].

Le critique croit viser ainsi un clausewitzisme généralisé, mais le problème théorique qu'il pose sans le savoir est tout différent, il s'agit de juger si une « stratégie » nucléaire est encore clausewitzienne, c'est-à-dire de savoir si elle peut s'auto-limiter (en définissant la possibilité *stratégique* qu'a la politique de modérer l'usage de la guerre).

La solution qu'explique Clausewitz et qu'impliquent les stratégies américaines est que la stratégie se limite elle-même : « Au sein même de l'art de la guerre, la sagesse prévoyante, la crainte du danger excessif trouvent des alliés commodes pour se faire valoir... » [3]. Les stratèges américains développent la même idée, c'est la nécessité purement stratégique de limiter la guerre qui permettrait la limitation de l'usage et de la production des armements *(arms control)* [4].

II. — La politique stratégique.

Le politique américain s'affirme stratège. Qu'on examine non pas sa conduite effective mais l'univers intellectuel ou idéologique dans lequel il pose ses problèmes et prétend les résoudre, on découvrira qu'un Secrétaire d'Etat à la défense est supposé savoir tout ce dont Clausewitz, presque jamais nommé, a fait la théorie. Le « système de planification budgétaire programmée » instauré par R. McNamara se

1. H. Kahn, *On Thermonuclear War*, Princeton, 1961, p. 297.
2. A. Rapoport, *Strategy and Conscience*, Harper and Row, 1964, p. xxvii et 181.
3. Clausewitz, *De la guerre*, Ed. de Minuit, p. 229.
4. T. C. Schelling et M. H. Halperin, *Strategy and Arms Control*, p. 4.

présente comme un compte global, « par lui, les objectifs de la sécurité nationale sont reliés à la stratégie, la stratégie aux forces, les forces aux ressources et les ressources aux coûts »[1]. Les plans quinquennaux de la défense nationale définissent ainsi l'instrument stratégique en fonction des fins politiques. La guerre s'étant industrialisée, le clausewitzisme semble simplement devoir être généralisé, le « plan de guerre » s'étend.

Une stratégie se définit en face de quatre tâches :

1 — proposer une armature conceptuelle, « l'Amiral Mahan, qui tirait ses leçons de Trafalgar, n'aurait rien trouvé... à dire sur les conséquences d'un conflit armé conventionnel entre deux puissances nucléaires. Il n'aurait pas non plus trouvé comment une guerre conventionnelle peut escalader ou glisser vers un conflit nucléaire... La construction de concepts stratégiques devait combler ce qui était devenu un vide historique »[2];

2 — en fonction de ces concepts définir les investissements budgétaires requis pour l'élaboration des différentes armes;

3 — y adapter les alliances des Etats-Unis et la division du travail au sein de ces alliances, ce qui suppose « forger les concepts stratégiques communs, les niveaux de forces qu'ils rendent nécessaires et la répartition des dépenses entre alliés »;

4 — dernière tâche, « la plus complexe », l'utilisation effective de l'appareil militaire, « l'usage raisonné de la puissance militaire, en vue de soutenir les fins de la politique étrangère des Etats-Unis ».

Comme le voulait Clausewitz, la stratégie, plus qu'un simple instrument, est censée traduire les fins politiques en conduites effectives, dans l'équivalence du politique et du militaire.

Le projet étant clausewitzien, on découvrira dans les divers comptes qu'il prétend établir les différentes rationalités dont « De la guerre » donne le concept.

II. 1. — *La rationalité économique du plan de guerre.* — Elle est définie comme l'organisation des moyens en vue d'une fin, elle est calculée dans le rapport coût/rendement. C'est l'introduction de ce modèle économique dans l'établissement du budget de la défense, qui fit, entre autres raisons, la célébrité de R. McNamara[3]. Cependant,

---

1. W. W. Kaufmann, *The McNamara strategy*, Harper and Row, 1964, p. 173.
2. *Ibid.*, sur les quatre tâches qui « attendaient » R. McNamara, p. 7, 8.
3. Kaufmann, ouv. cité, p. 45 : McNamara « vint à Détroit comme... l'éternel poseur de question, il le demeura. Quand on lui affirma que l'on ne pouvait construire à Détroit une Volkswagen qui soit compétitive avec le modèle allemand, il fit acheter une Volkswagen par son bureau d'étude, fit démonter entièrement la voiture,

ce compte suppose connues les nécessités et les grandes options du plan, il termine le calcul stratégique, ne le détermine pas. Il permet d'éliminer les dépenses trop peu rentables, mais rentables en fonction de quoi ? Deux autres rationalités répondent, qui permettent en principe de construire un « concept stratégique » global, équivalent du concept de guerre clausewitzien.

II. 2. — *La rationalité polarisatrice de la montée aux extrêmes.* — Le plan de guerre trouve son unité à préparer l'ensemble des réponses possibles aux actes possibles de l'adversaire. Deux attitudes intellectuelles sont requises, l'une suppose la possibilité de diviser le concept de guerre, afin d'être préparé à chaque conflit susceptible d'éclater : on « achète des options »[1]; l'autre suppose qu'on puisse maîtriser le rapport entre les différents conflits, le concept de guerre doit être synthétique : on recherche la « flexibilité » de la réponse et la « graduation » de la menace[2]. La multiplicité des options et leur mise en rapport contrôlée ne vont pas l'une sans l'autre; la possibilité de la montée bilatérale aux extrêmes fonde l'objectivité du calcul, mais ce calcul ne peut être effectué sans qu'on dispose — rationalité tierce — du « cran d'arrêt » qui stoppe l'ascension et fixe les limites de chaque « option » stratégique (de chaque possibilité de guerre limitée).

II. 3. — *La rationalité structurelle du concept de guerre.* — Elle définit la « règle du jeu » qui permet à la fois de découper les options multiples et de les réunir au sein d'une stratégie unitaire : « les objectifs de la politique extérieure actuelle peuvent ressembler aux fins que poursuivaient les nations en des temps plus anciens de leur histoire; les règles du jeu politico-militaire, tel qu'il se joue aujourd'hui, apparaissent s'être radicalement transformées à partir du moment où la possibilité d'une guerre nucléaire s'est trouvée liée à la menace ou à l'usage de la force »[3].

Si le projet stratégique est clausewitzien par le domaine qu'il embrasse et l'intelligibilité dont il se réclame, le fondement n'est pas celui que se donnait Clausewitz (équilibre par la dyssimétrie structurale de l'offensive et de la défensive). La stratégie américaine suppose qu'elle a trouvé un nouveau « cran d'arrêt » qui lui permet de déve-

---

calculer le prix de revient de chaque pièce, comparer ce prix avec le prix allemand. C'est à partir de ce type de question et d'analyse qu'on mit en train les plans de l'automobile « Compact Falcon ».

1. Cf. Kaufmann, p. 49, 88, etc.
2. *Ibid.*, p. 67.
3. *Ibid.*, p. 253.

lopper et de calculer une menace « graduée » et une réponse « flexible ». Elle croit disposer d'un « étalon » qui l'autorise à évaluer le *trop* (risque de guerre nucléaire exagéré) et le *trop peu* (risque de donner l'avantage à l'adversaire) dans l'usage des forces et des menaces.

Avant d'examiner — c'est notre question fondamentale — si un tel critère existe, supposons-le, un instant, avec tous les stratèges américains, pour voir où leur projet stratégique trouve très clausewitziennement son accomplissement.

II. 4. — *L'équivalence stratégie-politique : la définition stratégique de la coexistence.* — Ayant cerné ce qui règle conceptuellement l'équilibre des forces, le stratège classique pouvait justifier une trêve, aux yeux des deux adversaires, et une paix fondée sur l'équilibre stratégique. Une stratégie nucléaire qui aurait la même solidité conceptuelle offrirait elle aussi aux grandes puissances une évaluation approchée de leurs forces respectives, par là le fondement d'une paix d'équilibre : « bien qu'à notre époque, digne d'Esope, on ne parle qu'un langage nucléaire, les deux antagonistes principaux semblent comparer aussi bien l'ensemble des capacités militaires des deux camps... Le dialogue stratégique nucléaire est devenu symbolique de l'estimation américaine et soviétique de l'ensemble de la balance militaire — nucléaire et non nucléaire »[1]. La stratégie permettrait ainsi la lecture du rapport de puissance qui relie les deux « grands », elle déterminerait la grandeur relative des « grandes puissances ». La stratégie découvre alors l'envers méphistophélique des conférences de paix, elle serait le lieu où les méfiances s'affrontent, s'équilibrent ou se soumettent en un « dialogue sinistre et ésotérique »[2].

Du même coup, la stratégie mesurerait la sagesse ou l'imprudence du politique, elle estimerait l'alliage qui constitue la bonne volonté de coexistence à partir d'une juste addition de « force », de « résolution » et de « modération »[3]. Ces trois leçons du passé, qui ne veut les accepter ? Mais la stratégie saura-t-elle fixer la part de chacune dans l'élaboration d'un acte et d'un plan ?

Son rôle magistral, la stratégie le tiendrait si elle était clausewitzienne par l'ordre de ses raisons et la justification de ses décisions. L'est-elle ?

1. *Ibid.*, p. 253. De cette référence nucléaire prédominante, justifions notre terme « stratégie nucléaire » pour désigner l'ensemble des concepts stratégiques développés aux Etats-Unis.
2. *Ibid.*, p. 253.
3. « Strength », « resolve », « restraint », les trois leçons léguées par les anciens selon R. McNamara, cité in Kaufmann, p. 298.

II. — LE BUT DE LA GUERRE
THERMO-NUCLÉAIRE

La pensée stratégique américaine est née de l'examen des modifications apportées à la stratégie classique par l'opposition de deux adversaires thermo-nucléaires.

I. — L'ÉQUILIBRE DE LA DISSUASION.

Elle s'est donné pour point de départ une situation dont la réalité est suffisamment probable pour qu'on ne puisse pas ne pas en tenir compte, bien que sa stabilité soit toujours « délicate » et modifiable par des développements technologiques inattendus. Elle suppose deux adversaires :

— qui peuvent s'imposer mutuellement des dommages intolérables (armes thermo-nucléaires),

276

— qui peuvent attendre, pour choisir de le faire, que l'autre ait déjà attaqué avec sa puissance maximum (capacité de deuxième frappe).

Cette situation de « dissuasion réciproque » interdit toute ambition de défense au sens classique : le territoire de chacun est essentiellement vulnérable, seule ne l'est pas la capacité de riposter — la fonction de la défense est donc reportée sur la menace d'une riposte illimitée à une attaque illimitée.

La menace est rationnelle parce qu'elle évoque la situation de l'égalité du crime et du châtiment [1]; aucun adversaire n'a intérêt à déclencher une attaque générale dont le coût risque d'être démesuré par rapport au gain. Aucun adversaire n'a de raison de supposer que la menace ne sera pas exécutée lorsque celui qui l'exécutera aura déjà perdu tout ce qu'il voulait préserver.

II. — LA MODIFICATION DU BUT DE LA GUERRE.

Le but *(Ziel)* de la stratégie est devenu nécessairement négatif, défensif; il ne s'agit plus de désarmer l'adversaire mais de ne pas se laisser désarmer : « La victoire a perdu son sens traditionnel [2]. » Parallèlement, l' « engagement décisif » n'est plus l'étalon de la stratégie : « Si nous nous réglons avec cohérence sur le principe de la dissuasion, nous développerons largement les forces qui contribuent à la dissuasion d'une guerre centrale, à la dissuasion des agressions locales et à leur défaite, et cela avant que de chercher à satisfaire toutes les conditions qui nous assureraient la survie ou la victoire dans une guerre totale. Personnellement je doute que ces conditions puissent jamais être déterminées et encore moins satisfaites.[3] »

L'équilibre de la dissuasion modifie non seulement le but de la stratégie classique mais encore les deux principes qui la structuraient et permettaient l'unité du but stratégique et de la fin politique. Avec la dissuasion disparaît l'idée d'un étalon commun à toutes les forces en présence (en tant qu'elles sont mesurées ou mesurables sur le champ de bataille) aussi bien que le principe de la prééminence de la défense qui modérait l'ascension aux extrêmes. La dissuasion saura-t-elle remplacer ce qui disparaissant lui cède la place ?

1. R. Aron. *Paix et guerre entre les nations*, Calmann-Lévy, 1962.
2. H. A. Kissinger, *The Necessity for choice*, Harper, 1960, p. 11.
3. Maxwell D. Taylor, *The Uncertain Trumpet*, Atlantic Book, p. 35.

III. – L'EXTENSION DE LA DISSUASION

I. — LE PROBLÈME DES STRUCTURES STRATÉGIQUES.

La dissuasion n'est pas une conduite parmi d'autres. Seule une référence à l'organisation des conduites dans l'unité du concept de guerre (Clausewitz) permet de comprendre la place centrale que lui a accordée la pensée stratégique américaine. La dissuasion organise des moyens offensifs (frappe) dans un but *(Ziel)* défensif; l'arme thermonucléaire, essentiellement offensive, oblige les deux antagonistes à jouer leur défense sur le territoire adverse. La dissuasion est née de l'abolition du principe clausewitzien qui assurait à la défensive l'avantage relatif du terrain. La dissuasion remplace la défense non seulement en tant que conduite stratégique mais comme principe architectonique de « dépolarisation ». Sa fonction embrasse par conséquent le déploiement entier de la violence dans « l'acte de guerre » moderne : elle

278

devient le seul « cran d'arrêt » dans l'ascension aux extrêmes. Toute la pensée stratégique américaine s'éclaire en ce qu'elle tente de remplacer un principe d'équilibre stratégique par un autre, la symétrie de la dissuasion réciproque devant jouer le même rôle que la dissymétrie classique de l'offensive et de la défensive. Dans le concept de guerre clausewitzien, la logique de la dépolarisation commande un espace et un temps stratégiques; il convient d'examiner si la dissuasion peut exercer le même empire.

II. — L'ESPACE DE LA DISSUASION (ESPACE NON-C).

L'équilibre classique des forces se développe dans la continuité de l'espace stratégique. Le problème qu'affrontent les stratèges américains est celui de la discontinuité de l'espace dissuasif; ainsi Kahn doit distinguer trois types de dissuasion selon qu'elle assure la dissuasion, d'une attaque nucléaire sur les Etats-Unis (Deterrence I), sur les pays alliés en des pactes défensifs (Deterrence II), ou d'attaques plus limitées (Deterrence III). Cette transformation s'explique par la modification du mécanisme défensif : « Le changement peut-être le plus important est militairement la perte de la fonction défensive en tant que pouvoir inhérent aux forces offensive majeures. Les forces ne s'interposent plus entre l'ennemi et la patrie comme le firent les armées terrestres[1]. » Dans une trêve classique, les armées stratégiquement équivalentes *couvraient* le territoire et les « intérêts vitaux » de chaque partenaire [2]. Au contraire, les adversaires nucléaires n'ont pas une personnalité aussi précise. Protègent-ils ce qu'ils peuvent effectivement défendre, — ils ne protègent rien. Protègent-ils ce qu'ils peuvent menacer de défendre, — tout est possible et ils peuvent user de la menace pour protéger, chacun pour leur compte, le même enjeu : « Dans des circonstances de terreur réciproque, les interprétations de l'intérêt national deviennent presque totalement subjectives [3]. » La dissuasion établit un équilibre, mais entre qui et qui, à propos de quoi ? : « Nous pouvons être certains que nous riposterons par notre frappe si nous sommes directement frappés, sans même nous inquiéter de notre protection civile. Mais ferons-nous de même si le Royaume-Uni est frappé ? ou s'il est sim-

1. Brodie, *Strategy in the Missile Age*, Princeton University Press, 1959. p. 224.
2. La guerre classique était « bidimensionnelle », les troupes servaient de boucliers. Désormais on peut tuer le pays *avant* son armée, remarque Schelling, *Arms and Influence*, Yale University Press, 1966.
3. S. Hoffmann, *Contemporary Theory in International Relations*, p. 33.

plement menacé [1] ? ». L'égalité de la terreur ne définit pas *ipso facto* les termes de son équation — la trêve due à l'équilibre classique gouvernait tout l'espace stratégique, la dissuasion règne mais risque de ne pas gouverner.

III. — LE TEMPS DE LA DISSUASION (TEMPS NON-C).

Le moment où l'équation abstraite de la dissuasion s'inscrit dans la durée « réelle » est la crise. « Toute crise — même si elle n'est pas recherchée en tant que telle par les puissances thermonucléaires — peut déclencher l'holocauste [2] ». La crise joue, dans la stratégie nucléaire, le rôle d'étalon, de pierre de touche tenu par l'engagement décisif dans la guerre classique, et par la guerre pour la diplomatie classique [3]. Tandis que l'engagement s'inscrivait dans la progression temporelle de la guerre et que la guerre elle-même était la continuation de la politique, la crise au contraire « éclate » : elle manifeste le rapport de la dissuasion au temps. Dans la mesure où la dissuasion règne sur le temps, il est toujours irrationnel, dans un calcul dissuasif, de rechercher une crise dangereuse : « le déclenchement de la guerre est de plus en plus considéré comme la catastrophe » [4]. Dans la mesure où la dissuasion ne gouverne pas le temps, la crise s'explique par la tentation de créer un fait accompli : tant que l'agression limitée n'est pas accomplie, c'est l'agresseur qui pèche contre la rationalité dissuasive, mais, l'objectif une fois atteint, c'est le défenseur qui pêcherait à son tour « en assumant le risque de l'initiative mettant en cause le nouveau *statu quo* » [5]. La crise n'a pas d'après, la dissuasion est sans « mémoire », en tant qu'équilibre abstrait qui ne spécifie pas ses termes elle semble planer au-dessus du temps et rester égale à elle-même quoi qu'il arrive. La trêve de l'équilibre classique interrompait l'action stratégique tout entière, la dissuasion ne bloque pas la temporalisation de la violence belliqueuse, elle coupe seulement son ascension. Le temps dissuasif est non seulement discontinu, mais répétitif : les crises se succèdent, et la pure logique dissuasive n'implique pas qu'elles deviennent plus, — ou moins — graves. Le temps de la dissuasion n'est pas orienté (ni vers une paix totale, ni vers une guerre définitive).

1. Brodie, *ibid.*, p. 296.
2. Kissinger, *ibid.*, p. 31.
3. Aron, *Le grand débat*, p. 218.
4. Kissinger, *ibid.*, p. 12.
5. *Ibid.*, p. 72.

IV. — LA DIVISION DE LA DISSUASION (ACTION NON-C).

S'exerçant dans un espace et dans un temps discontinus, l'équilibre dissuasif ne peut pas garantir le *statu quo* qu'assurait en principe l'équilibre classique. Les stratèges ont envisagé cette possibilité de « grignoter » les positions de l'adversaire dans l'espace (technique de l'artichaut) ou dans le temps (technique du fait accompli) [1]. La rationalité du calcul dissuasif ne s'exerce en effet que dans l'alternative du tout ou rien. Dès que l'on peut diviser les enjeux, un des joueurs risque de devoir choisir de rechercher un gain limité (répliquer au « fait accompli ») au prix d'une perte infinie (holocauste). Il semblerait que celui qui a commencé ait pris une décision tout aussi rationnellement impossible en risquant « tout » pour un objectif limité. Mais peut-être la question qui a commencé? n'a pas de sens car :

1) les enjeux sont *a priori* divisibles dans un espace et un temps discontinus;

2) corollaire : il n'y a pas de *statu quo*, i.e. les enjeux ne sont pas actuellement divisés de la même façon pour les deux adversaires. Si le seul principe stratégique reste la dissuasion, le seul *moment* où les enjeux se divisent pareillement pour les deux adversaires est la crise. Comme la crise n'instaure pas une durée continue c'est sous bénéfice d'une autre crise.

Une menace qui comporte un risque infini n'est rationnelle que si elle défend un enjeu infini. L'adversaire pouvant choisir un enjeu fini, étant donné la structure du jeu stratégique, la seule façon de rendre à la menace sa crédibilité est de diviser la menace en fonction de l'enjeu ou d' « infinir » l'enjeu en fonction de la menace. C'est-à-dire que la crédibilité de la menace « dépend de la volonté et de la capacité matérielle » de qui la profère [2].

La discontinuité de l'espace et du temps stratégiques entraîne la division des enjeux et de la menace aussi bien que celle du « joueur » qui doit fournir la double preuve de ses intentions et de son pouvoir. Cet effort pour rassembler les membres épars de la dissuasion caractérise les tentatives faites pour rationaliser la dissuasion.

---

1. R. Aron, *Paix et guerre*, p. 248.
2. H. Kahn, *On Thermonuclear War*, p. 32.

IV. – LES RATIONALISATIONS
DE LA DISSUASION

Lorsque la dissuasion n'use plus d'une menace infinie pour défendre un enjeu infini, son passage à l'acte est moins rationnel; par conséquent sa menace est moins crédible à mesure qu'on s'éloigne de la guerre thermonucléaire illimitée.

Pour qu'elle intervienne dans des guerres limitées (par les buts, par les moyens employés ou l'espace qu'elles impliquent), il faudra que les conduites stratégiques modifient les données du calcul dissuasif; elles tenteront d'éviter l'inadéquation des enjeux et des menaces en transformant les capacités relatives des deux adversaires, en modifiant leurs intentions ou bien en agissant sur le rapport de l'intention et de la capacité[1]. Soit : trois manières de définir un pseudo-cran d'arrêt.

1. En situation de dissuasion, les adversaires nucléaires essaient de maîtriser l'extension de la violence, ils sont en cela « frères ennemis » (R. Aron, *Paix et guerre,*

I. — Le retour a l'étalon des forces : on thermonuclear war.

> *— Et une garde dans la crypte même ?*
> *— Elle aurait, selon moi, une signification acces-*
> *soirement policière; elle serait une surveillance réelle*
> *des choses irréelles dérobées au monde humain.*
>
> (Kafka, Le gardien de tombeau.)

Le livre de Herman Kahn (1961) a eu un très grand retentissement parmi les stratèges américains pour ce qu'il remettait en cause l'idée même d'un équilibre de la terreur. A partir d'études qui ont soulevé force discussions il pense montrer que si une guerre illimitée représentait une « catastrophe sans précédent » pour les deux adversaires, elle n'était pourtant pas sans pouvoir être absorbée par un pays qui aurait mis en train un gigantesque programme de défense passive. Pourtant son problème essentiel était l'étude des conditions nécessaires pour étendre l'équilibre de la dissuasion aux guerres limitées.

I. 1. — *Qui limite les guerres limitées ?* Une guerre limitée, sur ce point tous les stratèges américains sont d'accord, n'aboutit pas nécessairement à une partie nulle de type coréen. Dans les limites qui sont les siennes, elle se déroule avec toute la violence des guerres conventionnelles, elle peut se perdre ou se gagner. Qu'est-ce qui empêchera le perdant d'essayer de compenser ses pertes en transgressant les limites jusqu'alors respectées par les deux adversaires ? Ce n'est pas la simple dissuasion réciproque, laquelle n'avait déjà pas empêché le déclenchement de ladite guerre limitée. D'où la question : « Comment limitez-vous les guerres limitées [1] ? »

L'équilibre dissuasif (Dissuasion type I) devrait fonctionner comme un « cran d'arrêt » mais, de même que la dissuasion réciproque ne délimite pas l'empire qu'elle exerce sur l'espace et le temps stratégiques, de même elle ne détermine pas le niveau précis où doit s'arrêter l'ascension de la violence : « Nous avons besoin d'une force de dissuasion type II pour obliger l'ennemi à limiter ses provocations et pour limiter les guerres limitées [2] ». Pour que la dissuasion non seulement règne mais gouverne toute l'échelle de la violence, il faut un

chap. xviii). Mais, quand frères et quand ennemis ? Prétendre — se fondant sur la seule nécessité du calcul stratégique — délimiter les parts de l'hostilité et de la « fraternité » dans une conduite rationnelle, ce fut la tentative ou la tentation de dix années de recherches stratégiques américaines.

1. *O.T.W.*, p. 138.
2. *O.T.W.*, p. 155-156.

deuxième type de force dissuasive, qui exerce des pouvoirs de police et place le cran d'arrêt à l'endroit choisi par le joueur qui en dispose. Cette force qui fait régner l'ordre peut être utilisée au profit de qui la possède : elle permet aussi d'illimiter une guerre que l'on perd dans son cadre limité en assurant l'exclusivité de la menace de représailles ou d'ascension [1]. Elle se distingue par là de l'arrêt de l'ascension par équilibre et réciprocité.

I. 2. — *Le contenu de la deuxième dissuasion : la force de première frappe :* La dissuasion est une menace que seule la « capacité » (force) de passer à l'acte rend crédible : « Dans l'enthousiasme de la mode avec lequel on a accueilli l'idée de dissuasion, on a négligé la valeur des capacités objectives » [2]. La crédibilité de la Dissuasion II repose par conséquent sur une force de frappe spéciale *(Credible First Strike Capability)* distincte de la force de seconde frappe (Dissuasion I). Comment s'en distingue-t-elle ? par son but (elle est surtout dirigée contre les forces nucléaires ennemies), par son ampleur (elle est moins massive que la seconde frappe), par sa fonction (elle permet l'initiative).

On a assez peu remarqué que Kahn la définit ainsi essentiellement par son usage : *il est limité.* On découvre que la capacité de première frappe est tout simplement la capacité de gagner une guerre nucléaire limitée.

Mais qu'est-ce qui limite les guerres limitées ? La Dissuasion II. Qu'est-ce qui rend crédible la Dissuasion II ? La capacité de première frappe qui est elle-même *capacité* d'une guerre limitée. Ce cercle montre que tout l'échafaudage stratégique de *On Thermonuclear War* est fondé sur l'idée très simple que la dissuasion est réglée par celui qui a l'avantage des forces dans un conflit nucléaire virtuel : « La démonstration la plus impressionnante que peut entreprendre une nation pour convaincre son adversaire de reculer est de faire quelque chose qui est dangereux mais en même temps bénéfique et qui fait basculer l'équilibre de force en sa faveur d'une façon appréciable [3]. »

I. 3. — *La situation de force en période nucléaire :* Se fonder sur un avantage de force est une idée militaire traditionnelle, ce n'est pourtant

1. *O.T.W.*, p. 175.
2. *O.T.W.*, p. 301.
3. *O.T.W.*, p. 212. Stanley Hoffmann note : « La stratégie préférée de Kahn est celle de la panoplie complète (...) son leit-motiv est « Nous avons besoin de plus... » de tout : « nous devons être préparés à toute forme de guerre... » C'est la stratégie du « terrier » kafkaien pointe Hoffmann (*The State of War*, p. 214-215).

pas elle seule qui fonde pour Clausewitz l'équilibre des forces : la supériorité des forces est d'estimation délicate, elle suppose que celui qui la possède ait la résolution d'en user et que celui qui ne la possède pas reconnaisse à la fois la force et la résolution de son adversaire. Cependant :

a) La plupart des stratèges américains pensent que l'idée de victoire n'a plus de sens eu égard à son incertitude et à son coût. Kahn lui-même termine, dans son dernier livre, l' « escalade » de la violence par le degré 44 qui est la pure « explosion » de la guerre totale; la victoire après l'explosion ne joue plus dans son nouveau système.

b) Il ne suffit pas d'avoir la force pour dissuader l'ennemi, il faut encore que celui-ci vous reconnaisse la résolution d'en user jusqu'au bout (puisqu'au bout est l'avantage décisif). Or, puisque le fondement de la crédibilité est essentiellement la capacité, comment rendre sa résolution crédible sinon en usant effectivement de cette capacité ? — Montrer sa force par la force engendre, déjà chez Clausewitz, un mouvement vers l'illimination de la violence. Schelling en particulier s'interrogera sur les modes de communication originaux qui peuvent éviter cette ascension.

c) La distinction entre première frappe et seconde frappe est peu fondée. On peut aussi bien envisager une troisième, quatrième frappes puisque ses limitations sont arbitraires et que les instruments n'en sont pas spécifiques[1]. Il n'y a donc pas à distinguer une dissuasion-de-l'équilibre qui règne et une dissuasion-de-l'avantage qui gouvernerait.

II. — La psychologie de la dissuasion.

> *Un point qu'on ne doit pas perdre de vue : ceux dont la cité est entourée de remparts ont toujours la possibilité d'utiliser leur ville d'une double façon, soit comme ville fortifiée, soit comme ville ouverte, possibilité refusée aux cités démunies de remparts.*
>
> (Aristote, *Politique*, VIII.)

II. 1. — *Force et communication de la force* : Kahn échoue à communiquer la résolution par l'intermédiaire de la force parce que tant que nous restons sous le règne de la dissuasion — c'est-à-dire

1. Cf. Schelling, *Strategy and Arms Control*, p. 52.

dans tous les cas de guerre limitée — la menace dissuasive demeure partagée entre sa composante force et sa composante intention. Transmettre une menace dissuasive, c'est en même temps manifester une capacité et communiquer une volonté : « Il est coutume, dans les plans militaires, de se régler sur les capacités de l'adversaire, non sur ses intentions. Mais la dissuasion tourne autour des intentions, elle ne s'exerce pas seulement à les évaluer mais aussi à les influencer. La difficulté est de communiquer nos intentions... de les rendre persuasives, d'éviter qu'elles soient prises pour un bluff » [1]. Les stratèges ont donc étudié dans un même mouvement la face intention de la menace dissuasive et sa fonction de communication. « Il suffit d'un seul pour déclencher une guerre totale, mais il faut être deux pour la limiter [2]. » A la crédibilité unilatérale que recherchait Kahn répond alors le marchandage bilatéral par lequel Schelling rend compte de l'effectivité de la menace; il y a une force de la communication qui peut influer sur la communication de la force, l'exemple classique étant celui du piéton qui traverse au feu vert en dissuadant le camion pourtant dans son droit : le piéton s'est engagé *visiblement* dans une imprudence peut-être sans frein, le camion ne peut menacer de n'avoir pas de freins. Le piéton est plus faible, il court le plus grand danger, mais il détient seul la force de communication. Selon Schelling, l'U.R.S.S. était moins forte globalement que les U.S.A., cependant elle fut en Hongrie le piéton audacieux parce que jouissant du bénéfice de la crédibilité.

II. 2. — *Les manœuvres de la communication :* Si la crédibilité n'est pas directement proportionnelle à la puissance militaire, c'est parce que la communication fait jouer un mécanisme qui lui est propre en combinant les données matérielles et des manœuvres *(moves)* intentionnelles. Commentant la guerre de Corée, Schelling remarque « Le Yalu ressemblait au Rubicon, le franchir aurait communiqué quelque chose. C'était naturellement un endroit pour s'arrêter, le traverser, c'eût été entreprendre quelque chose de nouveau [3]. » Le Yalu est une frontière et un fleuve, c'est une « bonne forme » historique et géographique. S'inspirant de la *Gestalt-theorie*, il conclut à une perception spontanée chez les deux adversaires de certains points clefs qui sont autant de seuils susceptibles de limiter l'affrontement (la nature des armes employées est un exemple classique : gaz/non gaz, seuil atomique, etc.).

1. Schelling, *Arms and Influence.*
2. Brodie, *St. M.A.*, p. 334.
3. *Arms and Influence.*

Encore faut-il privilégier certaines de ces « bonnes formes » qui existent en nombre infini. Ce sont des manœuvres, les « *strategic moves* » propres à la communication entre adversaires qui les sélectionneront. Schelling distingue ainsi une dizaine de manœuvres : la menace, la promesse, les procédures d'emphase, la délégation de pouvoir, l'auto-contrainte (engagement du type brûler ses ponts), etc. Elles constituent les moments du *bargaining* (c'est-à-dire à la fois le marchandage tacite, voire hostile, et les négociations explicites) qui tisse l'accord sur les limites des guerres et les guerres sur les limites des accords [1].

Le *bargaining* serait ainsi le mode original par lequel l'équilibre de la dissuasion s'étend et se dissout à la fois dans la discontinuité de l'espace stratégique. Ce marchandage possède une intelligibilité autonome; les seuils n'expriment pas des nécessités stratégiques précises, ce sont de « bonnes formes » politiques, diplomatiques ou psychologiques [2]. Les manœuvres ne sont pas un simple reflet des rapports de forces mais possèdent une crédibilité propre, essentiellement psychologique. Les limites des guerres et des accords seraient expliquées par la rencontre des deux nécessités : celle de la dissuasion qui postule l'existence d'un cran d'arrêt dans la montée aux extrêmes sans pouvoir en préciser le lieu; celle du marchandage entre adversaires qui en fixe la nature mais non la nécessité.

II. 3. — *Limites du psychologisme :* Schelling décrit des faits patents qui élargissent heureusement l'optique trop étroitement militaire de *On Thermonuclear War*. Il est moins évident qu'il fasse véritablement la théorie de sa propre description.

II. 3. 1. — *La lisibilité des « moves » :* Les procédures du marchandage sont distinctes psychologiquement mais se laissent moins facilement différencier dans la réalité de l'affrontement bi-polaire. Pour reprendre l'exemple même de Schelling, une menace pure de toute promesse serait une déclaration de guerre absolue, une promesse pure de toute menace suppose la disparition de l'antagonisme, une distinction précise entre ces deux manœuvres suppose la disparition même du marchandage dont ils doivent rendre compte : « Dès que les termes du choix sont supérieurs à deux, la menace et la promesse

---

1. Perspective essentiellement développée dans *The Strategy of Conflict* (1960), et modifiée depuis sur des points importants (cf. *infra*).

2. Du point de vue stratégique, le seuil est indéterminé, « indéterminé, il est dépourvu de qualité... mais c'est son indétermination même qui fait sa qualité » (Hegel, *Science de la logique*).

peuvent être confondues dans quelque forme de réaction qu'un joueur présente à l'autre [1]. » Si les *moves* sont distincts, on s'entend sans marchander; s'ils sont confondus, le marchandage est impossible. Je peux prétendre distinguer dans mes propres actes l'élément-menace et l'élément-promesse. Mais comment les différencier chez l'adversaire [2] ?

II. 3. 2. — *La rationalité du marchandage :* Elle suppose la possibilité de s'entendre sur une solution moyenne. Si, comme l'a fort bien remarqué Schelling, on ne peut supposer d'autorité morale ou légale qui s'impose aux deux joueurs, il ne leur reste plus qu'à trouver des critères rationnels pour partager les enjeux. Les théoriciens des « jeux » mathématiques ont montré que Schelling additionnait deux types de jeux pour construire sa théorie : les jeux de « marchandage » proprement dits qui aboutissent à un partage des enjeux proportionnel au rapport de force des deux adversaires, et les « jeux de coordination », où les adversaires ont des intérêts identiques, qui n'ont qu'une solution : le partage égal des enjeux [3]. Schelling fait compter les adversaires deux fois, à partir de l'intérêt commun qu'ils ont d'éviter l'holocauste atomique (partage égal des enjeux) et à partir du rapport de force classique (partage proportionnel des enjeux). C'est dire que le « marchandage » qui devait rendre intelligible le rapport des deux est au contraire subordonné à l'intelligibilité de ce rapport. Il nomme, décrit le rapport mais ne permet pas de saisir son fonctionnement, ce n'est pas un concept théorique.

II. 3. 3. — *L'explication des conduites adverses :* En décrivant différents types d'actions par lesquelles les adversaires exercent leur action réciproque, Schelling prétend isoler des types de conduites dissuasives qui ont une vérité autonome; elles ne dépendent ni du pur rapport des forces ni du simple équilibre dissuasif. Mais ici on décrit des conduites sans expliquer l'action de l'une sur l'autre. Les deux adversaires disposent du *même* attirail de manœuvres de marchandage; en droit ils s'imitent dans une pantomime qui ne peut engendrer aucune décision, fût-elle provisoire. Ce dialogue, réduit au stade du miroir, exclut la possibilité de tout heurt et de tout accord :

---

1. Cf. Schelling, *The Strategy of Conflict*, p. 107, 134, 247, etc.
2. Le même problème se pose à l'adversaire. Le marchandage supposerait une introspection généralisée.
3. Harsanyi, *On the Rationality Postulates underlying the Theory of Cooperatives Games*, « Journal of Conflict Resolution », V. 2.

Narcisse poursuivra indéfiniment son image et ne la rencontrera qu'à l'heure de sa mort, ou bien il ferme les yeux et tâtonne, aveugle. Le marchandage illustre une double mimétique : il est l'image d'un rapport de force sans étalon ni critère quand il n'est pas le reflet paralysé de l'équilibre de la terreur.

La pure considération de la communication des intentions et de leur détermination bilatérale peut aider à décrire l'extension de la dissuasion mais elle ne l'explique ni n'en fait la théorie. Ce semi-échec explique l'évolution ultérieure des travaux de Schelling (cf. *infra*).

III. — Dissuasion par convention.

> *C'est ainsi que le Fini, tout en succombant, ne succombe pas : il ne devient tout d'abord qu'un autre Fini qui, à son tour, ne succombe que pour passer à un autre Fini, et ainsi de suite à l'infini.*
>
> (Hegel, *Science de la logique*.)

On Thermonuclear War amorçait la montée de la violence limitée vers les extrêmes de la guerre nucléaire, tandis que l'effort de Schelling tendait à faire descendre le principe de l'équilibre bi-polaire dans la réalité des guerres limitées. *De l'escalade* s'efforce d'opérer la synthèse de ces deux mouvements dans l'échelle organisant le spectre total, discontinu et orienté des violences possibles. L'escalade ne doit donc pas être identifiée à l'ascension aux extrêmes de Clausewitz, elle est plus proprement l'articulation de l'ascension aux extrêmes par un principe de dé-polarisation, ici : l'équilibre de la dissuasion. Elle prétend à son tour être l'équivalent de la « durée réelle » de la guerre et les échelons vaudraient comme « la pulsation régulière de la violence » de la guerre classique[1]. Les différents seuils qui permettent de construire une échelle discrète sont l'effet équilibrant de la dissuasion réciproque, ils sont obtenus par le *bargaining* schellingien et mesurent la distance qui nous sépare de l'échec de la dissuasion (soit : l'explosion du dernier échelon).

L'échelle se propose donc de réunifier le déploiement de l'activité guerrière à l'époque nucléaire en rétablissant la continuité et l'interpénétration de l'espace, du temps et de l'effort stratégiques. L'échelle hériterait de l'empire que gouvernait le « concept de guerre » pour

1. *De la guerre*, livre I, 23.

Clausewitz. Elle assurerait la possibilité d'une conduite stratégique globale.

L'escalade, qui désignait pendant les années 60 un procès dangereux et non contrôlé[1], devient un procès maîtrisé, la domestication de l'*hybris* belliqueuse. L'escalade est « l'accoucheuse de l'histoire »[2].

III. 1. — *La stratégie dans l'échelle.*

III. 1. 1. — *L'unité de l'échelle* : Ce n'est pas en tant qu'elle *décrit* l'ensemble des guerres possibles que l'échelle nous intéresse ici, mais seulement pour ce qu'elle offre le principe de cette unité, en répondant à la question : « Qui limite les guerres limitées ? ». Nous avons vu que ce n'était ni le rapport simple des forces ni la seule dissuasion réciproque. L'échelle est fondée sur le principe que *les guerres limitées se limitent entre elles.* — Puisque la dissuasion réciproque a rendu impossible l'affrontement absolu, le jour du « payement en espèces » s'est évanoui, mais on peut échelonner les paiements : aucune guerre limitée ne contient son propre étalon (la victoire de l'un n'oblige pas l'autre à continuer de respecter les limites qui ont permis sa défaite), celui-ci n'est pas non plus aux extrêmes de la violence (dissuasion) mais se trouve à l'échelon directement supérieur ; « le camp le plus disposé à escalader, et le plus capable de gagner aux échelons les plus élevés, peut avoir un grand avantage »[3].

III. 1. 2. — *La « dominance » dans l'escalade* : La domination se fait moins échelon par échelon (le supérieur permettant de dominer l'inférieur) que par « régions de l'échelle d'escalade »[4], certains seuils étant d'un franchissement désagréable pour les deux adversaires. La domination dépend des forces relatives des adversaires, l'accroissement de ces forces permet de rétablir l'équilibre (ou de pratiquer le chantage) aux échelons inférieurs[5]. Le dominant peut même imposer sa propre définition de l'échelon : « Il n'est pas vrai qu'il faille être deux pour se quereller — l'adversaire peut avoir une conception différente de l'escalade et cependant comprendre suffi-

1. « L'accroissement ou le déploiement non prémédités d'une activité limitée », *On Thermonuclear War*, p. 229.
2. *De l'escalade*, p. 321.
3. *Ibid.*, p. 148.
4. *Ibid.*, p. 341.
5. *Ibid.*, p. 225.

samment bien les pressions exercées sur lui[1]. » L'avantage de la force assure non seulement le pouvoir à l'intérieur de l'échelle mais impose à l'adversaire plus faible la définition que le plus fort donne d'un secteur de l'échelle. La stratégie devient ainsi la détermination des rapports entre différents rapports de force (ou échelons). Est-ce au nom d'un rapport de force généralisé ?

III. 2. — *La stratégie de l'échelle.*

III. 2. 1. — *Marchandage et rapports de force.* Kahn est d'accord avec l'ensemble de la pensée stratégique américaine pour reconnaître en ces deux termes les composantes essentielles des rapports entre adversaires nucléaires[2]. L'originalité de l'escalade est de prétendre non pas les opposer, mais les lier rigoureusement : ce sont les deux montants de l'échelle. Le risque nucléaire joue tout particulièrement au degré supérieur de l'escalade « et chacun des deux camps souhaite les éviter »[3]. Aux niveaux inférieurs, les guerres limitées (guerillas, etc.) semblent évoquer principalement les rapports de force traditionnels. C'est au niveau central qu'apparaît le mieux la logique stratégique de l'escalade : un camp préparé à une utilisation très clairement « restreinte » des armes nucléaires pourrait dominer les conflits des échelons inférieurs sans être dominé à son tour pour autant qu'au-dessus règne la crainte de l'explosion qui retient les *deux* adversaires d'escalader plus avant[4]. Tandis que le risque commun impose la nécessité du « marchandage » et de seuils dans l'usage de la force, la référence à l'usage possible de la force donne réciproquement un contenu au marchandage et une possibilité d'avantage à l'un des deux adversaires. La considération de l'échelle permettrait par là de planifier la politique des armements en s'assurant l'avantage en certains seuils-écrous qui dominent les échelons inférieurs sans être eux-mêmes dominables.

III. 2. 2. — *« Il a quatre fusées ».* On se trouve ainsi devant le paradoxe d'une échelle qui suppose l'accord des deux adversaires pour être établie et qui, une fois établie, peut assurer l'avantage de l'un s'il calcule mieux. Cela se conçoit si le « contrat » *de* l'échelle

1. *Ibid.*, p. 274.
2. *Ibid.*, p. 127.
3. *Ibid.*, p. 19.
4. « Nous ne devons pas négliger l'éventualité d'un usage militaire restreint des armes nucléaires qui offrirait au camp préparé à soutenir ce genre de guerre un très grand avantage », p. 18.

précède nécessairement le calcul des avantages *dans* l'échelle : « Dans un monde dépourvu d'une législature habilitée à établir des règles nouvelles... chaque camp devrait — toutes choses étant égales — s'acharner à préserver les seuils, quels qu'ils soient[1]. » La valeur de l'échelle est d'être la seule convention possible entre deux adversaires nucléaires. Kahn est un « habile » au sens pascalien du terme, il sait que tout usage de la force se fonde sur une convention mais en stratégie plus encore que dans la justice civile, les *signes* premiers de la convention sont les possibilités d'user de la force : « Qui passera de nous deux ? qui cèdera la place à l'autre ? le moins habile ? mais je suis aussi habile que lui, il faudra se battre sur cela. Il a quatre laquais et je n'en ai qu'un : cela est visible; il n'y a qu'à compter; c'est à moi de céder, et je suis un sot si je le conteste[2]. »

III. 3. — *La stratégie sur l'échelle* : Le contrat fondamental pasés entre adversaires pour limiter (échelonner) la violence permet-il de définir une échelle qui s'imposerait aux deux, bien qu'avantageant l'un sur l'autre ? Tout le problème de Kahn est dans la fonction qu'il accorde à la « dominance d'escalade » : d'une part elle fixe les échelons (« il n'est pas vrai qu'il faille être deux pour se quereller »), d'autre part elle suppose l'existence d'échelons fondés sur l'accord des deux adversaires, qui « doivent » tous deux éviter « les zones obscures[3] » où le passage quantitatif progressif à un échelon supérieur détruirait la distinction qualitative de deux degrés de violence (il faut être deux pour délimiter une querelle). Le caractère bilatéral du choix de la convention se retrouve dans l'échelle elle-même pour nier l'idée d'une « dominance » objective.

III. 3. 1. — *Le choix des échelons* : La dominance, affirme Kahn, permet de fixer les échelons. Mais elle n'interdit pas au plus faible de refuser la distinction. En cas de crise très grave, celui qui possède suffisamment d'armes atomiques peut escalader avec une stratégie anti-forces : il épargne uniquement les villes de l'adversaire pour laisser subsister des chances de négociations, il montre cependant très « nettement » sa détermination. Etant donnée sa supériorité d'armement, il garde une capacité de seconde frappe. Mais, remarquait Kahn dans un ouvrage précédent, le « plus faible » peut contrer l'avantage du plus fort : s'il ne possède que cinquante fusées inter-

1. *Ibid.*, p. 162.
2. Pascal, Pensée 319, éd. Brunschvicg.
3. *De l'escalade*, p. 257.

continentales, il les installera au cœur des villes et placera ainsi l'adversaire aux quatre mille fusées devant le choix du tout ou rien que celui-ci voulait éviter [1]. La dominance d'escalade devait permettre de définir les limites de la guerre. Mais les limites de la guerre dépendent aussi bien — *et en même temps* — des objectifs des armes; si l'un, qui croit « dominer », échelonne l'usage des armes, l'autre peut refuser de diviser la cible. La dominance dans une guerre nucléaire limitée serait en faveur de celui qui l'a préparée; il peut donc montrer ses préparatifs pour avoir une situation diplomatiquement dominante dans l'usage de la menace. Mais l'adversaire « plus faible » n'aura pas moins de crédibilité diplomatique s'il affirme une telle guerre impossible à limiter et s'il le montre... en ne s'y préparant pas. Les guerres limitées comme les effets des armes sont déterminées bilatéralement : par l'arme et par la cible.

III. 3. 2. — *Le choix d'échelonner :* La dominance, ou pouvoir d'escalader, permet à qui la détient de menacer. Celui qui est dominé dans l'escalade ne peut pas escalader avec l'espoir d'une victoire à un niveau supérieur; peut-il utiliser le risque, non plus d'escalade mais d'explosion (holocauste) ? Kahn suppose que la prudence s'impose également aux deux adversaires, qu'aucun ne peut prendre avantage d'un risque équivalent pour les deux et que par conséquent la seule supériorité découle de la comparaison des forces.

Le raisonnement tenu par Schelling était strictement inverse : le risque étant égal pour les deux, la menace la plus « crédible » sera celle proférée par celui qui a le plus à perdre (qui a brûlé ses ponts derrière lui). Celui qui est dominé dans l'escalade serait coincé à tous les niveaux non explosifs de l'échelle (dans un cas théorique « idéal »). Il pourrait, par conséquent, avoir plus de crédibilité dans la menace d'ascension à la guerre-suicide car il ne dispose pas d'autres recours. Il aurait une dominance dans la dissuasion exactement inverse de la dominance d'escalade [2].

1. *On Thermonuclear War*, p. 284. L'exemple donné par Kahn est celui de l'opposition Chine-U.S.A. vers 1970-1975.

2. Schelling, sans faire une mention précise de l'escalade, remarque : « Il y a certes quelque chose de juste dans l'idée que le pays dont la capacité militaire fera le moins d'impression sera le pays inspirant le moins de crainte, et son adversaire prendra peut-être des voies plus dangereuses pendant la crise. Toutes choses égales par ailleurs, on peut prévoir que le camp stratégiquement supérieur aura quelques avantages. Mais ceci est très loin de l'idée que les deux pays ne font que mesurer leurs forces et que l'un s'incline devant la supériorité de l'autre en reconnaissant que ses menaces étaient bluff.

Toute situation qui épouvante l'un épouvantera les deux devant le danger d'une

Si la théorie du fort est la dominance dans l'escalade, la théorie du faible sera celle du « domino » : plus le rapport des forces joue en faveur de celui qui domine, plus l'échelle est continue non seulement pour le plus fort (qui fait peser son avantage à tous les échelons) mais aussi pour le plus faible qu'elle place dans la perspective d'une défaite infinie à la grâce du « dominant ». C'était pour échapper au tout ou rien nucléaire qu'on acceptait l'échelle, mais plus l'échelle fonctionne et définit une dominance, plus le tout ou rien est reproduit à l'intérieur de l'échelle, moins cette échelle sera acceptée par le plus faible qui choisirait ainsi la certitude de sa défaite.

III. 3. 3. — *La décomposition du concept d'échelle* : L'escalade n'hérite des fonctions impériales du concept de guerre chez Clausewitz que dans la mesure où :

a) elle fixe des lois valables pour les deux adversaires (escalade comme convention bilatérale);

b) elle propose un étalon capable de déterminer la relation des forces (supériorité ou équilibre), ce qui doit définir la « dominance ».

Ces deux fonctions, dans l'escalade, sont contradictoires *et* jouent nécessairement en même temps : il faut être deux pour reconnaître un échelon (cf. III. 3. 1.), mais dès que le contrat organise une échelle cohérente il est nié par celle-ci dans la « dominance » (cf. III. 3. 2). L'escalade ne fait que répéter les paradoxes de la Volonté Générale de Rousseau, mais sans avoir comme ce dernier la possibilité d'introduire la médiation du temps. On ne peut dire : « Avant nous étions frères contractuels, maintenant l'un domine », car le contrat doit être répété à chaque instant; dans la définition de chacun des échelons il est affirmé (convention) et nié (dominance) en un même souffle.

L'escalade, comme le *bargaining*, propose d'unifier dans une même structure stratégique l'équilibre de la dissuasion et le rapport des forces classiques. Elle rencontre le même problème, qui est de produire leur mesure commune. A situer la part de l'équilibre dissuasif dans le haut de l'échelle et la part de l'avantage des forces (dominance) au milieu, Kahn suppose les deux adversaires d'accord non seulement pour éviter l'explosion mais encore pour fixer un seuil au-dessous duquel l'usage de la force implique un minimum de risques nucléaires. Bien que l'échelle se fonde sur cet accord (implicite),

---

guerre qu'aucun ne souhaite, et tous deux devront chercher leur voie avec précaution pendant la crise, aucun n'étant sûr que l'autre sache éviter de se prendre les pieds dans le précipice. » *(Arms and Influence.)*

elle le rend impossible : le fort élèvera le seuil de sa dominance tandis que le faible le descendra [1]. La possibilité d'un cran d'arrêt stratégique qui s'impose aux deux adversaires avec la même objectivité que la « trêve » clausewitzienne est plus lointaine que jamais. Si l'escalade n'est pas dans ses prétentions théoriques assimilable à l'ascension aux extrêmes, elle ne permet pourtant pas de l'éviter. Le théoricien se réclamera de la sagesse des nations sans pouvoir lui assurer le lieu, le moment et la possibilité conceptuelle d'une intervention.

IV. — RATIONALISATION ET RAISON STRATÉGIQUE.

On peut saisir les trois tentatives précédentes dans la communauté de leur projet — faire jouer à la dissuasion la fonction de « mesure des forces » qu'avait le concept de guerre chez Clausewitz. On peut retrouver dans la communauté de leur échec une même erreur qui consiste à réduire la structure stratégique aux conduites stratégiques. Dans les trois cas on n'échappe pas à la dialectique de la polarisation qui ne constituait qu'une seule des trois intelligibilités de l'activité belliqueuse selon Clausewitz. L'impossibilité de poser un « cran d'arrêt » théorique fondée sur la mesure stratégique des forces adverses se retrouve dans l'impossibilité de définir une procédure de délimitation aussi bien entre la capacité de première et de seconde frappe *(On Thermonuclear War)* qu'entre les échelons explosifs et les échelons dominables de l'escalade. Le même problème se profile, plus subtilement masqué, chez Schelling où la notion de *bargaining* hésite entre un modèle compétitif et un modèle coopératif du « marchandage » parce qu'elle ne peut fixer une mesure qui leur soit commune.

La compréhension du jeu stratégique à partir des conduites stratégiques implique toujours un passage à la limite dont l'impossibilité conceptuelle dénonce le caractère rationalisant. Il aboutit à une détermination double et antinomique du calcul stratégique et condamne les adversaires à des relations de miroir.

---

1. « Il appartient aux guerres limitées d'avoir pour conséquence d'augmenter le risque (d'ascension aux extrêmes). Si ce risque peut être une de leurs conséquences, il peut aussi devenir un de leurs buts. » (Schelling, *Arms and Influence.*)

V. – L'ÉCLATEMENT
DU CONCEPT DE GUERRE

La pensée stratégique américaine ne s'est pas voulue explicitement clausewitzienne. Pourtant, dans la mesure où elle cherchait à définir dans l'unité d'un concept la possibilité d'une conduite rationnelle de l'ensemble des guerres, elle n'a pu éviter de projeter le mirage d'une science stratégique, interprétation technicienne de la théorie de *Vom Kriege*. A rechercher dans la dissuasion une mesure équivalente à celle qui fondait la rationalité classique, la pensée américaine n'a fait que rationaliser une conduite dépourvue d'un étalon proprement stratégique. Il semble que le dernier livre de Schelling souligne plus nettement que les autres la mort de cet idéal : la conduite stratégique est irréductiblement *risky behavior*, conduite de risque où le rationnel et l'irrationnel sont non pas seulement indistincts en fait mais indiscernables en droit. — Conduite risquée, dans la mesure où les adversaires ne peuvent plus vérifier les intentions par les actions, les fins politiques par les capacités ou les opérations militaires : « Il n'y a aucune garantie à ce que les termes du conflit reflètent l'arithmétique de la violence potentielle ». — Conduite dans le risque pour autant que les adversaires qui « peuvent » chacun la mort de l'autre n'abandonnent pas leur méfiance stratégique : « Il n'y a pas de simple mathématique du marchandage qui assignerait aux deux côtés ce que chacun peut rationnellement, de telle sorte qu'ils n'aient qu'à prendre acte en commun de cette issue logique. » — Conduite par le risque enfin puisque la diplomatie ne trouve plus dans la guerre son étalon, la continuation se transforme en interpénétration. Si la guerre perd son autonomie si « la stratégie militaire ne peut être conçue comme la science de la victoire militaire », réciproquement la diplomatie ne peut pas distinguer radicalement hostilité pacifique et hostilité violente, « la stratégie militaire, qu'on le veuille ou non, est devenue la diplomatie de la violence »[1].

Les concepts de la diplomatie violente sont loin d'être tous explicites, pourtant on en peut découvrir certains traits à partir des difficultés rencontrées dans la formulation des conduites de dissuasion. Elles mènent à une réévaluation radicale de la raison stratégique et par conséquent du rapport entre la guerre et la politique en situation non-clausewitzienne.

I. — LES ANTINOMIES DE LA DISSUASION.

Les rationalisations de la pensée stratégique américaine naissent de la volonté d'habiller de rationalité classique une structure stratégique qui ne l'accepte pas. Les déguisements laissent transparaître aux défauts des coutures les articulations essentiellement antinomiques de la diplomatie de la violence.

Le champ stratégique thermonucléaire apparaissait comme discontinu par opposition à l'organisation clausewitzienne de la structure stratégique. Mais cette définition négative n'était qu'une première approximation; la discussion des rationalisations stratégiques fait percevoir que cette discontinuité qui « divise » le concept de dissua-

---

1. Schelling prend soin de souligner dans sa préface que faire la théorie des manœuvres de la diplomatie de la violence ne signifie pas qu'on approuve telle ou telle manœuvre concrète (par exemple le bombardement du Nord-Vietnam), même si on en dégage le sens théorique. La « mise entre parenthèses » des considérations politiques, pratiques et morales est constitutive de l'abstraction stratégique (cf. partie I).

sion est en fait le produit de deux continuités, celle descendante du risque, celle montante de l'usage de la force, complémentaires mais contradictoires. L'examen détaillé de leur antinomie est trop ample pour cette étude : la pensée américaine en a rencontré différents aspects; ils tiennent tous à ce que violence limitée et risque nucléaire se définissent réciproquement comme la négation l'un de l'autre mais que la position de l'un implique celle de l'autre. D'où le dilemme de la dissuasion : « Faire trop diminuer la probabilité que certains événements (= guerres limitées) puissent entraîner la guerre générale augmente la probabilité de ces événements — et par là même la probabilité d'une guerre nucléaire »[1].

Du haut vers le bas descend la paix par la terreur tandis que de bas en haut monte l'empire de plus en plus illimité de la guerre limitée[2]. Or ces deux mouvements sont en théorie strictement corrélatifs : les limites des guerres limitées sont induites chez les deux adversaires par la grandeur du risque (risque ↗, limites ↗), la grandeur du risque dépend aussi à son tour de la grandeur de plus en plus illimitée des guerres limitées (limites ↙, risques ↗) mais encore les limites très respectées diminuent le risque d'explosion (limites ↗, risque ↙) tandis qu'un moindre risque entraîne une moindre prudence (risque ↙, limites ↙).

Remarquons que les relations sont strictement circulaires et s'induisent réciproquement : (risque ↗, limites ↗)→ (limites ↗, risques ↙) → (risque ↙, limites ↙) → (limites ↙, risques ↗). Il est donc parfaitement incohérent de fonder une conduite sur ce type de relations générales, chaque opération étant soumise au contre-coup de l'antinomie qui la domine. Dans ce cadre : la proposition « Si tu veux la paix, prépare la guerre » n'a plus de sens assignable s'il est vrai que « Si tu veux la guerre, prépare la paix ». Et réciproquement.

II. — LE FORMALISME STRATÉGIQUE.

L'antinomie, étant de structure, gouverne doublement le champ stratégique : elle se détaille en développant une forme antinomique

---

1. R. Levine, *Arms Debate*, p. 168, 169.
2. R. Aron, *Le grand débat*, p. 226 : « Plus la stabilité est grande au niveau des armes ultimes, moins elle est assurée au niveau des armes classiques. » Les « antinomies » de la dissuasion sont mises en lumière au chapitre VI du *Grand Débat* et dans *Paix et guerre* (ch. I, VI, XIV, XVIII et note finale).

de l'espace et du temps stratégiques, elle s'impose aux adversaires comme la forme commune de leur relation.

II. 1. — *Les opérations stratégiques, formes de solution des antinomies :* Les opérations *(moves)* stratégiques où Schelling avait su découvrir l'originalité du « marchandage » thermonucléaire ne sont pas nécessairement fondées sur un recours malheureux à la psychologie. Elles peuvent être directement rapportées aux formes de la « diplomatie de la violence ». L'opération stratégique apparaît alors comme une tentative de créer un *monde stratégique fictif* dont la convention aurait pour loi de résoudre l'antinomie fondamentale.

II. 1. 1. — *Création d'un temps conventionnel :* L'antinomie stratégique produit un temps non clausewitzien (discontinu). L'engagement *(« Commitment »)* des conduites aura pour but de créer une forme temporelle cohérente; la crise apparaissait dans l'instant, la conduite stratégique lui donne un « avant » (en brûlant ses ponts derrière lui, le joueur a créé l'avantage d'un passé nécessitant) et un après prévisible (l'engagement vise à instaurer une réponse quasi automatique, en installant des « détonateurs » qui la rendent plus probable). Toute opération stratégique projette un temps original, elle n'opère pas dans le temps nécessaire de la mesure des forces mais, faisant de ses propres conditions de possibilité le but de son action, elle cherche à installer le temps clausewitzien qui la rendrait possible [1].

II. 1. 2. — *Création d'un espace conventionnel :* De même, tandis que l'opération stratégique classique se déroule dans un espace qui lui préexiste, l'opération de la « diplomatie de la violence » a pour but de définir cet espace, chaque adversaire veut étendre au maximum l'intangibilité du territoire national (rendre une attaque contre Formose aussi grave à la limite qu'une attaque de la Californie, c'est le *California principle* de Schelling). Réciproquement, il cherche à casser l'unité stratégique de l'espace adverse; commentant le statut de la Yougoslavie et de Cuba, Schelling constate : « L'unité-de-bloc *(blocness)* a cessé d'être un tout ou rien, c'est devenu une affaire de degré. » Toute opération stratégique tente d'instaurer l'espace au lieu de le pré-supposer, c'est l'essentiel des techniques

---

1. Dans la stratégie classique, le déploiement de la violence prend (objectivement) du temps. Aujourd'hui, le tout ou rien étant possible, « chacun aura à considérer comment il devra mesurer l'exercice de sa violence. Cela ajoute à la stratégie une dimension nouvelle, celle de la temporalisation dans la répartition des forces. » *(Arms and Influence.)*

d'identification *(Ich bin ein Berliner)* et d'escalade au sens courant du terme (dé-identifier l'adversaire).

II. 2. — *Les opérations stratégiques sont les opérateurs formels des antinomies* : L'opération stratégique tient son unité de ce qu'elle tente de résoudre l'antinomie du champ stratégique, mais cette antinomie étant irréductible, les solutions proposées seront partielles, donc multiples; l'antinomie à son tour se monnaie dans la multiplicité antinomique des opérations. En opposant terme à terme stratégie de dissuasion et stratégie de contrainte *(compellence)* Schelling montre que l'unité clausewitzienne de la stratégie a disparu, il révèle en même temps que la multiplicité qui en tient lieu n'est pas arbitraire mais antinomiquement structurée : la contrainte est l'*autre* de la dissuasion. Donnant l'exemple de la stratégie de contrainte exercée par les U.S.A. au Viet-Nam, Schelling montre que si la menace dissuasive consiste à ne pas agir *avant que* l'adversaire ne passe à l'action, la contrainte au contraire consiste à agir (bombardements) *jusqu'à ce* que l'adversaire se plie à la menace. De même, tandis que la dissuasion couvre un espace déterminé (ligne de démarcation, franchissement du seuil nucléaire, etc.) par une menace qui peut être plus indéterminée (« risques » de guerre générale), la contrainte doit définir l'imprécision de son champ (où doit reculer l'objet contraint, jusqu'où ira le sujet contraignant ?) par la précision de sa menace. Les différents types de conduites stratégiques n'empruntent pas à l'antinomie leur seule multiplicité, elles lui doivent aussi la dynamique de leurs contradictions internes : si la menace contraignante doit être précise (pour délimiter l'espace stratégique), elle doit être aussi formulée de façon « vague », remarque Schelling, pour que l'adversaire puisse céder sans tout céder (pour limiter l'action stratégique). Le champ des opérations et le champ de l'antinomie stratégique se recouvrent donc absolument.

II. 3. — *Les formes vides de la stratégie nucléaire :* Chaque opération stratégique tire sa précision de ce qu'elle se définit comme proposant une solution à l'antinomie tandis qu'elle s'imprécise pour ce qu'à nouveau l'antinomie en antinomise le dynamisme intérieur : « il y a une nature de l'autre et elle se détaille à tous les êtres » [1]. On pourrait donc dire qu'il y a bien des problèmes stratégiques (définis en termes de « moves » ou opérations) mais qu'il n'y a pas de solutions stratégiques à ces problèmes, puisque tout « move » qui prétend contraindre

1. Platon, *Le sophiste*, 258 *d*.

l'adversaire lui offre en même temps la possibilité d'exploiter l'antinomie qu'inévitablement il développe à l'intérieur de lui-même. La stratégie se définirait ainsi comme l'étude des formes du jeu de la « diplomatie de la violence » en s'interdisant tout énoncé prescriptif (impossibilité de soumettre une antinomie à un calcul). Parce que non clausewitzienne, la stratégie qui prétend trouver dans l'arme nucléaire la mesure de ses opérations devient, nécessairement, rhétorique.

VI. – STRATÉGIE ET POLITIQUE

I. — Concept et calcul.

La pensée stratégique américaine a rarement pris une conscience théorique du formalisme auquel aboutissait la stratégie pure de « diplomatie de la violence »[1]. L'unification du stratégique et du politique dans une même conduite non clausewitzienne sépare radicalement et paradoxalement la rationalité stratégique et la décision politique. Seule la référence à Clausewitz permet d'expliquer que le calcul stratégique classique suppose la distinction des moyens politiques et des moyens militaires ainsi que l'autonomie

1. Cf. Stanley Hoffmann, *The State of War*, Pall-Mall Press, 1965 : *Terror in Theory and Practice*, p. 199-203, et « Revue française de science politique », *Terreur et terrier*, décembre 1961.

302

du concept de guerre. Quand ce qui était continuation *(Fortsetzung)* est devenu identité, la décision politique ne peut plus s'appuyer sur des déterminations purement stratégiques. La pensée stratégique américaine a vécu plus qu'elle n'a réfléchi cette transformation : elle intègre de plus en plus de références à la « sociologie » des puissances en lutte; par là, le calcul stratégique devient un calcul politique et l'« abstraction » stratégique perd son attirance. Le danger d'une évolution inconsciente d'elle-même serait de présenter des considérations politiques dans la forme rigoureuse et presque absolue d'un calcul stratégique.

La politique n'explique pas tout, les formes de la diplomatie de la violence *(moves)* naissent systématiquement de la transformation de l'unité clausewitzienne en l'antinomie du champ stratégique nucléaire. Mais cette stratégie ne prescrit que les formes du nombre infini des opérations possibles et du nombre fini des constellations où elles s'organisent (typologie des guerres contemporaines dont Schelling a commencé l'inventaire). L'efficacité plus ou moins grande de ces *moves* ainsi que le choix entre ces différentes façons de les organiser (guerres et/ou accords limités) est l'enjeu de considération politiques où la stratégie n'a point de part. La crédibilité objective (valeur effective des menaces) est donc un problème proprement et purement politique. La supputation de l'unité d'un bloc devant une menace violente (principe californien de Schelling) relève du calcul de l'unité *politique* de ce bloc, l'usage de la menace dépend de cette unité et l'inverse n'est pas vrai.

II. — LA GUERRE DÉTOTALISÉE.

L'espace stratégique nucléaire ne définit pas les unités qui s'y affrontent (qui dissuade ? de quoi ?). Il peut sembler prescrire par conséquent deux opérations distinctes, garantir un statu quo (« dissuader ») ou l'établir (« contraindre »); il suffirait alors de séparer les guerres de contrainte propres à la « zone des tempêtes » et les menaces dissuasives garantissant les zones relativement stables. Pourtant, cette distinction empirique n'est que l'envers d'une complémentarité conceptuelle : toute menace est menace de... et le contenu de la menace dissuasive est, et ne peut être que la possibilité d'une contrainte. Le Viet-Nam offre l'exemple immédiat d'une guerre de contrainte, mais les statèges ne limitent pas à l'Asie l'extension de ce concept et des troubles en Europe feraient un aussi bon exemple théorique[1]. On ne saurait suturer l'espace stratégique contemporain par une équation qui ne définit pas ses termes; la dissuasion sans contrainte est vide.

Mais une contrainte sans dissuasion est aveugle. Puisque le temps stratégique n'est plus déterminé par l'affrontement de deux forces qui peuvent s'affirmer jusqu'aux extrêmes, la contrainte doit trouver un nouveau principe de limitation; elle ne l'a découvert ni dans le rapport des forces (rationalisation 1 et 3) ni dans l'égalité de la terreur (rationalisation 2). Une action est condamnée à véhiculer deux messages opposés, l'un d'auto-affirmation (ma contrainte durera ce qu'il faudra), l'autre d'auto-limitation (je ne veux pas monter aux extrêmes). L'intention de contraindre projette ainsi nécessairement deux temporalités contradictoires et l'acte qui les mêle, lui-même lisible en ces deux registres, ne peut jamais être la « vérité » de l'intention. Soumise aux antinomies du temps stratégique, la seule contrainte ne peut contraindre l'adversaire à lui donner une signification univoque.

Contrainte et dissuasion sont nécessairement liées dans ce nouveau concept de guerre, mais ce n'est pas un calcul stratégique qui les lie. Le calcul politique ne trouve plus sa vérité dans une situation stratégique qui s'imposerait objectivement aux deux adversaires; il décide seul du but, des moyens et des chances d'une contrainte, sans autre arbitrage que la justesse de ce calcul lui-même. Dans la politique des armes, ce sont les armes politiques qui tranchent. La stratégie permet de concevoir le conflit — direct ou indirect — de deux puissances thermonucléaires; elle ne peut l'organiser encore moins le calculer; elle développe les concepts mais n'est pas un guide pour l'action.

Constatant que « la diplomatie de la violence s'est substituée à la stratégie du champ de bataille »[2], la pensée américaine devra opérer sa révolution copernicienne; le cours du monde paraît encore centré sur le sort des armes quand déjà les armes ne règlent plus leur propre sort : les forces stratégiques n'existent que parce qu'elles ne se rencontrent pas.

---

1. Schelling, *ibid.* : « Je ne vois aucune raison qui fasse supposer qu'une guerre en Europe, si elle éclate, sera une guerre de champ de bataille, comme en Corée, plutôt qu'une compétition dans le risque couru comme à Cuba, ou une campagne de coercition comme au Nord-Vietnam. »
2. Schelling, *ibid.*

III. — LA GUERRE DISPERSÉE.

Ne pouvant fournir une mesure autonome à l'effort de guerre, la stratégie nucléaire ne tient pas sous l'empire d'un seul calcul les différents domaines où éclatent les conflits, crises et guerres de notre époque. On en distinguera trois, chaque fois la stratégie nucléaire trouve dans la politique sa mesure.

1 — L'équilibre délicat de la terreur : La force de représaille (seconde frappe) joue sensiblement le même rôle que la « défense » dans l'univers clausewitzien, en garantissant que l'offensive (initiative) ne donne pas l'avantage décisif. Mais c'est un modèle clausewitzien *réduit*, l'équilibre n'est pas stable, il dépend de la course aux armements, des investissements, des découvertes technologiques, etc. Loin de la fonder, il suppose déjà pour se stabiliser l'entente politique d'adversaires qui se mettent d'accord, implicitement ou explicitement, pour orienter et modérer la course à l'arme nouvelle (anti-missile, etc.).

2 — La défense nucléaire : Le face à face de deux armées pourvues d'armes nucléaires tactiques et stratégiques (ex : l'Europe) pose le problème du gouvernement de l'escalade; la stratégie nucléaire, incapable de le maîtriser, devra l'abandonner purement et simplement à la politique. Elle est tout aussi incapable de « composer » force conventionnelle et force nucléaire de façon à leur assurer un maximum définissable d'efficacité. Les longues discussions autour du réarmement de l'Europe occidentale en forces conventionnelles l'ont montré.

Quel est le meilleur « dosage » qui diminue à la fois le risque de guerre générale et de défaite locale ? Une première position extrême fut de conseiller l'égalité entre les forces non nucléaires des deux camps. On remarqua que si le risque de guerre nucléaire semblait ainsi diminué, le risque d'une grande guerre conventionnelle augmentait d'autant, qui pouvait entraîner dans une seconde étape le recours aux armes nucléaires du côté perdant[1]. Un équilibre des forces classiques n'est en rien un équilibre classique des forces, il lui manque en effet le pouvoir stabilisateur du primat de la défense. L'autre position extrême eût été d'affirmer que l'armée conventionnelle était d'importance nulle (problème du fait accompli)[2].

Hors le rejet de ces deux positions extrêmes, la stratégie nucléaire

---

1. B. Brodie, *What price conventionnal capabilities in Europe ?*, Rand Corporation, février 1963.
2. Cf. ci-dessus, Le Temps non C.

se tait. Et je mets tout stratège au défi d'assigner un sens stratégique précis aux notions constamment employées de niveau « juste » « adéquat » des forces conventionnelles, de supériorité stratégique « plus » ou « moins » grande. de force dissuasive « accrue » ou « diminuée », de pouvoir de marchandage « sérieux » ou « faible »[1].

Les limites que les deux camps s'assignent dans leur mobilisation, leurs défis et leurs actes sont fixées par des considérations purement politiques, la stratégie ne peut ni les justifier ni les infirmer, pas plus qu'elle ne peut expliquer par un rapport de force le fait que Krouchtchev ait réussi à fermer la frontière Est-Ouest à Berlin, tandis que le statut qu'il voulait pour Berlin-Ouest resta lettre morte. Dans une situation stratégique demeurée constante, la situation politique différente des deux Berlin changeait tout.

3 — La guerre « prolongée » : Devenue rencontre de deux politiques auxquelles elle refuse l'étalon de la bataille, la guerre se dédouble, l'usage limité des armes industrielles se heurte à un autre type d'identification du militaire et du politique. La guérilla n'est plus l'échelon inférieur de la violence classique, c'est une « politique sanglante »[2] qui oppose son propre calcul à celui de la diplomatie violente. Aucune décision stratégique n'offre sa mesure commune à la force anéantissante de l'un et à la puissance « tellurique » de l'autre. La seule médiation se trouve ici aussi dans l'évaluation politique des forces, de la résistance et de la résolution de chacun des adversaires. Les puissances qui limitent la violence dont elles disposent se retrouvent dans la dialectique de la puissance occupante et de l'action partisane[3]. La contrainte est coercitive, elle ne peut s'exercer sur la force d'un adversaire qu'elle ne rencontre pas, mais sur ses biens (représailles, otages), la contre-contrainte recherche la décision par l'usure) elle est « irrégulière ». La stratégie pure ne règle ni ne gouverne la rencontre d'une armée industrielle et d'une puissance qui mène une guerre de partisans généralisée; les forces stratégiques

---

1. Cf. Kaufmann, *The McNamara Strategy* : « adequate strengh » (p. 112), appropriate military response » (p. 128), « greater degree » (p. 129), « increase bargaining power » (p. 132), « reduce both the risk of war and the risk of escalation » (p. 146), etc. A cette occasion, B. Brodie pose ironiquement une question : *Combien faut-il ?*, à laquelle toute stratégie nucléaire est partout et toujours incapable de répondre. Cf. Bernard Brodie, The McNamara Phenomenon, World Politics, juillet 1965 (p. 681 : but how much is needed ?).

2. Mao Tse-toung, *De la guerre prolongée*, § 70.

3. C. Schmitt, *Théorie des Partisans*, p. 25 : « Toutes les actions guerrières prennent depuis 1945 une allure de guerre de partisans. »

n'agissent plus seulement *pour* mais *par* le calcul politique qui les organise, déterminant ainsi non seulement la fin *(Zweck)* mais aussi bien le but *(Ziel)* de l'activité belliqueuse.

La pensée stratégique américaine élabore une rhétorique qui laisse nécessairement toute issue indécise. Les formes de violence qu'elle décrit peuvent être rigoureusement déduites de la solidarité compétitive des adversaires, mais la décision et sa préparation ne relèvent plus de la rationalité stratégique. Si l'on évite de vouloir compenser cette indécidabilité par les imprécisions de la « psychologie », on découvrira dans le problème de la « crédibilité » le secret d'un pouvoir de décision que la stratégie abandonne au politique. Le dieu de la guerre est un dieu caché, il ne parle pas, il ne se tait pas, et s'il fait signe c'est politiquement.

DÉCOMPOSITION DU CONCEPT DE L'ESCALADE

« *A l'anneau, symbole que cette raison présente, pend un morceau de peau de la main qui le tend — morceau dont on voudrait se passer, quand la raison pose une relation scientifique et a affaire avec des concepts.* »

HEGEL.

Tout désormais escalade. A désigner une dynamique concurrentielle quelconque, voire chaque procès d'ascension et la croissance en général, l'image de l'escalade ne soutient guère plus de signification que l'escalier mécanique ou l'ascenseur (escalator) d'où on l'a tirée. Les analystes qui veulent penser en l'escalade la mesure d'une stratégie nucléaire ont tenté de transformer la métaphore en concept. Pour saisir ce concept en tant que concept, le livre de H. Kahn servira ici de point d'appui. Le stratège se pose le problème du principe d'unification de la stratégie mondiale. Le concept d'escalade fonde-t-il stratégiquement cette unité ?

Nous tentons ici le décodage d'un texte stratégique (langage source = On Escalation de H. Kahn) à l'aide d'une grille conceptuelle (langage cible = théorie des jeux). Le *parallélisme* entre les concepts stratégiques et la théorie des jeux a souvent été remarqué.

308

Qu'on s'en félicite[1] ou qu'on le déplore[2], on suppose que, dans les limites de l'approximation, la stratégie contemporaine peut sans contradiction se réclamer du modèle rationnel des jeux.

Au contraire, nous voulons utiliser le parallélisme postulé pour fonder une *démonstration d'impossibilité*. Si le projet du stratège est parent des principes de la théorie des jeux, cette communauté du point de départ interdit au stratège l'élaboration de règles de décision cohérentes.

Cette utilisation critique de la théorie des jeux, envisagée par Morgenstern[3], prolonge les travaux de R. Aron[4] et de Harsanyi[5].

1. Schelling in *Theory of Games*, conférence O.T.A.N. 1964, p. 479.
2. Rapport in *Strategy and Conscience*, 1964.
3. Morgenstern in *Theory of Games*, p. 452.
4. R. Aron, *Paix et Guerre*, p. 756 sq.
5. Harsanyi, *Journal of Conflict resolution*, volume V, n° 2.

I. – L'ÉCHELLE EST UNE MATRICE

On peut traduire le projet de « On Escalation » en termes de théorie de jeux :

I. 1. — *La méthode.*

Dans l'étude des relations internationales, Kahn[1] distingue l'analyse politique des conduites et des fins (qui ? pourquoi ?) de l'analyse stratégique des moyens : « les actions, les menaces, les contre-menaces » dont peuvent user les adversaires (comment ?). De même, la théorie des jeux exclut la psychologie des joueurs et

1. Kahn, *De l'Escalade*, p. 38. La pagination du texte anglais (Pall Mall) est indiquée O.E., ou entre parenthèses : (25).

définit leur calcul en fonction des possibilités d'action établies dans une matrice [1].

I. 2. — *L'objet.*

L'échelle est cette matrice. Elle est *globale* et embrasse l'éventail complet des stratégies possibles depuis la paix armée jusqu'à la guerre totale [2]; elle est *unitaire* car toutes les options stratégiques sont reliées par la « dynamique de l'escalade ». Chaque choix stratégique

---

1. L' « analyse » de Kahn suppose qu'on puisse étudier le « comment » à part le « pourquoi », les moyens sans les fins, le stratégique en dehors du politique. Si cette séparation est légitime, la stratégie peut considérer l'escalade comme l' « instrument » du politique, soit le système des moyens mis à la disposition des grandes puissances. C'est alors définir l'échelle comme la matrice du jeu diplomatico-stratégique de notre époque, elle poserait les règles du jeu, les enjeux possibles, les différentes stratégies acceptables et leurs résultats probables. On retrouverait bien ici l'esprit de la théorie des jeux qui met entre parenthèses les intentions et la psychologie des adversaires pour étudier rationnellement les solutions possibles à partir des coups admis, c'est-à-dire des moyens dont disposent les joueurs (Von Neumann-Morgenstern, *Theory of Games and Economic Behavior*, § 14-1-2).

Ainsi, l'objectivité de la stratégie de l'escalade tiendrait à ce qu'elle définit la structure du « jeu » (game) quelles ques soient les « parties » (play) particulières que les joueurs choisissent de jouer; son efficacité lui viendrait de préciser les parties ou stratégies les plus efficaces eu égard à cette structure.

2. Son domaine déborde ainsi celui de la stratégie classique puisque il inclut des opérations spécifiquement diplomatiques, depuis l'échelon le plus bas, caractérisé par le simple emploi du « langage de la crise », jusqu'aux échelons supérieurs où les négociations n'arrêtent pas de jalonner le déploiement de la violence. Avec Clausewitz le champ stratégique se limitait au jeu subtil des forces pour autant que les rapports entre les nations pouvaient être mesurés à l'étalon de la décision par les armes. Le principe d'unité de l'échelle est inverse, c'est la référence à l'impossibilité d'une décision (à l'échelon suprême du spasme atomique) qui intègre les différents types d'opposition violente : « ce qui nous intéresse ici, ce ne sont pas les manœuvres au jour le jour qui ne mettent pas en jeu la possibilité de l'escalade mais seulement celles qui manipulent — délibérément ou d'une autre manière — la crainte de l'escalade ou de l'explosion. Voici une des thèses que je défendrai : aussi lointains que puissent paraître les barreaux du milieu et du sommet de l'échelle, ils n'en projettent pas moins souvent devant eux une ombre immense et influencent fortement des événements qui se déroulent bien au-dessous du seuil de la violence armée, voire même au-dessous du niveau où s'exprime explicitement une menace violente » (O.E., 40, D.E., 58).

L'extension de la stratégie s'entend de l'espace, du temps et de l'intensité de l'action. L'échelle décrit la planétarisation d'un conflit local, le déploiement temporel de la force et les différents niveaux de son usage. En permettant de penser l'ensemble de tous les conflits possibles elle établit « une continuité entre la stratégie classique et la stratégie nucléaire » (Préface à *De l'Escalade*).

fondamental détermine ainsi une partie qui se joue à tous les niveaux coordonnés (échelons) de l'usage possible de la violence [1].

I. 3. — *Le problème.*

Une telle matrice doit être objective i.e. valable pour les deux adversaires. Or chacun semble choisir son jeu, il existe une échelle soviétique différente de celle que Kahn recommande aux Américains [2]. Une théorie ne pourra fonder sa nécessité que sur les règles qui gouvernent la transformation d'une échelle en l'autre et qui réduisent leur différence à une question de « style ». Kahn prétend fonder ces règles contraignantes sur les « réalités stratégiques » qui s'imposent aux adversaires [3]. Il évite la référence aux buts politiques (cf. I-1) i.e. la comparaison interpersonnelle des valeurs [4].

1. Elle doit devenir l'outil indispensable d'une puissance qui veut planifier l'administration de sa force sur tous les points de l'univers : « les possibilités envisagées ici ne peuvent pas s'inventer au dernier moment et certaines d'entre elles doivent être préparées en termes de prévision, déploiement et planning gouvernemental » (O.E. 136, D.E., 165). L'empire de la force mesure toujours la force des empires, l'échelle est le nouvel instrument d'un arpentage classique.
Le secret de cette extension absolue est dans la compréhension du concept d'escalade; l'échelle ne classe pas seulement les crises par ordre d'intensité croissante, elle rend compte du passage de l'une à l'autre, elle est « particulièrement utile à la description et à la discussion de la dynamique de l'escalade » (D.E., 288). En faisant saisir les mécanismes d'extension de la violence, l'échelle justifie sa propre extension universelle : « le concept de l'échelle est particulièrement utile quand on essaie d'examiner les interrelations entre les deux séries fondamentales d'éléments de toute situation d'escalade : celles qui sont relatives à une région particulière de l'échelle, et celles qui ont trait à la dynamique de la montée et de la descente de l'échelle » (D.E., 54). Cette « dynamique » est différente du pur rapport des forces à un niveau de l'échelle — puisque un adversaire peut compenser une faiblesse locale par la menace de généraliser le conflit. Ce n'est pas non plus la dynamique du rapport brut des forces, lequel s'exprime au degré quarante-quatre par l'explosion catastrophique pour les deux adversaires. L'échelle ne reflète donc pas un rapport de force préétabli, au contraire elle l'organise et le règle.
2. Chaque adversaire propose le type d'échelle qu'il préfère, échelonnant le déploiement de la violence en fonction des valeurs qui lui sont propres : « S'il y a deux adversaires, il y a en effet deux échelles d'escalade », constate Kahn (D.E., 258) en traçant le schéma d'une hypothétique échelle soviétique à 25 échelons.
3. Le stratège risque ici de tomber dans un cercle : la délimitation des enjeux dépend de l'objectivité de l'échelle mais l'échelle renvoit à la subjectivité des valeurs. Si la dualité des échelles demeure une simple question de « style », c'est que l'on peut isoler des « réalités stratégiques » (D.E., 259) qui s'imposent aux adversaires, malgré eux, s'il le faut.
4. Par ex. Luce et Raïffa, *Games and Decision* (p. 132 sq.).

Il convient de savoir si le projet ainsi défini de Kahn est concevable ou absurde. Si on l'admet à titre d'hypothèse, il s'agit donc de définir les contraintes qui doivent coordonner le calcul des adversaires (II) puis de tenter de les fonder, soit sur leurs intérêts (III), soit sur les réalités de fait (IV), soit sur des conventions préalables (IV). Si ces contraintes peuvent être construites sans contradictions, le projet de Kahn apparaît légitime, sinon absurde.

II. – LE CALCUL D'ESCALADE

Chaque adversaire doit pouvoir comparer les différentes options stratégiques pour établir son indicateur d'utilité (II-1) et chacun doit comparer son indicateur à celui de son adversaire (II-2) avec les restrictions de I-3 [1].

1. L'échelle se présente comme une série d'options. L'adversaire qui maîtrise le maniement de l'échelle doit dominer doublement : (a) dans l'échelle, au niveau des diverses options, problème que nous examinerons plus tard; (b) sur l'échelle, en imposant que ces options soient pour son adversaire les seules options possibles. Cette dominance n° 2 consiste à définir de façon contraignante les termes du calcul stratégique de l'autre joueur, soit à forcer le « dominé » à calculer ses « utilités » en fonction de la matrice (échelle) du dominant. Concrètement, le dominant donnerait à son ennemi,
« un calcul très détaillé de ce qui se passerait dans la guerre. Le calcul montrerait très clairement à l'adversaire ce qui lui arriverait s'il n'obéissait pas. Donnée avant l'attaque, cette sorte de *contre-contre-menace* rendrait la contre-menace de

314

II. 1. — *Le calcul individuel.*

1. 1. *Comparaison.* — Elle suppose l'établissement d'une préférence [1] :

$$U > V$$

à partir d'un choix qui mesure la préférence pour U en fonction de probabilités inverses α et $(1 - \alpha)$ d'obtenir U et V, soit l'opération

$$\alpha\, U + (1 - \alpha)\, V \text{ où } O < \alpha < 1$$

1.2. *Ordre de préférence.* — La mise en ordre des options stratégiques dans un indicateur d'utilité suppose [2]

1° *Complétude :* pour deux options (échelons) quelconques, une et une seule de ces trois relations vaut [3]
$$U = V,\ U > V,\ U < V$$

2° *Transitivité :* entre trois options quelconques
$$\left.\begin{array}{l} U > V \\ V > W \end{array}\right\} \text{ implique } U > W$$

représailles moins plausible... Il est difficile de croire que l'adversaire ne serait pas disposé à prendre ces calculs en considération, ou qu'ils ne l'influenceraient pas si les alternatives étaient suffisamment graves » (D.E., 209).

Le dominant communique à l'autre la nécessité d'un calcul en fonction d' « alternatives suffisamment graves » et si le dominé ne peut échapper à ces alternatives c'est que le dominant lui a interdit tout faux fuyant : est dominant celui qui peut se réclamer de la « meilleure » échelle et « persuader l'autre de s'adapter à son sytsème de punitions et de récompenses » (D.E., 296).

1. On peut dès à présent recenser les qualités que doit posséder l'échelle pour autant qu'elle offre à un adversaire averti la faculté de prévoir les différentes stratégies possibles et de comparer leurs résultats en fonction de ses valeurs (ou utilités). Avant même de savoir si et comment elle peut être construite, il convient d'examiner quelles seraient les caractéristiques essentielles qui lui permettraient de satisfaire aux projets du stratège.

L'hypothèse de probabilités inverses α et $(1 - \alpha)$ d'obtenir U ou V permet d'exprimer le degré relatif de préférence pour U. Autrement dit chaque adversaire doit pouvoir mesurer l'un à l'autre U et V pour savoir à quel prix il estime utile d'escalader (soit : pour une probabilité donnée de victoire en V combien me faut-il de chances de gagner en U pour que je juge utile d'escalader de V en U ?).

L'échelle stratégique — si elle existe — devra fonctionner comme une échelle d'utilité et par là satisfaire aux conditions de possibilité d'un calcul d'utilités.

2. Von Neumann, Morgenstern, *Theory of Games*, § 3,6.

3. Dans tous les choix définis par l'échelle le joueur doit ou bien désigner le terme qu'il préfère ou bien identifier les deux termes comme également désirables. Le système de préférence du joueur embrasse ainsi l'échelle dans son entier.

Le calcul d'escalade

La complétude définit l'échelle comme globale (unité de l'objet stratégique), la transitivité exclut la contradiction dans l'unification des choix par une stratégie [1]

1.3. *Choix.* — Pour choisir rationnellement, les joueurs doivent faire face à des options distinctes, soit

3º *Non complémentarité des options* [2]

$U > V$ implique $U > U + (I - \alpha) V$

1. 4. *Dominance.* — La stratégie de l'escalade suppose qu'on puisse compenser une faiblesse locale par la menace d'un élargissement du conflit qui n'est pas une simple ascension de la violence (cf II. 3) mais passage à un autre échelon. Ce qui implique

4º *Continuité de la transitivité*

Si $U > W > V$, on peut trouver une probabilité α de U telle que $U + (1 - \alpha) V > W$

II. 2. — *Le calcul bilatéral.*

Les quatre postulats suffisent à caractériser le calcul individuel [3]. Soit à définir les contraintes qui règlent la conversion du calcul de l'un dans celui de l'autre :

2. 1. *Bilatéralité du choix.* — Pour qu'aucun adversaire n'esquive les options de l'échelle, la distinction des échelons c'est-à-dire la non complémentarité des options doit s'imposer aux deux de la même façon. Le postulat 3º limitant l'usage de l'opération $=$ définie par 1º, son extension bilatérale suppose la coordination de l'opération $=$ chez les deux adversaires [4].

1. Cet axiome est d'une importance extrême puisqu'il permet de définir non pas une stratégie pour chaque échelon, mais la stratégie unique pour toute échelle.
2. Autrement dit, l'ascension de la violence dans les limites d'un échelon ne modifiera pas l'enjeu défini par cet échelon; on distingue ainsi les « deux séries fondamentales » (Kahn, *ibid.*, p. 54 (38) de manœuvres stratégiques : le niveau opérationnel propre à l'échelon v.s. la dynamique de la montée et de la descente entre échelons.
3. Les deux autres postulats énoncés par *Theory of Games* délimitant la commutativité (3 o.a.) et l'additivité (3 c.b.) relèvent plutôt du style de l'escalade : une menace limitée est en même temps preuve de résolution et preuve de modération (commutabilité), on peut escalader pas à pas ou quatre à quatre (additivité).
4. Il y a une première possibilité d'esquive pour l'adversaire « dominé » : il peut modifier ses utilités de façon *à réduire* les alternatives que lui impose l'échelle stra-

316

2. 2. *Bivalence de la dominance.* — Elle suppose à son tour que la continuité de la transitivité vaut de la même façon pour les deux adversaires, soit l'usage coordonné des opérations $>$ et $<$ [1].

2. 3. *Bilatéralité du calcul d'escalade.* — Si les coordinations des opérations $=$, $>$, $<$, sont posées, les échelles ne seront pas identiques (non comparaison interindividuelle des utilités) mais elles seront transformables linéairement l'une dans l'autre [2]. Ce qui est encore insuffisant, d'où :

2. 4. *Bilatéralité de la décision.* — Le principe d'unité de l'échelle est pour Kahn le danger commun de l'holocauste nucléaire [3]. Au degré 44, les adversaires obtiennent la même utilité ($= 0$). La différence de « style », la seule qu'admette Kahn entre les échelles des adversaires est ainsi équivalente à un système de transformation entre deux indicateurs d'utilité où la seule transformation est la multiplication par une constante (coefficient de style i.e. unité de mesure propre à chaque adversaire).

tégique « dominante »; il lui suffit pour ce faire d'utiliser l'opération $=$ que lui accorde la règle 1. Il échapperait ainsi aux alternatives en identifiant les deux termes de l'alternative c'est-à-dire en « collant » les barreaux les uns aux autres. Une puissance qui refuse de distinguer l'échelon attaque anti-forces de l'échelon attaque anti-villes pourrait par exemple installer ses forces au cœur de ses villes principales, etc. Pour conclure ici à une simple différence de style il faut limiter l'usage de l'égalisation (règle 1) ce qui revient à supposer que les deux adversaires en usent de la même façon.

1. Sinon, deuxième possibilité d'esquive du « dominé » : *multiplier* les barreaux de l'échelle, puisque il dispose des opérations $>$ et $<$ définies par la règle 1. Il peut ainsi dissoudre les alternatives, et la dominance à un échelon devient une « quantité évanouissante » si le dominé peut multiplier à l'infini le nombre des échelons intermédiaires immédiatement supérieurs. Les problèmes du passage à la limite dans le calcul infinitésimal se traduiraient alors par les techniques politico-stratégiques du « grignotage » ou de « l'artichaut ».

2. Les jeux stratégiques ne se jouent pas directement en fonction des résultats bruts, mais en tenant compte de la valeur que prennent ces résultats pour chacun des joueurs, puisque un joueur choisit sa stratégie et prévoit celle de l'autre eu égard à ces valeurs, propres à chaque joueur.

3. La nécessité d'introduire une contrainte supplémentaire dans la conduite des deux adversaires est remarquée par Kahn :

« le caractère distinct des échelons et la distance entre eux peuvent être obscurcis, surtout si un participant de l'escalade cherche à les obscurcir » (D.E., 255).

Si les échelons sont respectés, c'est, enchaîne Kahn, parce que les deux adversaires y ont un intérêt commun :

« chaque camp devrait — toutes choses étant égales — s'acharner à préserver les seuils quels qu'ils soient... qu'ils s'affaiblissent ou disparaissent, et le monde irait alors inéluctablement vers le pire » (D.E., 162).

III. — CONCLUSION. La coordination des opérations $>$, $<$ et $=$ et la fixation d'un zéro absolu définissent une dominance qui s'impose aux deux adversaires (cas de la Thermodynamique).

L'échelle sera donc une matrice objective si elle peut être construite à partir de la nécessité de cette coordination et de ce zéro absolu [1].

1. La notion d'intérêt commun est empiriquement compréhensible : il s'agit d'éviter — pour les deux adversaires — l'ascension à la catastrophe commune du dernier degré de l'échelle. C'est le principe de la définition des seuils de l'échelle, le seuil nucléaire qui sépare la guerre conventionnelle de la guerre atomique en étant le paradigme, « exemple particulièrement grave et simple du rôle des contraintes, des restrictions et des seuils en général » (D.E., 123, *ibid.*, 162). Mais les adversaires ont aussi bien un intérêt inverse, chacun désirant l'avantage sur l'autre, qui peut justifier la transgression des seuils : « le camp le plus disposé à escalader, et le plus capable de gagner aux échelons les plus élevés, peut avoir un grand avantage » (D.E., 148). Il ne suffit pas de constater qu'il y a à la fois de l'opposition et de la coopération dans toute conduite stratégique. Si l'on veut une prévision et une préparation de l'action stratégique, il faudra préciser l'interdépendance de ces deux facteurs dans le calcul stratégique. Soit à délimiter les postulats de rationalité qui permettent à Kahn de construire son échelle. Les calculs qu'il propose ne sont pas fondés sur des *valeurs* partagées (dont il laisse le déchiffrement au politique) mais sur des risques communs. Dans les limites qu'il assigne ainsi à la coopération entre adversaires, il retrouve l'esprit le plus caractéristique de la théorie des jeux. Si les problèmes qu'il pose sont calqués sur elle, qu'en est-il des solutions dont il croit disposer ?

III. COORDINATION PAR LA CONTRAINTE DES INTÉRÊTS

Les utilités des joueurs suffisent-elles à coordonner leurs évaluations en déterminant une matrice objective ?

III. 1. — *Les deux registres d'utilité.*

Deux joueurs nucléaires calculent à partir du double intérêt de survivre et de dominer l'adversaire. Les deux intérêts, jamais isolés, s'associent :

a à chaque échelon, il y a un rapport de force classique (jeu à somme nulle) ;

b entre les échelons, la dynamique de l'escalade implique une concurrence dans le risque couru (jeu de survie) ;

c la dominance à un échelon répercute dans la matrice *a*, l'avantage qu'un joueur peut prendre dans la matrice *b* [1].

III. 2. — *La coordination des opérations* >, <, =.

Dans la matrice *a*, jeu à somme nulle, les évaluations sont corrélées (inversées), aussi bien > (victoire), < (défaite) que = (trève, équilibre des forces). La théorie du point-selle étend ces équivalences.

La matrice *c* résulte de la transformation de *a* par les résultats de *b*. La coordination y est possible quoique moins stricte (stratégies mixtes) [2]. A condition que *b* soit calculable.

La matrice *b* n'est évaluable que si l'on peut « calculer la plausibilité de la menace » [3]. i.e., assigner pour chaque adversaire des utilités aux risques d'escalade; ce qui suppose :

— soit une mesure objective du risque couru [4], c'est-à-dire que l'échelle pré-existe et définisse la probabilité croissante de l'explosion totale (cette pré-existence contredit l'hypothèse du III),

---

1. Chez Kahn, *a* = métaphore de la grève, *b* = métaphore du « chicken », *c* = dominance.

La grève, où la menace mutuelle aboutit à des accords « sous la pression du tort infligé et de sa continuation possible » (D.E., 21) peut se traduire par le schéma classique du duel à somme nulle avec points d'équilibre. Le jeu de « chicken » (poule mouillée), qui fait intervenir la « compétition dans la prise de risque » (D.E., 27), peut être caractérisé par les utilités des jeux de survie (games of social and economic survival). Dans les deux cas on évite toute référence à une échelle de valeur commune ou à une comparaison interpersonnelle des utilités.

2. Dans la mesure où la menace d'escalade bloque l'ascension de la violence, elle la bloque sur un échelon où se déroule un conflit à somme nulle, ainsi de l'échelon 37 (attaque restreinte contre forces) :

« L'attrait possible de cette sorte de guerre contre force réside dans le fait qu'elle ressemble à la guerre traditionnelle » (D.E., 215).

En ce sens le « contexte » de l'échelle n'abolit pas le jeu à somme nulle qui se joue aux échelons, bien au contraire il doit le rendre possible en évitant l'explosion. Plus précisément l'échelle modifie les matrices en augmentant l'utilité des points d'équilibre mais ne transforme pas la logique des oppositions au niveau des échelons.

3. Shubik, *Game Theory and Related Approaches to Social Behavior*, p. 69.

4. Il suffit alors en effet de comparer les risques courus que chaque joueur (si, par exemple, il y a escalade) pour permettre un type de négociation étudié par les théoriciens des jeux. Elle est réglée non par la comparaison des intérêts respectifs (qui suppose des valeurs comparables) mais par la comparaison des risques courus de deux stratégies, « l'une domine-dans-le-risque, l'autre si le joueur qui l'emploie est prêt à accepter un risque plus grand pour la réaliser que celui que l'autre joueur accepte de courir » (*Recent advances* in *Game Theory*, Princeton, Harsanyi, 244).

— soit que la crédibilité de la menace dépende d'informations préalables sur la nature des joueurs qui la profèrent (le jeu est psycho-politique et non stratégique pur, exclu par I. 1)[1].

La considération des intérêts ne suffit pas à la coordination, elle ne permet aucune théorie de la décision [2].

1. Dans les jeux de survie on a remarqué que « n'importe quel état peu être fondé comme point d'équilibre si l'on use d'une stratégie suffisamment menaçante ». C'est dire que le calcul de l'équilibre présuppose « le calcul de la plausibilité de la menace ». La crédibilité de la menace renvoit elle-même à une connaissance politique de l'adversaire — ce qui nous fait sortir du champ de la stricte analyse stratégique — ou bien elle doit être déduite du niveau de l'échelle où est proférée la menace. Dans ce dernier cas l'échelle du risque doit précéder le calcul des utilités et celui-là ne fonde pas l'échelonnage :
« personne ne sait et ne peut savoir en réalité avec quelle probabilité les choses risquent de mal tourner » (D.E., 86).
2. L'échelle propose un découpage de la violence belliqueuse en niveaux hiérarchisés. L'existence d'un tel découpage est dictée par l'intérêt commun : « il nous faut d'autres alternatives que la guerre totale ou la paix à tout prix » (D.E., 26). D'où la tentation de faire dériver de cet intérêt commun l'essence de ce découpage, l'échelonnement *contraignant* pour les deux adversaires.
L'intérêt commun ne suppose pas des valeurs communes, il peut être réduit au risque couru en commun par les deux adversaires (jeux de chicken). Même dans ce cas pourtant nous avons montré que les contraintes qui pèsent sur la matrice d'utilités des deux adversaires ne suffisent pas pour construire ex nihilo une matrice de résultats : le calcul d'utilité ne précède pas l'échelonnement de la violence qui seul au contraire rend possible une évaluation du risque.
Certes, on peut affirmer sans risque d'erreur que toute détermination d'un seuil de violence implique chez les deux adversaires une part de coopération et une part d'opposition qui résultent du mélange d'un intérêt commun et d'un intérêt adverse. Tant qu'on ne dit pas comment opérer ce « mélange », on demeure dans le vague d'un commentaire bien pensant. Lorsque Kahn remarque que les conventions qui ont jusqu'à maintenant limité la violence à certains échelons « dérivent du danger nucléaire et des réalités de la puissance conventionnelle », l'auteur se tait sur l'essentiel savoir : quel mécanisme est sous-entendu dans la conjonction exprimée par « et » ? Lorsqu'il ajoute : « elles représentent en partie un exemple typique du système de marchandage, car sans ces règles, ces accords partagés... la compétition américaine eût pu devenir intolérablement dangereuse. Si elles ont duré, c'est que leur violation ne paraissait pas rapporter d'avantages nets » (D.E., 307),
il oublie le principal : comment calculer l'avantage « net » que confère la violation ou le respect du seuil ?

IV. — COORDINATION PAR LA CONTRAINTE DES RAPPORTS DE FORCE BRUTS

La matrice des résultats bruts (militaires) permet-elle de cordonner les opérations d'évaluation des **deux** adversaires ?

IV. 1. — *La division de l'échelle.*

Kahn propose de diviser l'échelle en fonction des résultats des conflits possibles [1]. Le haut de l'échelle (violence nucléaire généralisée) est tenu par l'équilibre de la terreur. Le jeu est symétrique et les

1. « Aussi paradoxal que cela puisse paraître, il faut sans doute déployer plus de témérité, plus d'adresse et plus de courage aux échelons moyens qu'aux échelons supérieurs. Aux échelons moyens, la compétition dans la prise de risque domine tout le reste, tandis qu'aux échelons supérieurs, la symétrie ou l'absence de symétrie des menaces et des capacités militaires réelles paraissent plus larges. Les échelons inférieurs concernent presque uniquement les procédés de la diplomatie traditionnelle » (O.E., 251, D.E., 296).

évaluations des adversaires coordonnées, puisque limitées à l'opération $=$ [1].

Le bas de l'échelle est un jeu à somme nulle qui met en rapport des forces conventionnelles. Les opérations $>$, $<$, $=$ sont coordonnées (cf III).

Le milieu de l'échelle (violence nucléaire limitée) serait le lieu propre des mécanismes d'escalade ou la dominance définit les opérations $>$ et $<$.

IV. 2. — *Dominance dans un jeu tronqué.*

La région supérieure de l'échelle étant exclue, la dominance dans toute l'échelle serait en faveur de celui qui a l'avantage aux échelons supérieurs de la région moyenne [2].

IV. 3. — *Dominance dans un jeu de coalition.*

Kahn conçoit aussi l'exclusion de la région supérieure comme un jeu à trois qui commencerait par un jeu contre la nature (exclusion de « l'explosion nucléaire »), puis les adversaires se partageraient stratégiquement les gains de leur coalition [3].

1. Au-dessous du premier seuil atomique nous serions ainsi dans le cadre conventionnel de l'équilibre de force qui fonde stratégiquement la diplomatie classique. Le seuil de la guerre nucléaire générale introduirait par contre un jeu dont la symétrie serait le caractère essentiel.

Cette symétrie aux échelons supérieurs peut être définie strictement par le fait que le jeu, et ses résultats, demeure identique si l'on permute les joueurs. Dans ce cas, aucun joueur n'a l'avantage, la valeur du jeu est nulle : c'est l'établissement de la parité nucléaire que prévoit Kahn,

« cela pourrait tendre à bloquer les degrés les plus élevés de l'échelle d'escalade. Les plus hautes virtualités de puissance militaire dont disposent les grands Etats seraient, au sens traditionnel, annulées... » (D.E., 308.)

2. Kahn, p. 148 (119-120).

3. Kahn note que les deux adversaires ont un intérêt commun à éviter les formes les plus graves de guerre nucléaire; il cite M. McNamara :

« Il serait certainement de leur intérêt (U.R.S.S.) comme du nôtre d'essayer de limiter les terribles conséquences d'un échange nucléaire » (D.E., 204).

On peut alors concevoir le débat nucléaire comme un jeu à trois où deux adversaires se coaliseraient pour exclure le troisième avant de s'opposer pour partager les gains de la coalition.

Le troisième adversaire ne serait pas conscient; le jeu commencerait comme un jeu contre la nature, la stratégie commune des deux adversaires visant à réduire les risques d' « explosion »; il se continuerait comme un jeu stratégique normal pour le partage des gains, une fois assuré le verrou du « tabou atomique ».

Le problème est alors de l'unité de ces deux jeux.

IV. 4. — *Indécidabilité de la division.*

Les deux hypothèses supposent que les adversaires soient d'accord pour distinguer les deux régions supérieures de l'échelle, i.e. pour fixer le verrou atomique (zone de l'utilisation du signe =).

Dans le cas du jeu tronqué, la zone-intermédiaire du marchandage nucléaire équivaut à un ensemble de points Pareto. Comme l'avantage y dépend de la dominance aux derniers échelons de cette région, chaque adversaire voudra fixer le verrou atomique de façon à dominer.

Dans le cas du jeu de coalition, la négociation exige que le troisième joueur soi discriminé, i.e. n'intervienne pas dans le partage des gains entre les deux autres. Pourtant il intervient puisqu'il définit le verrou, soit l'échelon où commencent les relations de dominance.

La transitivité de l'échelle exclut ainsi la coordination des évaluations par trois jeux indépendants[1].

---

1. L'impossibilité d'une telle solution tient à la transitivité de l'échelle dans le système stratégique de Kahn. Dans la zone intermédiaire du marchandage nucléaire, c'est l'échelon supérieur qui domine toutes les négociations de cette zone (D.E., 148). L'enjeu — indécidable — de la stratégie sera alors de décider où interrompre le marchandage pour faire commencer le jeu symétrique : le dernier échelon du marchandage sera-t-il le premier échelon du jeu symétrique ? L'adversaire le plus faible dans le marchandage réclamera l'abaissement du seuil définissant le jeu symétrique de la guerre nucléaire générale, l'adversaire le plus fort à ce niveau élevera le seuil. Le conflit sur l'échelle est alors plus important que le conflit dans l'échelle.

V. COORDINATION
PAR CONVENTIONS PRÉALABLES

Une échelle donnée par une convention préalable peut-elle constituer une solution stable pour les deux adversaires ?

V. 1. — *Définition du seuil.*

Les seuils (ex : nucléaire/non nucléaire) découpent l'échelle de Kahn sans être fonction des résultats militaires bruts (armes conventionnelles puissantes = armes nucléaires limitées). Ils sont déterminés par des qualités stratégiquement arbitraires (historiques, politiques, psychologiques). Par contre, une fois déterminé, le seuil possède des propriétés stratégiques précises, de même que des « solutions » de jeux peuvent avoir des propriétés définies par la théorie même si elles proviennent de « standard of behavior »[1].

---

1. Les seuils et les échelons doivent précéder le calcul des adversaires, le signe

V. 2. – *Propriété du seuil.*

Chaque seuil représente un « bord de l'abîme » pour les deux adversaires qui hésitent ensemble à le franchir (ils usent de la seule opération =)[1].

Les seuils sont solidaires, franchir l'un c'est risquer de les franchir tous[2], les seuils ne se dominent pas entre eux.

Or chaque seuil définit sous lui des zones de dominance où le risque nucléaire est constant et l'avantage appartient au dernier échelon avant le seuil (à l'échelon qui s'identifie asymptotiquement avec le seuil).

Tout échelon est dominé par un seuil, aucun seuil ne domine un autre seuil, donc aucun échelon ne domine un seuil (intransitivité des seuils)[3].

de cette précession peut être reconnu dans le caractère inévitablement « arbitraire » que conservent les seuils :

« si l'intention des combattants, réels et virtuels, est de *limiter* la guerre, les éléments « illogiques » et contraignants introduits dans les règles du jeu ne sont donc pas simplement un obstacle, mais au contraire ils sont essentiels au processus de limitation de la guerre. La guerre limitée doit par définition être artificielle, et plus élevé sera le degré d'artifice, et plus l'inhibition à l'égard de l'extrême violence sera claire... » (D.E., 149.)

L'arbitraire des seuils — au point de vue du rapport de forces — est donc le corrélat de leur fonction d'arbitrage : les limites qui seules rendent les conflits possibles, les forces et les intérêts commensurables, ne dépendent pas de l'issue de ces conflits ou de la mesure des forces ou des intérêts.

1. Un seuil se définit en ce que son franchissement est « désagréable pour les *deux* adversaires ». Si les deux s'accordent dans une certaine mesure à ne pas le transgresser, ce n'est pas simplement parce que le seuil dominerait les échelons, inférieurs à lui (en termes de rapports de force) et les échelons supérieurs (en termes de rapports de risque). Si l'on pouvait franchir le seuil d'un échelon seulement, chaque adversaire serait tenté de transgresser « un petit peu » jusqu'à l'échelon le plus proche où il pourrait dominer. Le seuil est donc une rupture dans la transitivité des échelons, il ne sépare pas deux échelons mais deux ensembles d'échelons, deux « régions » de l'échelle (c'est pour cela que Kahn les situe « entre » les échelons, sans définir plus cet « entre-deux »).

2. Le franchissement d'un seuil est d'une signification plus grave que le franchissement d'échelons dans la même région d'échelle ; il introduit pour tous les seuils une diminution de valeur : « il n'est pas toujours possible de restaurer les traditions, les coutumes et les conventions ébranlées » (D.E., 162).

3. Pour qu'un seuil ne soit pas dominé par l'échelon immédiatement supérieur à lui il faut et il suffit que les seuils ne se dominent pas entre eux. Il faut : si, per absurdum, le seuil S_2 dominait le seuil immédiatement inférieur S_1, l'échelon le plus bas de S_2 dominerait aussi S_1, ce qui est exclu par la définition du seuil. Il suffit : puisque la transitivité joue d'échelon à échelon entre les seuils, l'échelon le plus bas d'un seuil est dominé par les échelons supérieurs qui se rapprochent du seuil. Le seuil domine aussi à la limite tous ses échelons, étant donné que les seuils ne se dominent pas entre eux, les échelons ne peuvent dominer aucun seuil.

On définit les seuils par leur intransitivité quand on met chacun d'eux en rap-

V. 3. — *Seuil = Solution.*

Dans ces conditions, un système de seuil donné S est stable, soit S_1, S_2... Sn, les seuils existants, S_1', S_2'... S_n' les seuils qu'un joueur voudrait leur substituer. Pour l'ensemble S, S_1', S_2', etc. représentent des niveaux de violence situés entre les seuils (c'est-à-dire des échelons ou sous-échelons). L'ensemble S représente une solution du type Von Neumann-Morgenstern [1].

1 Aucun seuil en S n'est dominable par un autre seuil en S.

2 Tout échelon (seuil hypothétique de S') hors de S est dominé par un seuil de S [2].

V. 4. — *Conséquence : destruction de l'échelle.*

Les seuils sont par définition intransitifs, ils interrompent la transitivité du calcul d'escalade (contre le postulat II, 4). Il n'y a pas d'échelle de seuil, donc il n'y a pas d'échelle stratégique globale et unitaire (contre l'hypothèse 1, 2) [3].

port direct avec la possibilité d'une « explosion » (holocauste commun) en soulignant :

« Typiquement, les deux parties s'intéressent aux systèmes de marchandage, en préservant les seuils qui réduisent les probabilités de l'escalade, de l'explosion et autres indésirables effets à long terme » (D.E., 19).

1. Von Neumann, Morgenstern, ouv. cité, § 30-1 et 30-2.

2. Chaque adversaire semble pouvoir proposer à tout moment un autre système de seuils qui découperait à son profit le spectre global de la violence disponible. Au contraire, si le système de seuil précédemment défini existait, il serait stable.

Mettre en question la solidité d'un seuil c'est ébranler tous les seuils, proposer une redéfinition de toute échelle. C'est la fragilité de l'ensemble des seuils, la difficulté de s'accorder sur un autre mode de partage de la violence qui fait la solidité de chaque seuil existant.

3. Les seuils sont stratégiquement arbitraires, ils ne dominent pas transitivement la transitivité des échelons. La montée transitive de la violence entraîne l'unité de l'échelle, en tant que les échelons se dominent les uns les autres; l'intransitivité des limites de cette violence casse l'échelle — les seuils ne se dominent pas. Le schéma même de Kahn porte en filigrane cette rupture pour ce qu'il situe les seuils non pas aux échelons, mais entre eux. Si bien que l'échelle se lit de deux façons, semblablement à certaines figures ambiguës de la Gestalttheorie :

1) si l'on accommode sur la succession des échelons, la *forme* est alors l'unité de l'échelle vue sur le *fond* des seuils qui trouent plusieurs fois l'échelle comme des possibilités d'explosion dont la forme ne rend pas compte, mais sans lesquelles elle n'est pas pensable;

2) si l'on accommode sur les seuils, ils délimitent plusieurs échelles (transitivité des échelons entre les seuils) et ces échelles ne s'ajoutent pas, elles sont contemporaines (intransitivité des seuils). C'est alors l'unité de l'échelle qui devient impensable.

VI. – DÉCOMPOSITION
DU CONCEPT DE L'ESCALADE

Puisque rien ne permet de coordonner stratégiquement les opérations d'évaluation des adversaires, la référence au zéro absolu du suicide mutuel n'unifie pas cette stratégie mais au contraire en interdit l'unité.

Chaque seuil, qui représente par définition le risque de passer au zéro, découpe l'ensemble des usages possibles de la violence en deux jeux qui n'interfèrent pas : au-dessous du seuil un jeu classique à somme nulle, au dessus du seuil un jeu de survie non calculable. Ainsi chaque seuil exprime le maximum de « décomposition » de l'usage global de la violence (au dessous du seuil le jeu se divise en échelons transitifs) et aussi bien un minimum de décomposition (les seuils ne se dominent pas entre eux)[1].

1. Von Neumann, Morgenstern, ibid., § 41-1 et 41-2.

328

Un seuil décompose ainsi l'ensemble des violences possibles en des éléments minimum (minimal splitting set) et cet ensemble demeure un ensemble d'ensembles décomposables par paires (pairwise disjoint sets) [1] [2].

Par conséquent, la sélection des seuils, la combinaison des seuils, les dominances qu'ils autorisent et les marchandages qu'ils suscitent ne sont pas déterminables par un calcul unitaire. Le découpage de l'ensemble de la violence possible doit être fixé pré-play par un accord entre joueurs. Si échelle il y a, elle ne provient pas du calcul stratégique mais de l'accord politique des deux adversaires (contre l'hypothèse fondamentale de I, 1). La construction d'une stratégie globale pour un joueur thermi-nucléaire est un problème stratégiquement indécidable. Le projet de H. Kahn est « absurde » [3].

C.Q.F.D.

1. Von Neumann, Morgenstern, ouv. cité, § 8-2.

2. Le seuil stricto sensu détermine deux jeux qui se jouent séparément, tels qu'il n'y ait « pas de connection » entre le destin d'un joueur dans le premier jeu et son destin dans le second. En somme, au-dessous du seuil les joueurs sont clausewitziens et jouent un peu à somme nulle en fonction des rapports de puissance, au-dessus ils sont irrationnels et jouent un « jeu de survie » qui ne se prête pas au calcul. Si l'essentiel de la stratégie nucléaire suppose l'interaction de ces deux jeux, où le chantage à l'escalade s'harmonise avec l'utilisation conventionnelle de la force, comme le prétend Kahn, il faudra dire que l'essentiel de la stratégie nucléaire n'est pas stratégique et que la crédibilité des menaces dépend de la politique (« qui menace qui ?, pourquoi ? ») et non du calcul stratégique (« comment ? »).

3. Si nous considérons les possibilités de solutions qui partagent (délimitent) les possibilités d'user de la violence pour les deux adversaires, nous sommes obligés de casser l'unité de l'échelle. Puisque nous ne pouvons plus établir des relations de dominance (transitivité) entre tous les niveaux ou échelons de l'usage des forces, il semble que nous soyions obligés d'exclure la possibilité d'une stratégie unique pour l'ensemble de l'échelle. Ce qui réduit à rien la prétention d'établir les prévisions globales en fonction de la considération purement stratégique des possibilités de menace et de contre. Si les seuils sont des « standard of behavior », le « comment ? » du jeu stratégique aux échelons dépendra du « contre qui, pour qui, pourquoi ? » du jeu politique au niveau des seuils. Et non vice-versa.

C'est donc le point de départ même qui nous semble devoir être rejeté, pour ce qu'il ne permet pas de présenter une échelle autre que simplement descriptive et rétrospective, qui ne fonde aucun calcul et aucune prévision. L'idée d'une stratégie nucléaire globale, distincte du jeu politique des grandes puissances thermo-nucléaires, doit être abandonnée.

LE PARI DISSUASIF

Il n'y a pas d'échelle stratégique, ni un ensemble de « jeux » dont le calcul dissuasif se pourrait réclamer pour régler et prévoir la conduite des adversaires. Ce doit être désormais acquis. Par là, toute stratégie nucléaire se distingue négativement de la politique qui la fonde et de la mathématique qui la juge. Reste à découvrir l'assiette positive de cette rhétorique, qui lui donne l'apparence d'une théorie de la décision et fait d'elle le moyen d'expression seulement — mais un moyen d'expression nécessaire, le seul — d'une politique centrée sur l'équilibre de la terreur.

La stratégie nucléaire se donne pour tâche de partager les gains et les pertes entre adversaires[1]. Elle organise le partage en donnant la

1. « L'objectif central est normalement la division des gains et des pertes pour chaque camp, et non l'humiliation d'un camp ou l'autre. » H. Kahn, *Thinking about the unthinkable*, p. 46.

règle qui le fait « rationnel » pour les deux camps. Cette rationalité n'est pas celle de la théorie des jeux, contrainte absolue de la stratégie prudente par laquelle un joueur impose une partition des enjeux quelle que soit l'irrationalité ou la folie de l'autre[1]. Il faut donc distinguer la règle, imitation d'un modèle mathématique et ce qui fait de la règle loi. L'extension d'un modèle mathématique à un domaine qu'il ne régit pas définit le pari dissuasif, analogue du pari pascalien.

1. *L'escalade ou la règle des partis.*

La rationalité visée par les analystes américains caractérise moins un rapport de force qu'un rapport de « chances ». Les adversaires ne sont « certains » ni l'un ni l'autre de gagner ou de perdre, d'autant qu'ils pourraient perdre ensemble.

Posons par hypothèse, réservant l'examen du fondement de cette hypothèse, qu'il existe un ensemble de situations stratégiques distinctes (échelle au sens large) offrant à chaque adversaire des probabilités différentes de gains et de pertes. Examinons à l'intérieur de cet ensemble la règle du partage des enjeux ou mises.

Remarque 1. — L'issue du jeu n'est pas imposée par un adversaire à l'autre, s'ils s'entendent pour ne pas escalader jusqu'aux extrêmes il faut que les adversaires le fassent « de gré à gré » (exclusion de la bataille décisive ou de la rationalité forte du jeu à somme nulle).

Remarque 2. — L'issue du jeu n'est pas certaine, les adversaires calculent avec des probabilités : c'est un jeu de hasard (type roulette) où les chances ne sont pas nécessairement égales.

Conclusion. — Les adversaires n'ont pas besoin d'escalader jusqu'à une victoire finale en « tentant leurs chances », ils peuvent, s'ils le veulent tous deux, partager les enjeux équitablement probablement aux probabilités de victoire de chacun à chaque moment de la partie globale (probabilités objectives, i.e. bilatérales, par hypothèse).

---

1. D'où la position « nuancée » des analystes sur cette question : « Nous ne postulons pas que l'autre parti est rationnel. Là où je travaille, nous mettons à la porte ceux qui postulent cela. Je veux souligner clairement que nous ne postulons pas non plus que l'un des antagonistes sera nécessairement follement irrationnel. C'est tout à fait autre chose que de postuler qu'il sera rationnel. Il y a beaucoup de degrés de rationalité. Personne n'est complètement rationnel. Très peu de gens sont complètement irrationnels, et on souhaite être en mesure d'exploiter et d'encourager certaines espèces de rationalité et de décourager d'autres espèces. » H. Kahn, cité par P. Hassner, in *Violence, Rationalité, Incertitude*, Revue Française de Science Politique, décembre 1964.

La rationalité d'un tel partage est connue des mathématiciens, c'est la « règle des partis » de Pascal qui gouverne les « jeux contre la nature »[1].

La règle définit en dernier ressort le jeu « dans » l'échelle à condition qu'une telle échelle existe. Hypothèse première qu'il convient maintenant de fonder.

On remarquera en effet que la règle des partis ne vaut que pour des joueurs acceptant librement de jouer, puis d'arrêter le jeu. Elle ne force ni au jeu, ni à l'arrêt du jeu : supposons que A et B s'engagent à jouer une partie en deux coups. A gagne le premier coup. *Si* B demande l'arrêt du jeu *et* que A le lui accorde — ou inversement, mais toujours de gré à gré — A aura gagné quelque chose mais pas tout, il emportera la partie correspondante de la mise. Le calcul des « partis » suppose donnée l'entrée et la sortie du jeu, le calcul ne tenant pas compte de ces décisions (si le jeu pouvait être interrompu par A seul, après la première manche, B ne pourrait plus reprendre la partie des enjeux qui constitue le prix pour lequel il renonce à ses chances du second tour — nous serions dans l'arbitraire pur).

A son tour, l'hypothèse d'une échelle équivaut à poser que :

1 — les adversaires ne peuvent refuser de jouer, ni échapper au cours du jeu, sinon d'un commun accord : la stratégie nucléaire ne vaut que si elle enferme les grandes puissances dans un jeu *forcé;*

2 — cette contrainte qui pèse sur les joueurs ne transforme pas la règle des partis.

Il faut maintenant examiner ce passage de la logique d'un pari à la logique plus générale de la nécessité de parier.

2. *L'échelle : « Infini rien ».*

« Oui, mais il faut parier. Cela n'est pas volontaire, vous êtes embarqués. » L'échelle comporte un seuil, le premier, qui introduit à la contrainte : « n'agitez pas le vaisseau nucléaire ». Il n'y aurait là

---

1. Comme la règle du jeu « est une loi volontaire, ils (les joueurs) peuvent la rompre de gré à gré; et ainsi en quelque terme que le jeu se trouve, ils peuvent le quitter; et, au contraire de ce qu'ils ont fait en y entrant, renoncer à l'attente du hasard, et rentrer chacun en la propriété de quelque chose. En ce cas, le règlement de ce qui doit leur appartenir doit être tellement proportionné à ce qu'ils avaient droit d'espérer de la fortune que chacun d'eux trouve entièrement égal de prendre ce qu'on lui assigne ou de continuer l'aventure du jeu : et cette juste distribution s'appelle le parti. » Pascal, *Traité du triangle arithmétique.*

qu'une rencontre d'images si on oubliait que la stratégie nucléaire n'unifie tous les conflits qu'à les inscrire sur le fond du risque ultime, toute montée dans l'échelle figurant l'approche de l'holocauste : il suffit qu'un seul veuille escalader et les deux sont embarqués, confrontés au rien, leur mort commune, ils devront parier contre le rien, ils choisiront l'entente, l'infini — quel que soit cet infini, il est préférable à la mort : nous ne connaissons pas encore les partis que nous accordera la règle (nous ignorons encore ce Dieu « infiniment incompréhensible » dit Pascal) mais nous devons parier pour la règle : la raison fait accepter le partage comme selon Pascal elle « porte » à *croire*.

L'échelle est un instrument de persuasion, elle agite de plus en plus le « vaisseau nucléaire », fait prendre conscience aux adversaires qu'ils sont embarqués et qu'ils doivent parier. Hors d'elle, les conflits limités pourraient prétendre ignorer le danger nucléaire; sur le terrain, chaque adversaire peut rechercher la victoire en fonction de la force que lui donnent les facteurs techniques et « moraux » qui lui appartiennent en propre. Ce serait oublier l'égalité de la terreur qui rend tout moi haïssable : « Afin que la passion ne nuise point, faisons comme s'il n'y avait que huit jours de vie »; escaladons.

La montée aux extrêmes unifie la stratégie — l'extrême propre à la situation nucléaire n'est pas victoire ou défaite, mais mort. L'échelle redistribuera après coup gains et pertes, uniquement à titre de « partis » du pari dissuasif : « le dernier acte est sanglant, quelque belle que soit la comédie en tout le reste »; prises isolément les guerres locales sont divertissements où les adversaires prétendent oublier la mort générale, horizon de leur affrontement.

3. *Les idées de derrière.*

Les stratèges pensent imposer l'échelle en agitant le spectre nucléaire. Le problème qu'ils ne résolvent ni ne posent vient de la dislocation de l'échelle dans la répétition bilatérale de la menace. Si toute échelle fait tendre vers « rien » un avantage local donné, au nom de la menace « infinie », réciproquement toute échelle donnée pourrait être ramenée à rien par l'adversaire désavantagé qui brandit à son tour la menace. L'équilibre de la terreur fonctionne pour le soi-disant « dominant » comme pour le prétendu « dominé ».

La règle des partis ne vaut que si la décision de jouer n'est pas elle-même une mise, un enjeu et finalement un « parti ». Le jeu peut être forcé, mais la force qui impose le jeu n'est pas elle-même objet du jeu;

si l'honnête homme respecte la règle du jeu, il y est peut-être contraint par l'opinion publique, mais le jeu ne fait pas de cette opinion un enjeu. Plus généralement l'intérêt du jeu en tant que jeu ne fait jamais partie des mises [1]. Le pouvoir d'imposer un pari et/ou de s'y refuser ne peut être impliqué dans le pari : le partage « rationnel » des enjeux n'en tiendra pas compte.

Si, comme l'admet Kahn, et les autres stratèges avec lui, il y a plusieurs échelles (ou découpages stratégiques, échelonnements de la violence) concevables, ce n'est pas la règle des partis qui fera préférer une échelle ou l'autre, puisque cette règle suppose que la même échelle offre déjà ses probabilités « objectives » à tous les joueurs.

Qui imposera l'échelle soviétique aux Américains ou l'échelle américaine aux Soviétiques ? L'escalade, ou le marchandage nucléaire, assemble deux jeux parfaitement hétérogènes, bien que toujours confondus; l'un impose l'échelle, l'autre le suppose. Le calcul de la dissuasion se dédouble à son tour : l'un se fait à l'intérieur de l'échelle, par la règle des partis, *si* cette échelle existe; l'autre se fait devant l'échelle, également *si* l'échelle existe. Nommons ce dernier seul, désormais, « pari dissuasif ».

La dissuasion ne peut paraître créer un ordre du monde qu'à condition de confondre ces deux calculs. La nécessité de les distinguer découvre ce qu'implicitement toute stratégie nucléaire suppose : il pré-existe un ordre du monde (d'où l'échelle préexistante), à condition qu'on le respecte (par le pari dissuasif) il fournira un cadre adéquat au partage équitable des enjeux (i.e. à la règle des partis).

La rationalité de la stratégie nucléaire renvoit ainsi à *trois raisons*, la raison de l'ordre du monde est acceptée par celle du pari et exécutée par celle des partis. Tant de complication dépasse certainement l'ambition toute pragmatique des stratèges. On la subodore pourtant dans une image chère à H. Kahn qui définit la guerre, ou la crise, ou l'escalade comme « accoucheuse de l'histoire » [2]. Le pari dissuasif est sagesse

---

1. Ceci vaut en général pour toute construction rationnelle du calcul des joueurs i.e. de leur échelle d'intérêt (ou indicateur d'utilité) : « Des concepts du style « intérêt spécifique de jouer à ce jeu » (« specific utility of gambling ») ne peuvent être formulés sans contradictions » et Von Neumann-Morgenstern soulignent en note : « Cela peut paraître une affirmation paradoxale. Mais quiconque essaie d'axiomatiser ce concept élusif l'accordera probablement. » *Theory of Games*, § 3, 7-1. « Specific utility of Gambling » = « l'amusement du jeu et non pas le gain » (Pascal, pensée 169 — Lafuma : 134).

2. Guerre et crise : *Thinking about the unthinkable*, p. 232. Escalade : *De l'escalade*, p. 321. L'image est empruntée à Marx (*Le Capital*, Livre I, Section 8, chap. XXXI) mais sa fonction dans son contexte originel est une question qui ne

de sage-femme, mais celle-là ne fait qu'aider le travail de la parturiante (l'ordre du monde) et leur collaboration fera la santé du nouveau-né (le monde contrôlé et divisé par la règle des partis). Le pari dissuasif permet au monde de survivre en continuant son cours, comme le pari de Pascal découvre à l'esprit sa raison de suivre sa croyance.

Trois raisons distinctes et complémentaires : la stratégique, dans une situation délimitée et locale, la parieuse pour l'ensemble des situations, la politique qui établit le rapport de l'ensemble à la multiplicité des situations concrètes. Aucune qui ne fasse appel aux deux autres pour conclure, une parenté secrète les rend superposables et transparentes les unes aux autres. On parie d'abord pour la survie, puis on examine l'ordre du monde, puis on distribue les partis d'un jeu concret — mais cet ordre de succession renvoit à la solidarité logique des trois raisons : le pari dissuasif introduit à l'ordre politique du monde, pas n'importe lequel — l'ordre d'un monde qui ne s'introduit que du pari.

Les enjeux de la stratégie, les mises du pari et les « partis » de l'ordre politique doivent pouvoir être comptés ensemble.

4. *« Cela est démonstratif. »*

En toute situation particulière, guerre locale ou accord limité, les stratèges tiennent un compte double, prescrivant d'opérer en un même temps pour résoudre deux alternatives : victoire/défaite et vie/mort. En chaque situation, le joueur nucléaire veut prendre l'avantage sur son adversaire, « faites-le donc jouer pour rien, il ne s'y échauffera pas », chaque crise témoigne pour son honneur, sa capacité de tenir ses engagements, de se faire respecter ici, comme partout, il faut « qu'il se forme un sujet de passion et qu'il excite sur cela son désir, sa colère, sa crainte... »[1]. En chaque situation, également, on joue pour jouer et continuer le jeu, il faudra marquer des deux côtés quelque modération afin que l'ascension aux extrêmes ne mette pas fin à toute opposition — compte second où le jeu et la possibilité de jouer sont à leur tour devenus enjeux : « Nous ne cherchons jamais les choses mais la recherche des choses. Ainsi, dans les comédies, les scènes contentes sans crainte ne valent rien, ni les extrêmes misères sans espérance, ni

peut être tranchée ici. Fixant chez Kahn le rapport du stratège « rationnel » avec le monde et l'histoire, l'image s'inscrit dans une tradition d'origine socratique.

1. *Pensées*, Brunschvicg, p. 139.

les amours brutaux, ni les sévérités âpres[1]. » Prises en elles-mêmes, crises et guerres locales offrent au stratège nucléaire la même contradiction que le « divertissement » selon Pascal : on ne joue pas pour rien, on ne joue pas non plus pour gagner, on joue de gagner, pour jouer. L'impossibllité de réduire ces deux comptes à un seul, de rechercher la chasse sans la prise et de goûter la prise sans la chasse définit la contradiction rationnelle de ce « projet confus »; le divertissement est la misère de l'homme chrétien, tout rapport de force localisé celle de la stratégie non clausewitzienne. Le pari dissuasif, avec la méthode et la prétention du pari pascalien, propose de résoudre ce problème.

On passe alors d'un pari local au pari global où l'honnête homme, comme la puissance thermo-nucléaire, met tout en jeu. Le pari particulier distingue la décision de jouer prise hors jeu (je joue/je ne joue pas; j'escalade/je n'escalade pas; vie/mort) et la décision du jeu (rapport de « chances », de forces probables, gain/perte, victoire/ défaite). La vie qui décide de jouer, pour l' « amusement du jeu », le goût du risque, etc. ne peut jamais apparaître, elle et ses motifs, à l'intérieur du pari au sens strict, comme enjeu. Avec le pari global — en ceci métaphysique — il n'y a plus de hors-jeu, il s'agit de « parier tout son bien » y compris ce « bien » qui reste extérieur à tout jeu de hasard : le pouvoir de parier et de ne pas parier, la vie conçue comme ce qui décide. La vie qui parie, la vie qu'on parie (un petit morceau, un « bien » dans les jeux de société, un risque dans l'aventure) feront un dans le grand Pari : le joueur est devenu enjeu.

Il n'y a là, apparemment, que généralisation de la définition de tout pari : « La première chose qu'il faut considérer est que l'argent que les joueurs ont mis en jeu ne leur appartient plus, car ils en ont quitté la propriété; mais ils ont reçu en revanche le droit d'attendre ce que le hasard leur en peut donner[2]... » Devant la roulette, le joueur se dépersonalise, de même les puissances nucléaires ou l'homme pascalien

---

1. *Pensées*, p. 135.
2. *Traité du triangle arithmétique.* L'extension de la logique du pari est progressivement amenée par la considération des conduites dans le risque : « S'il ne fallait rien faire que pour le certain, on ne devrait rien faire pour la religion, car elle n'est pas certaine. Mais combien de choses fait-on pour l'incertain, les voyages sur mer, les batailles... Saint Augustin a vu qu'on travaille pour l'incertain sur mer, en bataille, etc. mais il n'a pas vu la règle des partis, qui démontre qu'on le doit » (234, éd. Brunschvicg). Les métaphores des stratèges nucléaires ne sont pas empruntées autant à la navigation (cf. pourtant la navigation « à l'estime », in D.E., 251) mais elles illustrent la même comparaison : il y a un calcul dans l'incertain, de même quand on parie le Salut et le sort du monde.

devant le Tout ou Rien du jeu suprême. Qui parie quelque chose ne détient plus ce quelque chose devenu enjeu, que le hasard lui rendra ou la « règle des partis ». Qui joue toute son existence ne la possède plus; il devra attendre que le jeu la lui retourne conforme au partage de l'échelle (Kahn) ou de Dieu (Pascal). Il peut chercher à bien jouer, en égard aux règles du jeu, pour établir la proportion la plus avantageuse entre ce qu'il risque et ce que la fin du jeu peut lui donner (« parti ») : il s'agit d'une proportion entre grandeurs commensurables, sa mise ne lui appartient plus, son gain pas encore, « car il ne sert de rien de dire qu'il est incertain si on gagnera, et qu'il est certain qu'on hasarde, et que l'infinie distance qui est entre la certitude de ce qu'on expose et l'incertitude de ce qu'on gagnera égale le bien fini qu'on expose certainement à l'infini qui est incertain... ». L'échelle n'est pas un marché de dupes, un calcul y est possible qui compare la certitude de perdre un bien fini (qui ne nous appartient plus eu égard au danger nucléaire) à l'incertitude du bien que l'on gagne (et qui sera sûr, une fois ce danger nucléaire maitrisé par l'échelle) : « l'incertitude de gagner est proportionnée à la certitude de ce qu'on hasarde selon la proportion des hasards de gain et de perte ».

Le nerf de l'argument pascalien n'est pas l'infinité de Dieu, incertaine et cachée, mais la certitude que ce qu'on risque est néant : c'est une tautologie, mettre tout en jeu ne rien garder par devers soi. Pourtant le pari est contraignant à condition seulement qu'on ne puisse le remettre i.e. que le pouvoir de le reporter à demain ne soit pas une mise qui nous appartienne faisant que nous ne risquerions jamais « rien » mais « notre » temps, notre vie. Pascal lève cette objection en réduisant la vie à l'instant du pari c'est-à-dire en soutenant le pari par la mort qui « menace à toute heure »[1]. La réduction, Pascal l'opère par la critique du divertissement (« Nous courons sans souci dans le précipice, après que nous avons mis quelque chose devant nous pour nous empêcher de le voir »); l'échelle qui organise l'ascension suffit à forcer au pari, la menace d'escalade situe tout conflit local « au bord de l'abîme », forçant les deux adversaires à fixer le précipice : « Faisons tant que nous voudrons les braves, voilà la fin qui attend la plus belle vie du monde. »

---

1. « Car il est indubitable que le temps de cette vie n'est qu'un instant, que l'état de la mort est éternel, de quelque nature qu'il puisse être, et qu'ainsi toutes nos actions et nos pensées doivent prendre des routes si différentes selon l'état de cette éternité qu'il est possible de faire une démarche avec sens et jugement qu'en la réglant par la vue de ce point qui doit être notre dernier objet. » *Pensées*, § 195 (Brunschvicg).

La mort, principe de toute dissuasion, interdit de différer la nécessité de parier. « Jésus sera en agonie jusqu'à la fin du monde : il ne faut pas dormir pendant ce temps-là. »

5. *Le verbe dissuasif et la chair de monde.*

Le pari est donc nécessaire, vu la mort. Est-il possible ? Ayant à décider entre tout et rien je choisirai l'échelle plutôt que rien, mais y a-t-il une échelle ?

Dans un pari limité, celui des jeux, j'abandonne ma mise en remettant la décision au hasard. Je peux établir mes calculs et m'accorder avec les concurrents sur le partage des partis : nous disposons d'un instrument — un dé par exemple — conçu pour faire surgir le hasard. Tout appareil scientifique jouit de propriétés précises, un dé est caractérisé par des chances équivalentes de tomber sur une de ses six faces, deux dés par des chances différentes de couplage et de non couplage des faces, un dé pipé par une certaine proportion en faveur d'une des faces. *Avec* quoi parie-t-on un Pari métaphysique ? Qu'est-ce qui règle le partage des partis ?

Un dé ne répond pas seulement *au* hasard — mais *du* hasard, scientifiquement défini en termes de probabilités. Le dé est transparent, on y lit la loi du pari et elle seule. Semblablement, selon Pascal, la religion chrétienne, transparente au grand pari du tout ou rien : « Qui blâmera donc les Chrétiens de ne pouvoir rendre raison de leur créance, eux qui professent une religion dont ils ne peuvent rendre raison... C'est en manquant de preuve qu'ils ne manquent pas de sens. »

Les dés lancés répondent, leur figure est contingente, dans le cadre des possibilités ouvertes par la loi du hasard qui les définit. De même, le parieur pascalien devra déchiffrer la réponse religieuse, il n'en est point la source, bien qu'il sache reconnaître sa vérité : elle correspond aux lois de son pari. La nécessité de parier était lue sur la croix; la possibilité de parier, la promesse qu'un partage des partis (grâce) est possible, c'est au vrai « mystère de Jésus » de nous l'annoncer, « c'est là où Jésus-Christ prend une nouvelle vie, non sur la croix. C'est le dernier mystère de la Passion et de la Rédemption. Jésus-Christ n'a point eu où se reposer sur la Terre qu'au sépulcre. »

La logique d'un pari du tout ou rien développe ses exigences, elle oblige à distinguer la fonction Croix et la fonction Sépulcre. L'escalade nous dit la nécessité de parier, elle nous presse en rapprochant l'agonie du monde, la croix ou le champignon. Elle sous-entend la possibilité de parier, l'existence d'une échelle qui ordonne le monde, comme le dé ou le sépulcre, répondant au Pari par le partage des « partis ». Non n'importe quel ordre, mais un partage qui soit au Pari dissuasif comme l'Ecriture à la liberté chrétienne et le sort à la loi du hasard.

La logique manipule de la même façon les grandeurs spirituelles et les mégatonnes d'explosifs. Si un jeu du tout ou rien est concevable, il faut que la mort fasse sens et que de la terreur naisse l'ordre du monde. Rien là qui soit évident ni incontestable hors une tradition qui conduit Pascal comme Hegel à en découvrir le chiffre dans la Passion du Christ.

La stratégie nucléaire renvoit au pari dissuasif, et celui-là n'est possible qu'à supposer pré-existant un ordre fondé sur la terreur. Politique dissuasive dont Hegel a développé le principe.

6. *La raison des effets.*

L'univers de la dissuasion déploie trois logiques, celle du rapport de force stratégique, celle du pari, celle de la politique dissuasive. Imaginons un instant que le monde qu'elle projette soit.

On y reconnaîtra une « gradation » toute pascalienne. Le « peuple » qui ne sait pas mais éprouve la vérité de la dissuasion sera respectueux, il « honore les personnes de grande naissance » : c'est sur le terrain, dans les guerres limitées, contre la « subversion » que la dissuasion doit trouver son efficace. Mais sa puissance est force stratégique dans ses effets, non dans sa raison, les « demi-habiles » révolutionnaires risquent de remettre en question un rapport de force qui n'est pas en soi décisif. Le savoir dissuasif s'approfondit en conséquence, il devient le fait des « habiles » qui honorent les rapports de forces « non par la pensée du peuple, mais par la pensée de derrière » : un conflit local est contradictoire comme le divertissement, le risque nucléaire y balance la supériorité de l'un ou de l'autre, on le règlera dans le cadre de l'échelle, dans l'esprit du pari dissuasif; l'habileté dissuasive se distingue à la faculté de transformer toute guerre locale en guerre nucléaire virtuelle, remplaçant l'alternative de la victoire ou de la défaite sur le terrain par le tout ou rien du grand pari. Mais à son tour la dissuasion a ses « dévots », « qui ont plus de zèle que de science » — ceux-là ne s'aperçoivent pas que l'échelle suppose l'ordre de la politique dissuasive déjà établi. Krouchtchev figure, dans les textes américains, le danger de la dévotion qui fait croire que l'habileté à manipuler le défi nucléaire crée l'ordre du monde. Au sommet du savoir règnent les sages qui accouchent l'histoire par la dissuasion sans penser la fabriquer de toutes pièces : « les vrais chrétiens obéissent aux folies néanmoins; non pas qu'ils respectent les folies, mais l'ordre de Dieu qui, pour la punition des hommes, les a asservis à ces folies : Omnis creatura subjecta est vanitati. Liberabitur. » Le pari sur le tout ou rien introduit l'apologie d'un ordre.

L'évidence de la dissuasion est la croix où le monde est mis en « agonie », la force opérationnelle des adversaires entre parenthèses et leur indépendance entre guillemets. L'universalité de la mort instaure le grand pari, transforme la vie qui joue en enjeu du jeu, le joueur en joué. Mais le secret de la dissuasion qui la fait matrice de sens, c'est le sépulcre, où la chair devient verbe : la stratégie nucléaire suppose en silence que depuis longtemps de la terreur est né l'ordre, l'échelle le fait respecter à condition qu'il gouverne déjà, elle se soutient ainsi de la tradition politique qui court dans la conscience occidentale de Hobbes à Hegel.

Le jeu de la politique mondiale se ferme : la stratégie nucléaire ne suffit pas, elle n'est pas décisive et trouve son principe à détailler le tout ou rien du grand pari dans les opérations par quoi les puissances nucléaires se confrontent, les formes infinies des antinomies de la dissuasion sont la petite monnaie du pari dissuasif. Ses figures n'en sont pas moins fondées en raison, moyens d'expression inévitables de la politique dissuasive. Elles permettent à cette dernière de régler tout rapport stratégique concret sur la mise en scène de la terreur. La politique donne sens à partir de la mort, la rhétorique traduira, réalisant l'adéquation de la chose stratégique à l'intelligence politique.

DU VIETNAM

La stratégie « nucléaire » unifie l'ensemble des conduites stratégiques à partir d'une situation jugée fondamentale : la lutte à mort susceptible de conduire deux adversaires thermonucléaires jusqu'à l'holocauste. De se centrer sur l'Abîme, elle tire un principe d'unité qui fait de toute guerre limitée et localisée le cas particulier d'un affrontement global (virtuel certes, mais dont le danger permanent et la possibilité générale sont censés intervenir de façon précise ou précisable en toute évaluation d'un rapport de force particulier et momentané).

Du jeu ainsi défini, la stratégie « nucléaire » ne peut énoncer aucune règle, elle ne permet pas de prévoir, ni d'organiser, ni de penser un quelconque rapport de force; en aucune situation elle ne peut pointer ce qui tranche i.e. les facteurs décisifs.

Son défaut : non pas de n'être pas quantifiable, aucune stratégie ne l'est. Mais de n'être pas *opérationnelle* : la stratégie clausewitzienne permettait de définir en ses grandes lignes l'avantage ou l'équilibre dans un rapport de force; le compte stratégique était tenu, non en quantités physiques mais en ressources stratégiques « qualitatives », en fonction des possibilités évaluables et dissymétriques de l'offensive et de la défensive. Le compte de la stratégie nucléaire n'est jamais tenu, lorsqu'elle propose un « risque calculé », elle ne calcule rien, lorsqu'elle renvoit à la « diplomatie de la violence », ce n'est pas elle qui fournit à la violence sa mesure et son étalon.

Ses concepts rhétoriques peuvent justifier n'importe quelle opération concrète; l'utilisant comme simple moyen d'expression, c'est la politique qui, derrière elle, calcule, agit et tranche.

La rhétorique est universelle, les deux adversaires peuvent l'employer, qu'ils soient aussi incapables l'un que l'autre de justifier par elle une décision et la contre-preuve des limites intrinsèques à la « stratégie nucléaire » sera administrée.

Cette contre-preuve peut être tirée de la polémique qui oppose en août 1966 deux thèses portant sur la stratégie soviétique au Vietnam [1]. Les deux interlocuteurs (T.M. et N.O.) s'affirment d'accord sur la fin politique recherchée (mise en échec de l'intervention U.S. au Vietnam et ailleurs, « libération du Vietnam »). Les moyens stratégiques propres à réaliser cette politique sont l'enjeu du débat.

T.M. recommande une stratégie de « contre-escalade » fondée sur la menace de répliquer « coup sur coup » à toute ascension de l'effort de guerre U.S. [2]. Sinon l'Union Soviétique va vers la « capitulation », la référence aux « capitulations qui ont précédé et suivi les accords de

---

1. *Les Temps Modernes (T.M.)* : « Capitulation ou contre-escalade », éditorial du numéro d'août 1966.
 — Le *Nouvel-Observateur (N.O.)*, article de Jean Daniel, n° 91 (10-16-8-66).
 — Réponse des *Temps Modernes*, in le *Nouvel Observateur*, n° 92 (17-23 août 1966).
 — Commentaire du *Nouvel Observateur*, n° 92 et *Les Russes et le Viêt-Nam*, n° 93 (24-30 août 1966).
2. « L'incapacité à fixer cette limite et à menacer les Etats-Unis dès avant toute nouvelle phase de l'escalade, des « représailles graduées » d'une contre-escalade, est consternante et tragique. Aussi facile à doser que l'escalade américaine, la contre-escalade des puissances socialistes aurait la supériorité d'être légitime et efficace. A Formose, à Okinawa, en Thaïlande, aux Philippines, dans le golfe du Tonkin se trouvent les bases aéro-navales et les bâtiments de la VIIe flotte américaine. Il y a sept ans déjà, les artilleurs soviétiques montraient qu'ils savaient tirer au but à 10.000 kilomètres de distance » (*T.M.*, août 1966).

Munich » souligne le danger qu'il y a pour une politique « juste » de se refuser aux moyens stratégiques et à la résolution d'en user.

N.O. souligne l'autre risque, et balance le danger de la capitulation par celui de l'aventure : « sommes-nous convaincus que d'escalade en contre-escalade on ne débouchera pas sur un conflit nucléaire ? »[1]. Il propose aux Soviétiques — et leur suppose — une conduite plus indirecte : le renforcement de l'unité du « camp socialiste » et une discrète « manœuvre d'intimidation »[2].

Ayant à définir deux techniques de dissuasion (réelles ou possibles, ce qui importe peu ici où il faut saisir les catégories en elles-mêmes) T.M. et N.O. se donnent tous deux les concepts usuels des stratèges américains (représailles graduées, etc.). Les conduites qu'ils conseillent sont des échelons repérables sur le schéma de H. Kahn (T.M. : échelon 9, N.O. échelon 5). Les termes de leur opposition sont bien connus des stratèges nucléaires, l'un tient plus compte du risque d'holocauste (« colombe »), l'autre du risque de défaite sur le terrain, et par réaction en chaîne sur tous les terrains (« vautour »); l'un préfère la menace directe et explicite (tendance de H. Kahn), l'autre se réclame de l'efficacité du marchandage implicite (tendance de Schelling).

La parenté est plus profonde : les deux thèses, comme toutes celles de la stratégie nucléaire, sont à la fois opposées et complémentaires. Dans leurs calculs, tous deux acceptent le risque d'une guerre nucléaire, même N.O. (manœuvre d'intimidation par sous-marins atomiques[3]), et tous deux affirment vouloir le réduire, même T.M.[4]. Dans les

---

1. *N.O.*, n° 91.

2. « D'un autre côté, dans la discrétion et l'habileté, Kossyguine procédait à une manœuvre d'intimidation dont on a sous-estimé l'importance partout, sauf dans les milieux militaires des Etats-Unis. Tandis que les navires de l'OTAN se livraient aux habituelles manœuvres navales dans l'Océan Arctique, les Russes s'arrangeaient pour révéler par la présence nouvelle d'unités de l'amiral Gortchkov l'existence de sous-marins atomiques dont la force de frappe est comparable à celle des derniers modèles de la flotte des Etats-Unis. On peut considérer que c'est une coïncidence, mais notons néanmoins que c'est après cette manœuvre d'intimidation que le président Johnson a envisagé (pour la première fois) une « guerre très longue » au Viet-nam. Or rien n'est plus impopulaire aux Etats-Unis. L'homme de la rue approuve la guerre dans la mesure où on lui promet une victoire éclatante et rapide. M. Johnson le sait. Le risque d'impopularité qu'il prend indique un embarras nouveau. » *N.O.*, 24-30 août 1966 (Jean Daniel).

3. *N.O. :* « sous-marins atomiques dont la force de frappe — selon les Américains — est comparable à celle des derniers modèles de la flotte des Etats-Unis ». *T.M. :* « Il y a sept ans déjà les artilleurs soviétiques montraient qu'ils savaient tirer au but à 10.000 kilomètres de distance. »

4. « Le seul moyen d'éviter la guerre, c'est donc d'empêcher les Etats-Unis de faire un pas de plus » (« Réponse » des *T.M.*).

conduites préconisées il y a, pour les deux, un mélange d'explicite et d'implicite : N.O. entend dans « le dernier discours de Kossyguine » la possibilité d'une « menace subtile, mais nette, à l'adresse des Etats-Unis » (tout ne peut demeurer implicite); T.M. suppose que la menace de contre-escalade doit être un « avertissement formel » et que, proférée, elle sera crédible *avant* que d'être exécutée (la vérité de l'intention, avant l'acte qui la vérifie, sera elle aussi implicite en une relative mais nécessaire mesure).

Plus encore : aucune des manœuvres recommandées n'est en elle-même univoque et décisive. La menace explicite de contre-escalade est supposée placer l'adversaire au pied du mur : « L'Amérique ne peut passer outre à un avertissement soviétique; elle ne peut exercer contre l'U.R.S.S. de représailles; ou alors elle choisit sciemment la guerre mondiale [1]. » Ce « sciemment » est deux fois illusoire :

— Au niveau de l'effectuation de la menace : si les U.S. ne croient pas que la menace est réelle, et n'en tiennent pas compte, l'U.R.S.S. initiera la contre-escalade; mais elle n'a pas le pouvoir de placer son adversaire devant le « tout ou rien », celui-ci peut répliquer d'une façon tout aussi graduée, etc. Jamais l'un des deux n'aura « sciemment » inauguré la guerre nucléaire générale, au moins en un sens stratégique, mais cette dernière peut parfaitement « éclater ».

— Au niveau de la solution qu'apporte l'échange des menaces et des coups : si les adversaires se mettent d'accord pour négocier, rien ne dit que les uns ne pourraient pas se réclamer du risque suprême, partagé, pour réclamer — avec l'assentiment qu'on doit prévoir, même si on l'estime injustifié, d'une bonne partie de l'opinion — le partage « équitable » des enjeux i.e. la partition du Vietnam en deux zones d'influence [2].

Etant donnée l'équivoque inévitable de toute stratégie nucléaire, la contre-escalade soviétique elle-même pourrait signifier aussi la volonté de régler le problème « entre grandes », elle aurait pour but d'imposer à l'ami autant qu'à l'ennemi une solution de partage. A plus forte raison, une stratégie fondée sur des manœuvres implicites, ne peut-elle

1. Réponse des *T.M.*
2. Même si les Soviétiques « prenaient un tel risque (i.e. de contre-escalade), il n'en résulterait pas encore nécessairement une ascension aux extrêmes. Bien plutôt l'engagement des Soviétiques marquerait à la fois le point culminant de la crise et une étape vers son règlement. Le jour où les Russes seraient présents au Nord Vietnam autrement que par des armes, ils deviendraient les véritables interlocuteurs des Américains, comme ils l'ont été à Cuba, en 1962. » R. Aron, *Le Figaro*, 31 août 1966. On se rappellera que la crise de Cuba ne fut pas une victoire du « camp socialiste » et selon F. Castro plutôt une défaite.

pas non plus éviter l'équivoque. Toute opération qui prétend tirer son sens de l'escalade est duplice, on peut la considérer comme le dernier geste de qui veut sauver la face avant de capituler, ou la première manifestation d'une résolution à toute épreuve.

Les adjectifs définissant la contre-escalade comme un « avertissement *formel* » ou tel acte comme « menace subtile, mais *nette* » nous dupent. Ils ont une valeur toute introspective mais la stratégie nucléaire ne définit aucune manœuvre susceptible d'en faire entrer l'évidence dans une tête adverse.

T.M. et N.O., adoptant les principes de la stratégie nucléaire en ont retrouvé les débats indécidables par où elle se dévoile rhétorique :

1 — Même principe d'unification, stratégie mondiale et stratégie nucléaire sont synonymes, c'est un fait : « L'U.R.S.S. seule a la puissance stratégique pour empêcher les prochaines étapes de l'escalade » (T.M.) et c'est le fait fondamental qui déporte tout le débat sur le comportement du partenaire nucléaire (i.e. l'U.R.S.S.)

2 — Dans ce cadre, un calcul purement stratégique est cru possible : « C'est un fait que ce problème... peut se situer aujourd'hui dans la perspective sèchement stratégique du rapport de force » (N.O.). La référence prise de « Munich » insiste sur les nécessités d'un calcul juste de ce rapport stratégique (les analystes américains utilisent ce même exemple pour soutenir une idée identique).

Partant de ces deux suppositions tout débat tourne à vide dans quelque camp qu'il soit énoncé : les deux postulats s'excluent, définir une situation comme « nucléaire » interdit tout calcul stratégique autonome.

L'idée de juger une politique « objectivement », par son comportement stratégique se conçoit dans un univers clausewitzien où calcul stratégique et calcul politique peuvent être 1 — séparés 2 — traduits l'un en l'autre. Cela implique qu'il y ait, dans la montée aux extrêmes, un « cran d'arrêt » dont la considération offre à chaque adversaire l'occasion de calculer une stratégie propre qu'il imposera, si rationnelle, à l'autre. Transporter purement et simplement cette rationalité stratégique dans le cadre de la lutte à mort nucléaire, c'est croire qu'un camp peut imposer sa définition de l'escalade et à travers elle ses objectifs, illusion commune à T.M., N.O. et H. Kahn :

« La désescalade diffère également de l'escalade en ce sens qu'il y est plus difficile d'imposer une réponse appropriée. Il n'est pas vrai qu'il faille être deux pour se quereller... en revanche il faut être deux pour établir un accord... L'adversaire peut avoir une conception différente de l'escalade et comprendre assez bien les pressions exercées sur lui, mais, typiquement, afin de coordonner les mouvements de désescalade, en relachant la pression, les deux partis doivent avoir la même compréhension de ce qui se passe. » (D.E. 274.)

Toute notre analyse nous oblige à poser qu'il n'y a pas à ce point de vue de différence entre l'escalade et la désescalade; il faut être deux pour se quereller sans exploser et toute stratégie de l'échelle, pour être efficace, suppose préalablement que les deux partis ont « la même compréhension de ce qui se passe », cette compréhension étant politique. Précisons :

1 — Ou bien l'escalade est locale, en ce cas elle n'est en rien différente de l'ascension traditionnelle dans l'usage de la force; elle suppose que les adversaires nucléaires sont d'accord (et le demeurent) pour limiter le conflit; cet accord qui rend une escalade possible ne relève pas lui-même de cette escalade, il est d'un autre ordre (politique).

2 — Ou bien l'escalade est nucléaire, mais sa progression et ses limites ne dépendent pas d'un calcul stratégique, les adversaires escaladent, refusent d'escalader ou cessent d'escalader pour des raisons proprement politiques qui posent les mêmes problèmes de communication et de compréhension mutuelle que toute négociation, et en particulier que toute négociation de désescalade.

3 — Ou bien l'escalade n'est qu'une menace, mais cette menace n'a un poids précis que si les adversaires prévoient des possibilités d'échelonnement de la violence, c'est-à-dire des seuils qui valent (au moins implicitement) pour les deux adversaires; accord qui suppose lui aussi une compréhension égale à celle qui permet les négociations de désescalade.

Dans les trois cas on ne peut faire de la guerre et de la menace un usage réglé par un calcul spécifique, on ne peut donner à la politique un « instrument » qui ait des propriétés indépendantes, par conséquent on ne peut juger une politique à sa façon de manier l'instrument i. e. par des critères purement stratégiques : l'alternative « capitulation ou contre-escalade », indécidable stratégiquement, n'a de sens que politique.

La « capitulation » est en elle-même aussi équivoque que la « contre-escalade », elle peut signifier le recul ou bien le choix d'une autre méthode d'action [1]. Dans le cadre de la dissuasion on ne peut juger un adversaire à un seul acte stratégique (escalader ou non) ni à une ligne stratégique : il n'y a pas de définition purement stratégique d'une ligne stratégique — seule la lecture politique permet de déchiffrer la conduite des adversaires.

Le degré d'escalade que se permet un belligérant dépend de l'idée qu'il se fait de la cohésion du bloc auquel il s'oppose; c'est pour avoir pensé que l'attaque du Nord Vietnam n'était pas aussi « grave » aux yeux de l'U.R.S.S. que l'attaque de la Sibérie, de la Hongrie ou de Moscou, que les Etats-Unis ont opéré (« California principle » de Schelling). Le statut stratégique de Hanoï comme celui de Formose ou de Berlin dépend des rapports politiques intra- et inter-blocs [2].

Le « débat stratégique » représente une traduction nécessairement, et seulement, rhétorique de l'affrontement politique. La dissuasion est l'ensemble des formes d'indécision que les adversaires utilisent pour communiquer, lorsqu'ils se sont accordés pour faire du danger nucléaire et de sa manipulation le secret du destin mondial.

Reste à rendre compte de cet accord fondamental qui fait du problème nucléaire la clé de voûte de la politique internationale, i.e. le premier postulat commun à N.O., T.M. et aux analystes américains : la stratégie mondiale peut être unifiée et pensée seulement à titre de stratégie nucléaire.

Ce qu'on pose décisif pour toute stratégie n'est pas décisif dans la stratégie, qui devient au contraire indécidable. Ce n'est donc pas parce qu'elle permet de définir le vainqueur que l'arme nucléaire est au centre de tout.

Deux explications demeurent alors :

1 — négativement, étant donné le fait atomique aucune stratégie différente n'est plus concevable (ce qu'infirmera l'analyse de la théorie du « tigre de papier »);

---

1. « Pour l'instant, (les Russes) s'en tiennent à la ligne la plus conforme à leur intérêt : pas de grande guerre, soutien au Nord Vietnam, dénonciation du dogmatisme et de l'aventurisme chinois. » R. Aron, *Le Figaro*, 31 août 1966.

2. *T.M.* affirme, retrouvant le problème posé par Schelling, que le point central est de « montrer... que Kossyguine a plus droit d'affirmer : « Je suis un citoyen d'Hanoï » que Kennedy n'en eut jamais de proclamer : « Ich bin ein Berliner. » Mais une telle affirmation ne se soutient que politiquement et une « contre-escalade » ne la *traduit* pas instantanément, ni univoquement. C'est l'ensemble d'une ligne politique qui fait percevoir à l'adversaire la cohésion d'un bloc ou l'absence d'icelle. »

2 — positivement, l'idée d'ordre développée par la philosophie politique occidentale accomplie avec Hegel explicite le « bon sens » qui tient le raisonnement dissuasif pour la chose du monde la mieux partagée.

Derrière la stratégie dissuasive, la politique dissuasive des puissances nucléaires. Pourtant la guerre du Vietnam n'est pas la crise de Cuba ; derrière le heurt et la solidarité politiques des « frères ennemis » s'institue un rapport nouveau de la stratégie et de la politique : la « guerre prolongée ».

AUTOUR D'UNE PENSÉE
DE MAO TSÉ-TOUNG

On est pour ou contre — sauf à se laver les mains, Ponce-Pilate et Lady Macbeth passant pour montrer le péril du procédé.

Je ne m'excuserai pourtant pas de vouloir penser la pensée de Mao Tsé-toung, ni ne présenterai divers bulletins d'adhésion. Clausewitz déchiffrait la stratégie de Napoléon, son ennemi, aussi bien que celle du grand Frederic, Lénine et Foch admiraient Clausewitz ; Marx, Balzac. Ici, pas autrement qu'elle questionnait la doctrine hégélienne ou clausewitzienne de la guerre, l'interrogation porte sur des propositions de Mao Tsé-toung. Elle vise « l'architecture serrée de leur nécessité interne »[1].

Il faut supposer qu'une telle architecture existe, et peut être conçue. Qu'elle existe est une hypothèse de travail, l'analyse devra la vérifier

1. *De la Guerre*, préface.

dans les limites qu'elle se donne. Qu'elle puisse être conçue soulève un préalable de méthode : Mao Tsé-toung est chinois, se veut marxiste, s'affirme penseur et chef politique, les limites de mes connaissances, de mon esprit et de ce livre font que je ne situerai pas Mao Tsé-toung dans la langue et la culture chinoise, ni dans son rapport au « Capital » de Marx et aux trente et quelques volumes de l'œuvre de Lénine, pas plus que je n'examinerai les sinuosités de la ligne qu'il sut donner au parti communiste chinois. Reste la pensée.

Tour écrit implique référence au contexte culturel, historique et politique. Mais aucun ne se lit à partir du contexte seul, un texte théorique moins que tout autre, qui se construit sur la prétention à une cohérence interne directement offerte au lecteur. Après être né d'une culture, avant son utilisation dans la réalité, il existe en lui-même, telle son architecture se donne à un œil étranger. A charge pour celui-là de suivre les perspectives culturelles et pratiques s'esquissant dans l'objet qui fixe son regard. Il y a une différence entre l'incohérence et la cohérence, qui juge tout corps théorique, compte non tenu de ses origines et applications. Une pensée n'est pas nécessairement faite de pièces et de morceaux disparates « cimentés » par des intentions pratiques particulières[1]. Soit à définir la cohérence — ou son absence — propre aux écrits théoriques de Mao Tsé-toung.

Par quel point toucher cette hypothétique cohérence ? Si Mao est chinois, c'est dans le cadre d'une « révolution culturelle » contre des traditions millénaires commencée au début du siècle, dans celui

1. Contra : Stuart R. Schram, la *Révolution permanente en Chine.* « Ce problème des origines marxistes ou chinoises — du caractère dialectique très accusé de la pensée de Mao Ze-dong — est d'un incontestable intérêt. Il est à souhaiter que des personnes, ayant une connaissance approfondie et du marxisme et de la pensée chinoise, s'y penchent attentivement. Mais, même la comparaison la plus minutieuse des écrits de Mao avec ceux d'Engels ou de Laozi ne jetterait qu'une lumière assez limitée sur le *sens* de la théorie de la révolution permanente. Certes, dans la mesure où nos constructions intellectuelles ne sont pas des créations *ex nihilo*, mais sont faites plutôt d'un assemblage d'éléments préfabriqués provenant des traditions intellectuelles auxquelles nous avons été exposés, cimentés ensemble à l'aide de quelques idées originales, la nature des éléments ainsi assimilés peut influer non seulement sur la forme mais aussi sur le fond de la pensée. Il n'empêche que la signification d'une idéologie politique est déterminée avant tout par les besoins sociaux et les buts politiques auxquels elle répond » (p. xxx, Mouton, 1963). Mon hypothèse de méthode est exactement inverse qui fonde l'unité d'un écrit théorique sur son « architecture serrée » et non sur le « ciment » de « quelques idées originales » et de « besoins sociaux » (dont le choix est laissé à l'arbitraire du commentateur). Toute pensée bricole à l'aide d'éléments préexistants mais une différence existe entre la pratique du maçon et celle de l'architecte.

des révoltes paysannes qui bouleversèrent souvent l'empire du Milieu avant de s'amplifier contre les puissances étrangères dès le XIXe siècle. Mao est marxiste aussi, dans la mesure où l'on reconnaît comme telles les leçons qu'il a tirées de l'application du marxisme à une situation proprement chinoise. Le marxisme n'a pas seulement introduit en Extrême Orient une méthode révolutionnaire mais aussi bien une série de problèmes conceptuels qui, non résolus, contribuèrent aux sanglants échecs de la révolution communiste chinoise jusqu'en 1935.

La stratégie qui donna le pouvoir au P.C.C. fut celle de « l'encerclement des villes par les campagnes ». Les deux lignes s'affrontant autour de 1927 au sein de l'Internationale Communiste furent aussi aveugles l'une que l'autre à une telle possibilité. En désaccord complet quand il s'agit d'estimer les situations concrètes, les rapports de force du moment et les tactiques requises, Staline et Trotsky utilisent les mêmes catégories, tous deux prônent à des occasions diverses l'abandon de la lutte armée (intégration du P.C.C. au Kuomintang ou étape « parlementaire »)[1], tous deux affirment que la lutte décisive aura lieu dans les villes[2]. Plus encore que la fascination qu'exerce le modèle des révolutions russes de 1905 et 1917, il faut reconnaître ici la difficulté qu'il y avait de penser une « révolution prolétarienne » qui ne fut pas déterminée par un prolétariat prenant le pouvoir dans les villes, l'alliance avec la paysannerie si indispensable qu'elle apparut, n'étant que la nécessaire force d'appoint. Mesurant tout à la force réelle, physique, du prolétariat, si on l'estime capable de prendre le pouvoir dans les villes on tentera le coup de force, sinon il faudra préconiser une forme ou une autre d'alliance avec certaines fractions dirigeantes de la bourgeoisie.

Derrière les problèmes tactiques qu'ils devaient trancher, les dirigeants chinois rencontrèrent des problèmes « de principe » : qu'est-ce

1. Cf. « La question chinoise dans l'Internationale Communiste », E.D.I., Paris (1965). Pour Staline, p. 266; pour Trotsky : « Il est fort possible que la Chine ait à traverser une phase relativement prolongée de parlementarisme... », p. 144 et 348.

2. *Ibid* pour Staline : « On ne peut constituer des Soviets dans les campagnes sans le faire dans les centres industriels de la Chine », p. 25; pour Trotsky : « *Seule l'hégémonie du prolétariat dans les centres politiques et industriels décisifs du pays crée* les conditions indispensables, aussi bien pour l'établissement de l'armée rouge que pour l'établissement du système soviétique dans les campagnes. Pour celui qui ne comprend pas cela, la révolution reste un livre fermé » (souligné dans le texte, p. 344, cf. aussi p. 345). « Pour lui (Trotsky), le fait que dans toute lutte de classe moderne la suprématie appartient nécessairement aux villes demeurait un axiome, et l'idée d'un mouvement insurgé venu de l'extérieur et s'emparant des villes lui semblait irréelle et rétrograde. » Isaac Deutscher, *Trotsky*, T. III, p. 571 et 564-565.

qu'une classe ? Comment fonctionne la lutte de classe ? les « positions du prolétariat » peuvent-elles être légitimement occupées par une armée paysanne et des dirigeants marxistes, tandis que le prolétariat concret, plus ou moins coupé de son « avant-garde », est neutralisé ? « Tous les discours sur l'encerclement de la ville par la campagne ou sur la prise des cités par l'armée rouge sont pur non-sens » déclarait en 1930 le chef du P.C.C. Li Li-San [1]. Le non-sens est pour lui essentiellement théorique : le rôle des individus dans l'histoire, la distinction entre classe et conscience de classe, l'économisme, le déterminisme — tous les concepts discutés à l'intérieur et autour du marxisme dans les chaires d'université, les journaux et les tribunes d'Occident se sont donné rendez-vous dans l'Asie des années 30. Si la Chine doit au marxisme sa révolution, elle fut d'abord le dépotoir de tous les problèmes qu'il n'avait pas su résoudre.

C'est dans le cadre d'une tradition marxiste bien assise — dont il ne m'appartient pas de juger ici l'orthodoxie — que l'armée rouge paysanne passa pour « refléter la psychologie de la racaille » (« lumpen proletariat ») [2]. Du même point de vue, on contesta la qualification de « parti du prolétariat » que réclame en 1949 le P.C.C. partiellement séparé des villes pendant vingt ans : c'est « une fiction formaliste » qui « ne reflète aucune réalité politique et sociale mais plutôt la mystique rationalisatrice du mouvement communiste » [3]. Ce type d'objections manipule un certain nombre de « lieux » qui paraissaient communs à la plupart des marxistes (ici : la conscience « reflet » de « forces réelles »); la cohérence de la pensée de Mao Tsé-toung ne peut donc être comprise comme la simple application des principes généraux du marxisme aux particularités de la situation chinoise; dès le départ, elle pose des problèmes non seulement tactiques, mais théoriques, elle doit repenser les principes dont elle se réclame.

La pensée de Mao Tsé-toung est bien chinoise — en révolutionnant la culture et les traditions de la Chine, elle est aussi marxiste en

1. « La méthode de Li Li-San, qui mettait l'accent sur l'agitation, visait seulement à préparer les paysans, pour qu'ils acceptent le signal de l'action — non à le donner, car le signal devait être donné par le prolétariat urbain. Le modèle de la révolution auquel Li se conformait était le modèle classique français et russe, la théorie qui le soutenait était le marxisme orthodoxe; par contre, le modèle préconisé par Mao était celui de la guerre paysanne classique en Chine, son fondement théorique était un marxisme adapté au contexte chinois... » Jerome Ch'ên, *Mao and the Chinese Revolution* (Oxford Univ. Press, 1965), p. 152.

2. 6ᵉ Congrès du P.C.C. cité in Harold S. Isaacs, *The Tragedy of the Chinese Revolution*, Atheneum, 1966, p. 328 sq.

3. Isaacs, ouv. cité, p. 308.

révoltant, dès l'origine, bon nombre de marxistes. Autant la saisir en elle-même, plutôt que vouloir la déduire d'origines qu'elle a, mais où elle a fait son choix.

L'originalité que personne ne refuse à Mao : sa stratégie, il a su l'employer pratiquement, la formuler théoriquement et la placer au premier rang (la guerre est devenue « le centre de gravité du travail du parti »)[1]. Les commentateurs les plus hostiles l'accordent[2]. C'est la meilleure entrée aussi en une pensée qui ne laisse pas d'être difficile; pour Mao comme pour Clausewitz, la stratégie est objective, elle impose ses lois à deux adversaires intelligents qui n'ont pas besoin de s'accorder philosophiquement pour se mesurer à la même vérité, dans un livre ou sur un champ de bataille.

Le problème stratégique de la révolution chinoise fut résolu par « la guerre prolongée » — mais il fallut parallèlement démontrer que la solution pratique était une solution théorique, qu'une révolution paysanne conduite par des cadres communistes était concevable en termes marxistes. La stratégie devient alors le modèle — et le cas particulier — d'une théorie universelle de la lutte qui vaut pour l'art militaire aussi bien que pour le domaine social, politique ou idéologique. Mao Tsé-toung a justifié sa stratégie par sa théorie de la contradiction et il a illustré la seconde par la première. Pour interroger la cohérence de sa pensée, il ne suffit pas d'analyser sa stratégie (I), il faut en examiner la généralisation et la situation dans une doctrine de la contradiction ou de la lutte universelle (II). Cette dernière se soutient à son tour d'une théorie de la vérité ou du langage (III).

Ainsi le cercle se boucle. Mao Tsé-toung fonde sur le privilège de la défense — devenu celui de la « guerre du peuple » — une stratégie clausewitzienne généralisée; l'élevant à la hauteur d'une doctrine de

---

1. Mao Tsé-toung, *Œuvres choisies* (Ed. Sociales). Nous nommons Mao Tsé-toung le sujet qui signe les œuvres publiées sous ce nom, « pensée de Mao Tsé-toung » le contenu de ces mêmes œuvres. La part prise par différents dirigeants à l'élaboration de cette stratégie n'intéresse pas ici, pas plus que celle prise par Gneisenau, etc. à la genèse de « De la guerre » ne nous a retenu. Il faut d'abord tenter de saisir « l'architecture » sous sa forme achevée, dans sa cohérence « interne ».

2. Ainsi Arthur A. Cohen qui déclare que la dialectique de Mao est « au-dessous du niveau de Marx, Engels et Lénine », que la discussion sur la contradiction « en tant que philosophie a un côté plutôt douteux », reconnaît pourtant : « L'idée maoiste de base rurale est une contribution à la stratégie marxiste léniniste de la révolution. Elle est unique dans la littérature communiste » (*The Communism of Mao Tse-toung*, Phoenix Books, 1964, p. 21, 22, 27, 53).

la lutte universelle, il rencontre, à travers Lénine, Hegel. La pensée de Mao Tsé-toung, comme la dissuasion, tente de définir une stratégie de la lutte à mort. Les sources sont communes, les conséquences inverses qui tiennent l'arme nucléaire l'une comme prémisse d'un ordre universel, l'autre comme universelle illusion, tigre de papier.

La formule date de 1946 : « La bombe atomique est un tigre en papier dont les réactionnaires américains se servent pour effrayer les gens. Elle a l'air terrible, mais en fait, elle ne l'est pas. Bien sûr la bombe atomique est une arme qui peut faire d'immenses massacres, mais c'est le peuple qui décide de l'issue d'une guerre, et non une ou deux armes nouvelles [1]. » La bombe est située par rapport à trois types de distinctions : 1º stratégie (décisif/non décisif) : le facteur « décisif » n'est pas l'arme terrible — mais le peuple; 2º philosophie (apparence/vérité) : l'arme « a l'air » terrible — seulement « l'air »; 3º politique (réactionnaire/peuple) : ce sont des « réactionnaires » qui l'utilisent pour inspirer la terreur, non un peuple (« les réactionnaires se servent de cette « force » des Etats-Unis pour effrayer le peuple chinois. Mais... aux Etats-Unis, ce sont d'autres qui détiennent la force véritable : le peuple américain ») [2]. La formule est claire, elle peut-être entendue immédiatement et utilisée dans ce que les occidentaux nomment « propagande » et les communistes « travail idéologique dans les masses ». Elle condense aussi, dans les notions de « décision », de « peuple » et de « vérité », les conclusions essentielles du corps doctrinal intitulé « la pensée de Mao Tsé-toung »; elle n'est pas *seulement* une formule de propagande.

Réaffirmée, une dizaine d'années plus tard, après maintes discussions au sein de l'état-major de l'armée chinoise et entre les partis soviétique et chinois. Les observateurs américains remarquent : ni l'ignorance des effets de la bombe, ni un bellicisme supposé inconscient ne sauraient expliquer une telle insistance dans la répétition. L'évaluation chinoise des effets d'une guerre atomique ne se distingue pas de celle que font les soviétiques à la même époque, et, pourrait-on ajouter, de celle qu'établit H. Kahn aux Etats-Unis [3]. En ce qui

1. Entretien avec Anna Louise Strong (août 1946), Version des *Œuvres choisies* (Ed. de Pékin, 1962, T. IV), p. 101.
2. *Ibid.*
3. Les discussions au sujet des conséquences d'une guerre nucléaire ont eu lieu vers 1955 au sein de l'état-major chinois (A. Langley Hsieh, *Communist China's Strategy in the nuclear era*, Spectrum/Book, 1962, p. 45).

concerne la probabilité des guerres, la non fatalité de la guerre nucléaire et l'inévitabilité de guerres limitées, les pronostics chinois ne semblent pas différents des calculs soviétiques ou américains [1]. La thèse du « tigre en papier » n'est pas fondée sur la méconnaissance de données objectives, militaires et techniques, elle prescrit une attitude différente en tenant compte des mêmes faits que les soviétiques et les occidentaux.

Les analystes américains expliquent ce comportement original en opposant la conduite verbale et la conduite réelle des Chinois. Le mépris « stratégique » — à long terme — du tigre en papier ne serait qu'un « artifice psychologique » destiné à la propagande [2]. En fait les Chinois « tiennent compte tactiquement » de la puissance américaine, leur conduite prudente (Quemoy en 1958) montrerait que derrière leurs incartades verbales, le raisonnement dissuasif lesg ouverne en silence. Il suffirait donc de faire la différence entre la réalité et la fiction pour découvrir que le thème du « tigre en papier » n'est qu'une mystification à usage essentiellement interne, dont les dirigeants chinois eux-mêmes ne sont pas dupes [3].

Deux points semblent immédiatement mettre en difficulté une telle interprétation. Un fait : si le raisonnement dissuasif gouverne la conduite effective des Chinois on s'explique mal pourquoi ils ont 1° radicalisé, 2° publié leur rupture idéologique et politique avec l'Union Soviétique, se privant ainsi du « parapluie nucléaire » russe :

1. « Contrairement à une opinion propagée par l'Union Soviétique et certaines personnalités officielles d'Occident, les Chinois ne croient pas que la guerre nucléaire soit inévitable. Là où ils se distinguent des Soviétiques, c'est sur la question de la façon dont une guerre nucléaire peut se déclencher, et la manière de contrecarrer ce déclenchement. » M. H. Halperin : China and Nuclear proliferation, *Bulletin of the Atomic Scientists*, novembre 1966. Même remarque in *Soviet and Chinese communist power in the World today*, Basic Books, 1966, G. E. Taylor, p. 72.

2. Cohen, ouv. cité : « artifice psychologique » (p. 61), « dialectique malhonnête » (p. 65), « platitude » (p. 67), « bluff » (p. 69).

3. « En d'autres mots, la pratique chinoise — prudence et rationalité dans l'usage de moyens militaires, conscience de leur dépendance à l'égard de l'Union Soviétique — s'oppose fortement au bellicisme verbal des Chinois, à leur sous-estimation, en public, des conséquences des méthodes de la guerre nucléaire, à leur persistance à décrire les Etats-Unis comme un « tigre en papier » devant être stratégiquement méprisé. Ce paradoxe semble montrer clairement que les Chinois croient que toute discussion sur les conséquences de la guerre nucléaire a un effet démoralisateur sur les peuples du camp socialiste et favorise les Etats-Unis. C'est pourquoi ces thèmes fournissent aux Chinois les moyens de soutenir le moral à l'intérieur. » Alice Langley Hsieh, *Communist China and Nuclear force*, rapport pour la Rand Corporation (mars 1963, p. 17-18).

les stratèges américains ne croient plus que l'Union Soviétique riposterait à une attaque nucléaire limitée de la Chine par les Etats-Unis.
Dans le cadre de la dissuasion la conduite effective des Chinois n'est
pas prudente, elle touche à l'imprudence extrême. Un étonnement :
il serait étrange qu'à propos de l'arme nucléaire seule, la théorie
explicite divorce absolument avec la pratique effective, alors qu'en
général l'accord entre les deux est plus-prononcé, comme il est facile
de le remarquer au sujet de la « Révolution Culturelle » : « Les observateurs occidentaux de la Chine communiste tendent à déprécier la
théorie, comme si elle n'était qu'attrape-l'œil, et certains spécialistes
universitaires même sont tellement fascinés par le drame d'une lutte
pour le pouvoir qu'ils négligent le rôle central que joue la théorie
dans la Révolution Culturelle... Pour la direction communiste chinoise, la théorie est aussi importante que la pratique en vue de façon-
ner une société communiste [1]. »

Ce ne sont là que deux indices pour suggérer que la « prudence »
de la conduite chinoise n'est pas gouvernée par le raisonnement
dissuasif. Par quoi d'autre alors ? La dissuasion n'est pas une doctrine fondée uniquement sur les caractères techniques des armes
nouvelles, elle naît de la philosophie politique occidentale en nouant
dans la fonction centrale de la terreur une stratégie, une doctrine
de la lutte politique et une idée de la vérité. Pour explorer la théorie
chinoise qui se condense dans le thème du tigre en papier, il faut
interroger dans ces trois domaines la cohérence de la pensée de Mao
Tsé-toung.

---

1. Henry G. Schwarz, *The great proletarian cultural revolution, Orbis*, Fall, 1966,
p. 817.

I. – LA STRATÉGIE

La guerre est doublement importante, 1º par la place qu'elle occupe dans la réalité : « forme suprême de lutte pour résoudre, à une étape donnée de leur développement, les contradictions entre classes, entre nations, entre états ou groupes politiques »[1]; 2º par son intelligibilité, les forces ne s'y affrontant pas aveuglément, il y a une intelligence de la guerre qui fournira à la théorie de la lutte (contradiction) en général des exemples précieux.

Décision suprême et modèle de décision, la guerre pensée par Mao Tsé-toung permet une première approche de l'idée de tigre de papier, soit du caractère *non décisif* de l'arme nucléaire.

---

1. Problèmes stratégiques de la guerre révolutionnaire en Chine (1936), in *Ecrits militaires de Mao-Tsé-toung*, Pékin, 1964, p. 83.

1. *Les « lois » de la guerre.*

Insistant, entre 1930 et 1950, sur l'importance de la guerre pour le P.C.C., Mao Tsé-toung s'appuie souvent sur une citation de Staline, toujours la même : « En Chine, la révolution armée lutte contre la contre-révolution armée. C'est là l'une des particularités et l'un des avantages de la révolution chinoise [1]. » Contraste remarquable, jamais Mao ne se réfère à la doctrine stalinienne des « facteurs permanents » qui « déterminent » toute guerre (solidarité de l'arrière, moral de l'armée, quantité et qualité des divisions, armement, capacité des chefs); on ne trouve pas trace de ces truismes qui ont fait le fond de la doctrine militaire soviétique jusqu'en 1954 [2]. C'est l'indice d'un désaccord profond, le cadre dans lequel pensent les stratèges soviétiques n'est pas celui de Mao Tsé-toung.

Avant même que Staline ne s'assure l'exclusivité de la réflexion, les spécialistes militaires soviétiques ont remis en cause la doctrine clausewitzienne du privilège de la défense, « l'offensive elle-même a été élevée au rang de doctrine militaire dominante, tandis que la stratégie soviétique a une assez médiocre opinion de la défense » [3]. Au contraire, la doctrine chinoise de la « guerre prolongée » reprend à son compte l'affirmation double de la différence offensive/défensive comme suprême, du privilège de la défense comme déterminant : « Aussi la défensive stratégique est-elle le problème le plus complexe et le plus important qui se pose à l'armée rouge au cours de ses opérations [4]. »

Cette rencontre n'est pas le fait du hasard; Mao, comme Clausewitz, fait spontanément la différence entre jeux contre la « nature » et jeux stratégiques (contre l' « autre ») et la référence vient naturellement sous sa plume [5]. Il énumère certes les « facteurs » qui peuvent

1. *Œuvre choisies de Mao Tsé-toung*, Ed. Sociales, 1956, T. III, p. 66, 101, etc.
2. A partir du moment où Staline exerce directement son pouvoir sur l'armée et élimine l'Etat-major de l'armée rouge. Cf. H. S. Dinerstein, *War and the Soviet Union*, Praeger Paperbacks, 1962, p. 6, 34, etc.
3. Berthold C. Friedl, *Fondements théoriques de la guerre et de la paix en U.R.S.S.*, Ed. Médicis (Paris, 1945), p. 116 et : Clausewitz « reconnaissait que l'offensive était la forme de la guerre qui emportait la décision, et pourtant il insistait sur le fait que c'était la forme la plus faible. Sur ce point il s'oppose aux spécialistes soviétiques qui lui reprochent de n'avoir pas su saisir l'essence de l'évolution sociale et ses conséquences », p. 115.
4. *Problèmes Stratégiques*, ouv. cité p. 113.
5. *Problèmes Stratégiques*, p. 198 : « Ainsi ces deux types d'encerclement naturel rappellent le jeu de Weiki : les campagnes et les combats que l'ennemi mène contre nous et que nous menons contre l'ennemi ressemblent à la prise des pions, et les points d'appui de l'ennemi et nos bases de partisans ressemblent aux « fenêtres » sur l'échiquier. »

décider du sort de la guerre, les forces morales et matérielles — mais là ne se limite pas son idée des « lois » de la guerre : il ne détermine les poids respectifs de ces facteurs qu'à les évaluer dans le croisement des stratégies adverses les plus efficaces : « A cette question : « Pourquoi une guerre prolongée » ? on ne peut donner une réponse correcte qu'en se référant à tous les contrastes fondamentaux entre l'ennemi et nous [1]. » Mao se distingue de Staline comme Clausewitz de Jomini, son concept de guerre prend pour thème l' « action réciproque » des adversaires.

Dès le départ est ainsi évité le moment intellectuel où le « déterminisme historique » marxiste frôle le fatalisme, une bataille se gagne *ou* se perd, une guerre et une révolution aussi, les facteurs qu'articule la stratégie « déterminent le caractère prolongé de cette guerre, et la possibilité que celle-ci aboutisse à la défaite, si elle n'est pas menée correctement » [2]. D'où, réciproquement, la fonction essentielle accordée à « ceux qui dirigent la guerre » et à « leur activité consciente » (i.e. leur stratégie) : « La scène où se déroulent leurs activités est bâtie sur ce qui est permis par les conditions objectives, mais ils peuvent, sur cette scène, conduire des actions magnifiques, d'une grandeur épique [3]. » Il n'y a pas là culte du chef et volontarisme, mais apologie de l' « activité consciente » qui sait « dominer tout le cours de la guerre » : « Les chefs militaires, nageant dans l'immense océan de la guerre, doivent non seulement se garder de se noyer, mais encore être capables d'atteindre sûrement le rivage opposé à brasses mesurées [4]. » Clausewitz déjà prenait pour référence l'esprit guerrier « qui se meut dans la guerre comme le poisson dans l'eau » [5].

---

1. *De la guerre prolongée* (1938), *Ecrits militaires*, p. 237-238 : « Car la longue durée de la guerre ne découle ni en théorie ni en pratique de cette seule circonstance que le faible s'oppose au fort. Elle ne découle pas non plus du seul fait que l'un des pays est grand et l'autre petit, que l'un est progressiste et l'autre rétrograde, ou que l'un bénéficie d'un large soutien international et l'autre non. Il arrive souvent que le grand engloutisse le petit ou, au contraire, que le petit engloutisse le grand. Pour les Etats comme pour les choses, il n'est pas rare que ce qui est progressiste mais faible soit anéanti par ce qui est rétrograde mais plus fort. L'ampleur de l'aide extérieure est un facteur important, mais secondaire, dont la portée dépend des particularités fondamentales des parties belligérantes. Aussi notre conclusion, selon laquelle la guerre de résistance sera longue, repose-t-elle sur l'appréciation, dans leur action réciproque, de toutes les particularités qui caractérisent aussi bien l'ennemi que notre pays. »
2. *Problèmes Stratégiques*, p. 106.
3. *De la guerre prolongée*, p. 259.
4. *Ibid.*
5. Clausewitz, *De la Guerre*, p. 229.

La référence au chef de guerre n'introduit pas un élément contingent dans le mécanisme impersonnel des « lois de la guerre » — ces lois sont celles que sait tramer le calcul raisonné d'un chef conscient qui maintient en lui-même « l'appareil mental de sa science toute entière »[1]. Les lois de la guerre, ce que la théorie des jeux nomme « matrice », naissent à la rencontre de deux calculs stratégiques : « la stratégie et la tactique, en tant que lois de la conduite de la guerre sont l'art de savoir nager dans l'océan de la guerre »[2].

La guerre prolongée mène à la victoire — si elle est bien conduite; cette nécessité tient à l'avantage clausewitzien de la défense, lorsqu'il est exploité à fond.

2. *L'objectivité du calcul stratégique.*

Les lois de la conduite de la guerre sont objectives, elles s'imposent aux deux adversaires, gagnera celui qui saura et pourra le mieux les utiliser. Chaque adversaire éduque l'autre, les communistes doivent « apprendre auprès de Tchang Kaï-chek »[3]. Réciproquement Mao Tsé-toung se propose d'enseigner à son concurrent les règles de la stratégie victorieuse : *De la guerre prolongée*, le manuel le plus précis de sa stratégie est aussi bien destiné aux armées de la « Chine nationaliste » pour leur apprendre à gagner la guerre contre le Japon[4]. Mao Tsé-toung, qui n'acceptera jamais, après la défaite niponne, de remettre ses armes à Tchang Kaï-chek, lui a pourtant confié les principes fondamentaux de sa stratégie. L'esprit des « jeux » stratégiques ne saurait mieux être respecté, qui veut que la connaissance des règles par les deux adversaires ne modifie pas la rationalité du jeu, la nécessité de la victoire ou de la défaite définie dans la « matrice » pour tout joueur sachant jouer.

L'ironie de Mao rejoint celle de Clausewitz, les principes de la « guerre prolongée » sont certes compréhensibles pour tout stratège,

1. *Ibid.*, p. 142.
2. Mao Tsé-toung, *ibid.*, p. 259.
3. *Œuvres choisies* (Ed. Sociales), T. II, p. 260 : « Durant les dix dernières années, Tchiang Kaï-chek n'a pas cessé de lutter contre la révolution... « Qui a l'armée a le pouvoir », « la guerre décide de tout », ces vérités, il se les est parfaitement assimilées. De ce point de vue, nous devons apprendre de lui. De ce point de vue, Soun Yat Sen aussi bien que Tchiang Kaï-chek sont nos maîtres. »
4. *Ibid.*, p. 53 : James Bertram lui demandant si les principes qui règlent la conduite de la 8ᵉ armée (ex armée rouge) peuvent être adoptés par les autres troupes chinoises, Mao répond « ils peuvent être adoptés entièrement » (1937).

mais si les généraux nationalistes les appliquaient, ils transformeraient leurs forces en armées populaires et politisées. Une stratégie peut être intelligible pour tous sans être utilisable par tous. Lorsque Mao cite Soutse : « Connais ton adversaire et connais-toi toi-même, et tu pourras sans risque livrer cent batailles »[1], il signifie qu'il existe une intelligence stratégique qui pense les adversaires sous le même point de vue, même s'ils sont politiquement différents d'une façon irréductible : la guerre impose à tous les combattants la contrainte de ses « caractères spécifiques »[2].

Le rapport guerre-politique est identique chez Clausewitz et chez Mao; la guerre ne peut être concrètement séparée « une seule minute » de la politique[3], toute guerre est politique et pourtant on peut *penser* séparément la guerre en elle-même, dans ses caractères spécifiques. La guerre est toute entière conçue à partir de son but propre : « Les règles de l'action militaire découlent toutes d'un seul principe fondamental : s'efforcer de conserver ses forces et d'anéantir celles de l'ennemi. » Le Ziel clausewitzien (dans sa double signification, désarmer/ne pas être désarmé) gouverne tout l'acte de guerre[4].

Mao prend soin de distinguer ce « principe fondamental » stratégique et le « principe politique fondamental de la guerre » (= Zweck). Dans une guerre révolutionnaire, l'un est « directement lié » à l'autre[5], le calcul stratégique qui gouverne la « guerre prolongée » eu égard aux

1. Mao Tsé-toung, *Quatre essais philosophiques*, éd. de Pékin, 1966, p. 46.
2. *De la guerre prolongée* : « Les caractères spécifiques de la guerre donnent naissance à un ensemble d'organismes spécifiques, à une série de méthodes spécifiques et à un processus particulier propre à la guerre. Les organismes de la guerre sont l'armée et tout ce qui s'y rapporte. Les méthodes sont la stratégie et la tactique qui servent à diriger les opérations militaires. Le processus est la forme spécifique d'activité sociale dans laquelle chacune des parties belligérantes attaque ou se défend en appliquant une stratégie et une tactique avantageuses pour elle-même et désavantageuses pour l'adversaire. C'est pourquoi l'expérience de la guerre est une expérience spécifique », p. 261. Les théoriciens pourront repérer dans la description de ce « processus » leur propre définition d'une stratégie « rationnelle ».
3. *Ibid.*, p. 260 : « En un mot, il n'est pas possible de séparer une seule minute la guerre de la politique. »
4. *Problèmes stratégiques*, p. 173 et *De la guerre prolongée* : « La conservation de ses propres forces et l'anéantissement des forces de l'ennemi en tant que buts de la guerre constituent l'essence même de la guerre et le fondement de tout acte de guerre. Cette essence de la guerre en pénètre toutes les activités, depuis les procédés techniques jusqu'à la stratégie... Ainsi, aucun principe, aucune action d'ordre technique, tactique, opérationnel ou stratégique ne peut en quoi que ce soit s'écarter des buts de la guerre, et ceux-ci régissent la guerre dans son ensemble et en orientent le cours du début à la fin », p. 264-265.
5. *Problèmes stratégiques*, p. 173-174.

« caractères spécifiques » de la guerre en général est l'*équivalent* (au sens que Vom Kriege a su donner au mot)[1] du calcul politique révolutionnaire : deux calculs autonomes (« spécifiques »), la stratégie définira la rationalité du premier et le point (« centre de gravité ») où les deux se rencontrent.

Sur ce fondement théorique, commun à la stratégie classique et à la théorie des jeux, Mao Tsé-toung construit son concept de guerre, instrument stratégique de sa volonté révolutionnaire.

3. *Décision : l'ascension aux extrêmes.*

« Personne n'échappe au destin » remarque Mao Tsé-toung en désignant l'engrenage classique de la montée aux extrêmes qui entraîne Chine et Japon dans une « lutte à mort »[2]. A l'horizon de tout calcul stratégique, le tout ou rien de la décision des batailles définit l'ampleur du règlement de compte : « tous les problèmes au sujet desquels s'affrontent deux armées trouvent leur solution sur le champ de bataille, et le destin de la Chine, son existence ou sa perte, dépend de l'issue de la guerre »[3].

Il y a un mécanisme de l'exaspération de l'affrontement, celui-là même que décrit le début de Vom Kriege. Il joue au niveau des capacités adverses : « Si la Chine n'opposait pas de résistance, le Japon occuperait facilement tout le pays sans tirer un coup de feu; la perte des quatre provinces du Nord-Est en est la preuve. Du moment que la Chine oppose de la résistance, le Japon essaiera d'écraser cette résistance jusqu'à ce qu'elle devienne trop forte pour qu'il puisse encore la surmonter; c'est là une loi inexorable[4]. » La méfiance stratégique multiplie l'hostilité des intentions : « Devant une bête fauve, il faut se garder de la moindre timidité. L'histoire de Wou Soung sur la colline de Kingyang doit nous servir d'exemple. Aux yeux de Wou Soung, le tigre de la colline de Kingyang était un mangeur d'hommes, qu'on le provoquât ou non. Ou bien tuer le tigre, ou bien se laisser manger par lui, c'était tout l'un ou tout l'autre[5]. » Le heurt des capacités et des motivations se grossit encore de la concurrence opérationnelle : « L'ennemi, comme nous-même, s'efforce de conqué-

1. Ci-dessus p. 45.
2. *De la guerre prolongée*, p. 223, 232.
3. *Problèmes de la guerre et de la stratégie, Ecrits militaires*, p. 323-324.
4. *De la guerre prolongée*, p. 295.
5. *Œuvres*, éd. de Pékin, T. IV, p. 434.

366

rir la supériorité et l'initiative... La guerre est une compétition portant sur la capacité subjective du commandement de chacune des deux armées en présence à créer la supériorité des forces et à acquérir l'initiative [1]. » La guerre se laisse penser comme jeu à somme nulle (zero sum game) à partir de sa « forme absolue », la rivalité extrême.

Cet extrémisme stratégique ne provient pas de la malveillance des intentions partisanes ou de la fièvre des passions humaines, c'est la nécessité logique du but de toute stratégie qui l'impose : « l'anéantissement des forces de l'ennemi est le but principal, et la conservation de ses propres forces le but secondaire, car on ne peut assurer efficacement la conservation de ses forces qu'en anéantissant massivement les forces de l'ennemi » [2]. Même la guerre dite d'usure poursuit ce but : « on peut appeler tactique de « harassement » cette méthode qui consiste à user l'ennemi jusqu'à l'épuisement total pour l'anéantir ensuite » [3]. Jadis les guerres pouvaient pour des raisons extérieures, sociales, ne pas suivre cette logique jusqu'au bout, mais cette époque se termine, en Europe avec la révolution française, en Asie un siècle et demi plus tard : « La guerre sino-japonaise n'est pas une guerre quelconque, c'est une guerre à mort entre la Chine semi-coloniale et semi-féodale et le Japon impérialiste, et elle se déroule dans les années 30 du XXe siècle [4]. » La guerre est un conflit « tranché dans le sang » (Clausewitz), toutes les barrières inconscientes qui en interrompent la logique absolue ont sauté, toutes les limites qu'on voudra lui donner désormais devront être pensées, comme rapports de force, dans l'horizon de ce conflit extrême : « La guerre est une politique sanglante, pour laquelle il faut payer, et souvent très cher [5]. »

Le rapport guerre-politique ne se laisse pas réduire à celui des « moyens » et des « fins », il se soutient plus profondément d'une logique commune. L'action révolutionnaire déclenche le même procès d'ascension : « La Chine toute entière est jonchée de bois sec qui va s'embraser bientôt... Il suffit de jeter un coup d'œil sur les grèves d'ouvriers, les soulèvements paysans, les mutineries de soldats et les grèves d'étudiants, qui vont s'amplifiant dans de nombreux endroits pour comprendre que « l'étincelle » ne peut tarder à « mettre le feu à toute la plaine [6]. » La révolution est un « règlement de compte », elle monte

---

1. *De la guerre prolongée*, p. 272.
2. *De la guerre prolongée*, p. 263.
3. *Œuvres*, Ed. de Pékin, T. IV, p. 136.
4. *De la guerre prolongée*, p. 223.
5. *Ibid.*, p. 264.
6. Une étincelle peut mettre le feu à toute la plaine, *Ecrits militaires*, p. 74.

comme la guerre et tranche comme la bataille, « la révolution n'est pas un dîner de gala ni une œuvre littéraire ni un dessin ni une broderie ; elle ne peut s'accomplir avec autant d'élégance, de tranquillité, et de délicatesse, ou avec autant de douceur, d'amabilité, de courtoisie, de retenue et de générosité d'âme. La révolution est un soulèvement, un acte de violence par lequel une classe en renverse une autre [1]. »

Les noces de la guerre et de la révolution sont inaugurées par le premier axiome clausewitzien qui fait de la montée aux extrêmes la méthode de toute « lutte finale » — elles se noueront quand l'essence de la guerre se découvre dans le deuxième axiome, le primat de la défense.

4. *Le privilège de la défense.*

Mao Tsé-toung définit le « cours logique de la guerre » [2] comme « prolongé » — le calcul stratégique de la durée nécessaire à la victoire est tout entier gouverné par la puissance de la défense.

Du rapport de la défensive et de l'offensive, tout découle. Ce sont les formes premières de l'activité guerrière : « la guerre civile en Chine, comme n'importe quelle autre guerre dans les temps anciens ou dans la période moderne, en Chine ou dans les autres pays, ne connaît que deux formes fondamentales de combat : l'offensive et la défensive » [3].

En ce rapport qui domine tout, Mao fait découvrir une dissymétrie, qu'il souligne d'un exemple très clausewitzien : « L'histoire nous apprend que la Russie, ayant effectué une retraite courageuse pour éviter la décision, a vaincu Napoléon, dont le nom résonnait alors dans le monde entier. Aujourd'hui, la Chine doit agir de la même façon [4]. » A notre époque, l'Espagne, une deuxième fois, témoigne des ressources de la guerre populaire sur une position de défense [5].

Les possibilités stratégiques supérieures d'une défensive bien organisée appartiennent à la tradition chinoise autant qu'à l'occidentale [6], elles sont universelles. Les stratégies qui prônent la thèse inverse sont des exceptions, elles conduisent à la ruine en face d'un adversaire conscient et résolu : « Des spécialistes des problèmes militaires dans les pays impérialistes arrivés relativement tard dans l'arène mondiale et se

1. *Rapport sur l'enquête menée dans le Hounan* (1927), Ed. de Pékin.
2. *De la guerre prolongée*, p. 245, 248.
3. *Problèmes stratégiques*, p. 109-110.
4. *De la guerre prolongée*, p. 294.
5. *Œuvres choisies*, Ed. Sociales, T. II, p. 42.
6. *Problèmes Stratégiques*, p. 122.

développant rapidement, c'est-à-dire l'Allemagne et le Japon, ont fait une bruyante propagande en faveur de l'offensive stratégique et contre la défensive. Cette conception ne convient pas du tout à la guerre révolutionnaire en Chine. » Ces exceptions confirment la règle, elles marquent l'intervention illégitime de mobiles extérieurs sociaux et politiques dans l'autonomie du calcul stratégique : « les spécialistes militaires soulignent que la défensive comporte un grave inconvénient : au lieu de galvaniser la population du pays, elle la démoralise. Ceci s'applique aux pays où des contradictions de classe sont aiguës, où la guerre profite aux seules couches réactionnaires dominantes [1]... ». La puissance de la défense est une donnée permanente de la stratégie, la politique ne l'invente pas, mais l'exploite à son avantage ou s'en prive à ses dépens.

La dissymétrie défensive-offensive gouverne le rapport des forces, en elle l'équilibre stratégique ne se limite pas au simple jaugeage physique de la force « militaire et économique ». Clausewitz le remarquait déjà, et pour la même raison. De là l'erreur d'évaluer les forces hors la matrice dissymétrique où leur rapport se noue : « C'est la théorie dite « les armes décident de tout » qui est une façon mécaniste d'abor der la question de la guerre... A la différence des partisans de cette théorie, nous considérons non seulement les armes mais aussi les hommes. Les armes sont un facteur important mais non décisif de la guerre. Le facteur décisif, c'est l'homme et non le matériel. Le rapport des forces se détermine non seulement par le rapport des puissances militaires et économiques, mais aussi par le rapport des ressources humaines et les forces morales [2]. » Le facteur « homme » n'humanise pas la guerre mais la radicalise, qui se donne les moyens (politiques) de le mettre en jeu pourra suivre la logique stratégique jusqu'au bout. Les armes décideront, mais la décision s'inscrit dans une matrice dissymétrique, d'où l'homme.

Machiavel, Clausewitz, Mao Tsé-toung ou les métamorphoses de la « virtu » guerrière contrant la transformation des armes.

5. *Structures de la guerre prolongée.*

Par les deux axiomes qu'il articule, le concept de guerre embrasse tout le champ de l'activité belliqueuse, les structures qu'il permet de construire gouvernent l'espace, le temps et l'opération de la guerre en son entier.

1. *Problèmes Stratégiques*, p. 115.
2. *De la guerre prolongée*, p. 248-249.

a) *L'espace.*

La carte stratégique n'est pas le territoire géographique. Le plan de guerre privilégie certains points particulièrement favorables à la défense et à la guerilla, les mêmes que marquait déjà Clausewitz : reliefs montagneux, forêts, etc.; cependant, le rapport fondamental est d'abord négatif, l'adversaire, non le défenseur, doit être cloué sur le terrain : « gagner du territoire n'est pas motif de joie, en perdre ne cause pas de tristesse » [1]. La défense a l'avantage de la mobilité, elle doit savoir reculer [2], le pire serait qu'elle s'accroche à des enjeux jugés importants : la perte des grandes villes, première étape de la guerre prolongée, est prévue, préparée, car elle n'est pas décisive [3].

L'encerclement des villes par les campagnes n'est pas seulement l'insistance mise sur l'importance politique de la révolution paysanne, il est aussi bien un programme qui se soutient d'une signification purement stratégique, « les camarades (qui professent) des conceptions erronées sur le rôle dirigeant des villes » furent de mauvais stratèges, ils « gâchèrent » le travail de l'Armée rouge [4]. Une stratégie fondée sur le privilège de la défense organise son extension propre, à l'espace géographique et démographique centré sur les plaines, à l'espace économique et administratif centré sur les villes, elle superpose un espace stratégique dispersé dans les campagnes, dont la dimension première est l'ubiquité : « la guerre de partisans, par sa nature même, se fait avec des forces dispersées, ce qui donne à ses opérations un caractère d'ubiquité » [5].

Si le rapport de force manifeste dans le temps la supériorité finalement définitive de la défense, c'est dans l'espace qu'il inscrit les diverses formes de l'équilibre des forces aux différentes étapes de la guerre. La défense exerce toujours un pouvoir équilibrant, elle constitue le cran d'arrêt de la montée aux extrêmes [6] et interdit à l'adversaire le « coup » décisif : négativement, en refusant de jouer le sort du pays sur une seule bataille [7], positivement, usant les forces de l'ennemi,

1. Mao Tsé-toung, *Basic tactics*, Pall Mall Press, London 1964, p. 67.
2. *Problèmes Stratégiques*, p. 112.
3. *De la guerre prolongée*, p. 244.
4. *Œuvres choisies*, Ed. Sociales, T. IV, p. 236.
5. *Problèmes Stratégiques*, p. 177.
6. Clausewitz, *De la guerre*.
7. « C'est pourquoi les combattants de la révolution, s'ils ne veulent pas d'un compromis avec l'impérialisme et ses valets, mais sont décidés à continuer fermement la lutte, s'ils ont l'intention de préparer, d'accumuler et d'aguerrir leurs forces et de se dérober à une bataille décisive contre un ennemi puissant tant qu'ils ne seront pas assez forts, doivent faire de la campagne arriérée une solide base

organisant la lutte partisane sur ses arrières, coupant ses lignes de communication, l'obligeant à se disperser. Qu'il y ait ou non un front continu de défense, la guerre prolongée développe toujours le même paysage fondamental, celui de l'*interpénétration*, où les opérations s'effectuent aussi à l'extérieur des lignes, où les contre-encerclements coexistent avec les encerclements, où les « bases », les « massifs » et les « îlots » ne s'évanouissent que pour se reproduire [1].

Stratégiquement mobile, pour autant qu'il demeure politiquement mobilisable, l'espace permet à la défense d'imposer l'indécision, par quoi elle se donne le temps.

b) *Le temps.*

En lui la défense devient la forme *décisive*, le « cours logique de la guerre » se manifeste dans son organisation temporelle, le temps de guerre est celui nécessaire à la défense pour obtenir la décision.

Le temps stratégique est tout entier construit sur la différence de l'offensive et de la défensive, il se découpe eu égard à la « force décroissante de l'attaque » (Clausewitz) et se divise à partir du « point culminant de l'attaque » (id.) où peut commencer la contre-offensive du défenseur. C'est ce point que vise Mao Tsé-toung : « Le jour viendra où le Japon perdra complètement l'initiative... La Chine se trouvait au début de la guerre dans une position plutôt passive; mais maintenant qu'elle a accumulé de l'expérience, elle commence à s'engager dans une voie nouvelle [2]. »

La défense n'est pas passive, elle prépare ce retournement, c'est elle qui impose le découpage temporel de la guerre prolongée. Elle prescrit trois étapes : la « défensive stratégique » marquée par la retraite et la perte de grandes villes, la « consolidation stratégique » des deux adversaires sur leurs positions, la « contre-offensive stratégique » enfin [3]. La durée et le déroulement concret de ces étapes dépendent de la situation réciproque des adversaires. Elles sont toutes soutenues par les jeux de dilatation et de contraction de forces défensives soit par l'imbrication des opérations « régulières » et des actions de guerilla.

L'étape charnière est celle de la consolidation des deux adversaires

d'appui d'avant-garde, un grand bastion militaire, politique, économique et culturel de la révolution... » La révolution chinoise et le P.C.C., *Œuvres Choisies*, Ed. Sociales, T. III, p. 101 : « La politique des répressions sanglantes n'aboutit qu'à faire fuir le poisson au plus profond des eaux. » *Ecrits militaires*, p. 75.

1. *De la guerre prolongée*, p. 251 : « Une guerre d'interpénétration. »
2. *Problèmes Stratégiques*, p. 179.
3. *De la guerre prolongée*, p. 240.

à la fois — ayant atteint son « point culminant » l'attaquant se retranche dans les positions conquises tandis que le défenseur fait des opérations de partisans la « forme principale » de son activité [1]. Dans la première et la dernière étape, inversement, les opérations régulières font l'essentiel du programme défensif. Entre les deux moments extrêmes, la durée de l'étape médiane est déterminée par la seule défense ; tandis que les deux autres dépendant de la force et de la faiblesse (des « contradictions ») de chaque camp et de leur interaction, la défense décide de la durée intermédiaire en transformant par une création continuée l'espace qu'elle possède en temps qu'elle impose. La guerre « prolongée » se prolonge par le milieu, qui dépend entièrement de la force de la défense.

c) *L'opération.*

Le privilège de la défense détermine l'acte de guerre, non seulement d'un bout à l'autre, mais dans tous ses détails. La matrice dissymétrique structure la tactique aussi bien que la stratégie, l'opération particulière n'est qu'une guerre en petit : « Notre stratégie, c'est de nous battre à un contre dix, mais notre tactique, c'est de nous battre à dix contre un. » L'apparent renversement du rapport des forces aux deux niveaux souligne que la tactique, en recherchant la victoire locale, figure, comme sur un modèle réduit, la condensation des trois étapes de la guerre. La guerre de partisans n'opère pas seulement l'interpénétration des espaces stratégiques des deux adversaires, par elle ce sont aussi les trois étapes de la guerre prolongée qui s'interpénètrent.

Ici se manifeste la troisième puissance de la défense : diviser la difficulté en autant de parties qu'il faudra pour la mieux résoudre. Clausewitz avait déjà remarqué que la négativité de la défense décidait du lieu, du moment et de l'enjeu des combats. Parce qu'elle en est l'application judicieuse, la tactique est l'image de la stratégie : « le principe opérationnel pour les campagnes et les combats peut se résumer dans la formule « opérations offensives de décision rapide à l'extérieur des lignes ». Il est à l'opposé de notre stratégie : « opérations défensives de longue durée à l'intérieur des lignes », mais il est précisément indispensable à l'application de cette stratégie [2]. »

Ce phénomène de réflexion de la stratégie dans la tactique, de condensation de la guerre entière en une opération particulière permet à Mao Tsé-toung de proposer l'éducation stratégique des cadres et

1. *Problèmes de la guerre et de la stratégie*, p. 321.
2. *De la guerre prolongée*, p. 268.

des troupes : le soldat fait en petit, dans un court laps de temps, ce que l'Etat-major organise à grande échelle, pour toute la guerre prolongée. Les soldats savent ce qu'ils font tactiquement, ils peuvent comprendre ce que la stratégie fait d'eux; la guerre peut devenir « l'activité consciente » non seulement des chefs mais des masses; dans les guerres révolutionnaires « le gouvernement ne craint pas que le peuple lui refuse son soutien parce que le peuple lui-même désire une telle guerre... » [1]. Il y a une définition purement stratégique du « centralisme démocratique » tel que le pense Mao Tsé-toung.

La clôture du calcul stratégique est parfaite, elle gouverne l'acte de guerre dans toute son extension, toute sa durée, tout son monnayage opérationnel, pour instaurer dans son ampleur le privilège de la défense; triple privilège, il équilibre les forces dans l'espace (cran d'arrêt), décide en prenant son temps, divise en dernier ressort l'effort de guerre des deux adversaires.

Parce que, comme l'exigeait Clausewitz, la guerre se laisse penser en elle-même dans ses « caractères spécifiques », Mao Tsé-toung détient une mesure purement stratégique de la « fermeté » politique; il pourra définir l'acte révolutionnaire comme l'équivalent politique de l'acte de guerre le plus radical.

6. *L'équivalence stratégie-politique.*

Clausewitz avait marqué le point de rencontre de la politique et de la stratégie dans l'acte par lequel la défense se donne son « centre de gravité » (armée, capitale, opinion publique, etc.) et fixe par là même le prix de la guerre pour les deux parties. La stratégie défensive poursuivie dans toute sa rigueur prescrit donc *une* politique que, selon Mao Tsé-toung, seule l'action révolutionnaire peut assumer : au bout de la guerre prolongée, la révolution. Réciproquement, la guerre détermine sa forme la plus efficace (défensive, prolongée), par une logique qui lui est propre en fonction des caractères « spécifiques »

1. *Œuvres choisies*, Ed. Sociales, T. II, p. 58. « Cette armée est forte parce que les hommes qui la composent obéissent à une discipline consciente », *ibid.*, T. IV, p. 303. « La démocratie en matière militaire consiste à pratiquer dans les périodes d'instruction la méthode d'enseignement mutuel, entre officiers et soldats et parmi les soldats eux-mêmes; et dans les périodes de combat, à faire tenir par les compagnies de première ligne différentes réunions, grandes ou petites. Sous la direction du commandant de la compagnie, les soldats doivent y être incités à discuter la manière d'attaquer et d'enlever les positions ennemies et d'accomplir les autres missions de combat. Lorsque la lutte se poursuit pendant plusieurs jours, il faut tenir plusieurs réunions » *(Le mouvement démocratique dans l'armée).*

de toute lutte en tant que lutte; elle donne à la « guerre de classe » (Marx) un critère qui permet de mesurer la profondeur et l'intensité du conflit : au commencement de la révolution, la guerre prolongée.

L'équation « la guerre c'est la politique »[1] va s'approfondissant. Elle est d'abord comprise dans l'acception courante de la formule clausewitzienne, la guerre « continue » la politique dont elle est l'instrument, « l'Armée rouge ne fait pas la guerre pour la guerre »[2]. La guerre elle-même l'exige, qu'on ne saurait faire victorieuse et grande sans grande politique[3], ce que l'exemple des armées de 1793 avait déjà montré à tous les stratèges.

La « vision purement militaire des choses » n'est pas seule rejetée au nom de la stratégie. Mao Tsé-toung a conçu la forme de guerre la plus radicale « par son ampleur et sa durée exceptionnelles, cette guerre de partisans est sans précédent en Orient, et peut-être même dans toute l'histoire de l'humanité »[4]. Aux exigences stratégiques extrêmes qu'elle met en jeu correspond une politique et une seule; parce qu'elle est radicale, la guerre est nécessairement politique et la politique qui la soutient sera nécessairement révolutionnaire; le « cours logique de la guerre » se développera en même temps que le cours de l'action politique, la logique est une : « Plus la situation politique s'améliore, plus il sera possible de poursuivre la guerre résolument. Réciproquement, plus la guerre sera poursuivie résolument, et plus s'améliorera la situation politique. Toutefois, le rôle essentiel revient ici à la poursuite résolue de la guerre[5]. »

Il est inutile de montrer en détail que la simple réalisation technique et militaire du programme stratégique de « guerre prolongée » réclame une « mobilisation politique »[6] précise et intense. Mao Tsé-toung l'a désignée comme « travail de masse » visant à instituer une « ligne de masse », elle détermine les rapports intérieurs à l'armée, entre l'armée et le peuple, entre l'armée et l'ennemi[7]. Ces trois dimensions corres-

---

1. *De la guerre prolongée*, p. 259.
2. L'élimination des conceptions erronées dans le Parti, *Ecrits militaires*, p. 56.
3. *De la guerre prolongée :* « La base de l'armée c'est le soldat. Sans insuffler aux troupes un esprit politique progressiste, sans poursuivre dans ce but un travail politique, il n'est pas possible d'arriver à une unité véritable des officiers et des soldats... Il n'est pas possible, par conséquent, de donner à notre technique et à notre tactique la base la plus propre à les rendre efficace », p. 299.
4. *Problèmes de la guerre*, p. 320.
5. *De la guerre prolongée*, p. 234.
6. *Ibid.*, p. 262.
7. *De la guerre prolongée*, p. 29, 261. *Œuvres*, Ed. de Pékin, T. IV, p. 253-254. *Œuvres*, Ed. Sociales, T. III, 206, II, 52, 270.

pondent toutes à des exigences stratégiques, elles répondent à la dispersion des unités combattantes militairement quasi-autonomes, à l'ancrage mobile de la défense dans l'espace, i.e. la population, à la nécessité d'agir sur l'ennemi en l'usant et en le désagrégeant. Une guerre politiquement « juste » et une guerre stratégiquement « exacte » sont une seule et même chose.

La correspondance terme à terme n'est pourtant le seul rapport qui lie politique et stratégie.

La stratégie juge la politique; ayant son intelligibilité propre, elle permet de jauger le sérieux de l'action politique effective, elle indique si la lutte a été interrompue pour des raisons extra-stratégiques, elle précise les compromis et les compromissions, c'est le critère de la « fermeté » politique : « Il faut poursuivre la guerre pour la conduire jusqu'à son terme »[1] les intentions politiques se mesurent au comportement stratégique.

Plus encore, la stratégie inaugure la politique; la guerre prolongée engrène l'histoire de la Chine sur le destin du monde par le montage de la rencontre de deux forces : d'une part les guerres paysannes traditionnelles qui, en Chine, « ont été les seules forces motrices authentiques du développement historique »; de l'autre, l'intervention étrangère qui « a joué un très grand rôle dans la décomposition du système économique et social »[2]. La guerre prolongée que reprend et théorise Mao Tsé-toung a commencé au XIXe siècle.

Mais la politique seule fournit la règle de terminaison. Certes, la fin de la guerre est marquée sur la carte par l'exercice de la souveraineté chinoise « jusqu'au Yalu ». Encore faut-il que cette indépendance chèrement payée soit effective, et que la guerre paysanne découvre sa victoire. Le but stratégique (Ziel) fixe le terme de la guerre nationale par la défaite des armées ennemies, la fin politique (Zweck) doit satisfaire la guerre civile qui coïncidait avec la guerre nationale.

La guerre prolongée était menée par le « peuple » et en son nom. Au commencement de la guerre, et durant son cours, la stratégie imposait à l'action politique ses critères et ses formes. Mais la dernière heure

---

1. A propos de tentatives de compromis territoriaux avec le Japon : « S'ils se trouvaient des gens pour essayer d'entrer en compromis avec l'ennemi avant la réalisation des tâches de la guerre de résistance, il ne sortirait absolument rien de leurs tentatives; car même... s'ils parvenaient à leurs fins, la guerre éclaterait de nouveau : les larges masses de la population n'accepteraient pas cette issue de la guerre et entreprendraient certainement de poursuivre cette guerre plus avant, jusqu'à complète réalisation de ses buts politiques. » *De la guerre prolongée*, p. 260.
2. *Œuvres choisies*, Ed. Sociales, T. III, p. 90-91.

est une notion politique, c'est « le peuple » qui définit ses adversaires et non l'inverse, la décision qui distingue en dernier ressort l'ami et l'ennemi est politique [1]. Une fois cette décision — qui peut être au départ muette — prise, la stratégie développera ses exigences « spécifiques ». Mais le rapport, même inconscient, du peuple à lui-même précède logiquement le rapport du peuple à l'ennemi. La guerre populaire peut forcer à des retraites extrêmes, elle peut céder l'espace, les centres du pouvoir traditionnels, religieux, administratifs, économiques, culturels — ce n'est jamais que la retraite du peuple sur lui-même : « l'œil du paysan voit juste », cette justice politique gouverne la justesse stratégique non pour intervenir dans l'exactitude d'un calcul qui suit ses propres lois mais pour lui fixer son objet, l'ennemi, « les paysans se rendent parfaitement compte si celui-ci est dangereux et si celui-là ne l'est pas » [2].

Il faudra donc un rapport « spécifique » du peuple à lui-même, Mao distinguera contradictions « au sein du peuple » et contradictions « entre l'ennemi et nous ». La stratégie n'est pas maniable à merci, qui veut exploiter totalement le privilège de la défense ne peut sélectionner qu'une seule politique, la révolutionnaire; mais la politique détermine par ses voies propres le peuple comme sujet de la stratégie, celle-ci demeure un « instrument ».

7. *Tigre de papier : première version.*

« De la guerre prolongée » c'est « De la guerre » prolongé. Mao Tsé-toung, dans un cadre intellectuel demeuré identique, n'a fait que tirer les conséquences ultimes de la leçon clausewitzienne; la stratégie est théorie de la *décision* par les armes — à un siècle de distance, la conclusion est la même qui fait de la défense le maître du combat : « Si l'on réfléchit philosophiquement à la façon dont surgit la guerre, le concept de guerre n'apparaît pas proprement avec l'attaque... » (Clausewitz.)

D'où la première signification de la notion de Tigre de papier : l'arme atomique n'est pas une arme « décisive » au sens stratégique du terme.

Logiquement : l'attaque a pour but « la prise de possession de

1. Sur les classes de la société chinoise (1926), premier écrit recueilli par les Œuvres choisies, ouvre sur la question *politique* : « Quels sont nos ennemis, quels sont nos amis ? C'est là une question qui revêt pour la révolution une importance primordiale. »
2. *Le mouvement paysan dans la province de Hounan*, Ed. Sociales, T. I, p. 30.

quelque chose » (Clauzewitz), ce quelque chose dépend du prix que lui donne le défenseur en fixant son propre « centre de gravité » — quelle que soit la puissance d'une arme offensive, c'est la profondeur de la défense qui décide jusqu'où l'offensive devra pousser la destruction, si la défense est prolongée absolument, la destruction devra être absolue, le défenseur, toujours, reste « le premier à dicter ses lois à la guerre » (Clausewitz).

Stratégiquement : le recours à la menace nucléaire ne permet pas de justifier, bilatéralement, une décision par un rapport de force. Qui cède à une menace totale cède tout et laisse à l'autre le pouvoir de partager les enjeux à sa guise.

Deux cas peuvent se présenter :

1 — L'arme atomique apparaît comme ultime, en posant l'alternative du tout ou rien — qui admet cette définition du bord de l'abîme comme couteau de toute décision ne peut plus en limiter le pouvoir, aucun contrepoids ne lui permet de peser dans la décision, il se désarme totalement. Nous ne sommes dans le cadre d'aucune stratégie, il n'y a plus de rapport des armes.

2 — L'utilisation de l'arme atomique apparaît comme non arbitraire, dépendante de certains facteurs (sociaux, politiques, culturels). Dès lors, la puissance de la menace se relativise et la possibilité se rétablit d'un rapport stratégique qui joue de ces facteurs. Supposons que le camp qui menace, l'attaquant potentiel, ne puisse dans l'immédiat se permettre qu'une guerre nucléaire limitée (pour des raisons de politique intérieure par exemple); dans ce cas il appartient au défenseur de refuser cette limitation et de jouer à son tour du tout ou rien; car si l'attaque a pour but la « possession de quelque chose » c'est la défense qui en fixe le prix, « peu de chose » ou « toutes choses ».

L'intervention de facteurs politiques ou culturels ne transforme pas le problème militaire en questions politiques ou culturelles — elle étend la stratégie et sa logique spécifique à ces domaines, culture et politique deviennent des « armes », ce que la théorie de la guerre prolongée avait déjà montré. Les freins, quels qu'ils soient, appartiennent aux « contradictions internes » du camp adverse (entre les « réactionnaires » et le « peuple »), la capacité d'imposer une défense totale dépend de la solidité de son propre camp (de la « juste solution des contradictions au sein du peuple »).

La thèse du tigre en papier, stratégiquement comprise, consiste à jouer des facteurs qui freinent l'utilisation de l'arme nucléaire, ce, dans le cadre d'une guerre prolongée à l'échelle du monde.

377

La théorie de la guerre prolongée fut dès l'origine posée comme universalisable : « Partout où il y a une guerre, il y a situation militaire d'ensemble. Peuvent constituer une situation militaire d'ensemble soit le monde entier, soit un pays entier, soit encore une région indépendante de partisans [1]. »

Dans cette situation militaire d'ensemble, l'arme atomique n'est pas décisive, elle ne fixe pas l'enjeu, pour aucun des camps. La pensée soviétique est exactement inverse qui qualifie le missile intercontinental d' « arme décisive de notre époque » [2]. D'où la critique faite par les dirigeants chinois, non de la solution de la crise cubaine de 1962, mais de son déclenchement [3].

Ce caractère non décisif est résumé dans la formule « mépriser stratégiquement, tenir compte tactiquement » de l'adversaire et de ses armes. Stratégiquement est seule décisive la défense, i.e. la guerre populaire prolongée. Pour autant qu'elle s'exerce dans ses structures canoniques elle ne dispose pas seulement de la durée mais de l'initiative : elle peut diviser les difficultés en déclenchant des guerres locales trop autonomes et trop circonscrites pour entraîner le heurt global et aveugle des deux camps; elle peut surtout jouer à fond de l' « interpénétration », son paysage fondamental, pour rendre impossible, sur le terrain, l'usage opératoire des armes nucléaires [4].

Le raisonnement qui gouverne la stratégie chinoise n'est pas, même en secret, la logique de la dissuasion. L'intervention en Corée, imprévue, lorsque les troupes occidentales allaient toucher le Yalu, montre que le mépris stratégique de l'adversaire peut avoir des conséquences

1. *Problèmes Stratégiques* (1936), p. 88.
2. Major General Talenskii, Mars 1958; in Dinerstein, *War and the Soviet Union* (p. 226) qui souligne que toute la discussion qui transforma la vision de l'Etat-major soviétique à cette époque s'est tenue autour du mot « décisif » appliqué aux armes nucléaires (p. 227-228).
3. « Prolétaires de tous les pays... » (*Quotidien du Peuple*, 15.XII.62) : « Nous sommes profondément convaincus que les masses populaires... peuvent seules décider du cours de l'histoire... Nous soutenons aussi qu'il n'y a pas la moindre nécessité pour les pays socialistes d'user des armes nucléaires comme d'un enjeu ou comme moyen d'intimidation. »
4. « L'impérialisme américain est incapable d'entraver par ses armes nucléaires la lutte révolutionnaire des peuples. La raison en est que sur le plan politique l'emploi de ces armes le réduirait à l'isolement total, et que sur le plan militaire, la grande capacité de destruction de ces armes limiterait leur emploi, car dans des guerres civiles ou dans des guerres d'indépendance nationale, où existe une situation d'interpénétration et d'engagements de corps à corps, l'emploi d'armes nucléaires de destruction massive infligerait des pertes aux deux parties belligérantes. » Déclaration du gouvernement chinois. 1er septembre 1963.

militaires précises. La rupture avec les Soviétiques, en particulier au sujet du soutien accordé aux guerres de « libération nationale » semble indiquer que « tenir compte tactiquement » signifie miniaturiser et condenser la guerre prolongée. Lire la stratégie chinoise ne se peut si on se borne à opposer l'agressivité « verbale » et la prudence « effective », la délimitation réciproque des deux attitudes ne relève pas d'une coupure entre la théorie affichée et la pratique réelle, mais des distinctions stratégiques que fixent la théorie et la pratique de la guerre prolongée.

Ceci pour la stratégie dans sa « spécifité ». Qui demeure toujours instrument de la politique — les armes nucléaires également. La politique définit, en dernier ressort, le « peuple » et par contrecoup « l'ennemi ». Seul ce procès de définition permet à la pensée de Mao Tsé-toung de poser comme non-sens la menace et la terreur nucléaires.

II. – LA DÉFINITION POLITIQUE

De même que la guerre, la politique, de même la politique « continue » la guerre : « Dans quelques dizaines d'années, la victoire de la révolution démocratique populaire de Chine, vue rétrospectivement, ne semblera qu'un bref prologue à une longue pièce de théâtre [1]. »

Toute stratégie, même généralisée, est un instrument limité. Qui pose cette limite distingue un temps de guerre d'un temps de paix et maitrise leur liaison, la circulation à double sens qui les rapporte l'un à l'autre. La stratégie est le cas particulier mais exemplaire d'une théorie de la lutte, de la « contradiction », en laquelle Mao Tsé-toung pense la vie entière de la société.

L'arme thermo-nucléaire s'est avérée non « décisive » dans le cadre classique de la stratégie. Cela peut signifier soit le caractère

1. *Œuvres choisies*, Ed. de Pékin, T. IV, p. 393 (1949).

380

subordonné de l'usage de la menace atomique, soit la fin de la stratégie classique. Pour exclure le second terme de l'alternative il faut montrer que l'arme « ultime » n'est pas le fondement d'une décision politique qui se substituerait simplement à la décision stratégique — toute la fonction de la « terreur » est ici en cause, d'où cette longue navigation pour aboutir à une seconde compréhension de la thèse du tigre de papier.

1. *Les « lois » de la décision.*

La guerre se pense à l'aide d'un instrument particulier : une matrice, où les facteurs « objectifs » ne jouent qu'en fonction de l' « action réciproque » des adversaires, du croisement de leurs stratégies. Les mathématiciens marquent que ce modèle ne vaut pas seulement pour le conflit armé, ils l'étendent par exemple à l'économie, en particulier aux conflits de monopoles [1]. On découvre ainsi un principe d'intelligibilité qui vaut pour tout rapport de force en général : les forces ne se laissent pas définir prises isolément, elles ne sont pas chacune pour elle-même une quantité (physique ou statistique), on ne peut pas les considérer d'abord à part pour les ajouter ensuite (non additivité); analyser des forces c'est toujours les mettre en rapport.

La considération du rapport précède logiquement, parce qu'elle l'organise, toute enquête portant sur la réalité observable. Pour une raison de méthode, procédant à « l'analyse des classes de la société chinoise » [2], Mao Tsé-toung commence par la question « quels sont nos ennemis, quels sont nos amis ? », la *mise en rapport* des forces gouverne toute analyse des forces concrètes. Cette méthode oppose causalité « externe » et causalité « interne » : « la cause fondamentale du développement des choses et des phénomènes n'est pas externe, mais interne; elle se trouve dans les contradictions internes des choses et des phénomènes eux-mêmes. Le développement de la

1. Cf. Oskar Morgenstern, *On the application of Game Theory to economics* (Recent Advances in Game Theory, Princeton, 1962) : « Il n'est pas douteux que les jeux de nature la plus classique abondent dans le monde économique. Le critère fondamental en est certainement qu'il y a des cas importants où le résultat des transactions et des décisions d'une firme ne dépend pas de ses seules activités mais — le hasard mis entre parenthèses — de celles des autres firmes, et ce d'une façon qui ne permet pas le traitement statistique » (p. 3). Plus généralement, Morgenstern remarque qu'il est possible de sortir par là de l'hypothèse d'un marché fondé sur la libre concurrence individuelle, départ de l'économie politique classique, p. 8.
2. 1926, Ed. de Pékin.

société est dû surtout à des causes internes et non externes [1]. » La stratégie offre l'exemple d'une telle prééminence du rapport sur les forces qu'il relie : les divers facteurs qui font la force et la faiblesse ne jouent qu'à l'intérieur de la « contradiction » des adversaires, « dans la guerre, l'offensive et la défensive, l'avance et la retraite, la victoire et le défaite sont autant de couples de phénomènes contradictoires dont l'un ne peut exister sans l'autre. Les deux aspects sont à la fois en lutte et en interdépendance, cela constitue l'ensemble d'une guerre, impulse le développement de la guerre et permet de résoudre les problèmes de la guerre [2]. »

Cette approche vaut en général, elle caractérise une « conception du monde », l'action de forces extérieures est fonction du conflit « interne » dans lequel elles interviennent. L'originalité de Mao Tsé-toung tient aux conséquences qu'il sait tirer de cette affirmation. Si les forces n'existent que dans un rapport, elles peuvent y être présentes virtuellement; la stratégie fondait la supériorité de la défense sur le rapport des forces, celles-ci n'étant point observables puisqu'il faut les « éveiller », les organiser — l'observation ne vérifie la stratégie qu'après-coup, quand celle-ci a réussi : « l'histoire montre que cette supériorité absolue des forces ne s'observe qu'à la fin d'une guerre » [3]. La stratégie doit donc être vraie avant que d'être vérifiée, de même toute théorie : « En général, est juste ce qui réussi, est faux ce qui échoue; cela est vrai surtout de la lutte des hommes contre la nature. Dans la lutte sociale, les forces qui représentent la classe d'avant-garde subissent parfois des revers, non qu'elles aient des idées fausses, mais parce que, dans le rapport des forces qui s'affrontent, elles sont, pour le moment, moins puissantes que les forces de la réaction [4]. » Il en est de même des idées et des théories, dont la vérité est « spécifique » et ne peut être confirmée ou infirmée par l'observation immédiate, « au cours de l'histoire, ce qui est nouveau et juste n'est souvent pas reconnu par la majorité des hommes au moment de son apparition et ne peut se développer que dans la lutte, à travers des vicissitudes. Il arrive souvent qu'au début ce qui est juste et bon ne soit pas reconnu pour une « fleur odorante », mais considéré comme une « herbe vénéneuse ». En leur temps, la théorie de Copernic sur le système solaire et la théorie de l'évolution de Darwin furent considérées comme

---

1. De la contradiction, *Quatre essais philosophiques*, Ed. de Pékin, p. 30.
2. *Ibid.*, p. 36.
3. *De la guerre prolongée*, p. 271.
4. D'où viennent les idées justes ? *Quatre essais...*, p. 150.

erronées et elles ne s'imposèrent qu'après une lutte âpre et difficile [1]. »

La distinction interne/externe étend à toute pensée le type d'intelligibilité rencontré une première fois dans la stratégie. Les forces n'existent qu'à l'intérieur d'un rapport, lequel doit être réfléchi en lui-même. Les forces peuvent n'être encore que virtuelles, la vérité d'une théorie ne dépend pas de l'observation pure et simple mais organise celle-ci, en délimite la portée et la validité. Le lien entre la « théorie » et la « praxis » n'est pas conçu comme un échange entre les idées et les faits — les faits observables sont préalablement construits, cette construction possède une vérité « interne », « spécifique ». A l'opposé du « réalisme » du marxisme commun, la pensée de Mao Tsé-toung, comme toute théorie, prétend être vraie avant que d'être réalisée, et être réalisable parce que vraie.

Sur ce fondement, « De la contradiction » détermine la forme générale du rapport des forces, puis en déduit différents types « spécifiques » comme autant de structures de décision.

2. *L'universalité de la contradiction.*

La bataille, décisive pour les deux adversaires, donne à la stratégie l'étalon qui lui permet de mesurer la valeur objective de calculs de chacun. Dans le cadre plus général d'une théorie de la lutte, la réduction de toute différence à une contradiction opère la même focalisation sur la décision : « Dans toute différence il y a déjà une contradiction et... la différence elle-même constitue une contradiction. »

A travers Lenine, c'est Hegel qu'il faut retrouver dans le dessein « de montrer comment la réalité qui disparait dans le concept se reforme par ses propres forces internes et à partir d'elle-même » [2]. Penser une force comme décisive exclut qu'on la saisisse dans une définition (ou « précision ») isolée, la détermination « n'est pas une précision ayant la nature d'une chose, la précision calme se rapportant à une autre de façon que ce qui fait partie du rapport et le rapport seraient deux choses différentes » [3]. Non seulement une force ne peut-être coupée du rapport qui la relie à une autre force, mais ce rapport lui-même ne se superpose pas aux deux forces, il n'est pas « l'indiffé-

1. De la juste solution, *ibid.*, p. 127.
2. *G. L.*, T. II, p. 261.
3. *G. L.*, T. II, p. 27.

rence des différents » [1]. Un rapport n'est décisif que si les termes qu'il relie se définissent à l'intérieur de ce rapport, ce qui signifie « qu'être contraire à un autre n'est pas un simple moment et n'est pas le résultat d'une comparaison, mais constitue la détermination propre des termes de l'opposition. Ils sont positif ou négatif en soi, non en dehors du rapport à un autre, mais c'est ce rapport, rapport d'exclusion il est vrai, qui constitue leur détermination [2]. » Faire la théorie de la décision suppose que derrière les différences, on cerne ce qui règle leur jeu, leur équilibre et leurs transformations, ce lieu qui décide (= contradiction) et où tout se décide (= contradiction interne).

L'emprunt fait à Hegel est très précis, il fonde l'extension du type de pensée déjà perçu dans la stratégie. La distinction externe/interne exclut qu'il y ait un au-delà de la décision — la décision décide d'elle-même; la distinction différence/contradiction exclut un en deçà de la décision — la décision décide de tout [3]. La contradiction, c'est le *cœur* du problème : « Qu'est-ce qu'un problème ? C'est une contradiction dans un phénomène; là où il existe une contradiction non résolue, il existe de ce fait même un problème. Dès l'instant où un problème existe, il faut prendre parti pour un côté et contre l'autre; en d'autres termes, il faut poser le problème [4]. »

Le travail de la pensée, qui gouverne toute observation, s'effectue dans la mise en rapport, il « pose » le problème. La pensée n'a pas d'autre objet, « il n'est rien qui ne contienne des contradictions. Sans contradictions, pas d'univers » [5]. L'activité révolutionnaire est l'exercice rigoureux de cette contradiction à partir de sa position « juste » : « Pour redresser, il faut d'abord savoir plier à l'extrême. Si on ne plie pas à l'extrême, on ne pourra ensuite redresser [6]. » La guerre, comme la révolution politique ou culturelle se définissent et se trempent dans ce « creuset ».

Concevoir l'activité politique dans son ensemble suppose la même opération intellectuelle qui développait toute la stratégie à partir de la contradiction offensive/défensive, analyse « du mouvement contra-

1. *G. L.*, T. II, p. 40.
2. *G. L.*, T. II, p. 51.
3. « La raison pensante aiguise, pour ainsi dire, la différence émoussée du divers, la simple variété telle qu'elle est conçue par la représentation, en en faisant une différence essentielle, une opposition. C'est seulement lorsqu'ils sont poussés à la pointe de la contradiction que le varié et le multiple s'éveillent et s'animent. » *G. L.*, T. II, p. 70.
4. *Contre les schémas tout faits dans le Parti*, Ed. Sociales, T. IV, p. 67.
5. *De la contradiction*, p. 35.
6. Le mouvement paysan dans la province de Hounan, Ed. Sociales, T. I, p. 31.

dictoire qui traverse tout le processus de développement d'une chose, d'un phénomène, du début à la fin » [1]. L'universalité de la contradiction permettant à Mao Tsé-toung de considérer toute « praxis » comme lutte, le rapport général de la « théorie » à la « praxis » sera analogue à celui de la stratégie et de la guerre. La théorie construira son concept de contradiction, forme universelle de la lutte, comme fut établi le concept de guerre; son intelligibilité, toute interne, résulte de deux axiomes.

3. *L'aiguisement de la contradiction.*

Une lutte décisive tranche, elle met les forces en état d'opposition « aiguë »; ce procès d' « accentuation » [2], analogue à la montée aux extrêmes, renvoit à un premier type d'intelligibilité de la contradiction, au « premier sens » [3] qu'on vise lorsqu'on affirme l' « identité des contraires » dans une contradiction.

Les termes d'une contradiction « coexistent » au sein même de leur opposition; la contradiction étant « interne », leur opposition est un « rapport absolu » (Hegel) qui les définit absolument, « sans vie, pas de mort; sans mort, pas de vie... Sans bourgeoisie, pas de prolétariat; sans prolétariat, pas de bourgeoisie [4]. » La contradiction est la traduction logique de la « lutte à mort »; qu'elle exerce son emprise sur le rapport de deux armées, de deux classes ou de deux idées, les termes qui s'y affrontent n'existent pas hors cet affrontement même, « chacun d'eux est la condition d'existence de l'autre » [5].

Mao Tsé-toung, après Clausewitz, Hegel et les théoriciens du « zero sum game » énonce ainsi la première condition théorique nécessaire pour penser une contradiction comme « interne », rapport fermé ne renvoyant qu'à lui-même.

Matrice de toute décision, la contradiction se présente comme un système duel de « places » (principale/secondaire), elles ont une valeur strictement opposée et marquent la position relative de chacun des termes en opposition (ou « aspect »), à chaque moment de la montée aux extrêmes (ou de l'approfondissement de la contradiction) : « Des deux aspects contradictoires, l'un est nécessairement

1. *De la contradiction,* p. 39.
2. *Ibid.,* p. 48-50.
3. *Ibid.,* p. 67-69.
4. *De la contradiction,* p. 68.
5. *Ibid.,* p. 59.

principal, l'autre secondaire. Le principal, c'est celui qui joue le rôle dominant dans la contradiction. Le caractère des choses et des phénomènes est surtout déterminé par cet aspect principal de la contradiction, lequel occupe la position dominante [1]. » Ainsi les marxistes désignent dans la classe dominante à une époque donnée l' « aspect principal » de la contradiction lutte-de-classe. La distinction principal/secondaire (stratégiquement : victoire/défaite) résulte de la coupe synchronique qu'on peut opérer à tout moment d'une lutte; elle fixe les qualités — inverses l'une de l'autre — du pouvoir de décision (« domination ») dont dispose chaque camp (« aspect ») [2]. La contradiction est un système de décision, monter aux extrêmes dans quelque domaine que ce soit, c'est lutter pour occuper la place principale (Mao : une lutte pour le pouvoir).

Cette condition est aussi universelle que la contradiction, la montée vers les extrêmes définit les combattants dans la guerre comme dans la connaissance, « les marxistes ne doivent pas craindre la critique, d'où qu'elle vienne. Au contraire, ils doivent s'aguerrir, progresser et gagner de nouvelles positions dans le feu de la critique, dans la tourmente de la lutte... Les plantes élevées dans une serre ne sauraient être robustes [3]. »

Stratégiquement, la montée aux extrêmes déterminait comme « arme » tout ce qui pouvait y conférer un avantage. Politiquement et culturellement, l'accentuation de la contradiction définit le style de l'action, voire de l'écriture : « C'est le style combatif qui nous est propre, à nous, le prolétariat révolutionnaire. Comme nous voulons apprendre au peuple à connaître la vérité et l'inciter à la lutte pour sa propre émancipation, nous avons besoin de ce style combatif. Un couteau émoussé ne fait pas gicler le sang [4]. » Contradiction aiguisée et radicalité révolutionnaire sont synonymes, à propos des « dispositions créatrices », « aristocratiques », « décadentes », Mao Tsé-toung affirme : « Faut-il détruire ces dispositions créatrices si elles existent chez des écrivains et artistes non prolétariens ? Je pense que oui, et cela de la manière la plus radicale, car en détruisant l'ancien on pourra en même temps édifier le nouveau [5]. »

---

1. *Ibid.*, p. 61.
2. La distinction qualitative principale/secondaire correspond aux valeurs strictement opposées et corrélatives que prennent quantitativement les « intérêts » (utilités) des adversaires dans un jeu à somme nulle.
3. *De la juste solution...*, p. 130.
4. *Œuvres*, Ed. de Pékin, T. IV, p. 257.
5. Intervention aux causeries sur la littérature et l'art à Yenan. (Ed. de Pékin).

La définition réciproque des termes à l'intérieur de la contradiction exclut toute universalité non contradictoire : « Quant au prétendu « amour de l'humanité » jamais depuis que celle-ci s'est divisée en classes, il n'a existé d'amour aussi général »; le « peuple » ne se détermine pas en référence à une nature humaine extérieure, mais dans son rapport militaire, politique, culturel à « l'ennemi du peuple »[1]. De même que les possibilités de monter aux extrêmes jugeaient tout compromis militaire et faisait éclater les compromissions, de même la contradiction aiguisée sert de critère à la radicalité idéologique : « Nous autres, communistes chinois... nous n'hésitons pas à sacrifier pour elle (« notre cause ») tout ce qui nous est personnel, nous sommes toujours prêts à y sacrifier notre propre vie; pourrait-il donc y avoir des idées, des conceptions, des opinions, des méthodes, auxquelles nous ne voudrions pas renoncer si elles ne correspondaient pas aux exigences du peuple ? »[2].

La coexistence exclusive des contraires — premier « sens » de la contradiction — gouverne la radicalité et le style des questions posées : « Quel que soit le phénomène que rencontre un communiste, il doit, en premier lieu, se poser la question « pourquoi ? »... En aucun cas il ne doit suivre aveuglément les autres et prêcher la soumission servile à l'opinion d'autrui[3]. » Pourtant on ne tient encore qu'une première face de la « dialectique » de Mao Tsé-toung. Le maniement de la question en fait intervenir une seconde.

4. *La dissymétrie des « aspects » de la contradiction.*

Le « peuple », sujet de la stratégie, de la politique et de la culture ne se définit pas seulement par l'aiguisement de la contradiction, mais en lui. Deux camps qui s'affrontent dans l'ascension aux extrêmes occupent des positions stratégiquement dissymétriques, dans le privilège de la défense se découvre la puissance du peuple. La dissymétrie, dans le cadre d'une théorie de la lutte, est celle des « aspects » de la contradiction, de leur « inégalité ».

Un premier examen de la contradiction a révélé la coexistence des contraires dans leur lutte à mort. Un second, « plus important »,

1. *Ibid.*
2. « A propos du gouvernement de coalition », Ed. Sociales, T. IV, p. 372.
3. « Pour un style de travail... », Ed. Sociales, T. IV, p. 53. On reconnaîtra ici le style dont se réclame la « grande révolution culturelle prolétarienne » : « Les 700 millions de Chinois sont tous des critiques », Remnin Ribao, 8-6-1966.

déchiffre les mécanismes de « conversion » entre les termes du rapport. « Chacun des deux aspects contradictoires d'un phénomène tend à se transformer, dans des conditions déterminées, en son opposé, à prendre la position qu'occupe son contraire ». Un exemple : « par la révolution, le prolétariat de classe dominée, se transforme en classe dominante, et la bourgeoisie qui dominait jusqu'alors se transforme en classe dominée, chacun prenant la place qu'occupait son adversaire »[1]. Mao Tsé-toung ne considère plus ici la simple exclusion réciproque des termes d'une contradiction, mais les rapports de domination qui s'y nouent, par lesquels un « aspect » l'emporte sur son opposé, ou inversement, jusqu'à la victoire finale de l'un qui, annihilant l'autre, fait du même coup disparaître la contradiction.

L' « aspect » désigne l'organisation des termes contraires à l'intérieur de la contradiction, considérée non plus seulement comme un système de places concurrentes (principale/secondaire) mais comme un système de conversion ; du fait qu'elle gouverne d'un bout à l'autre le mouvement d'une lutte, ses deux pôles (« aspects ») seront tour à tour dominants et dominés en échangeant leurs places. La « conversion » des aspects rend compte du procès de décision : « l'aspect principal et l'aspect secondaire de la contradiction se convertissent l'un en l'autre et le caractère des phénomènes change en conséquence »[2].

Le secret qui permet de gouverner « l'acte de guerre » dans son entier, la dissymétrie des deux « aspects » fondamentaux de l'offensive et de la défensive, est un cas particulier de l' « inégalité » des aspects de la contradiction : « Dans toute contradiction, les aspects contradictoires se développement de manière inégale »[3]. La symétrie de la concurrence gouverne la position réciproque des aspects à chaque moment de la lutte (principal/secondaire), la dissymétrie de la conversion *n'apparait* qu'à la fin d'une « série de luttes au cours sinueux », dans la victoire finale. L'art de manier le procès de la conversion est désigné dans les « méthodes pour résoudre les contradictions »[4] ; elles doivent organiser le développement entier de la contradiction au profit d'un « aspect », ce n'est qu'au « dernier coup » que cet aspect est définitivement « principal ». Autrement dit, la justesse de ces méthodes ne peut s'observer dans les résultats à chaque étape, comme les « stratégies » de la théorie des jeux, elles ont une intelligibilité interne, « spécifique » ; l'observation pure et simple des gains et pertes à un

1. *De la contradiction*, p. 69.
2. *Ibid.*, p. 61.
3. *Ibid.*, p. 60.
4. *Ibid.*, p. 43, 44, 78.

388

moment du jeu n'en rend pas compte, encore moins en est-elle un critère.

On repère ici la solution que propose Mao Tsé-toung pour répondre à une difficulté classique du marxisme qui distingue la classe dans sa réalité actuelle, empirique et la « position de classe » définie par la théorie (Marx : classe « en soi »/classe « pour soi »; Lénine : classe/ parti d'avant-garde). L'armée paysanne restera « dirigée par le prolétariat » non pour ce que ses chefs ont des origines, une vie ou des opinions prolétariennes, mais parce qu'elle occupe les « positions du prolétariat » dans la lutte de classe, soit « l'aspect » ou le camp « prolétariat » tel qu'il est défini dans et par la stratégie de la lutte décisive en Chine.

Pourtant l'analogie n'est pas complète; ce que le marxisme classique nomme « position de classe » ne correspond pas à un « aspect » mais à trois. Mao Tsé-toung distingue dans la lutte de classe trois « fronts ». le prolétariat s'y définit à l'intérieur de trois contradictions qui ont chacune leur logique — leur type de « conversion » — propre. L'aspect économique, l'aspect politique et militaire, l'aspect culturel sont chacun pris dans une « forme de mouvement »[1] aux propriétés originales et irréductibles. La relation « spécifique » entre deux aspects contradictoires détermine l'action réciproque de ces deux aspects, y compris la forme que prend leur dissymétrie ou « l'inégalité » de leur développement : « Comprendre chaque aspect de la contradiction, c'est comprendre quelle situation particulière il occupe, sous quelles formes concrètes il établit avec son contraire des relations d'interdépendance et des relations de contradiction, quelles sont les méthodes concrètes qu'il utilise dans sa lutte contre l'autre[2] ». La lutte culturelle a ses méthodes « concrètes » — c'est-à-dire « spécifiques » — différentes non pas en fait seulement, mais en droit, des stratégies politico-militaires.

La dissymétrie qui détermine la méthode de combat, et la victoire, de l'un des aspects est également « interne ». L'inégalité des deux aspects engendre de l'intérieur la temporalité propre de la contradiction, la durée nécessaire pour obtenir la décision finale.

Autant de « contradictions spécifiques », autant de relation d'inégalité type entre les aspects, autant de formes de lutte particulières, autant de structures de décision autonomes, autant de définitions du « peuple » et du « prolétariat ».

1. *De la contradiction*, p. 40.
2. *Ibid.*, p. 45.

5. *Les trois structures de contradiction.*

« D'où viennent les idées justes » ? demande Mao Tsé-toung. Il commence à répondre comme tout marxiste : « Tombent-elles du ciel ? Non. Sont-elles innées ? Non. Elles ne peuvent venir que de la pratique sociale... » Puis il enchaîne, c'est là son originalité «... de trois sortes de pratique sociale : la lutte pour la production, la lutte de classe et l'expérimentation scientifique »[1].

Originalité double : d'une part il considère toute praxis comme une lutte au sens stricte i.e. une matrice de décision gouvernable par une théorie (= stratégie de la « méthode pour résoudre la contradiction »), d'autre part, il compte trois, chaque praxis possède une forme spécifique et une intelligibilité propre.

Le monde est découpé par trois « pratiques » fondamentales[2]. Mao Tsé-toung différencie en premier lieu, comme la théorie des jeux, « les rapports de l'homme avec la nature » (— la pratique économique) et « les rapports déterminés existant entre les hommes »[3]. Les rapports entre les hommes se distinguent, en second lieu, selon qu'ils se décident par la « contrainte » ou par la « persuasion » (pratique de la violence plus ou moins matérielle/pratique culturelle ou idéologique) : « il faut adopter... deux méthodes différentes — la dictature et la démocratie — pour résoudre les deux types de contradictions, différents par leur nature, que sont les contradictions entre nous et les ennemis et les contradictions au sein du peuple »[4]. Aux trois pratiques correspondent ainsi trois formes d'altérité (homme/nature, peuple/ennemi, peuple/ peuple).

Le découpage n'est pas matériel, les trois pratiques n'ont pas des objets réels distincts et indépendants, la politique intervient dans l'économie, la pensée, objet de la troisième pratique n'est pas isolable de la seconde, elle porte toujours une « empreinte de classe »[5]. Si dans la réalité, les pratiques concourent et agissent l'une sur l'autre, dans leur « forme spécifique » elles sont parfaitement distinctes, chacune étant une matrice de décision originale et autonome : « les contradictions qualitativement différentes ne peuvent se résoudre que par des méthodes qualitativement différentes. Ainsi, la contradiction entre le

1. D'où viennent les idées justes ? *Quatre essais*, p. 149.
2. En général, économie, lutte politique, culture. Les formulations en sont diverses : guerre — production — culture (Ed. Sociales, T. IV, p. 271), etc.
3. De la pratique, *Quatre essais...*, p. 2, 4. Ed. Sociales, T. IV, p. 39, 42, etc.
4. *De la juste solution...*, p. 99.
5. De la pratique, p. 3.

prolétariat et la bourgeoisie se résout par la révolution socialiste... Les contradictions au sein du parti communiste se résolvent par la critique et l'autocritique; les contradictions entre la société et la nature, par le développement des forces productives... Résoudre les contradictions différentes par des méthodes différentes est un principe que les marxistes-léninistes doivent rigoureusement observer »[1].

Chacune de ces matrices fondamentales peut être construite sur le modèle de la structure stratégique. Elle est spécifiée 1 — par le but (Ziel) que vise la décision, 2 — par la forme de lutte qui permet de l'atteindre. Les buts définissent les extrêmes, dans l'alternative économique (développement/non développement des forces productives), politique (dominant/dominé), culturelle (vrai/faux). Les formes de lutte se distinguent par les méthodes qu'elles mettent en jeu, contrainte ou persuasion (auto-éducation, critique et autocritique) : « Il serait à notre avis préjudiciable au développement de l'art et de la science de recourir aux mesures administratives pour imposer tel style ou telle école au détriment de tel autre style ou de telle autre école. Le vrai et le faux en art et en science est une question qui doit être résolue par la libre discussion dans les milieux artistiques et scientifiques, par la pratique de l'art et de la science et non par des méthodes simplistes »[2].

La forme de chaque matrice dévoile une « méthode de résolution », une théorie de la décision fondée sur une dissymétrie particulière. En chacune d'elle, s'il applique la méthode adéquate, le « peuple » peut devenir définitivement « l'aspect principal ». Dans la lutte violente, qui use de la contrainte, le peuple est le sujet de la stratégie défensive d'une « guerre prolongée ». Economiquement, Mao Tsé-toung ne fait jamais de la technique le premier moteur du développement, les forces productives sont « les forces productives du peuple chinois »[3]; lorsqu'il évoque l'histoire de la Chine, son « matérialisme » lui fait expliquer les changements de la société par les transformations de la base économique, mais celles-ci renvoient à leur tour à la pratique du peuple, aux « révoltes et aux guerres paysannes (qui) ont été les seules forces motrices authentiques du développement historique »[4]. On

---

1. *De la contradiction*, p. 43, 44.

2. *De la juste solution...*, p. 126. Sur le caractère « spécifique » de la pratique culturelle, cf. Interventions à Yenan : « Les œuvres qui manquent de valeur artistique, quelque avancées qu'elles soient au point de vue politique, restent inefficaces. »

3. A propos du gouvernement de coalition, Ed. Sociales, T. III, p. 351.

4. La révolution chinoise et le P.C.C. : « Dans la société féodale chinoise, cette lutte de classe de la paysannerie, ces révoltes et ces guerres paysannes ont été les seules forces motrices authentiques du développement historique. Chaque révolte

découvre ici un des motifs du « grand bond en avant » qui visait l'éveil des « forces productives » des masses paysannes; c'est aussi la racine d'un refus perpétué de l' « économisme » [1].

Dans la pratique culturelle, le peuple se découvre une troisième fois comme l' « aspect » qui doit être décisif : « La vie du peuple... fait pâlir n'importe quelle littérature, n'importe quel art, dont elle est d'ailleurs la source unique, inépuisable... Les œuvres du passé ne sont pas des sources, mais des cours d'eau » [2]. Ce primat ne s'affirme qu'à l'intérieur de la forme spécifique de l'activité culturelle, dans une lutte (vrai/faux, ancien/nouveau, ignorance/connaissance) que Mao Tsé-toung prévoit beaucoup plus « prolongée » que la guerre du même nom. La référence au peuple ne signifie pas l'appel à la majorité — qui peut avoir tort [3], mais renvoie à la tâche d'établir un « langage commun » [4]. Dans cette forme d'activité, l'aspect principal et l'aspect secondaire, l'éducateur et l'éduqué changent constamment de position, l'artiste retourne à la source, se « popularise » et élève le niveau du peuple [5]. Si finalement le « peuple » se découvre « aspect principal », ce ne peut être que dans une culture, une vérité et un langage commun : « Bien que la vie sociale des hommes soit la source de la littérature et de l'art... le peuple ne s'en contente pas et veut de la littérature et de l'art. Pourquoi ? Parce que... la vie reflétée dans les œuvres littéraires et artistiques peut et doit... être d'un caractère plus universel que la vie quotidienne » [6]. Le même type de rapport gouverne la relation « prolétariat » — « masses populaires » [7].

Force productive, défense prolongée, langage culturel, trois fois le « peuple » s'inscrit dans une matrice de décision autonome pour s'y

paysanne plus ou moins importante, chaque guerre paysanne plus ou moins importante, portait un coup au système féodal existant, ce qui avait pour conséquence de donner une impulsion plus ou moins forte au développement des forces productives de la société. » Ed. Sociales, T. III, p. 90.

1. Pekin Information, 30 janvier 1967.
2. Interventions (...) à Yenan.
3. *De la juste solution*, p. 127.
4. *De la juste solution*, p. 119.
5. « Si nous donnions toujours... « le Petit Bouvier », ou faisions toujours lire les mêmes mots : « homme, main, bouche, couteau, bœuf, mouton », quelle différence y aurait-il encore entre éducateur et éduqué ? Ce serait bonnet blanc et blanc bonnet. Quel sens pourrait bien avoir une popularisation pareille ? Le peuple demande d'abord que les œuvres soient populaires, puis que leur niveau s'élève aussitôt, qu'il s'élève de mois en mois et d'année en année. » Interventions (...) à Yenan.
6. *Ibid.*
7. *De la juste solution*, p. 99.

définir comme l'aspect décisif, eu égard aux formes spécifiques de la résolution de chacune des contradictions. Il reste à penser le rapport de ces trois définitions.

6. *L'équivalence des décisions.*

La politique de Mao Tsé-toung détermine trois buts, poursuivis avec trois sortes de moyens par un même sujet, le « peuple ». L'unité des trois pratiques — « la » Politique — ne peut pourtant pas être déduite directement de l'unité de l'acteur; le peuple lui-même ne se définit qu'à l'intérieur des structures de décision : « la notion de « peuple » prend un sens différent selon les pays et selon les périodes de leur histoire »[1]. Seule la coordination des trois pratiques constitue la ligne politique : « la politique est le point de départ de toute action pratique d'un parti révolutionnaire... Toute action d'un parti révolutionnaire est l'application de sa politique »[2].

Comment justifier une décision globale gouvernant trois mécanismes de décisions autonomes ? La question se pose deux fois, 1 — lorsqu'il faut, pour une situation précise et datée, trouver dans le fouillis des problèmes idéologiques, économiques, militaires, etc. le point crucial, la « contradiction principale »; 2 — lorsqu'il faut penser le lien général, théorique, qui rassemble l'économie, la politique et la culture dans l'unité de « la pensée de Mao Tsé-toung ».

Dans une situation concrète, Mao Tsé-toung opère à l'aide d'une nouvelle distinction : contradiction principale/contradiction secondaire.

Les trois pratiques fondamentales sont différentes en leur forme, mais elles n'agissent pas dans trois mondes distincts; se croisant, elles engendrent, dans une même situation, une multiplicité de problèmes, ceux-ci sont interdépendants, qui veut les transformer doit d'abord les hiérarchiser : « Dans le processus de développement d'un phénomène important, il existe toute une série de contradictions »[3]. Décou-

1. *De la juste solution*, p. 89.
2. Œuvres, Ed. de Pékin, T. IV, p. 212-213.
3. « Par exemple, dans le processus de la révolution démocratique bourgeoise en Chine, il existe notamment une contradiction entre les classes opprimées de la société chinoise et l'impérialisme, une contradiction entre les masses populaires

vrir le problème central qui permet de gouverner cette série, c'est fixer « la contradiction principale dont l'existence et le développement déterminent l'existence et le développement des autres contradictions » [1].

Ce repérage du théâtre des opérations requiert une mise au point constante, « les contradictions se déplacent », tantôt l' « impérialisme » s'oppose à un pays colonial ou semi-colonial tout entier (guerre nationale), tantôt il s'allie avec une classe autochtone (guerre civile), etc. [2]. Mao Tsé-toung rattache la contradiction principale du moment aux catégories fondamentales du marxisme (société de classe — lutte de classe — capitalisme — impérialisme — lutte métropoles/semi-colonies — contradictions internes à la Chine — lutte KMT/PCC) [3]. Mais il ne déduit jamais la contradiction principale à partir de ces principes : l'« enquête » sur le terrain, l'observation du champ de bataille fixe le point crucial.

L'observation est stratégique en ce qu'elle inaugure un plan de guerre. Mao Tsé-toung joue ici très subtilement de la différence entre la contradiction principale (qui fixe le théâtre décisif des opérations) et l'aspect principal de la contradiction (qui découvre la méthode d'action décisive à l'intérieur de ce théâtre) : « Voyons la situation de la Chine. Dans la contradiction où la Chine s'est trouvée réduite à l'état de semi-colonie, l'impérialisme occupe la position principale et l'Etat opprime le peuple chinois, alors que la Chine, de pays indépendant, est devenue une semi-colonie. Mais la situation se modifiera inévitablement; dans la lutte entre les deux parties, la force du peuple chinois, force qui grandit sous la direction du prolétariat, transformera inévitablement la Chine de semi-colonie en pays indépendant, alors que l'impérialisme sera renversé... » [3]. La force qui installe la contradiction principale (« l'impérialisme » qui intervient de telle ou telle façon en fonction de la situation mondiale) est de cette contradiction l'aspect principal — lors de son installation. Mais la contradiction a sa logique propre qui ne dépend pas de la force qui l'inaugure, l'aspect principal (dominant) peut devenir secondaire (dominé) tandis que la contradic-

et le régime féodal; une contradiction entre le prolétariat et la bourgeoisie; une contradiction entre la paysannerie et la petite bourgeoisie urbaine d'une part, et la bourgeoisie d'autre part; des contradictions entre les diverses cliques réactionnaires dominantes : la situation est ici extrêmement complexe. » *De la contradiction.* p. 45.

1. *Ibid.*, p. 57.
2. *Ibid.*, p. 58-59.
3. *Ibid.*, p. 63.

tion principale demeure. Une stratégie fondée sur la forme d'action propre à cette contradiction (ici : guerre prolongée) rend cette « conversion » inévitable. De la décision, l'observation fixe le lieu (rapport des contradictions entre elles) mais la forme en demeure celle de l'une des trois pratiques canoniques (rapport des « aspects »).

Ici encore Mao Tsé-toung généralise le mode de pensée clausewitzien. La pratique culturelle a une signification politique, elle « continue » la politique par d'autres moyens, spécifiques. La politique à son tour possède une signification culturelle, ces deux types d'action interviennent dans l'activité économique. Chacune continue les autres par le truchement de son mode d'action propre ; si l'on considère une situation historique particulière, il faudra découvrir, à partir de la contradiction principale, la pratique décisive : son but se subordonnera alors celui des autres qui en deviennent les « instruments » ; le rapport entre les trois pratiques, en une situation donnée, est analogue à celui d'équivalence hiérarchisée qui relie, dans le calcul stratégique, le Ziel et le Zweck.

Le problème qui centre une situation politique peut provenir d'une force « externe », il est alors posé par l'ennemi (ex : l' « impérialisme »). Sa solution ne peut être qu'interne, en fonction du procès de décision propre à une des trois pratiques fondamentales. Laquelle ? La sélection de la forme décisive s'opère deux fois, permettant deux découpages temporels. La « contradiction principale » détermine une époque et la forme d'action qui la gouverne (impérialisme — guerre prolongée) ; le rapport des « aspects » à l'intérieur de celle-ci permet une périodisation d'échelle plus fine : le P.C.C. ne pourra mener la guerre prolongée que s'il sait établir une stratégie juste, pour lui, à un moment donné de la guerre prolongée, les problèmes idéologiques peuvent être déterminants. Aucune hiérarchie préétablie ne fixe ces rapports une fois pour toutes, à une autre échelle ou dans une situation différente, le conflit peut à son tour n'être qu'un aspect (principal ou secondaire) de la contradiction culturelle devenue principale [1].

Qui décide de la stratégie adéquate, qui fixe la contradiction principale et l'aspect principal de la contradiction ? Autrement dit, *où* s'opère la hiérarchisation des trois pratiques établissant la ligne politique pour une époque donnée ? Est-ce dans la première, la deuxième

---

1. « Certes, les forces productives, la pratique et la base économique jouent en général le rôle principal, décisif, et quiconque le nie n'est pas un matérialiste ; mais il faut reconnaître que dans des conditions déterminées, les rapports de production, la théorie et la superstructure peuvent, à leur tour, jouer le rôle principal, décisif. » *De la contradiction*, p. 65.

ou la troisième pratique ? Il y a entre elles un rapport **général** qui seul permet de penser leurs hiérarchisations particulières, dans la variété des situations.

L'économie, l'usage de la force, la culture ont chacune leur intelligibilité propre, Mao Tsé-toung en trouve l'expression dans l'économie politique marxiste, la stratégie révolutionnaire et les méthodes de « juste solution des contradictions au sein du peuple ». Ces trois **types** de rationalité doivent coopérer pour établir, dans chaque situation, *la* ligne juste qui entraîne la décision unitaire. Comment se **règle** leur rapport ?

Les contradictions économiques sont situées théoriquement par la distinction fondamental/spécifique. Les contradictions « fondamentales » définissent le théâtre des opérations, les catégories économiques décrivent les données les plus constantes, les cadres de l'action (société de classe, capitalisme, impérialisme). A l'opposé, les contradictions « spécifiques » articulent ces catégories autour des matrices de décision empruntées aux deux autres « pratiques ». Le discours universel de l'économie politique ne suffit jamais à rendre compte des stratégies décisives particulières : « l'universel existe dans le spécifique »[1].

Les catégories stratégiques ne rendent pas non plus, à elles seules, compte de la justesse de la décision; elles se subordonnent à la distinction ami/ennemi dont elles ne sont pas l'origine[2].

C'est donc dans le troisième genre de pratique qu'apparaît le concept qui règle, pour chaque situation, le rapport des trois pratiques à l'intérieur d'une seule décision. Cela peut paraître truisme : la théorie nait dans la pratique théorique[3]. Ce serait oublier que chaque pratique use de formes spécifiques; dire que la théorie s'élabore dans les formes de la discussion persuasive, c'est reconnaître en toute lutte, même la plus violente ou la plus économique, que la ligne juste est nécessai-

---

1. *De la contradiction*, p. 34. L'opposition fondamental/spécifique interfère souvent avec l'opposition universel/particulier, les deux versions françaises (Ed. de Pékin, Ed. Sociales) traduisent une même phrase en employant indifféremment l'une ou l'autre des oppositions.

2. Cf. ci-dessus, p. 310.

3. « Nombre de théories des sciences de la nature sont reconnues vraies non seulement parce qu'elles ont été considérées comme telles lorsque des savants les ont élaborées, mais parce qu'elles se sont vérifiées ensuite dans la pratique scientifique. » *De la pratique*, p. 17.

396

rement fixée par le jeu de la critique et de l'autocritique, « au sein » du parti ou du peuple. On trouve ici l'origine des problèmes d'organisation de l' « Etat-major » de la Révolution et le sens particulier que Mao cherche à donner au « centralisme démocratique » en ne se satisfaisant pas de la comparaison, classique dans le marxisme, du « Parti » avec une armée ou un bureau de planification centrale.

Ce primat de la troisième pratique dans l'établissement d'une ligne juste ferme définitivement tout le procès de décision de la Politique selon Mao Tsé-toung. Utilisant des moyens divers, où l'activité économique, la violence ou la persuasion l'emportent tour à tour, selon les cas, c'est toujours « au sein du peuple » que la décision sera prise, ses mécanismes sont essentiellement « internes ». D'où la seconde version du Tigre de papier.

7. *Tigre en papier : seconde version.*

La définition de la Politique de Mao-Tsé-toung est toute entière gouvernée par la distinction qui l'inaugure, celle qui oppose décision interne et causalité externe. La manipulation logique de la contradiction réduit de plus en plus la part des facteurs extérieurs : des différences aux contradictions, de leur multiplicité à la contradiction principale, du duel des aspects (principal/secondaire) à la dissymétrie de leur développement (inégalité), il faut toujours passer de l'extérieur, qui peut poser les termes du problème, à l'intérieur, qui le résout. La manipulation des contradictions réelles conclut de même, qui situe la décision « au sein du peuple » dans les forces productives, la guerre prolongée, la culture et dans la discussion persuasive fixant le rapport des trois. Le primat de la décision interne définit une des deux « conceptions du monde » que Mao Tsé-toung juge fondamentales, la sienne [1].

Cette conception s'est essentiellement révélée théorie de la décision. Dans son cadre, la menace dissuasive est posée à nouveau comme tigre de papier : elle ne peut gouverner les décisions politiques fondamentales, elle n'est pas la « contradiction principale » : « le destin de la Chine est décidé par le peuple chinois, et le destin du monde par les peuples du monde, et non par l'arme atomique » [2].

Qui ignore la théorie politique de Mao Tsé-toung risque de n'entendre ici que l'écho d'un fatalisme optimiste dont Voltaire fit justice

1. *De la contradiction*, chap. I : les deux conceptions du monde, p. 27.
2. *Peking Review*, T. VII, p. 42 (16 octobre 1964).

en son temps. Nulle candeur pourtant chez un penseur pour qui la victoire ne dépend jamais d'un automatisme mais d'une ligne théoriquement « juste », i.e. exacte [1].

La discussion vraie ne porte pas sur les conséquences — graves pour tous [2] — de l'utilisation éventuelle de l'arme atomique. Ni sur le fait qu'« une guerre mondiale peut être empêchée » [3]. Mais sur les moyens d'éviter cette utilisation i.e. sur la fonction qu'il faut donner à la terreur atomique dans les rapports internationaux : « La question qui se pose en réalité est de savoir quelle politique il faut adopter » [4].

La terreur qu'engendre la perspective d'une guerre atomique existe, les guerres « révolutionnaires » existent aussi. Un dirigeant communiste tient compte des deux aspects, s'il est chinois il estime que la guerre révolutionnaire doit devenir l'aspect principal (« mépriser stratégiquement le chantage nucléaire ») le danger nucléaire étant vu, mais défini comme fondamentalement subordonné (« tenir compte tactiquement de la force adverse »). Inversement pour les Soviétiques : « les armes nucléaires et les fusées mises au point au milieu de notre siècle ont changé l'idée qu'on se faisait de la guerre » [5]. Les guerres, toutes, sont subordonnées à cette question : « La coexistence pacifique n'est pas simplement l'absence d'une guerre, ce n'est pas non plus une trève provisoire et précaire entre deux guerres; c'est la coexistence de deux systèmes sociaux opposés, basée sur le refus mutuel d'employer la guerre comme moyen de régler les différends entre états » [6].

Dans les deux cas un « aspect » agit sur l'autre. Les responsables chinois croient que l'extension des guerres « révolutionnaires » diminue les risques de guerre nucléaire parce qu'elle impose un autre type de

---

1. *Œuvres*, T. IV, Ed. de Pékin p. 212-213 : « Tous les camarades du parti doivent comprendre que l'ennemi est maintenant complètement isolé. Mais l'isolement de l'ennemi ne signifie pas que nous ayons déjà remporté la victoire. Celle-ci nous échappera quand même si nous commettons des erreurs dans notre politique... » (février 48).

2. « Un énorme chaos », la disparition « du tiers ou de la moitié » de la population mondiale (Mao Tsé-toung à Moscou, 18-11-57).

3. Déclaration du gouvernement chinois, 1er sept. 1963.

4. *Ibid.* En référence à leur définition de la politique, les dirigeants chinois reprochent aux Soviétiques d'avoir oublié que la guerre est la continuation de la politique.

5. Lettre du C.C. du P.C.U.S. 14 juillet 63.

6. « En adoptant son nouveau programme, notre grand Parti déclare solennellement devant toute l'humanité qu'il considère comme but principal de sa politique étrangère non seulement de conjurer la guerre mondiale, mais de bannir à tout jamais les guerres de la vie de la société, du vivant de notre génération. » N. Krouchtchev, XXIIe congrès du P.C.U.S.

décision (elle « démonétise » la menace nucléaire) et qu'elle affaiblit le « camp impérialiste ». Réciproquement la paix nucléaire doit, selon les Soviétiques, ouvrir les « voies pacifiques » vers le socialisme.

Les deux thèses sont aussi « dialectiques » l'une que l'autre, si on tient à qualifier de ce grand nom l'idée simple d'une interaction des deux aspects. Elles se contredisent radicalement quant à l'aspect jugé décisif, les Chinois qualifiant de « fétichisme nucléaire » l'idée de fonder la politique sur la dissuasion : « Aux yeux des dirigeants soviétiques, le monde entier et l'histoire de toute l'humanité graviteraient autour de l'arme nucléaire »[1].

L'armement nucléaire n'introduit pas de révolution copernicienne dans la politique pour qui raisonne dans l'architecture serrée de la pensée de Mao Tsé-toung. Quelles que soient les formes des contradictions envisagées, l'aspect décisif est perpétuellement recherché « au sein du peuple » dans un dialogue déterminé comme inverse de la contrainte. La terreur est toujours exclusive (exercée sur l'ennemi), jamais inclusive, jamais source de sens et de communauté comme elle le fut dans la « Phénoménologie de l'Esprit », comme elle l'est, affirme Hegel, dans toute la civilisation chrétienne.

D'où l'on soupçonne peu d'affectation dans le ton quelquefois héroïque des déclarations chinoises[2]. L'héroïsme ne s'oppose pas à leur raison, ni ne la transcende, il est aussi une « façon judicieuse de traiter les contradictions » par l'affirmation du « peuple » comme source de toute décision. La contradiction de la situation mondiale prête, dans l'optique de Mao-Tsé-toung, à deux approches; comme dans toute contradiction, on peut privilégier les facteurs externes (armes) ou internes (peuples) — deux « conceptions du monde » s'opposent ici irréductiblement, les deux seules qui déjà partageaient le monde de la pensée selon *De la Contradiction* (version achevée : 1951).

Quiconque juge dans le cadre de la pensée de Mao Tsé-toung n'entend pas le discours dissuasif, il ne comprend pas que la terreur partagée puisse fonder une communauté et donner un sens, une politique et un avenir au mot humanité. Il ne s'agit pas de quelques opinions anecdotiques et contingentes au sujet du danger atomique. Encore moins d'un bluff. Les Chinois ne sont ni aveugles, ni sourds; pour autant qu'ils se réfèrent à la pensée de Mao Tsé-toung, ils pensent autrement, à partir d'une théorie de la décision qui exclut

1. Déclaration du 1er sept. 63.
2. « Aux yeux des dirigeants soviétiques, au siècle nucléaire où nous vivons, il ne s'agit que de survivre, le but n'existe pas... Chacun a son idéal et il ne faut pas mesurer les autres à son aune » *(ibid.)*.

que l'ordre du monde naisse positivement de l'égalité dans la Terreur [1].

Mao Tsé-toung refuse la solution hégélienne de la lutte à mort, le sens n'est pas sens de la mort du sens. Pour lui comme pour Clausewitz après Iéna, la « résistance » est sacrée; la peur absolue de la mort ne devient jamais négativité de l'esprit, elle définit absolument l'esclave et, la peur fascinante de la mort nucléaire, « l'esclave nucléaire » : « le marxisme comporte de multiples principes qui se ramènent en dernière analyse à une seule phrase : on a raison de se révolter » [2].

---

1. D'où l'affirmation que les armes nucléaires n'ont pas plus de signification politique que les autres armes de destruction massive (gaz, armes microbiennes, etc.) et qu'elles doivent être proscrites de la même façon.

2. Discours à Yenan pour le 60e anniversaire de Staline, cité in Pekin Information, 10 avril 1967.

III. — DE LA « JUSTESSE »
DES GUERRES « JUSTES »

Il n'y a pas de stratégie, ni de politique, sans une idée de vérité. Pour la pensée de Mao Tsé-toung, l'arme « absolue » se montre par deux fois non décisive, plus secrètement elle est non vraie. Quelques indices pointent la présence d'une perception originale de la vérité, on les relève ici sans pourtant proposer une théorie; la philosophie ne supporte pas d'être traduite de la même façon que la stratégie ou la politique, trop profondément abritée dans la langue et la culture où elle interroge.

A l'intérieur du discours de la guerre qu'elle prolonge, la pensée de Mao Tsé-toung se marque de quelques différences. A Clausewitz, elle emprunte un modèle de décision; la Politique étend sur tous les domaines, eu égard à la forme spécifique des moyens employés, le type de « matrice » que la stratégie illustre; la politique continue la guerre, comme la guerre, la politique, l'empire d'une même théorie de la décision les unit.

Clausewitz pensait que la stratégie aurait accompli son œuvre lorsque chacune exploitant les ressources de sa défense et de ses alliances, les nations européennes sauraient stabiliser l'équilibre des forces, autant qu'il l'est permis à l'intelligence humaine. L'idée n'est pas étrangère à Mao Tsé-toung, la Chine indépendante « pourra espérer traiter avec les pays étrangers impérialistes sur la base de l'égalité et de l'avantage mutuel »[1], pourtant il pousse l'interrogation stratégique plus loin. Derrière les rapports entre nations constituées, la théorie de l'action révolutionnaire réfléchit la formation des nations dans le « creuset » de la guerre[2].

Hegel avait soutenu cette question dans son ampleur, telle qu'elle se pose à travers la tragédie grecque et la révolution française. D'où la parenté de départ des logiques radicales qui pensent les différences dans la profondeur de la contradiction. Mais Hegel aussi interroge plus court; pour lui, la paysannerie, « élément naturel de la guerre », demeure « substance » et non « sujet », masse « brute », « naturelle »; elle est mise en mouvement de l'extérieur, la négativité de l'esprit ne descend pas en elle. La solution naît dans la dissuasion de la Terreur, il la trouve esquissée en Thermidor et Napoléon, symbolisé dans la mort du Christ — ces éléments restent purement négatifs, et ne sauraient fonder l'ordre du monde pour Mao Tsé-toung.

De la famille des penseurs politique d'Occident, Mao est un fils naturel qui revendique son illégitimité.

1. *Du peuple.*

Que le peuple soit lieu et source de la vérité est le principe fondamental de la pensée politique née avec Machiavel et Hobbes. Depuis, toutes les théories pensent l'origine commune de la société, du langage et du pouvoir. Autant que le « nul n'est méchant volontairement »

---

1. *Œuvres*, Ed. de Pékin, T. IV, p. 449 (1949).
2. « A propos de la coexistence pacifique, les divergences entre nous et ceux qui nous attaquent résident encore en ceci : nous estimons que la coexistence pacifique entre pays à systèmes sociaux différents, et la lutte révolutionnaire menée par les nations et classes opprimées des différents pays sont deux genres de problèmes, et non pas un seul et même genre de problème. Le principe de la coexistence pacifique s'applique uniquement aux rapports entre pays à systèmes sociaux différents, et non à ceux entre nations opprimées et nations oppresseuses, pas plus qu'à ceux entre classes opprimées et classes oppresseuses. » *Les divergences entre le camarade Togliatti et nous.* Déc. 1962.

fut au secret de la philosophie grecque entière, autant « on ne peut tromper le peuple » est une vérité qui domine toute réflexion proprement politique. Hobbes l'affirme, pour qui le peuple, auteur muet, est « représenté » par l'Etat-Leviathan. Rousseau confirme, le peuple peut *se* tromper, il n'en demeure pas moins fondement de la parole et du contrat social. Hegel, sur cet axiome, assoit toute sa critique de la philosophie des lumières qui imagine les peuples conduits par une élite (« éclairée ») ou égarés par elle (le parti « prêtre »); il reprend à son compte l'ironique interrogation de Fréderic le Grand : « Quand donc on a posé la question générale de savoir *s'il était possible de tromper un peuple,* la réponse devait être en fait que la question n'avait aucune valeur, parce qu'il est impossible de tromper un peuple sur ce terrain. Du cuivre au lieu de l'or, de la monnaie fausse au lieu de bonne peuvent être mis en circulation de façon isolée; on peut faire admettre à beaucoup de gens qu'une bataille perdue était une bataille gagnée, et d'autres mensonges sur des choses sensibles et des événements particuliers peuvent être rendus croyables pendant un certain temps; mais dans le savoir de l'essence, où la conscience possède la certitude immédiate de soi-même, la pensée de l'illusion est entièrement à écarter »[1].

L'axiome demeure pour Mao Tsé-toung, le peuple est « source », index sui et falsi. Le peuple peut certes se tromper, mais seul il peut tirer de l'erreur une leçon, faire « l'expérience des victoires et surtout des défaites »[2]. C'est « au sein du peuple » que s'opère la distinction du vrai et du faux qui permet de fixer la ligne juste; si elle est correctement appliquée, « les intellectuels... se fondront en un tout avec les ouvriers et les paysans »[3].

Cette souveraineté populaire s'exerce dans le rapport à la nature (peuple = force productive); elle détermine toute la stratégie (la durée de la guerre prolongée), elle se découvre fondamentalement dans un exercice de langage, la discussion (opposée à la contrainte matérielle), « juste solution des contradictions au sein du peuple », soit dans l'opération qui veut faire coïncider en acte l'origine de la société et l'origine du langage.

---

1. *PhG.,* T. II, p. 104.
2. *De la pratique,* p. 12; « Le peuple seul est la force motrice, le créateur de l'histoire universelle. » *Du gouvernement de coalition* (1945).
3. *De la juste solution,* p. 121.

2. *Du langage.*

Rousseau au cœur du contrat social installait la communauté de la langue. Hegel, mettant fin à la lutte à mort par l'égalité dans le langage, en avait tiré ce que les Chinois nommeraient une « pratique » par quoi les consciences acceptent de « faire sortir (leur) vie intérieure dans l'être-là du discours ». Réunissant deux âmes goethéennes, devant faire fusionner l'Empire français et l'Allemagne hégélienne, la « double confession » exerce le pouvoir d'un langage « maître sur tout fait et toute effectivité »[1].

Limité au « sein du peuple », gouvernant l'action brutale sans se substituer à elle, mais loi et méthode de la discussion, le jeu de la critique et de l'autocritique semble impliquer une intuition parente. Dans les deux cas l'égalité opère à travers l'inversion continuée de l'éducateur et de l'éduqué (Mao), du mal et de son pardon (Hegel). Dans les deux cas, c'est l'essence contagieuse du langage qui agit, cette « continuité sans coupure »[2] que Mao découvre émerveillé dans les révoltes paysannes : « Est-ce qu'il aurait été possible, même en créant une dizaine de milliers d'écoles politiques, d'éclairer politiquement en un délai aussi court tous les hommes et toutes les femmes, des plus petits jusqu'aux plus grands, habitant les villages les plus éloignés, les coins les plus reculés, comme l'ont fait justement les unions paysannes ? Je ne le pense pas. Les mots d'ordre politiques : « A bas l'impérialisme! A bas les militaristes! A bas les fonctionnaires prévaricateurs et concussionnaires! A bas les Touhao et les Le Chen! » volent littéralement sans avoir besoin d'ailes; ils s'emparent des masses innombrables des campagnes, jeunes, adultes, vieillards, femmes, enfants, se gravent dans leur conscience et finissent par apparaître sur leurs lèvres. Si vous voyez un groupe d'enfants en train de jouer et que l'un d'entre eux, écarquillant les yeux, tapant du pied, brandissant le poing, se précipite, furieux, sur l'autre, vous entendrez à coup sûr ce cri perçant : A bas l'impérialisme! »[3].

D'abord une parenté : au cœur de la société la « contagion » du langage décide de tout. La puissance de la parole et l'activité de la société font un, depuis Hobbes jusqu'à Mao Tsé-toung. Ce n'est que sur ce fond commun qu'il faut laisser éclater la différence; chez Hegel les paysans et les enfants n'ont pas le droit à la parole; elle est privilège

---

1. *PhG.*, T. II, p. 196.
2. *Ibid.*, p. 199.
3. *Le mouvement paysan dans la province de Hounan* (1927), Ed. Sociales, T. I, p. 55-56.

des personnes cultivées. Différence qui renvoit à deux conceptions opposées de la culture, ou de la présence de la vérité dans le langage.

3. *Le « bond » de la vérité.*

Le langage est la vie immédiate de la société, il n'est pas lui-même immédiat. Pour obtenir une décision juste, le sentiment et la passion, spontanéité du langage selon Rousseau, ne suffisent pas. Mao, après et d'après Hegel (via Lenine) distinguera la saisie de l'apparence (intuition sensible et perception) et la saisie de l'essence (concept). Seule la seconde est juste, i.e. vraie [1].

La définition du concept est parente chez les deux penseurs, et classique : « voir les choses dans leur ensemble... leur caractère et leur liaison interne » [2]. Mais elle n'est absolument pas obtenue de la même façon. La négativité hegelienne découvre dans un rapport universalisateur à la mort le pouvoir de toute pensée (« meurtre de la chose »). Nul privilège analogue pour Mao Tsé-toung, la mort n'est pas source de sens dans la discussion « au sein du peuple » [3]. Elle intervient dans le rapport stratégique avec l'ennemi comme « négation naturelle », non « spirituelle » : « Lao Tsé a dit : « Le peuple ne craint pas la mort, pourquoi l'en menacer » ? [4].

Si la mort n'assure plus le passage de la sensation au concept, de l'apparence à l'essence, quoi d'autre ? Non plus « d'où viennent les idées justes ? » mais : comment viennent-elles ? Mao Tsé-toung répond énigmatiquement : d'un *bond*. Le terme est emprunté à Lenine pour recevoir une extension nouvelle (cf « le grand bond en avant ») : « La continuité de la pratique sociale amène la répétition multiple de phénomènes qui suscitent chez les hommes des sensations et des représentations. C'est alors qu'il se produit dans leur cerveau un changement soudain (un bond) dans le processus de la connaissance, et le concept surgit » [5].

1. *De la Pratique*, p. 3, 5, etc.
2. *Ibid.*, p. 13.
3. Au contraire, la Terreur selon Hegel, détruit, au point culminant de la Révolution, tout « sein-du-peuple » : « Le gouvernement, une décision et une exécution qui procèdent d'un point (...) c'est seulement la faction victorieuse, et justement dans le fait d'être faction se trouve immédiatement la nécessité de son déclin. » *PhG.*, T. II, p. 136. Derrière la différence des descriptions, il y a deux conceptions (cf. « nécessité ») de l'exercice de la décision dans l'être du langage, i.e. de la vérité.
4. *Œuvres*, Ed. de Pékin, T. IV, p. 460.
5. *De la pratique*, p. 5.

Le bond est le mode d'apparition de la vérité pour Mao Tsé-toung. La contradiction gouverne le phénomène, mais elle « manifeste » son pouvoir à travers deux « états » des choses, « un état de repos relatif et un état de changement évident ». L'état de repos est « apparent », les tensions et les transformations s'y dissimulent; elles n'éclatent au grand jour que dans le second état, dans « la manifestation d'un changement évident ». Le deuxième état fait apparaître l'essence des deux : « la lutte des contraires qui se poursuit dans les deux états aboutit à la solution de la contradiction dans le second »[1]. Pour Mao Tsé-toung, la vérité bondit, c'est-à-dire boue et brûle.

Le bond, ou la vérité qui devient phénomène : quand une idée surgit dans le cerveau, quand la révolution politique ou culturelle devient « conflit ouvert », quand l'économie doit être transformée. C'est le moment de la conversion des aspects dissymétriques de la contradiction, but de toute théorie : « La lutte des contraires est ininterrompue, elle se poursuit aussi bien pendant leur coexistence qu'au moment de leur conversion réciproque, où elle se manifeste avec une évidence particulière »[2]. Le bond est aussi universel que la contradiction, puisqu'il en est le secret moteur : « Le vrai, le bon et le beau n'existent jamais qu'au regard du faux, du mauvais et du laid, et se développent dans la lutte contre eux »[3].

D'où viennent les idées justes ? demande Mao en répondant : des trois formes fondamentales de pratique. Comment ? — par un bond. La vérité bondit dans ces trois formes, pas ailleurs. Peut-on demander d'où vient le bond ? L'idée surgit dans le « cerveau », à partir de lui, mais d'où vient qu'elle soit juste ou fausse ? Y a-t-il une idée juste de l'idée juste ? L'éléphant soutient la terre, qui soutient l'éléphant ? Rien, chez Mao Tsé-toung, ne conduit vers ce type de questions circulaires. L'idée surgit dans le cerveau, au sein du peuple, l'idée juste est d'un seul bond idée et juste, index sui et falsi.

Toutes les « méthodes » de « juste solution des contradictions » préconisées par Mao Tsé-toung ne visent qu'à favoriser l'accomplissement de ce bond dans les « formes spécifiques » — elles ne se substituent pas à lui. Chaque pratique ménage une structure d'attente afin que le bond décide où le « peuple » se prononce; « l'œil du paysan voit juste ».

---

1. *De la contradiction*, p. 75.
2. *De la contradiction*, p. 80.
3. *De la juste solution*, p. 128.

4. *Du cycle infini.*

La vérité universelle de la mort termine, selon Hegel, l'histoire et la connaissance. La Terreur donne une leçon de sagesse définitive, elle dévoile l'être du langage et de l'organisation sociale, elle les fonde en raison. Envisagé un instant, l'éternel retour des révolutions est rendu inutile, l'esprit ne devra pas « reparcourir ce cycle de la nécessité » [1].

Un bond bondit, la mort ne le fixe pas, il contient en lui toute son universalité, « l'universel est dans le spécifique », il n'est pas définitif. Un bond rebondit, sans autre garantie que son propre surgissement, il devra continuellement se « vérifier ». « Dans la pratique sociale, le processus d'apparition, de développement et de disparition est infini, également infini est le processus d'apparition, de développement et de disparition dans la connaissance humaine » [2].

La vérification a lieu dans les formes canoniques des pratiques; d'où deux bonds fondamentaux distingués par Mao [3], de la connaissance sensible à la connaissance rationnelle (toutes les pratiques rebondissent dans la troisième, la théorique), de la connaissance rationnelle à la « pratique révolutionnaire » ou à la « pratique scientifique » (la ligne théoriquement juste se vérifie dans chaque pratique autonome). Les trois formes fondamentales de contradiction sont de ce fait les conditions de possibilité de toute expérience rationnelle. Aucune connaissance ne peut s'en évader, il n'y a pas de point final, « cette forme cyclique n'a pas de fin » [4].

La pensée classique soutenait le jeu des activités humaines par une présence extérieure, la providence de Dieu ou de la nature; Hegel faisait tenir à la mort ce rôle, l'absence se substituant à la présence dans la même fonction; pour Mao Tsé-toung, rien. Le bond se perpétue dans un autre bond — sans garantie extérieure; en Chine même, « la lutte de classe entre le prolétariat et la bourgeoisie... sera encore longue et sujette à des vicissitudes, et par moments elle pourrait même devenir très aiguë. Le prolétariat cherche à transformer le monde selon sa propre conception du monde et la bourgeoisie veut en faire autant. A cet égard, la question de savoir qui l'emportera, du socialisme ou du capitalisme, n'est pas encore véritablement résolue » [5]. Le sens de

---

1. *PhG.*, T. II, p. 138.
2. *De la pratique*, p. 21.
3. *Ibid.*, p. 16-17.
4. *Ibid.*, p. 23.
5. *De la juste solution*, p. 128.

l'histoire n'est ni au-dessus, ni au-dessous d'elle, pas plus à la fin qu'au commencement, il est dans son bond et son rebond.

Une fin de la lutte armée — « l'étape violente » — est concevable, mais non prédestinée, dans le terme que s'assigne toute stratégie : la victoire. Par contre, la pratique culturelle et théorique n'a pas de terme; de même la lutte contre la nature; « l'homme n'a donc jamais fini de connaître la vérité dans le processus de la pratique. Le marxisme-léninisme n'a nullement épuisé la vérité; sans cesse, dans la pratique, il ouvre la voie à la connaissance de la vérité... »[1]. Il n'y a pas de vérité éternelle, il y a une apparition continuée de la vérité, où se détermine le juste.

5. *Le tigre de papier : troisième version.*

C'est une métaphore. Au sens propre, elle désigne du papier encollé sous forme de tigre. Investie d'une signification théorique, elle devient une allégorie illustrant l'affirmation que l'arme nucléaire ne règle ni la décision stratégique ni la décision politique. Une métaphore pourtant est plus profonde qu'une allégorie [2]. Le tigre, le papier et le tigre en papier s'inscrivent sur un fond de culture et de mythologie, pour savoir ce qu'éveille la métaphore il faudrait la longue analyse structurale d'un Levi-Strauss, appliquée à une civilisation plus que millénaire.

Un indice seulement : on rencontre déjà la formule sous la plume de Mao Tsé-toung en 1940 [3]. Elle vise des propositions de Tchiang Kaï-chek dénoncé comme voulant « imposer la dictature d'un parti (le K.M.T.) en se couvrant du drapeau de l'unité ». Il s'agit pour Mao d'une tromperie qui consiste « à faire passer en fraude le despotisme sous le masque de l'unité, à vendre de la viande de chien à l'enseigne d'une tête de mouton ». Conclusion : « nous devons aujourd'hui, à notre meeting, percer de part en part leur tigre de papier ». Ici semble soulignée moins la menace réelle (tigre) ou apparente (papier) des propos de Tchiang que la tromperie (cf. masque); tigre de papier = illusion = leurre.

1. *De la pratique*, p. 21-22.
2. « De nombreux savants et philosophes recourent fréquemment aux métaphores dans leurs explications, et ils y ont souvent réussi, leurs métaphores ayant grande précision et beaucoup de profondeur », remarque à propos du tigre de papier, le texte : « Encore une fois sur les divergences entre le camarade Togliatti et nous » (1963).
3. « Unir toutes les forces », 1er février 1940, Ed. Sociales, T. III, p. 190.

C'est au regard de son idée de la vérité que l'arme « absolue » devient pour la pensée de Mao Tsé-toung un leurre ou un fantasme.

L'arme thermo-nucléaire passe pour absolue parce qu'elle soutient la menace, voire l'exercice effectif d'une violence définitive dans ses effets.

Inversement, Mao Tsé-toung ne situe pas la vérité dans un rapport à la mort matérielle mais « au sein du peuple » : « Lao Tsé a dit « le peuple ne craint pas la mort, pourquoi l'en menacer » ?[1]. Sont-ce les sages de l'ancienne Chine qui ont appris à « mépriser stratégiquement » le tigre de papier ?

Qu'est-ce alors que « tactiquement » sérieusement compter avec la bombe ? La considérer, toujours, comme l'instrument d'une politique qui décide par ses critères propres, extra-militaires, répondrait probablement un dirigeant chinois :

1 — Si on la possède, s'en servir défensivement contre un ennemi qui la détient également : « L'arme nucléaire dans les mains d'un pays socialiste doit toujours être une arme défensive destinée à résister à la menace nucléaire de l'impérialisme ». Même à ce titre, son usage reste subordonné à la politique, elle ne définit pas ce qui est défendu (l'enjeu, par ex. : la cohésion des « blocs ») : « contrairement aux pays impérialistes, les pays socialistes n'ont pas besoin d'utiliser les armes nucléaires, ni ne doivent les utiliser pour faire du chantage et s'en servir comme enjeu »[2].

2 — En toutes occasions, et surtout si on ne la possède pas, jouer sur les « contradictions internes » de l'adversaire. Pour celui-ci également l'arme est l'instrument d'une politique et son utilisation doit pouvoir être freinée politiquement (eu égard aux différents groupes de pression — « facteurs » — sociaux, raciaux culturels qui jouent dans le choix des décisions).

Ces recettes indicatives forment un tout cohérent lues à partir de l'idée de vérité propre à Mao Tsé-toung.

Hegel avait déjà présenté le tableau classique d'une nation trop

1. *Œuvres*, Ed. de Pékin, T. IV, p. 460.
2. Déclaration du 1er septembre 1963.

militaire qui se dissout, non par la défaite, mais de l'intérieur par le ressort même de sa force, qui tue sa cohésion : « L'adolescent valeureux, dans lequel la féminité se complaît, le principe réprimé de la corruption, émerge maintenant à la lumière du jour et est ce qui compte. C'est maintenant la force de la nature et ce qui se manifeste comme la contingence de la fortune qui décident sur l'être-là de l'essence éthique et sur la nécessité spirituelle. Puisque l'être-là de l'essence éthique dépend de la force et de la fortune, il est déjà décidé qu'elle est allée au gouffre ». Il s'agissait de la Grèce[1].

Mao Tsé-toung ne croit pas, et ne croira jamais — parce que sa vérité est autre — ce que Hegel croit savoir : que ce qui était vrai de la Grèce ne vaut plus pour une nation chrétienne et post-napoléonienne. L'idée qu'une société puisse se fonder sur la terreur partagée et la dissuasion prolongée est étrangère à une tête chinoise. Si le fondement de la vie politique est « au sein du peuple », la détermination des fins politiques en fonction de la seule puissance physique des armes entraîne la dissolution de la vie politique, aujourd'hui comme en Grèce. Si la guerre n'est pas la continuation d'une politique et d'une vérité, la politique ne continue plus, l'état se défait dans ses contradictions internes, tôt ou tard, quelque chaos que sa chute suscite : voilà ce que nécessairement pense la pensée de Mao quand elle se fixe sur ses ennemis, « ayant brandi la pierre, ils s'écrasent eux-mêmes le pied »[2].

Quand elle se fixe sur elle-même :
La vérité ne tient pas son universalité de la mort, hegeliennement conçue comme « négation spirituelle ». L'universel est dans le spécifique — la vérité est dans le peuple. Le spécifique est contradiction — la vérité bondit. Cycle infini — sans garantie extérieure que la bombe puisse mettre en question. Pas d'absolu où prendrait sens l'arme absolue[3].

1. *PhG.*, T. II, p. 42.
2. Proverbe cité par Mao Tsé-toung, souvent (6-11-57, 20-2-40, 24-4-45, etc.).
3. S'il faut illustrer le « bond » énigmatique d'analogies, on peut citer quelques penseurs d'Occident. Spinoza bien entendu. Freud aussi, pour qui la psychanalyse instaure les formes spécifiques d'une entente langagière sans jamais devenir psycho-synthèse. Le désir analysé, sa « souplesse » (bond ?) retrouvée fixant sans directives sa direction propre. Mais les équivalences sont partielles.
Interroger plus avant le secret de ce bond serait encore plus risqué. On y verra peut-être l'envers de ce qu'André Malraux pointe — dans une définition seulement négative — comme la « désindividualisation », prix de la fraternité. « Le peuple »

Le papier, le tigre, sont deux choses sensées ; un « tigre de papier »,
comme un « cercle carré », est un contre-sens. Pour la pensée dissuasive, l'absurdité est dans la formule elle-même, pour la pensée de
Mao Tsé-toung, dans la chose qu'elle désigne : une arme, un « instrument », un facteur « externe » couronné Absolu. « Tigre de papier »
n'est pas un pur non-sens, mais une énonciation énonçable, à ce titre
justifiable d'un sens dans la syntaxe de la « Pensée de Mao Tsé-toung » :
un *contre* contre-sens, le concept, cohérent, d'une absurdité.

ne craint pas *la* mort, l'universelle, l'objective, hegelienne, chrétienne ou atomique
par quoi l'individu, conscience ou nation, s'installe dans sa solitude mondiale. La
mise en scène de la révolution culturelle n'enseigne-t-elle pas au peuple la crainte
de *sa* mort, de la perte de son pouvoir de parole et de décision ? « Notre grand
éducateur, grand guide, grand commandant en chef et grand pilote » depuis
quelques années ne parle plus ni ne signe d'œuvres sous son nom propre. Son image
muette balance étrangement sa « pensée vivante ». Peut-être en face d'elle les Chinois apprennent-ils que la peur de perdre « la pensée de Mao Tsé-toung », grammaire officielle de la vox populi, est plus grande que la peur atomique. Comme
pour un homme, la perte de sa voix plus grave que la perte de son corps ?

IV. – DU CALCUL STRATÉGIQUE CHINOIS

Les alternatives intelligent/stupide et ami/ennemi appartiennent à deux registres indépendants. Se situant dans la première, cette étude met la seconde entre parenthèses et tente d'éviter leur confusion, qui serait stupidité.

L'objectivité de l'intelligence stratégique n'est pas une idée étrangère à Mao Tsé-toung : « L'expression du Roman des Trois Royaumes : « il suffit de froncer les sourcils et un stratagème vient à l'esprit », ou celle du langage ordinaire : « laissez-moi réfléchir » signifient que l'homme opère intellectuellement à l'aide de concepts, afin de porter des jugements et de faire des déductions » [1]. C'est la fin que poursuivent

1. Dans la même page Mao distingue clairement deux temps, celui du jugement rationnel et celui du conseil « engagé ». Il donne l'exemple d'un groupe d'observateurs venus à Yenan : « Les membres du groupe d'enquête qui sont venus chez nous, après avoir réuni un matériel varié et y avoir *réfléchi*, pourront porter le juge-

412

les bons stratèges, non par amour de la connaissance désintéressée mais pour ce que la compréhension de la stratégie adverse est une arme [1].

L'intelligence de l'adversaire est terre promise pour tous les stratèges, elle n'est pas donnée. Le calcul stratégique implique un calcul politique et celui-ci une idée de la vérité qui n'est pas commune aux deux adversaires. Un désert intellectuel les sépare.

Les déserts ne se suppriment pas par la volonté d'objectivité : on peut penser deux stratégies, et leur rencontre sur le terrain, sans pour cela élaborer une méta-stratégie qui les concilierait. La guerre est l'instrument de la politique i.e. de deux politiques adverses i.e. de deux philosophies inconciliables.

Admettons, hypothèse purement théorique, que les Etats-Majors pénètrent chacun la stratégie adverse dans tous ses prolongements et motivations. L'idée de « peuple » demeurerait, pour qui fait de dissuasion raison et fondement, un mystère mystique appuyé par une technique de propagande et de subversion. Réciproquement, qui ne voit ou ne sent la dernière vérité dans la Terreur assimilera toujours la dissuasion à un « chantage ». Mao n'entend pas l'arme absolue, ses adversaires n'entendent pas qu'il n'entend pas.

Le calcul stratégique chinois se réclame de la théorie de la guerre prolongée, laquelle implique une théorie de la décision politique et de la vérité « au sein du peuple ». Ces trois fondements déterminent le *temps* avec lequel le calcul stratégique opère. Mao Tsé-toung est probablement le seul dirigeant marxiste qui se soit trompé dans ses prévisions en calculant « trop large », les délais qu'il s'était donné pour triompher de ses adversaires (Japon, Tchiang Kaï-chek) furent

ment suivant : « La politique de front uni national contre le Japon, appliquée par le Parti communiste est conséquente, sincère et honnête (= premier temps). S'ils sont avec la même honnêteté partisans de l'unité pour le salut de la nation, ils pourront, partant de ce jugement, aller plus loin et tirer la conclusion suivante : « le front uni national contre le Japon peut réussir (Ed. Sociales : peut être créé avec succès) ». (Ceci est un conseil engagé, poussant le K.M.T. à s'unir au P.C.C.), *De la pratique* [1937] , p. 5-6.

1. Ainsi, ouvrant un article sur le « Calcul militaire de Pékin » : « Cet article tente de présenter le calcul ou le raisonnement que Pékin emploie pour choisir une stratégie militaire et des tactiques. En d'autres termes, il n'entreprend pas d'attaquer ou de défendre la conduite chinoise des affaires militaires ». Davis B. Bobrow, *Components of Defense Policy*, p. 39.

réduits de moitié par le cours réel des choses. Plus qu'un trait psychologique, cette patience est la dimension même de son calcul, la guerre est prolongée, la politique plus encore. Aujourd'hui la « Révolution Culturelle » proclame qu'elle peut durer plusieurs siècles. Dans la théorie proprement stratégique, le peuple « a » le temps, d'où la supériorité finale de la défense. Politiquement et philosophiquement, le peuple « est » le temps en exerçant, à travers ses contradictions « internes », son pouvoir de décision.

On analysera le calcul stratégique en interrogeant le temps qu'il se donne et l'organisation qu'il en propose. D'un triple point de vue : ce calcul est-il possible (applicable) ? Est-il réel (appliqué) ? Est-il nécessaire (adéquatement appliqué) ?

1 — Le calcul stratégique chinois est cohérent. Il implique une vision politique systématique, une attitude devant la vie et devant la mort. « La pensée de Mao Tsé-toung » forme un tout. Considérer des formules prises isolément (ex : tigre en papier), trouver qu'elles heurtent le bon sens est une méthode intellectuelle défectueuse. Les commentateurs qui se fondent sur l' « incohérence » des prétendues incontinences verbales chinoises pour conclure que les dirigeants chinois, dans le fond de leur âme et le secret de leur cœur, raisonnent en termes de dissuasion — se trompent. Ils commettent deux erreurs de lecture :

Ils supposent le « bon sens » dissuasif la chose du monde la mieux partagée — mais ce bon sens ne relève pas de la simple technologie des armements et de la manipulation physique des forces, il implique, lui aussi, un « bon sens » politique et une conception du monde, religieuse ou philosophique, que le monde entier ne partage pas nécessairement et que le corps théorique de « la pensée de Mao Tsé-toung » exclut explicitement.

Ils postulent que la simple logique fait apparaître des contradictions nettes dans les théories et les textes chinois eux-mêmes — la confrontation des écrits suggère au contraire une architecture intellectuelle particulièrement soignée.

2 — Ce calcul gouverne-t-il la politique chinoise ? On peut abstraitement imaginer que les dirigeants chinois lancent dans le monde une doctrine en elle-même cohérente et agissent, en fait, guidés par des motifs tout différents. Ce qui est théoriquement possible. Une réponse définitive dépasse le cadre de cet essai : elle suppose l'examen historique et politique de la conduite chinoise. Qu'on se contente ici de quelques probabilités. D'abord, rien n'exclut que les dirigeants chinois se conforment à une théorie qui organise le plus efficacement possible

les forces dont ils disposent; même si l'on suppose — pourquoi ? — qu'il existe des caractères éternels de la nature humaine, même si on imagine des chefs « guidés » par l'égoïsme national, etc., tout porte à penser, dans une situation de conflit, que la stratégie de la guerre prolongée et « l'éducation politique » qu'elle implique sont la meilleure défense d'un pays sans armes nucléaires, une force considérable pour un pays qui en dispose. Ensuite, les traits les plus saillants de la conduite chinoise réelle coïncident avec les concepts essentiels de la « Pensée de Mao Tsé-toung », autant la révolution *culturelle*, le grand *bond* en avant que les discussions autour du tigre de papier et la rupture avec les Soviétiques. Le calcul défini par « la pensée de Mao Tsé-toung » gouverne-t-il effectivement la politique chinoise ? Réponse : très probablement, oui.

3 — La stratégie chinoise est-elle « justement » appliquée ? La question peut être posée à partir même de la « pensée de Mao Tsé-toung » qui marque nettement qu'une stratégie n'est pas simplement déduite de ses principes et de ses buts. Elle suppose une étape d'observation stratégique — d' « enquête » — où l'on détermine la « contradiction » principale de l'heure. Rien dans cet essai tout entier consacré à l'intelligibilité des doctrines ne permet de trancher ce point de fait. Et rien dans la théorie de Mao Tsé-toung n'exclut abstraitement la possibilité d'erreurs ou de défaites, sources d'expérience. Donc : pas de réponse, no comment.

Toute stratégie met en perspective une réalité qui n'apparaît qu'à travers elle. Définir le calcul stratégique des chinois suppose qu'on lise leur observation stratégique dans le cadre de leur théorie de la décision (« contradiction »). Par exemple, la formule « le vent d'Est l'emporte sur le vent d'Ouest » définit le rapport actuel (principal/secondaire) des deux « aspects » de la contradiction principale (= le « camp socialiste » l'emporte sur le « camp impérialiste »). Mais ce n'est pas une formule constative, qui décrit un état de fait, c'est une métaphore stratégique (les possibilités stratégiques offertes à l' « Est » sont meilleures que celles dont dispose « l'Ouest »). Derrière le rapport actuel des deux camps sont, par conséquent, visées leurs potentialités propres (« vent » nomme l' « aspect » dans son dynamisme, « emporte sur » renvoie à la « loi » de l'inégal développement des deux aspects d'une contradiction). D'autre part, désignant une « contradiction principale », la formule joue sur le rapport de trois luttes originales : économique, violente, idéologique. Définir le « tiers monde » comme « zone de tempêtes » semble impliquer essentiellement la deuxième forme de lutte, l'action révolutionnaire. Ce qui n'interdit pas au vent de l'esprit de souffler ailleurs, soulevant ses tempêtes idéologiques à l'intérieur du « camp socialiste » par exemple. Où l'on reconnaît que l'aspect principal d'une contradiction principale est lui-même habité de contradictions, dont la principale risque peut-être de rendre l'aspect principal temporairement secondaire et de faire tourner les vents principaux.

On observe que la mécanique intellectuelle peut tourner à vide et devenir girouette. Par quoi il se confirme que la stratégie de Mao Tsétoung n'est pas purement déductive, dans ses catégories on pense mais rien n'interdit à priori qu'on puisse penser mal : la contradiction du vrai et du faux est « au sein du peuple », de l'ordre de la discussion et de l'enquête.

Pour conclure, observons le fonctionnement de cette « conception du monde » sur un de ses adversaires intelligents.

Eugène Rabinowitch, co-fondateur du « Bulletin of the Atomic Scientists » s'est inquiété, dès avant Hiroshima, de la menace que fait peser l'arme nucléaire et des transformations qu'elle induit dans l'ordre du monde. Il étudie, en 1965, la guerre du Vietnam et constate en conclusion : « l'argumentation de cet article paraît différente de ce qu'on s'attend à entendre de la part d'un savant qui prit conscience, il y a plus de vingt ans, du danger de détruire l'humanité par une guerre nucléaire, qui se doit de considérer avant tout, dans chaque guerre locale, le danger d'escalade qui s'y trouve. Le danger est très réel au Vietnam, mais nous avons en face de nous, dans la Chine, un antagoniste qui refuse de le reconnaître... »[1]. L'attitude « chinoise » a donc un effet qui modifie les données du calcul stratégique adverse. Lequel ?

Intéressés au seul mécanisme intellectuel du raisonnement, admettons à titre de pure hypothèse les données sur lesquelles E. Rabinowitch raisonne :

1 — La Chine a des visées impérialistes en Asie du Sud-Est — les Etats-Unis doivent la bloquer en interdisant la « subversion »;

2 — La Chine intervient « indirectement » dans le conflit vietna-

1. E. Rabinowitch, Vietnam : Facts and fictions, *Bulletin of the Atomic Scientists,* June 1965.

416

mien, elle a un droit de veto sur les décisions du Nord Vietnam, lequel exerce une influence importante sur la guérilla du Sud Vietnam — les Etats Unis, en bombardant le Nord, exercent une pression sur lui, afin de l'amener à interrompre les combats dans le Sud;

3 — Ces bombardements n'ont pas eu d'effet, et dans leurs limites géographiques n'en auront pas plus à l'avenir — il faut inventer de nouvelles solutions stratégiques.

A partir de ces hypothèses, E. Rabinowitch distingue trois solutions américaines possibles, abstraitement parlant :

1 — bombarder la Chine, pour l'amener à « pacifier » Hanoï qui « pacifiera » le Sud;

2 — quitter le Vietnam;

3 — arrêter les bombardements sur le Nord et tenir au Sud, avec les armes « conventionnelles », aussi longtemps que possible.

Il rejette la première solution : « La puissance nucléaire américaine pourrait détruire non seulement la structure industrielle de la Chine, mais toute la campagne chinoise, en la couvrant de poisons radio-actifs. Rien, de plus réduit qu'une telle destruction complète, n'a probablement des chances de briser la volonté de résistance de la Chine communiste; et recourir au génocide contre un cinquième de l'humanité ferait pour l'éternité de l'Amérique un nom funèbre et mobiliserait contre l'Amérique l'humanité entière. »

Il rejette la seconde solution pour ce qu'elle livrerait trop facilement à la Chine l'Asie du Sud-Est, eu égard à l'impérialisme chinois supposé au départ.

Il recommande par conséquent de tenir le Vietnam du Sud aussi longtemps que possible en profitant du répit pour « stabiliser l'ensemble de l'Asie du Sud-Est ».

Il conseille l'arrêt des bombardements sur le Nord, dont l'intérêt opérationnel est trop mince : « son effet déplorable dans le monde dépasse de loin les avantages qu'il procure ».

Définissant les transformations qu'induit l'attitude chinoise dans le raisonnement dissuasif, E. Rabinowitch s'est placé au seul point de vue du calcul stratégique et des intérêts américains. Il a pourtant accordé :

1 — que la menace nucléaire n'est pas décisive en face d'un adversaire qui ne détient pas l'arme mais qui peut mener une guerre prolongée sur son propre terrain;

2 — que la simple supériorité technique (bombardements) n'est pas non plus décisive face au même type d'adversaire.

Soit : la signification la plus simple de la métaphore du Tigre de papier.

LE DISCOURS INTERROMPU

A mon ami Georg!

Après que tu m'as eu découvert, ce n'était pas un exploit de me trouver : la difficulté est maintenant celle de me perdre...

Le Crucifié

(posté de Turin le 4-1-89 par Nietzsche)

Deux intelligences de la guerre s'effrontent, qui sont deux manières de régler notre temps. Nommons *situation H* celle visée par le compte à rebours de la dissuasion mesurant toute forme de violence à l'aune de la catastrophe suprême; une horloge la symbolise sur la première page du « Bulletin of the Atomic Scientists », la petite aiguille est fixée sur le minuit nucléaire, devenu midi intellectuel, la grande oscille en fonction des événements qui rapprochent ou éloignent l'heure de l'ultime vérité. Nommons *situation P* celle que la guerre prolongée développe, son temps se mesure dans « la pulsation régulière de la violence » (Clausewitz), il s'engendre de la « virtu » (Machiavel) par « bond », « au sein du peuple » (Mao Tsé-toung).

Il n'appartient à personne de prédire quand ces comptes seront tenus, ni à ce livre d'examiner jusqu'où ils s'effectuent déjà. Les possibilités stratégiques existent même non exploitées, la « virtu » des républiques modernes, Machiavel l'a dévoilée deux cent cinquante années avant qu'elle ne bouleverse la carte de l'Europe.

Par contre, ces deux intelligences se disputent une même réalité, la théorie peut fixer le point où elles se rencontrent et montrent l'une à l'autre ce qui les différencie l'une de l'autre.

I. – OU DEUX ADVERSAIRES
SE RENCONTRENT

Deux adversaires se mesurent du calcul comme du regard; chacun pense la conduite de l'autre à l'intérieur de sa propre théorie.

La stratégie « chinoise » fait de la dissuasion un cas particulier de la défensive; si les armes nucléaires ne sont pas mises d'un commun accord hors jeux, elles garantiront contre le « chantage atomique », étant entendu que le périmètre qu'elles défendent n'est pas défini par elles mais politiquement, par le peuple qui les utilise. Leur efficace est réduite aux rapports entre puissances nucléaires, elles ne gouvernent pas par contagion le spectre entier des conflits possibles, elles ne sont pas les instruments privilégiés d'un partage du monde, elles ne décident pas des guerres prolongées qu'ici on nomme « du peuple » et en face « subversives ».

La théorie de la dissuasion prévoit cette attitude chinoise comme un cas limite de la « rationalité de l'irrationnel ». Le refus de monnayer

la menace nucléaire dans des guerres non nucléaires — mais qui
« risquent » de le devenir — consiste à porter à son comble une figure
fondamentale de la rhétorique dissuasive, celle de l'engagement
(commitment). Qui brûle ses ponts derrière soi ne marchande plus
et place l'adversaire menaçant devant le tout ou rien du passage à
l'acte. Les Chinois sont nucléairement désarmés mais il n'est meilleur
sourd que celui qui ne veut entendre ; on ne peut grignoter leurs positions en échelonnant la violence, pour les faire céder il faudra atomiser
un cinquième de l'humanité (E. Rabinowitch). Lorsque le stratège
prévoit que la Chine disposera de fusées inter-continentales en nombre
réduit, il remarque que la même attitude peut s'accentuer, il suffit que
les Chinois placent leurs fusées au cœur de leurs grandes villes pour
refuser toute gradation dans l'usage de la menace et des représailles.
L'adversaire techniquement supérieur est à nouveau confronté au tout
ou rien, il ne peut plus prétendre distinguer différents « échelons », la
stratégie anti-force n'est pas « différente » de la stratégie anti-villes, il
n'y aura pas non plus de marchandage nucléaire [1].

Si les adversaires, quels qu'ils soient, tiennent ces positions, la
puissance des armes ne tranchera pas les conflits politiques. Qui mène
une guerre prolongée peut interdire à un adversaire techniquement
supérieur de prendre possession du terrain — mais non d'anéantir
purement et simplement le terrain et ses habitants, toutes les conditions et conséquences politiques d'un tel acte étant mises entre parenthèses. Même en ce cas, nous ne serions plus dans le cadre de la stratégie classique, où la victoire se marque en imposant sa volonté politique
à l'adversaire, supposé pour cela existant. La stratégie chinoise dispose
d'armes politiques contre une éventualité qu'elle nomme « folie » —
celle notamment de ne pas rationaliser cette folie en entendant l'usage
de la menace et en acceptant le raisonnement dissuasif. Mais elle ne
dispose d'aucune pure technique qui la garantisse absolument.

Réciproquement, il est un cas limite qui annule la stratégie dissuasive, celui de la « machine du jugement dernier » (Doomsday machine),
engin hypothétique qui permettrait à chaque adversaire d'entraîner
avec lui dans sa mort l'humanité entière. Ce n'est pourtant point en
ses effets qu'un tel instrument se distingue, lesquels sont à la portée
de l'armement actuel des grandes puissances. La particularité de la
Doomsday machine vient de sa quasi-automaticité : les fusées
peuvent partir une à une, soutenant le marchandage de l'escalade
et de la contre escalade, la machine de jugement dernier éclaterait en

---

1. H. Kahn, *On Thermonuclear War*, p. 284-285.

un instant, annulant tout échelonage de la violence et des menaces.

Le stratège qui en examine l'hypothèse remarque son inutilité pour autant que les deux adversaires acceptent la règle du jeu dissuasif. Il souligne qu'une telle machine ne permet pas de « couvrir » tous les conflits que la dissuasion prétend réglementer, en particulier les guerres locales dans les zones instables où le statu quo est de définition incertaine et équivoque [1]. Pourtant, note-t-il, elle constituera peut-être le « problème central » des prochaines décades [2], car si elle ne sert à rien *pour* la dissuasion, elle sert à tout *contre*. C'est l'instrument rêvé d'une puissance qui refuse aux armes thermo-nucléaires le pouvoir de partager et d'ordonner le monde (soit ce que Kahn nomme, en mentionnant la Chine, « une puissance anti-statu quo ») [3]. Qu'une telle arme existe, et l'empire de la dissuasion se retrécit comme une peau de chagrin, aucune nation ne peut user de la menace nucléaire autrement que pour défendre son territoire propre et lier sa survie à celle de l'humanité : les conflits sur le reste du globe, entre les « zones d'influence » se régleraient alors non nucléairement, nulle escalade ne pouvant faire escompter que l'adversaire cède après avoir tiré quelques salves; le tout ou rien ne se laissant plus diviser, la menace « graduée » n'est plus crédible et la rhétorique dissuasive devient folie.

La possibilité de la Doomsday machine est inscrite dans la logique dissuasive. D'une part, elle constitue un point culminant de la course aux armements : ils n'y aurait pas d'arme défensive pour limiter ses effets, ni missiles anti-missiles ni défense passive, car le pays qui en dispose se suicide sur place, détruisant avec lui le reste du monde. D'autre part, elle représente aussi une forme extrême de l' « engagement » propre à tout marchandage nucléaire, « la personne qui peut la première donner l'impression de s'être engagée de façon irrévocable a beaucoup plus de chance de prendre l'avantage, dans une situation de marchandage, que n'en a celui qui veut toujours garder le contrôle de sa conduite » [4]. Aux mains de la Chine, par exemple, cette machine ne ferait que radicaliser la même « rationalité de l'irrationnel » qui trouve sa première efficace à placer les fusées au cœur des villes.

Une telle arme peut-elle être construite ? La concevant comme

1. L'espace de la Deterrence III selon H. Kahn, en particulier les conflits qui ne sont ni thermo-nucléaires directement, ni européens. Cf. *On Thermonuclear War*, p. 146.
2. *On Thermonuclear War*, p. 524.
3. *On Thermonuclear War*, p. 150.
4. *Ibid.*, p. 294.

mécanique nucléaire, H. Kahn remarque que le coût et les difficultés de sa fabrication diminuent avec les années; matériellement, elle peut ou pourra, dans un avenir proche, être à portée des capacités industrielles d'une grande puissance [1]. De surcroît, il faut noter que la Doomsday machine vaut par l'ampleur et l'irréversilibité de ses effets, quel que soit son mécanisme : la menace d'un suicide nucléaire est peut-être plus pure ou propre au regard de la conscience contemporaine, une menace de mort bactériologique ou chimique peut avoir des effets identiques. Etant donné que la Doomsday machine vaut par la menace indivisible qu'elle fait peser, le problème de contrôler les ravages, rayons ou épidémies, ne se pose pas. Matériellement et stratégiquement parlant, il n'est pas interdit de supposer que toutes les grandes puissances, quelle que soit leur force nucléaire, peuvent user de cette menace; même si elle doit rester, actuellement, implicite pour des raisons politiquement évidentes. Qui envisagerait l'anéantissement d'un cinquième de l'humanité doit concevoir que ce cinquième pourrait se faire accompagner des quatre autres dans sa chute.

La théorie peut s'efforcer « d'ôter les faux-plis du cerveau des stratèges et des hommes d'Etat, de montrer au moins à tous de quoi il en retourne et ce qu'il faut considérer dans une guerre » [1]. Elle n'élimine pas l'éventualité de la folie ni ne garantit absolument contre celle-là, elle ne peut que la définir stratégiquement. Fou qui n'évalue point les objectifs en fonction des moyens d'imposer la décision, fou encore qui compte sur une folie inverse de son adversaire pour l'emporter malgré tout. Il y en eut depuis Clausewitz. Rien aujourd'hui, quelque grand soit l'enjeu, n'exclut absolument la possibilité d'une fin folle, surtout : aucune arme ne protège qui la possède contre cette dernière extrémité.

Le garde-fou est politique, non stratégique. Cela est évident pour la théorie chinoise qui propose d'interdire les armes nucléaires « comme » le furent les gaz et les armes bactériologiques. La politique définirait en ce cas explicitement le champ des conflits stratégiques — mais elle le fait déjà implicitement : la dissuasion ne peut gouverner par la seule stratégie le rapport du rationnel et de l'irrationnel. Puisqu'elle suppose qu'il faut un grain d'irrationalité pour imposer l'ordre dissuasif à qui le refuse, elle justifie sans le vouloir la construction, sous une forme ou sous une autre, d'une doomsday machine : s'il est rationnel de menacer de mettre en jeu finalement toute sa force

---

1. *On Thermonuclear War*, p. 523-524.
2. Clausewitz, « *Nachricht* » in *Vom Kriege*, Ed. Dümmlers, p. 78.

nucléaire (mais irrationnel d'en user) — il est rationnel de construire une doomsday machine (mais irrationnel d'en user); s'il est rationnel de ne pas contrôler absolument le passage à l'acte (« engagement », pb. du « détonateur ») — il est aussi rationnel de se soutenir d'une machine quasi automatique (une fois mise en branle). Dans la manipulation de la rationalité de l'irrationnel, le partage de la folie et de la raison n'est pas technique ni militaire; il est politique ou il n'est pas.

Les deux intelligences de la guerre peuvent donc se rencontrer sur le terrain. La théorie chinoise admet, contre son gré, la possibilité d'une défense nationale armée nucléairement. La dissuasion prévoit, à contrecœur, ce qu'elle définit comme un comble de « rationalité de l'irrationnel » : la volonté de ne pas entendre l'argument de l'escalade. Chacun, dans son univers intellectuel propre, peut se faire de l'adversaire une image qui lui interdit le recours à l'affrontement illimité hic et nunc.

Ce qui apparaît aux Chinois comme une guerre prolongée par la « volonté du peuple » continuera probablement d'apparaître aux Américains comme une guerre limitée par la dissuasion implicite. Pour autant qu'une décision tranche dans cette mutuelle méconnaissance elle aura lieu sur le terrain : la fin du monde, menaçante, ne décidera de rien avant de décider de tout, c'est-à-dire du néant de toute décision.

Les deux théories sont radicalement différentes, si elles se font réciproquement place c'est pour s'opposer armes en main. Il est impossible de les concilier car elles impliquent deux conceptions différentes des combattants, des enjeux, de la vie et de la mort.

II. — OU DEUX CALCULS SE SÉPARENT

Temps de guerre et temps de paix sont comptés l'un par l'autre et tous deux par les fondements qu'une société donne à sa vie. La philosophie politique, depuis la Renaissance, met en regard l'état de guerre et l'état de société; dans les différentes formes qu'elle assigne à leur relation elle définit la souveraineté de ce qui, là seulement, se laisse nommer « peuple ». Cinq siècles de réflexion nous ont donné un ensemble théorique où il est possible de repérer les fractures et lignes de partage qu'aujourd'hui deux formes de guerre accentuent jusqu'à l'éclatement.

Le « contrat social » n'est ni un contrat ni un acte social puisqu'il désigne ce qui seul les rend possibles; sous ce nom est réfléchie l'origine de la société et du langage; une pensée radicale mesure la possibilité de l'ordre social à la possibilité du désordre, guerre civile ou guerre étrangère. Qu'elle justifie la monarchie ou la conteste, la philosophie politique tire ses leçons d'une situation première qui sera figurée comme la mort du roi, la guerre civile ou la révolution[1]. L'autorité politique est toujours conceptuellement construite à partir de l'absence d'autorité constituée, sans référence à une providence divine ou naturelle.

L'ordre d'une société est défini par opposition à l'état de guerre ou d'anarchie, il s'affirme et se perpétue en soutenant cette différence; le rapport guerre-société ne joint pas deux entités indépendantes, de Hobbes à Hegel on a vu se préciser l'idée que le pouvoir d'exclure et de maîtriser la guerre est le nerf de la « constitution » politique d'une société. Là s'opère une cassure dont le monde contemporain fera sentir les effets.

Selon Hegel la Révolution introduit l'homme moderne à la conscience d'un ordre définitif, le souvenir de la Terreur engendre l'organisation dissuasive du monde, aussi universelle que la mort dont la menace parle désormais en tout. En découle une rationalisation de la vie sociale, autant qu'une manière de faire la guerre, de compter les enjeux, de préparer l'empire de la Raison et le gouvernement du monde.

Machiavel, situant toute « virtu », politique autant que militaire, dans le « peuple », pose un autre rapport entre l'événement et la raison. Il ne fera pas du retour de la révolution le malheur de la raison comme le pense Hegel, mais son bonheur : il faut, ont soutenu les magistrats de Florence, de temps en temps se « réemparer du pouvoir » ou « rattraper l'Etat ». La répétition de la révolution est une répétition du contrat, un « retour aux principes »[2].

Dans le premier cas, la révolution fait naître la conscience rationnelle; l'ordre, formulé, devient indépendant de l'événement; le principe

1. Ainsi Spinoza, mais Machiavel, Hobbes, Rousseau, Hegel aussi ne se donnent pas d'autre point de départ : « Selon certains théoriciens, le roi, parce qu'il est le maître de l'Etat et le détient d'un droit absolu peut le transmettre à qui lui plaît. Il choisirait son successeur à son gré et c'est à titre privé, qu'il aurait le droit de laisser son héritage à son fils. Cette opinion est totalement erronée. Car la volonté du roi a force de loi aussi longtemps, seulement, que le glaive de la nation demeure en sa main... Afin de faire mieux comprendre la nuance nous remarquerons que les enfants héritent de leurs parents en vertu, non du droit naturel, mais du droit positif. C'est grâce à la puissance de la nation, que qui que ce soit peut se dire maître de ses possessions. A la mort du roi, c'est en quelque sorte la nation qui meurt et tous retournent de l'état de société à l'état de nature. » *Traité de l'Autorité politique*, chap. VII, 25.

2. Machiavel, sur la première décade de Tite Live, livre I et III, N.R.F. Pléiade, p. 389, 608, 609. Spinoza notera : « la question dont il s'agit ici est évidemment de la plus haute importante » *Tractatus politicus*, livre X, 1.

de l' « organisation » du monde est acquis une fois pour toutes, intellectuellement parlant; les péripéties de l'histoire ne sont plus alors que les avatars d'une raison connue sinon réalisée. Au contraire, dans le second cas, l'ordre demeure solidaire de son acte de naissance, lequel doit être répété, les Etats tournent « à l'infini dans ce même cercle de révolutions » (Machiavel), l'histoire est un « cycle infini » (Mao Tsé-toung).

La différence des raisons est la plus nette lorsqu'il s'agit de régler la vie internationale. Supposer que la Raison, une fois apparue, se laisse saisir hors l'événement implique qu'on possède une définition de l'ordre du monde au nom de laquelle on peut prétendre créer l'événement; « or on demande un concours de sagesse dans tant de têtes et un concours de rapports dans tant d'intérêts qu'on ne doit guère espérer du hasard l'accord fortuit de toutes les circonstances nécessaires, cependant si un accord n'a pas lieu il n'y a que la force qui puisse y suppléer, et, alors il n'est plus question de persuader mais de contraindre et il ne faut pas écrire des livres mais lever des troupes »[1]. La raison dissuasive veut connaître comme une vérité désormais éternelle ce qu'est la liberté et la démocratie, elle peut être tentée de l'enseigner afin que nul n'en ignore. Si la démocratie est l'organisation rationnelle du monde à partir de la terreur partagée, la raison dissuasive dispose d'une seule autorité pédagogique, faire revenir à la raison par le truchement de la saine terreur. Moyen plus subtil que ne le prévoyait Rousseau — non moins dangereux — ce n'est pas la supériorité de la force mais la capacité de l'universelle catastrophe qui doit rendre sens à l'insensé.

On ne lira pas cette opposition comme celle d'un prétendu impérialisme de la Raison et d'un non moins illusoire empirisme de l'événement. Les deux thèses revendiquent la raison, les deux l'inscrivent dans le réel, les deux définissent l'événement politique comme acte de naissance d'un ordre rationnel. Mais il ne s'agit pas de la même raison, deux conceptions de la vérité et du langage se heurtent.

---

1. J.-J. Rousseau. *Jugement sur le projet de Paix perpétuelle*, N.R.F. Pléiade, T. III, p. 595.

III. — LE PARI ET LE BOND

Précédée par son cortège de « causes », dont chacune s'entoure d'exemples et d'anecdotes, la guerre paraît aussi naturelle que l'histoire, et aussi vieille. Ce n'est point tant son fait que son empire qui doit étonner. Il y a plusieurs montées aux extrêmes, la stratégie tranche entre la victoire et la défaite, la connaissance entre le vrai et le faux ; chaque fois les extrêmes s'excluent, pas de la même façon. Dans le paysage qu'explorent « Le Sophiste » de Platon et le « Zarathoustra » de Nietzsche, le sommet de la vérité et l'abîme de l'erreur se distinguent, non sans une connivence que l'opposition de la victoire et de la défaite ne connaît pas. Comment espère-t-on que les extrêmes de la stratégie décident en même temps des rapports de force, de puissance et de vérité ? D'où vient que la raison dissuasive puisse prétendre tenir le point archimédique où se décide la vérité du monde ?

Rousseau s'étonnait déjà : que la guerre touche et embrase tout n'est pas « naturel », autrement dit ne découle pas de la pure logique de la guerre, « on tue pour vaincre, mais il n'y a point d'homme si féroce qu'il cherche à vaincre pour tuer ». La seule volonté de meurtre ne rend pas compte des guerres européennes, le pur calcul intéressé non plus, les promesses de gains en cas de victoire l'emportent rarement sur le coût de la guerre et les risques d'une défaite : « Le Prince fait toujours circuler ses projets, il veut commander pour s'enrichir et s'enrichir pour commander; il sacrifiera tour à tour l'un et l'autre pour acquérir celui des deux qui lui manque... » A cette remarque en général la réflexion des moralistes s'interrompt, Pyrrhus et Piccrochole sont absurdes, mais l'absurdité est humaine.

Rousseau poursuit plus loin son argument, cette absence de raison est elle-même raison. Le prince fait « circuler ses projets » parce qu'aucun d'eux n'est vrai et tous « artificiels »; s'il mesure ses projets à ceux des autres princes, c'est qu'il n'a pas d'autre mesure que la comparaison : « Ajoutons enfin, sur les grands avantages qui doivent résulter pour le commerce d'une paix générale et perpétuelle, qu'ils sont bien en eux-mêmes certains et incontestables, mais qu'étant communs à tous ils ne seront réels pour personne, attendu que de tels avantages ne se sentent que par leurs différences, et que pour augmenter sa puissance relative on ne doit chercher que des biens exclusifs. » La plus belle femme du monde sera par définition unique si nous ne savons juger de la beauté que par la comparaison du plus et du moins. A la poursuite des « avantages qui ne se sentent que par leurs différences » les Etats se mesurent les uns aux autres et à rien d'autre; ils trouvent ainsi le témoignage de leur grandeur et de leur décadence. Sous les termes classiques de « vanité » ou « d'amour-propre », Rousseau pointe une logique : la guerre est universelle parce que la vérité universelle n'est pas.

On peut poursuivre encore; l'absence de vérité dans la civilisation, les lettres et les arts ne suffit pas à universaliser la guerre; le sentiment de la différence n'explique pas tout : l'alphabet, les phonèmes, les systèmes de signes valent par leurs seules différences internes sans qu'on veuille les réduire à un seul terme, alpha ou oméga. Il faut que la culture développe une idée positive de la vérité qui fasse rechercher dans le rapport stratégique la clé de tout. La guerre paraît faire toucher un point où les fins et valeurs d'une civilisation seraient convertibles les unes dans les autres.

Quel est ce point ? La « Realpolitik » répond : la victoire. Le plus fort ayant en son pouvoir l'existence du faible décide de la vie, par là de la vérité et du bien. Pensée trop courte déjà pour Rousseau, encore plus aujourd'hui où l'usage extrême de la force brute ne laisse plus place à un vainqueur et un vaincu. Le point autour duquel la raison dissuasive fait « circuler » et s'échanger tous les projets est la mort, plus vraie que la victoire. Elle exerce, dans le domaine des valeurs un rôle semblable à celui de l'or, tout peut se convertir en elle. La stratégie classique avait un étalon particulier, la bataille décisive; la stratégie nucléaire échelonne le payement en espèce en fonction de la dernière heure, toutes les civilisations terrestres doivent communier lorsque cette virtualité se fait menaçante.

Le pari pascalien et la conversion hegelienne ne s'entendent qu'à partir de ce moment zéro où joueur et joué, énonciation et énoncé s'équivalent. La dernière extrémité devient ainsi la mesure des efforts et des besoins; chaque chose ne se constitue que de se « maintenir » dans la mort, elle s'échange lorsqu'on regarde la mort, indifférence suprême, en face. Le pouvoir de jouer, la vie comme valeur d'usage, devient lui-même enjeu, vie comme valeur d'échange. Le tout-ou-rien dont se réclame le pari pour proposer un calcul définitif et unique des différents buts de l'activité humaine, c'est aussi bien la « preuve par le moyen de la mort » par quoi une civilisation fixe la mesure de son destin.

L'équilibre de la terreur manifeste la grande équation de la raison dissuasive, le pari et la lutte à mort y font s'évanouir toutes les différences. « Quelque chose plutôt que rien », premier et dernier mot d'un calcul où furent réfléchis successivement le salut de l'âme chrétienne, la paix civile de la France et de l'Europe post-révolutionnaires, aujourd'hui l'ordre du monde. La dissuasion définit du même coup les termes du calcul : la force, jamais brute, qui est de faire planer la menace sur toutes choses et d'organiser les êtres sous elle; la forme mathématique, qui manie des grandeurs que l'égalité dans la terreur rend homogènes; le hasard enfin, qui perpétue la « contingence de l'être-là » et termine les crises à un moment quelconque de l'ascension aux extrêmes. Nous ne savons pas quand les dés seront jetés, ni qui les lancera; quelle que soit leur réponse, nous la déchiffrerons toujours comme l'ordre né d'une transformation de la mort naturelle en « négation spirituelle », figure d'un monde mis « en agonie » et stabilisée en elle.

Il y a aussi une contingence de la vérité — le bond — dans la « pensée de Mao Tsé-toung » mais elle est tout entière mesurée par la vie « au sein du peuple ». L'alternative stratégique (la vie *ou* la mort) et l'alternative politico-culturelle (le vrai ou le faux) font deux contradictions « spécifiques » qui ne se laissent pas unifier dans le grand compte à rebours. Qu'est-ce que la Révolution sans la vie ? Qu'est-ce que la vie sans révolution ? L'architecture conceptuelle de la « pensée de Mao Tsé-toung » distingue deux questions où la dissuasion n'en verrait qu'une, elle fixe certes une « équivalence » entre la « pratique » stratégique et la méthode de la « juste solution des contradictions au sein du peuple » — pourtant ce n'est pas la mort qui détermine l'équivalence, son couteau n'égalise pas l'« externe » et l' « interne », le calcul de l' « ami » et celui de l'« ennemi », les raisons de vivre et celle de ne pas mourir. Le creuset du tout-ou-rien, principe de la raison dissuasive, est aussi étranger à la « pensée de Mao Tsé-toung » que le pari de Pascal l'eût été à un grec interrogeant à Delphes ou Olympie.

Les comptes de la guerre prolongée et de la dissuasion nucléaire ne se tiennent pas sur le même livre. Les différences conceptuelles qui les séparent sont irréductibles. Dans la réalité les deux vérités peuvent s'adapter l'une à l'autre, provisoirement et d'une façon instable, la dissuasion au nom du réalisme, son autre au point de vue tactique de l' « interpénétration ». Fondamentalement, si elles sont rigoureusement soutenues, ces deux logiques ou « conceptions du monde » s'excluent. Chacune se veut rationnelle mais la folie consiste selon l'une à méconnaître le pouvoir égalisateur et législateur de la mort, selon l'autre à en cultiver l'illusion : « maître absolu » ou « tigre de papier » ?

IV. — LES AUTRES DISCOURS

Rien, dans ce livre qui ne parle que d'elle, sur les causes, les motifs et les conséquences — souvent tristes — de la guerre. Rien précisément : le discours plus ou moins formulé tenu par les militaires qui la font, les stratèges qui la prévoient, les politiques qui y parent, peu, et les peuples qui la respirent — n'est pas la « cause » de la guerre. Socrate ne meurt pas du fait qu'une proposition universelle en énonce la raison, la majeure « tous les hommes sont mortels » n'a jamais fait mourir qui que ce soit. Elle n'en est pas insensée pour autant; s'il ne l'avait connue, le tribunal d'Athènes n'eût point condamné, et Socrate n'aurait pu choisir de boire ou non la ciguë. Il n'y a pas de guerre sans causes, il n'y en a pas non plus sans calculs et paroles qui « légitiment » son cours et sa fin.

La méditation, depuis son origine grecque, médite la guerre. Son cheminement fut discret, et silencieux à de très rares et très grandes exceptions près. D'où l'apparente nouveauté des interrogations qui se font écho sur la place publique depuis 1945. Elles brisent aussi avec une pensée plus récente qui cerne la guerre en auscultant les mécanismes qui la provoquent et la dirigent : « l'impérialisme » et son fondement économique est le problème que pose la pensée socialiste qui s'achèvera dans l'œuvre de Lénine; c'est aussi l'angle sous lequel la réflexion sociologique en général examine la guerre, du moins avant 1939, « la résurrection universelle du capitalisme « impéria-liste », qui était déjà depuis longtemps la forme normale de l'action des intérêts capitalistes sur la politique, et de la politique expansion-niste, cette résurrection n'est pas le produit du hasard... » remarquait Max Weber avant 1914 [1].

La présence au cœur de notre civilisation d'un discours de la guerre, qui suit son argument selon une logique propre, invite à quelque sub-tilité. Ni la simple causalité, ni le seul calcul intéressé ne rendent compte de la façon dont la société relie son activité économique et sa manière de faire la guerre. Pour le jeune Hegel les contradictions économiques ne peuvent être surmontées que par l'unité nationale qui prouve sa vérité dans l'état de guerre. Le jeune Marx considère au contraire le bellicisme de Napoléon comme un atavisme, l'ordre bourgeois se soutient de l'universalité du marché économique. C'est le dynamisme même de ce marché que Max Weber et, d'une autre façon, Lénine nomment « impérialisme ». Examiner cette liaison suppose qu'après avoir développé l'ordre des raisons du discours de la guerre, on ana-lyse à son tour l'ordre économique de nos sociétés. Les « causes » de la guerre n'interviennent pas seulement pour en déclencher à nouveau le discours, elles bouchent ses trous, surmontent ses antinomies et en bouclent les nœuds. Mais la « nécessité » de l'ordre économique n'est pas non plus linéaire, la guerre peut y intervenir à son tour pour résoudre problèmes et contradictions. Le « complexe militaire-indus-triel » fut dénoncé comme le danger qui menace de l'intérieur les sociétés occidentales, par Eisenhower dans son adresse finale de Janvier 1961. On y découvrira le risque de voir la société pallier aux difficultés de son économie par les « nécessités » de sa défense, et aux incertitudes de sa stratégie par les besoins de son économie.

L'étude de la relation économie-guerre dépasse l'objet de ce livre qui peut seulement retrouver le problème pour avoir montré qu'il

---

1. *Wirtschaft und Gesellschaft*, T. II, p. 520-527 (4. Aufl.).

n'existe pas aujourd'hui un critère proprement stratégique des nécessités d'une politique d'armement nucléaire [1].

Dans le marché économique, la société postule l'équivalence et la convertibilité de tous ses biens, dans la guerre aussi. Plutôt que de vouloir assigner la cause, l'effet et clore sa sagesse sur l'évidence d'une interaction, il faudrait s'interroger sur la parenté des logiques qui conduisent dans les deux cas à fixer un « équivalent général » pour toute chose et pour tout être : l'échange universel, intelligence de l'or et de la mort.

Une guerre moderne ne se livre que préméditée. S'y nouent la stratégie et la politique, sous des formes différentes, dont les différences sont analysables. Prendre la guerre au sérieux c'est savoir lire à travers elle les dernières pensées d'une société, d'une civilisation et d'une histoire. Une guerre éclate au hasard, mais le hasard n'éclate pas n'importe où, « Toute pensée émet un Coup de Dés » — telle pensée, tels dés.

D'où trois séries de questions que ce livre ne fait que réintroduire.

— La première vise l'histoire contemporaine : quelle fin (Zweck) poursuit la politique dissuasive ? Etant donné que la stratégie ne la règle ni ne la mesure, il faut interroger la volonté politique en elle-même, qui transforme la stratégie mondiale en stratégie nucléaire.

— La seconde est théorique : quel rapport entre l'universalité du marché économique et celle postulée par la politique mondiale ? Différés ou actualisés, le payement en espèces et la guerre définissent les seuls moments où notre civilisation se veut sérieusement universelle et joue sa vie. Plutôt pointer là son crédit, sa logique et sa morale, les verts paradis qu'elle cultive ailleurs s'évanouissent à l'heure de la mobilisation générale des hommes et des capitaux.

— La troisième est philosophique, si l'on admet de nommer ainsi le déchiffrement tenté des deux précédentes énigmes, présentes dès l'origine de la pensée occidentale : la guerre, Polemos, père de toutes choses, l'étonnement d'Héraclite continue pour Hegel. Aussi : « toutes

---

1. Kaufmann ironise : le problème n'est pas « St Georges combattant le dragon industriel-militaire », il provient seulement du fait qu'avant McNamara « les programmes stratégiques... ne sont pas effectués par des planificateurs experts qui déterminent rationnellement les actions nécessaires pour faire atteindre les objectifs choisis ». Il existerait un « concept stratégique cohérent et détaillé » et l'économie serait dirigée par la raison stratégique (*The McNamara Strategy*, p. 33). Saint Georges désormais chevauche son dragon — eu égard aux antinomies de la dissuasion et à l'impossibilité d'un calcul purement stratégique, il convient de se demander qui mène qui, et où ?

choses s'échangent pour du feu et le feu pour toutes choses, de même que les marchandises pour l'or et l'or pour toutes les marchandises », fil qui lie tout le « Capital » du premier mot au dernier, non écrit. La mort et l'or ne sont rien sinon ce contre quoi tout s'échange; que les temps modernes aient caractérisé un cours nouveau de cette circulation comme « dialectique » constitue un indice plus qu'une solution, notre relecture de la Phénoménologie de l'Esprit fera peut-être prolonger le fil de la pensée jusqu'à cet autre aphorisme, de Heidegger : « La manière de questionner sur le néant a la fonction d'un instrument de mesure et d'un indice pour la manière de questionner vers l'étant (choses, êtres). »

Pourquoi tant de questions ? L'important, n'est-ce point les quelques
hommes qui tiennent le monde entre leurs mains ? — Et les idées qui
tiennent ces hommes ? Fragments épars, boursouflés, tus, d'un discours de la guerre sans quoi on ne saurait donner à l'événement les
quelques raisons qui le font mondial, et au monde cette absence de
raison qui le fait événement.

Il n'y a que deux sortes de prophètes, ceux qui sont armés, je ne le
suis pas, ceux qui disent la fin de l'histoire, je sais que je ne la sais pas.
Les logiques de la guerre seront suivies plus ou moins loin, longtemps
et radicalement, le monde supportera ou non ce jeu double ; la question
ne se laisse pas isoler, elle est prononcée à l'intérieur de deux « conceptions » du monde, l'une demande qu'il se prolonge, l'autre qu'il sur-
vive. Entre-temps l'intelligence est de et avec l'ennemi.

La fin du monde, prise en elle-même, sans l'auréole que la raison
dissuasive lui dessine et qu'efface la guerre prolongée, reste muette.
Les phrases pathétiques qu'elle suscite se perdent dans le vide dont elles
parlent. Seule la Bible, ce livre particulier d'une culture singulière, prétend la transfigurer en jugement dernier. Sinon

RIEN
    de la mémorable crise
      ou se fût
        l'événement accompli en vue de tout résultat nul
      N'AURA EU LIEU   humain
      une élévation ordinaire verse l'absence
          QUE LE LIEU
    inférieur clapotis quelconque comme pour disperser l'acte vide
          abruptement qui sinon
        par son mensonge
             eût fondé
          la perdition
  dans ces parages
     du vague
        en quoi toute réalité se dissout

            (Mallarmé)

TABLE

EUROPE 2004 9

LE DISCOURS DE LA GUERRE 73

INTRODUCTION 77

LE DISCOURS SUR LA GUERRE 91

    I — La guerre prend la parole 95

    II — Le concept de guerre 103
        1. *Le découpage méthodique* 103
        2. *Axiome premier* 106
        3. *Axiome second* 109
        4. *Le calcul stratégique* 111

    III — Structures stratégiques 115
        1. *L'espace* 116
        2. *Le temps* 118
        3. *La décision* 120

    IV — Théorie stratégique 122
        1. *La stratégie* 123
        2. *La matrice* 126

    V — La continuation du discours 129

LE DISCOURS DE LA GUERRE

    LE COGITO DE LA GUERRE 137

    I — Le naturel de la guerre 139
        1. *Réalité* 139
        2. *Nécessité* 141
        3. *Possibilité* 143

II — La place publique 145

III — Le tour de l'univers 152

IV — Je, la guerre, pense 161

V — La conversion 166

VI — Sagesse de guerre 170

LA REPRÉSENTATION DE LA GUERRE 175

I — La tragédie 177
    1. *Les frères ennemis* 178
    2. *La crise* 181

II — La lutte à mort 184
    1. *L'athéisme en politique* 185
    2. *Les postulats de la lutte à mort* 192
    3. *La matrice de la lutte à mort* 197

L'EMPIRE DU DISCOURS 206

I — L'interruption 208

II — L'histoire 215

III — La révélation 225

IV — La preuve de l'existence de Dieu 233

V — Le temps de conclure 241

LA CRISE CUBAINE DANS LA PHÉNOMÉNOLOGIE ... 247

RHÉTORIQUES DE LA DISSUASION

Art de dissuader et art de contraindre 263

LA GUERRE DES NON-C 268

I — L'esprit stratégique 270

II — Le but de la guerre thermo-nucléaire 276

III — L'extension de la dissuasion 278

IV — Les rationalisations de la dissuasion 282

    1. *Le retour à l'étalon des forces* 283
    2. *La psychologie de la dissuasion* 285
    3. *Dissuasion par convention* 289
    4. *Rationalisation et raison stratégique* 295

V — L'éclatement du concept de guerre 296
    1. *Les antinomies de la dissuasion* 297
    2. *Le formalisme stratégique* 298

VI — Stratégie et politique 302
    1. *Concept et calcul* 302
    2. *La guerre détotalisée* 303
    3. *La guerre dispersée* 305

DÉCOMPOSITION DU CONCEPT D'ESCALADE 308

  I — L'échelle est une matrice 310

  II — Le calcul d'escalade 314

  III — Coordination par la contrainte des intérêts 319

  IV — Coordination par la contrainte des rapports de force bruts 322

  V — Coordination par conventions préalables 325

  VI — Décomposition du concept d'escalade 328

  LE PARI DISSUASIF 330

DU VIETNAM 341

AUTOUR D'UNE PENSÉE DE MAO TSÉ-TOUNG 351

  I — La stratégie 361
    1. *Les lois de la guerre* 362
    2. *L'objectivité du calcul stratégique* 364
    3. *Décision : l'ascension aux extrêmes* 366
    4. *Le privilège de la défense* 368
    5. *Structures de la guerre prolongée* 369
    6. *L'équivalence stratégie-politique* 373
    7. *Tigre de papier, première version* 376

  II — La définition politique 380
    1. *Les lois de la décision* 382
    2. *L'universalité de la contradiction* 383
    3. *L'aiguisement de la contradiction* 385
    4. *La dissymétrie des aspects* 387
    5. *Les trois structures de la contradiction* 390
    6. *L'équivalence des décisions* 393
    7. *Tigre de papier, seconde version* 397

III — De la « justesse » des guerres « justes » 401
    1. *Du peuple* 402
    2. *Du langage* 404
    3. *Le bond de la vérité* 405
    4. *Du cycle infini* 407
    5. *Tigre de papier, troisième version* 408

IV — Du calcul stratégique chinois 412

LE DISCOURS ININTERROMPU 419

  I — Où deux adversaires se rencontrent 423

  II — Où deux calculs se séparent 428

  III — Le pari et le bond 431

  IV — Les autres discours 435